JN275120

新版 ULSIデバイス・プロセス技術

Device and Process Technologies
for Ultra Large Scale Integration (New Edition)

菅野卓雄　監修
伊藤隆司　編著

一般社団法人 電子情報通信学会編

監修者
　菅野 卓雄　　元東京大学，元東洋大学

編著者
　伊藤 隆司　　広島大学

執筆者
　伊藤 隆司　　広島大学　　　　　　　　　　　（第1, 6, 8章）
　桑野 　博　　慶應義塾大学　　　　　　　　　（第2章）
　大西 一功　　日本大学　　　　　　　　　　　（第3章）
　藤田 　実　　法政大学　　　　　　　　　　　（第3章）
　有本 由弘　　（株）富士通研究所　　　　　　（第4章）
　笠間 邦彦　　ウシオ電機株式会社　　　　　　（第5章）
　寒川 誠二　　東北大学　　　　　　　　　　　（第5章）
　塩野 　登　　（一財）日本電子部品信頼性センター　（第7章）

序　　文

　トランジスタの発明から半世紀が過ぎ，シリコン集積回路（IC）は高度情報通信化社会を支えるハードウェアの基幹構成要素あるいは，それ自身高機能なシステムとして現代社会において不可欠な存在になっている．ICから，LSI，VLSIそしてULSIへと大規模化へと進む過程では，高性能化を追及するデバイス技術と微細加工をはじめとする製造プロセス技術の膨大な学術知識と技術情報の蓄積があり，更なる発展に向けて現在でもたゆまない研究開発が続けられている．そこでは，半導体物理，表面物性科学，材料科学，反応化学といった基礎科学に加え，微細パターン形成，プラズマ制御，シミュレーション，クリーン化，そして製造装置技術といった技術の積み重ねがあり，広範囲な理工学の知識，経験を基に研究者及び技術者のアイデアの融合が行われてきた．シリコン集積回路の研究開発を振り返ると，微細加工の限界あるいはデバイス信頼性の限界がいわれたことが度々あり，それらは半導体ロードマップではレッドブリックウォールとも表現されたが，これらの技術課題が明確にされると多数の研究者，技術者の協力によって"限界"は次々と克服され，いわゆるムーアの法則として予測された発展を遂げてきた．今日，微細加工はナノメートルの領域に入り原子数制御が問題になるなどULSIを構成する技術要素はますます高度化・多様化し，技術的には実現できても製造技術として受け入れるためにはコストが大きな課題として立ちはだかることが多くなってきている．

　最近では化合物半導体や有機半導体あるいはグラフェンやカーボンナノチューブなどの炭素材料を取り入れることで立体ディスプレイ，高速動作不揮発メモリ，医療応用，高機能ICタグ，車載用各種センサIC，ロボット，ユビキタス家電などの新たな市場展開の可能性も期待されるようになったが，それらの基盤となるのはこれまでに蓄積してきた膨大なシリコン集積回路と

しての技術体系とノウハウであることは疑う余地はなく，シリコン集積回路技術が電子部品技術として主流であり続けると考えられる．

シリコン集積回路技術のこのような重要性に鑑み，本会では，半導体・トランジスタ研究専門委員会及びそれを引き継いだシリコン材料・デバイス研究専門委員会が中心になって半導体の勃興期から活発に研究発表及び討論を重ねてきた．それらを踏まえて，シリコン材料・デバイス研究専門委員会委員が中心となり初版の「ULSIデバイス・プロセス技術」を執筆し，1995年に出版した．本書「新版 ULSIデバイス・プロセス技術」は，シリコン集積回路のその後の驚異的な発展及びこの技術を基盤とする各種電子デバイスの将来の展開を考慮し，全面的に改定したものである．長年にわたるこの分野の専門家の研究開発経験を踏まえた内容となるように心掛け，既刊本との継続性を重視しつつ，新たな重要要素を詳述し，重要度の低下した部分は縮小または削除した．全体としてこれからの注目技術までを網羅したULSIデバイス・プロセスの集大成として，統一的に理解できるように配慮した．

すなわち，初めにULSIデバイス・プロセスの進展について概観し，次に半導体の基本であるpn接合とバイポーラトランジスタ及びULSIの中核となるMOSトランジスタの動作について詳述した．続いて，ULSI構成要素としての具体的なデバイス構造，製造プロセス技術，信頼性評価技術について理解を深め，更に将来展開について一望できるように構成した．確立しているシリコン集積回路の普遍的技術の解説だけでなく，それを基盤にした新しい構成のULSIの将来展開をも念頭に置き，研究段階のデバイス・プロセス技術についてもできるだけ言及することを心掛けた．各章は概ね独立しているが，項目が章にまたがっている場合は相互に関連する箇所を参照して頂きたい．

本書が，ULSIに様々な形で関わる技術者・研究者及び新たな展開のULSIについて学ぼうとする大学院生の教科書・参考書として有用であることを念願している．

2013年3月

菅野　卓雄　監修
伊藤　隆司　編著

目　　次

第1章　序　　論
1.1　はじめに ……………………………………………………………… 1
1.2　MOS デバイスの進展 ………………………………………………… 5
1.3　バイポーラデバイスの進展 …………………………………………… 7
1.4　ULSI メモリの進展 …………………………………………………… 8
1.5　ULSI プロセス技術の変遷 …………………………………………… 10
　　文　献 ………………………………………………………………… 13

第2章　バイポーラトランジスタの動作機構
2.1　Si pn 接合ダイオードの理論 ………………………………………… 16
　2.1.1　pn 接合の構造と接合キャパシタンス ………………………… 16
　2.1.2　順方向電流特性 ………………………………………………… 20
　2.1.3　逆方向電流特性 ………………………………………………… 25
2.2　バイポーラトランジスタの理論 …………………………………… 28
　2.2.1　種類と構造 ……………………………………………………… 28
　2.2.2　均一不純物分布の場合の動作解析 …………………………… 31
　2.2.3　実際の不純物分布の場合の動作解析 ………………………… 33
　2.2.4　エバーズ・モルのモデル ……………………………………… 38
　2.2.5　ガンメル・プーンのモデル …………………………………… 39
　2.2.6　遮断周波数 ……………………………………………………… 48
　2.2.7　最大発振周波数 f_{max} ………………………………………… 52
　2.2.8　動作電圧 ………………………………………………………… 56
2.3　SiGe ヘテロ接合バイポーラトランジスタ（SiGe HBT）の動作理論 …… 59
　2.3.1　ひずみ $Si_{1-x}Ge_x$/ひずみなし Si のバンド構造 …………… 60

	2.3.2	SiGe HBT のエネルギーバンド構造	62
	2.3.3	SiGe HBT の電気特性	63
2.4	バイポーラトランジスタの高性能化の現状と今後の指針		68
	2.4.1	Si BJT の高性能化	68
	2.4.2	SiGe HBT の高性能化	71
	2.4.3	将来の指針	86
	文　献		88

第3章　MOS トランジスタの動作機構

3.1	MOS 構造の電気特性		95
	3.1.1	MOSFET 概要	95
	3.1.2	MOS 構造	98
	3.1.3	MOS 容量特性	103
	3.1.4	フラットバンド電圧	106
3.2	MOS FET の動作原理		110
	3.2.1	ドレーン電流 - 電圧特性	110
	3.2.2	サブスレッショルド電流	115
	3.2.3	キャリヤ移動度の電界依存性	115
3.3	高性能化の指針		117
	3.3.1	MOS トランジスタの性能指標	117
	3.3.2	スケールダウンの理論	119
	3.3.3	ホットエレクトロン効果とデバイス構造	123
	3.3.4	サブミクロン領域のデバイス性能と構造	132
	3.3.5	ナノメートル領域のデバイス構造と性能	143
	文　献		155

第4章　ULSI デバイス構造

4.1	MOS デバイス		164
	4.1.1	MOS ロジック	164
	4.1.2	MOS メモリ	170

4.1.3　CMOS 集積回路の製造プロセス ……………………… 189
4.2　バイポーラデバイス ………………………………………………… 191
　　4.2.1　バイポーラロジック ……………………………………… 193
　　4.2.2　バイポーラ集積回路の製造プロセス …………………… 197
4.3　BiCMOS デバイス …………………………………………………… 203
　　4.3.1　BiCMOS デバイスの特徴 ………………………………… 204
　　4.3.2　BiCMOS 集積回路の製造プロセス ……………………… 205
4.4　アナログデバイス …………………………………………………… 208
　　4.4.1　イメージセンサ …………………………………………… 209
　　4.4.2　低雑音増幅器 ……………………………………………… 210
　　4.4.3　電圧制御発振器 …………………………………………… 210
　　4.4.4　電力増幅器 ………………………………………………… 211
　　4.4.5　アナログ・ディジタル変換器 …………………………… 212
4.5　配線形成技術 ………………………………………………………… 213
　　4.5.1　表面平坦化技術 …………………………………………… 213
　　4.5.2　配線抵抗の低減 …………………………………………… 215
　　4.5.3　配線キャパシタンスの低減 ……………………………… 215
4.6　三次元実装技術 ……………………………………………………… 216
　　文　献 …………………………………………………………………… 217

第 5 章　微細加工技術

5.1　リソグラフィー技術 ………………………………………………… 225
　　5.1.1　はじめに …………………………………………………… 225
　　5.1.2　露光技術の概要 …………………………………………… 227
　　5.1.3　光露光技術 ………………………………………………… 227
　　5.1.4　レジスト材料 ……………………………………………… 240
　　5.1.5　ダブル露光技術 …………………………………………… 244
　　5.1.6　EUV 露光技術 …………………………………………… 245
　　5.1.7　NGL（Next Generation Lithography）技術 …………… 250
5.2　エッチング技術 ……………………………………………………… 253

5.2.1　序論 ……………………………………………………………… 253
　5.2.2　プラズマプロセスの課題 ……………………………………… 254
　5.2.3　超低損傷中性粒子ビームプロセス …………………………… 256
　5.2.4　まとめ ……………………………………………………………… 262
　文献 ……………………………………………………………………… 263

第6章　材料プロセス技術

6.1　シリコンウェーハ …………………………………………………… 268
　6.1.1　結晶成長 ………………………………………………………… 268
　6.1.2　ウェーハ加工 …………………………………………………… 270
　6.1.3　エピタキシャルウェーハ ……………………………………… 271
　6.1.4　SOIウェーハ …………………………………………………… 272
　6.1.5　ウェーハの大口径化 …………………………………………… 274
6.2　ゲート絶縁膜 ………………………………………………………… 275
　6.2.1　Si酸化技術 ……………………………………………………… 275
　6.2.2　Si酸化膜の構造 ………………………………………………… 277
　6.2.3　絶縁破壊特性 …………………………………………………… 277
　6.2.4　Si酸化膜の信頼性 ……………………………………………… 278
　6.2.5　Si窒化技術 ……………………………………………………… 279
　6.2.6　Si酸化窒化技術 ………………………………………………… 280
　6.2.7　high-kゲート絶縁膜技術 ……………………………………… 281
6.3　不純物拡散・イオン注入 …………………………………………… 283
　6.3.1　熱拡散法 ………………………………………………………… 284
　6.3.2　イオン注入法 …………………………………………………… 287
6.4　薄膜堆積 ……………………………………………………………… 293
　6.4.1　Si酸化膜 ………………………………………………………… 293
　6.4.2　Si窒化膜 ………………………………………………………… 295
　6.4.3　多結晶シリコン膜 ……………………………………………… 296
　6.4.4　シリサイド膜 …………………………………………………… 297
　6.4.5　金属膜 …………………………………………………………… 299

  6.4.6 強誘電体膜 ………………………………………… 303
  文　献 ………………………………………………………… 304

第 7 章　信頼性と検査技術

7.1 はじめに ……………………………………………… 307
7.2 信頼性の概念と加速試験法 ………………………… 308
  7.2.1 信頼性の概念と統計的取扱い ………………… 308
  7.2.2 加速試験法 ……………………………………… 310
7.3 故障機構 ……………………………………………… 312
  7.3.1 配線のストレスマイグレーション故障 ……… 312
  7.3.2 配線のエレクトロマイグレーション故障 …… 317
  7.3.3 酸化膜の経時的絶縁破壊故障 ………………… 320
  7.3.4 MOS FET のホットキャリヤ不安定性 ……… 324
  7.3.5 負バイアス温度不安定性（NBTI）…………… 328
7.4 まとめ ………………………………………………… 331
  文　献 ………………………………………………………… 332

第 8 章　ULSI の新展開

8.1 三次元構造デバイス ………………………………… 336
8.2 化合物半導体 FET …………………………………… 338
8.3 炭素系材料 FET ……………………………………… 339
8.4 バンド間トンネル FET ……………………………… 340
8.5 スピントランジスタ ………………………………… 341
8.6 新規メモリデバイス ………………………………… 341
8.7 有機半導体デバイス ………………………………… 343
8.8 異種機能デバイスの集積化 ………………………… 344
8.9 シリコンフォトニクス ……………………………… 344
  文　献 ………………………………………………………… 345

索　引 ………………………………………………………………… 348

第1章

序論

1.1 はじめに

　集積回路（IC：Integrated Circuits）の歴史は，1959年テキサスインスツルメント社のKilbyによる特許出願[1]とフェアチャイルド社のNoyceらによるプレーナ技術の特許出願[2]に端を発する．1960年代にはバイポーラトランジスタによる論理ICの基本回路が出そろい，1970年代にはMOS（Metal Oxide Semiconductor）構造の1キロビットダイナミックメモリ[3]と4ビットマイクロプロセッサ[4]が開発され，IC技術の本格的な幕開けとなった．その後, 今日までの50年以上にわたり集積化は驚異的な発展を遂げ，更に進展を続けると予想される．図1.1に示すように，一つのチップ上に集積されるトランジスタ数はDRAM（Dynamic Random Access Memory）あるいはフラッシュメモリでは3年で4倍，10年で100倍に，マイクロプロセッサでは3年で2.8倍，10年で25倍の増加率になっている．メモリチップ一つで高画質2時間ビデオ録画が可能である．メモリに比べマイクロプロセッサの集積度増加率が若干低いのは，規則性が高いメモリより配線が複雑であり多層配線を必要とするためである．人の脳神経細胞数は約140億個といわれるが，素子数で見れば既にそれに匹敵する集積化が実現されている．半導体集積回路（Integrated Circuits）の中で，1,000個以上の素子を集積化した回路をLSI（Large Scale Integration）と称する．更に，10万

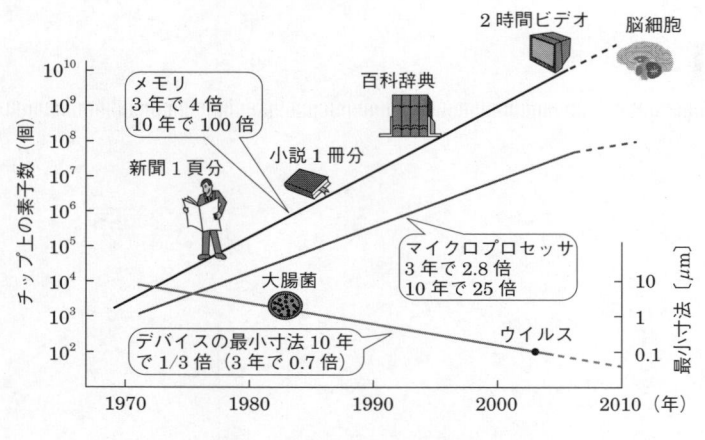

図 1.1 デバイス集積度及び加工寸法の推移

個以上の回路を VLSI（Very Large Scale Integration），1,000 万個以上の回路を ULSI（Ultra Large Scale Integration）と呼んでいる．このような集積化の進展は微細加工技術によって牽引されている．最小加工寸法のゲート長は，1980 年までは大腸菌の大きさ程度の数 μm であったものがウイルスより小さい 10 nm レベルに近づいている．30 年の間に 1 万分の 1 に微細化が進展した．図 1.2 に携帯電話に用いられる ULSI の内部イメージを示す．ボードに搭載されている ULSI パッケージ内のシリコンチップを約 1 万倍に拡大すると 100 nm 程度の幅の Cu 配線が見える．更に 10 倍に拡大すると MOS トランジスタが明確になる．この MOS トランジスタのゲート長は約 30 nm であり髪の毛の約 2,000 分の 1 の太さである．

図 1.3 は一つの機能素子当りの原子数を縦軸にとって，これまでに発表されたいろいろなデバイスをプロットしたものである．シリコン原子の体積を 10^{-29} m^3 と仮定し，歴史上重要なそれぞれのデバイスの体積を規格化した．1904 年に Fleming が作った二極真空管が 10^{27} 原子，ポイントコンタクトトランジスタが 10^{20} 原子（1947 年），Kahng らが発表した最初の MOS トランジスタが 10^{15} 原子（1960 年），現在量産されている 30 nm ゲート長の MOS トランジスタが 10^6 原子（2005 年）となり，これらを延長して，1 機能を原子 1 個で実現することを限界とすれば，それは 2040 年頃になる．こ

パッケージの蓋を外す

ULSI チップ

←4 cm→　←1 cm→

MOS トランジスタ断面

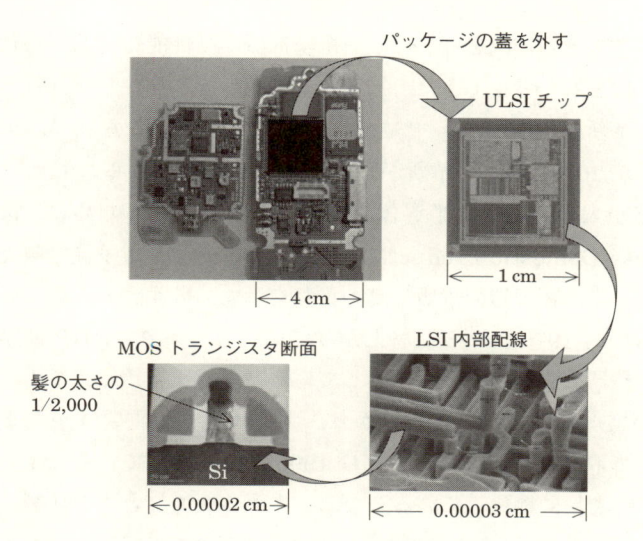

髪の太さの 1/2,000

Si

←0.00002 cm→

LSI 内部配線

←0.00003 cm→

図 **1.2**　ULSI チップの分解イメージ

Si 原子体積 ≒ 10^{-29} m^3

1904 年　1940 年　1947 年　1960 年　1965 年　1995 年　2002 年　2005 年

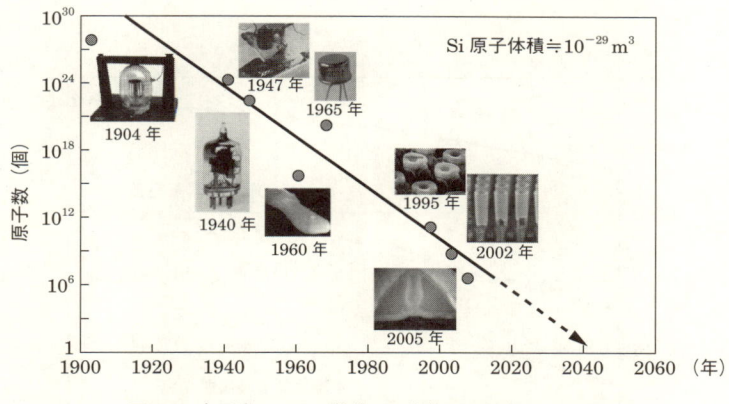

原子数（個）

図 **1.3**　各要素デバイス体積から換算した相当 Si 原子数

のようなトレンドから推定すると，機能素子はあと 30 年くらい，少なくとも 10 年は進展する可能性がある．材料としてはシリコンに限らず炭素系あるいは有機材料に代わる可能性はあるが，いずれにしてもシリコン ULSI の膨大な技術がベースになる．

　集積回路のこのような進展は，システムの小形化と軽量化，低消費電力化，

機能当りのコストの低減を可能にし，電子機器の高性能化，低価格化，それによる大衆化をもたらしてきた．技術要素の寄与を平均化して見ると，製造プロセスの革新が約50％，シリコンウェーハの大口径化が10％，デバイス構造の革新が20％，回路の革新が20％程度と大略見積もられよう．

集積回路が大半を占める半導体産業の位置付けを見るために，図1.4にGDP（Gross Domestic Product）の世界総和に対する電子機器販売高，半導体販売高，半導体製造装置販売高の推移を示す．いずれも，細かい上下振れはあるものの1970年から右肩上がりで成長しており，GDP世界総和に対する電子機器販売高の割合が増加していること，更にその中で半導体販売高の割合が増加していることが分かり，半導体産業の重要性が高まってきたことが見て取れる．半導体販売高は1995年を境にして，それまでの年率2桁から1桁成長に鈍化している．なお，半導体販売高と半導体製造装置販売高に見られる特徴的な上下の波はシリコンサイクルと呼ばれ，好不況が周期的に現れやすい産業構造となっていることが分かる．

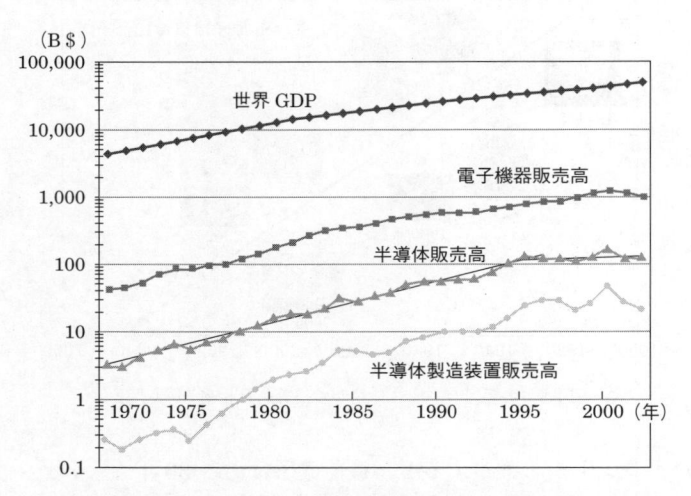

図1.4 世界のGDPに対する電子機器／半導体／半導体製造装置の販売高推移
（出典：VLSIリサーチ）

1.2 MOSデバイスの進展

　MOSトランジスタの原型は1928年にウクライナ生まれ米国人のLilienfeldが特許出願したデバイス構造にある[5]．Al基板を酸化させ，その上に堆積したCu_2S膜の電気抵抗をAl基板の電位で制御しようとするもので，MOS形電界効果トランジスタの原型といってよい．1940年の後半には米国ベル研究所を中心にして電界効果デバイスの研究が行われたが，半導体と絶縁膜の界面状態を制御することが困難で実用的な構造を具体化するまでに至らなかった．最初のMOSトランジスタの試作は1960年にベル研究所のKahngとAttalaによるものである[6],[7]．その成功はシリコンを熱酸化させることにより絶縁膜の界面の欠陥を低減したことにある．これを契機にSiの熱酸化及びMOS構造の研究が広く展開された[8],[9]．その後，実用的な集積回路としては界面の影響を比較的受けにくいバイポーラトランジスタ形が先行したが，1970年代後半からはMOS LSIが実用化され，大きな発展を遂げることになる．

　当初は，正孔をキャリヤとするpチャネルMOS LSIが主流であった．これは当時の環境ではSi熱酸化膜界面付近に帯電する正の電荷を持つ界面準位の発生が避けられなかったため，ノーマリオフ形の電子をキャリヤとするnチャネルMOSトランジスタの製造が難しく，更にトランジスタ間の界面リーク電流を抑制できなかったことによる．インテル社は1970年に世界最初の1 kbit DRAM製品を発表した．これは三つのpMOSトランジスタで1 bitを構成するものであり，コンピュータのコアメモリをLSIメモリで置き換える契機となった．更に1971年には最初の4ビットマイクロプロセッサがpMOSトランジスタで製造された．用いたトランジスタ数は2,300個，クロック周波数は108 kHzであった．

　その後，SiとSiO_2界面の膨大な研究が展開され，界面準位の本質が明らかにされることによってその密度の低減が可能になった[10]．更に，イオン注入技術が実用化されSi表面近傍の不純物濃度プロファイルを精密に調整できるようになり，nチャネルMOSトランジスタのしきい値を制御できるようになった．Si窒化膜をマスクとする選択酸化技術[11]が広く使われる

ようになり，素子間のリーク電流も抑制できるようになった．このような技術の進展により，1970年の後半からは正孔より移動度が約3倍大きい電子をキャリヤとするnMOS LSIが主流になった．DRAMは4kbit以上はnMOSが使われるようになり，構成も高集積化が容易な1トランジスタ/1キャパシタ[12]に簡単化された．マイクロプロセッサもnMOSになり，8ビット，16ビットが製造されるようになった．

微細加工の進展により素子集積化が更に進むと，チップ当りの消費電力が集積度増大の制限要因になった．チップ消費電力の問題は，nMOSトランジスタとpMOSトランジスタを組み合わせて基本ゲートとするCMOS（Complimentary MOS）への転換につながった．CMOSはプロセスが複雑で占有面積も大きくなるが，スイッチング時にしか電流は流れず消費電力は極めて小さい理想的な構成であり，ULSIの主役になっている．

CMOSを使ったマイクロプロセッサの性能向上は著しい．図1.5に示すように1990年頃からのクロック周波数の増大はCMOSを構成するトランジスタ及び回路の性能向上によるところが大きい．更に，1クロック内に処理する命令数の増大によってマイクロプロセッサの性能は飛躍的に増大したが，CMOSにおいてもチップ消費電力の増加は大きな問題になり，トランジスタの微細化に加え，SOI（Silicon on Insulator）基板の採用，多層配線

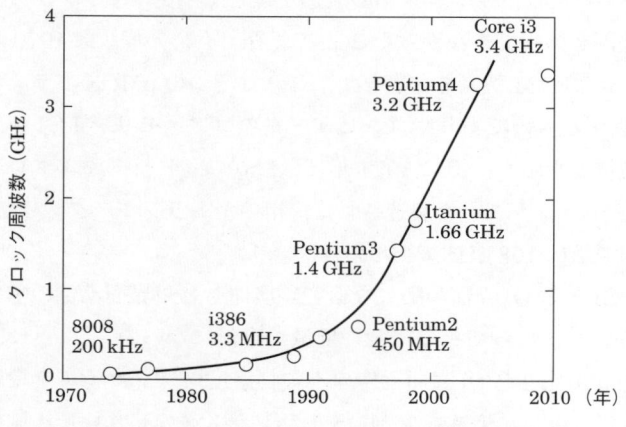

図1.5 マイクロプロセッサのクロック周波数の増大
（Intel社発表資料による）

の低抵抗化及び配線間キャパシタンスの低減，低電圧及び低消費電力回路，低損失パッケージなどの開発が続いている．

1.3 バイポーラデバイスの進展

バイポーラトランジスタは，1947年にBardeenとBrattainによって発表されたGeポイントコンタクトのトランジスタ[13]に始まる．更に，Shockleyによる接合形トランジスタの発明[14]が実用的なバイポーラトランジスタの原型になった．その後，改良が続けられドリフトベースの合金形トランジスタ[15]や拡散ベースのメサ形トランジスタが開発され，遮断周波数 (f_T) は数百MHz以上が実現された．1959年には素材はGeからSiに代わり，バイポーラICとして使われるSiエピタキシャルプレーナトランジスタが開発された．論理回路として，DTL (Diode-Transistor-Logic)，TTL (Transistor-Transistor-Logic)，ECL (Emitter-Coupled-Logic) などが開発されるとともに，高速化に向けたプロセス技術の革新があった．高速バイポーラトランジスタは主に大形コンピュータ用に開発されてきたが，LSIに向けてはその消費電力の大きさから20kゲート程度が集積度の限界であり，この分野は完全にCMOSに置き換わった．

図1.6にECL基本ゲート遅延時間と遮断周波数 f_T の推移を示す．1970

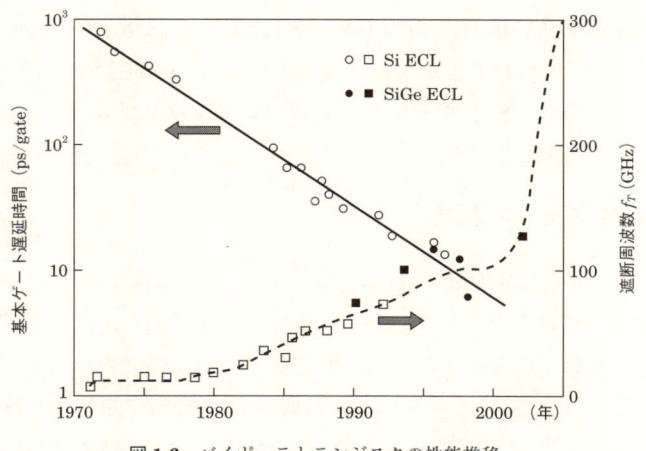

図1.6 バイポーラトランジスタの性能推移

年頃に，ウオッシュドエミッタ技術により f_T は 2 GHz 以上になり，ECL 基本ゲート遅延は 1 ns/gate を切るようになった．素子間分離はそれまでの pn 接合に代えて厚い Si 酸化膜で分離するアイソプレーナ技術[16]が実用化されたことの寄与も大きい．これらにより寄生キャパシタンスが大きく削減された．更に，DOPOS（Doped Poly Silicon）技術による浅いエミッタ形成は高速化を前進させた．1980 年には，セルフアライン化による微細化を図った SST（Super Self-aligned Process Technology）[17]が開発され，NTL（Non-threshold Transistor Logic）による基本ゲート遅延 63 ps/gate が達成された．このほかにも各種のセルフアライン構造[18],[19]が発表され，f_T は 50 GHz まで高速化され ECL 基本ゲート遅延は 20 ps/gate を切るようになった．しかしながら，動作速度の向上は頭打ちになり，これを打ち破るため SiGe による狭いバンドギャップベース HBT（Hetero Bipolar Transistor）[20]が開発された．化合物半導体を使った HBT は早くから研究されてきたが，Si についてはヘテロ接合を構成する適当な半導体材料がなく，SiGe によるヘテロエピタキシャル成長技術の開発によってようやくデバイス化が可能になった．SiGe をベース層に用いれば高キャリヤ移動度とバンドオフセットによる効果に加え，Si との格子定数の違いによるひずみを利用したキャリヤ移動度の更なる増加も利用できる．f_T は 300 GHz を超えるものが報告[21]されている．マイクロ波やミリ波用の高速アナログ分野において，当初は GaAs 系あるいは InP 系の HBT や HEMT（High Electron Mobility Transistor）が使われてきたが，低コストの SiGe の HBT や高速 CMOS に置き換わっている．SiC などによる広いバンドギャップエミッタ[22]を用いた HBT も研究されている．

1.4　ULSI メモリの進展

SRAM（Static Random Access Memory）は，記憶部にフリップフロップ回路を用いているためリフレッシュ操作が不要であり，記憶保持状態での消費電力を極めて小さくすることができる．高速な情報の出し入れが可能な点を生かしたキャッシュメモリや低消費電力の携帯型機器など比較的データ量の少ない用途に用いられる．ロジックと同じプロセスで製造できるた

め SOC（System On a Chip）の混載メモリとして使われてきたが，6 トランジスタで 1 bit を構成するため大容量化には不利である．このため DRAM や次に述べるフラッシュメモリほどの集積規模の進展は見られない．

図 1.1 に示すように，1970 年に発表された 1 kbit DRAM を皮切りに DRAM の集積度は 3 年で 4 倍のペースで増大してきており，64 Gbit DRAM も製造可能になっている．集積度の増大は微細加工によるセル面積の縮小とチップ面積の増大及びウェーハの大口径化更に回路的な工夫による．図 1.7 に示すようにこれらはメモリビット単価の急激な低下を可能とし，これにより需要の拡大が生産量の増大をもたらすこととなる．セル面積は $8F^2$（F：Feature size，最小加工寸法）が主流だったが，$6F^2$ が開発され，将来的には $4F^2$ が導入される見通しである．$4F^2$ のためにトランジスタとキャパシタを積層する工夫などがなされている．セル面積の縮小は，リソグラフィーをはじめとする微細加工プロセス及び材料の革新による．歴史的には，4 kbit から 1 トランジスタ/1 キャパシタ構成のメモリセルが採用されて，プレーナ構造からトレンチキャパシタ構造及びスタックキャパシタ構造となり，その延長のシリンダキャパシタ構造などになっている．回路設計では，ビット信号線の折返しによる雑音相殺方式や回路分割による雑音低減方式が

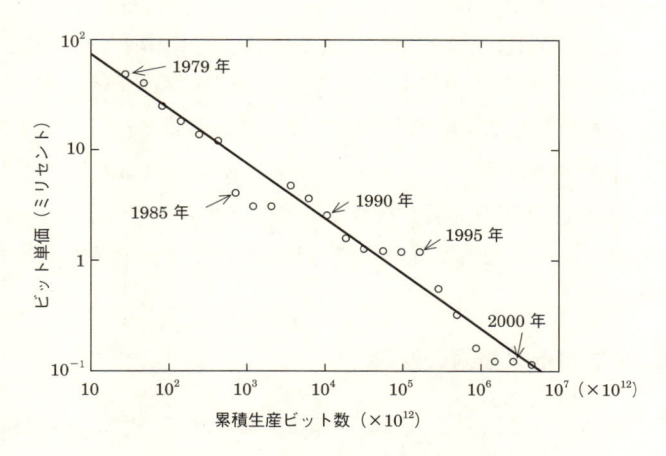

図 1.7　DRAM のビット単価の推移
（出典：マイクロン社資料）

提案され，広く実用化されてきた．セルが小さくなり電極にもポリシリコンに代わって金属材料を使うようになると寄生抵抗と読出し抵抗が減少して読出し電流が多く取れるため，折返しビット線方式に代わって再びオープンビット線方式が取り入れられるようになっている．

一方，電源を切っても記憶が消去されない不揮発性メモリは 1967 年にベル研究所の Kahng らにより提案[23]されて以来，様々な構造が研究されてきた．EEPROM（Electrically Erasable Programable Read Only Memory）[24]は，NOR 形あるいは NAND 形フラッシュメモリ[25]として大きく発展した．フラッシュメモリは，EEPROM と同じフローティングゲートあるいはゲート絶縁膜中のトラップへの電荷蓄積を利用する構造のメモリであるが，1 セルで 1 ビットあるいは多値ビット記憶が可能である．EEPROM と違いバイト単位の書換えはできず，あらかじめブロック単位で消去してから書込みを行う．書換え可能回数は 100 万回が限度であるが，実用上は規模によるが 1 万回程度としている．NOR 形はバイト単位の高速読出しは可能であるが，書換えは低速である．マイコン応用機器のシステムメモリとしてゲーム機器などに先行して使われた．NAND 形は高集積化に向いているが，1 バイト単位の読出しはできずランダムアクセスによる読出しが低速である欠点を持つ．図 1.1 において，1 Gbit 以上すなわちチップ上の素子数が 10^9 以上では NAND 形フラッシュメモリが集積度の増大を牽引してきた．NAND 形フラッシュメモリは価格の低下に伴い，フロッピーディスク置換えの USB メモリとして一般化し，パソコンに内蔵してハードディスクと同様の機能に使われ始めた．ノートパソコンに要求される軽量，小形，低電力動作，耐衝撃性などの特徴を持つためハードディスクを置き換える SSD（Solid State Drive）として徐々に浸透しつつあるが，価格的にはまだ相当の開きがある．

1.5 ULSI プロセス技術の変遷

ULSI が製品として出荷されるまでには，図 1.8 に示すように製品企画から始まって設計，試作，製造，検査などを経るが，要素プロセス技術はそれらに先行して開発する必要がある．素子の微細化を牽引する縮小投影露光に

第1章 序　論

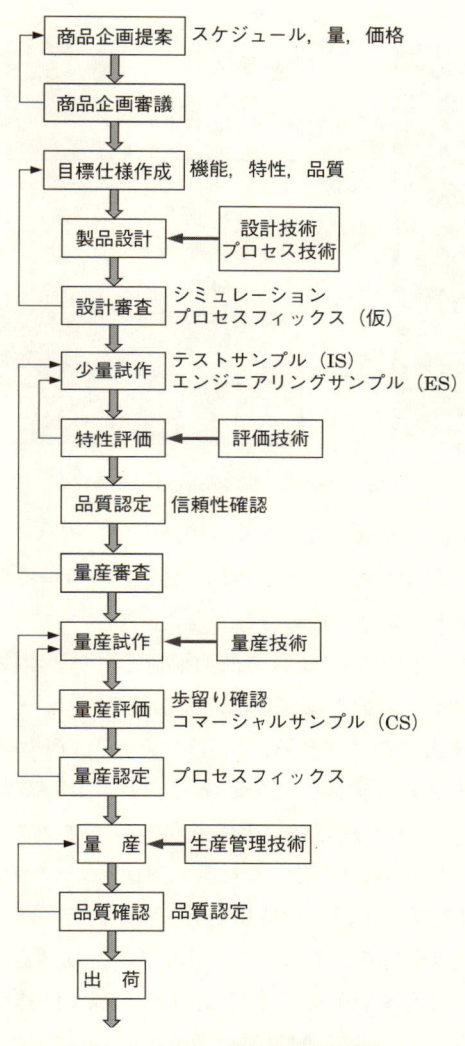

```
┌─────────────┐
│ 商品企画提案 │ スケジュール，量，価格
└─────────────┘
      ↓
┌─────────────┐
│ 商品企画審議 │
└─────────────┘
      ↓
┌─────────────┐
│ 目標仕様作成 │ 機能，特性，品質
└─────────────┘
      ↓
┌─────────────┐      ┌─────────────┐
│   製品設計   │←───│  設計技術    │
└─────────────┘      │ プロセス技術 │
      ↓              └─────────────┘
┌─────────────┐
│   設計審査   │ シミュレーション
└─────────────┘  プロセスフィックス（仮）
      ↓
┌─────────────┐
│   少量試作   │ テストサンプル（IS）
└─────────────┘  エンジニアリングサンプル（ES）
      ↓
┌─────────────┐      ┌─────────────┐
│   特性評価   │←───│   評価技術   │
└─────────────┘      └─────────────┘
      ↓
┌─────────────┐
│   品質認定   │ 信頼性確認
└─────────────┘
      ↓
┌─────────────┐
│   量産審査   │
└─────────────┘
      ↓
┌─────────────┐      ┌─────────────┐
│   量産試作   │←───│   量産技術   │
└─────────────┘      └─────────────┘
      ↓
┌─────────────┐
│   量産評価   │ 歩留り確認
└─────────────┘  コマーシャルサンプル（CS）
      ↓
┌─────────────┐
│   量産認定   │ プロセスフィックス
└─────────────┘
      ↓
┌─────────────┐      ┌─────────────┐
│    量　産    │←───│ 生産管理技術 │
└─────────────┘      └─────────────┘
      ↓
┌─────────────┐
│   品質確認   │ 品質認定
└─────────────┘
      ↓
┌─────────────┐
│    出　荷    │
└─────────────┘
```

図 **1.8**　ULSI の製品化までの過程

よるリソグラフィーの進展をはじめとして，リアクティブイオンエッチング，不純物イオン注入，薄膜堆積，Si 熱酸化，ゲート絶縁膜形成，アニール，コンタクト及び配線形成，ウェーハ洗浄及びクリーン化などの技術が革新されてきた．これらのプロセス技術の将来課題は半導体ロードマップ[26]で明

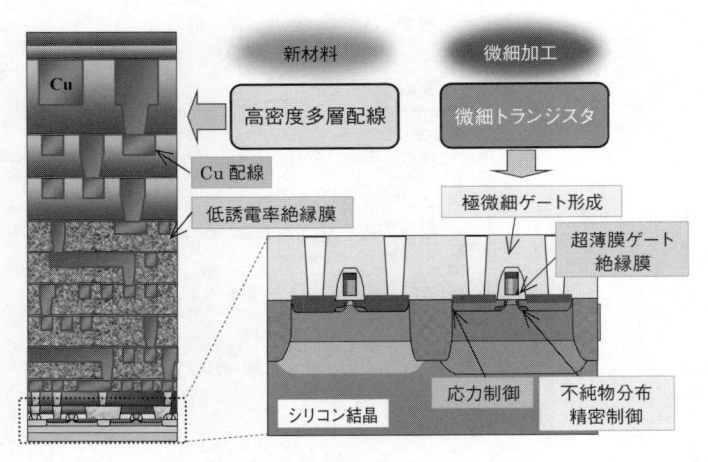

図 1.9 CMOS の断面構造と主な要素技術

示されている．半導体デバイスメーカーでは主に，デバイス構造，素子分離構造，多層配線構造の研究開発が行われ，材料メーカーや製造装置メーカーと歩調を合わせて先行開発が進められてきた．

図 1.9 に ULSI に用いる CMOS の断面構造と主な要素技術を示す．MOS トランジスタプロセスの大きな課題は，大口径 Si ウェーハを用いた微細加工技術と新材料技術に分けられる．前者については極微細ゲート寸法の精密加工及び超薄膜ゲート絶縁膜開発がある．デバイスの微細化に伴い，浅い pn 接合形成とウェーハ深さ及び平面方向の不純物プロファイルの精密制御が重要になる．LSI 製造に用いる材料は Si ウェーハのほかには，SiO_2, Si_3N_4, ポリ Si, Al 配線など僅か数種類であったが，デバイス性能及び信頼性向上のために高融点金属及びそれらのシリサイド，高誘電膜などが使われるようになった．高密度多層配線構造では，Cu 配線と低誘電率の層間絶縁膜が不可欠になっている．更に各配線層の平坦化加工のために CMP (Chemical Mechanical Polishing) が多用されている．

LSI の市場競争力を高めるためには，性能向上のほかにチップコストの低減が不可欠である．チップコストはウェーハ製造コストに比例し，チップ面積と製造歩留りに反比例する．製造歩留りはチップ面積と有効欠陥密度の関数になる．一般に，一定の環境で微細化を進めると有効欠陥密度は増加する．

ULSI の製造にあたっては，これらの関係を踏まえて最適な加工寸法とプロセス技術更にチップ面積を選択することが重要である．

文　献

(1)　J. Kilby, USP3138743, "Miniaturized electronic circuits," 1959.
(2)　R. Noyce, USP2981877, "Semiconductor device and lead structure," 1959.
(3)　M. E. Hoff Jr., Electronics, p. 68, 1970.
(4)　R. Noyce and M. E. Hoff Jr., "A history of microprocessor development at Intel," IEEE MICRO, p. 8, 1981.
(5)　J. E. Lilienfeld, USP1900018, "Devices for controlled electric current," filed by March 1928.
(6)　D. Kahng and M. M. Attala, "Silicon-silicon dioxide field induced surface devices," IRE Solid State Device Research Conf., 1960.
(7)　D. Kahng, USP3102230, "Electric field controlled semconductor device," 1960.
(8)　R. M. Burger and R. P. Donovan, Fundamentals of Silicon Integrated Device Technology, 1966, 菅野卓雄監訳, シリコン集積素子技術の基礎, 1970.
(9)　B. E. Deal and A. S. Grove, "General relationship for the thermal oxidation of silicon," J. Appl. Phys., vol. 36, p. 3770, 1965.
(10)　B. E. Deal, "Standardized terminology for oxide charges associated with thermally. oxidized silicon," J. Electrochem. Soc., vol. 127, p. 979, 1980.
(11)　J. A. Appels, E. Kooi, M. M. Paffen, J. J. H. Schiorje, and W. H. C. G. Verkuylen, "Local oxidation of silicon and its application in semiconductor technology," Philips Tech. Rep., vol.25, pp.118-132, 1970.
(12)　R. Dennard, USP3387286, "Field-effect transistor memory," 1968.
(13)　W. H. Bardeen and J. Brattain, "A semiconductor triode," Phys. Rev., vol. 74, p. 230, 1948.
(14)　W. Shockley, "The theory of p-n junctions in semiconductors and p-n junction transistors," Bell Sys. Tech. J., vol. 28, p. 435, 1949.
(15)　H. Kromer, Naturwissens haften, vol. 40, p. 578, 1953.
(16)　D. Peltzer and B. Horndon, "Isolation method shrinks bipolar cells for fast, dense memories," Electronics, p. 51, 1971.
(17)　T. Sakai, Y. Kobayashi, H. Yamauchi, M. Sato, and T. Makino, "High speed bipolar ICs using super self-aligned process technology," Proc. 12th Conf. on Solid State Dev., p. 67, 1980.
(18)　T. Nakamura, K. Nakazato, T. Miyazaki, T. Okabe, and M. Nagata, "Integrated 84 ps ECL with IIL," ISSCC Dig. Tech Papers, p. 152, 1984.
(19)　K. Ueno, H. Goto, E. Sugiyama, and H. Tsunoi, "A sub-40 ps ECL circuit at a switching current of 1.3 mA," IEDM Tech. Dig., p. 371, 1987.
(20)　J. D. Cressler, "SiGe HBT technology: A new contender for Si-based RF and microwave circuit applications," IEEE Trans. on Microwave Theory and Techniques, vol. 46, no. 5, p. 572-588, 1998.
(21)　M. Khater, J. S. Rieh, et al., "SiGe HBT technology with f_{max}/f_T = 350/300 GHz and gate

delay below 3.3 ps," IEDM Tech. Dig., p. 247-250, 2004.
(22) T. Sugii, T. Yamazaki, and T. Ito, "Current gain and low emitter resistance with the $SiC_x:F$ widegap emitter," Jpn. J. Appl. Phys., vol. 30, no. 6A, pp. L970-L972, 1991.
(23) D. Kahng and S. M. Sze, "A floating gate and its application to memory devices," Bell Sys. Tech. J., vol. 46, p. 1283, 1967.
(24) D. Frohmann-Bentchkowsky, J. Mar, G. Perlegos, and W. S. Johnson, USP 4203158, "Electrically programmable and erasable MOS floating gate memory device employing tunneling and method of fabricating same," 1980.
(25) 舛岡富士夫, 特許公報 出願公告 昭61-39752.
(26) 例えば, International Technology Roadmap for Semiconductors (ITRS 2009 Edition), ⓒ Semiconductor Industry Association (英語版及び JEITA 訳版).

第 2 章

バイポーラトランジスタの動作機構

　シリコンバイポーラトランジスタ（Si BJT）は，MOS デバイスに比べて高速性や負荷駆動力に優れた特徴を持っている．各種のトランジスタの中でシリコンバイポーラトランジスタは最も長い歴史があり，製造プロセス技術及びデバイス設計技術の進展とともに，大形計算機，光通信や高速データ伝送システム及び無線通信用システムなど高速動作が要求される LSI の高速論理回路や高周波アナログ回路用として広く使われてきた．しかしながら，1990 年代後半頃には，Si 単独構成のデバイスであるために Si BJT の動作速度が物理的限界に近づいてきた．そのような折に，その壁を乗り越えるデバイスとして，ベースのバンドギャップ幅を自由に設計できる SiGe ヘテロ接合バイポーラトランジスタ（SiGe HBT）が登場し，注目されるようになった．それ以来，インターネットや携帯情報機器などの爆発的な普及と相まって，SiGe HBT は広く研究開発されるようになり，現在に至るもめざましい進展を遂げている．

　高速動作だけであれば，Ⅲ-Ⅴ族化合物 HBT も優れた性能を持っているが，SiGe HBT はベースがシリコンであるために，最先端のシリコンプロセス技術がそのまま流用できることから精度良く微細加工ができ，製造コストも安く高集積化できる特徴を持っている．そのために，バイポーラトランジスタと MOS を 1 チップに搭載して，高周波，高電流駆動アナログバイポーラ回路と高密度，低消費電力の CMOS 回路で構成した高機能バイポーラ CMOS

（BiCMOS）を容易に作ることができるようになった．

本章では，Si BJT と SiGe HBT の電気的特性を理解する上での基礎として，まず Si だけで構成された pn 接合ダイオードの理論と Si BJT の動作理論を解説してから，SiGe HBT に特有の動作理論を述べる．その後，SiGe HBT を中心とした高性能化デバイスの現状と今後への指針を述べる．

2.1　Si pn 接合ダイオードの理論

2.1.1　pn 接合の構造と接合キャパシタンス

一つの半導体結晶で p 形と n 形が互いに接しているものを pn 接合（pn junction）という．この接合の境界には異種キャリヤの濃度差ができていることから，n 形の電子と p 形の正孔は互いに相手領域内に拡散し，接合近傍のそれぞれの多数キャリヤと再結合して消滅する．その後にドナー，アクセプタの固定電荷を残して，図 2.1 (a) に示すように，空間電荷層（space charge layer）を形成する．この層はキャリヤがほとんど存在しないことから，空乏層（depletion layer）ともいう．空間電荷層内の固定電荷で生じた電界は，電子を n 形へ，正孔を p 形へ戻す役割をする．熱平衡状態では，この移動と先に述べた電子と正孔の拡散による移動とがつり合っている．

半導体中を流れる正孔電流密度 $J_p(x)$ と電子電流密度 $J_n(x)$ の一般式は

$$J_p(x) = q\mu_p p(x) E(x) - qD_p \frac{dp(x)}{dx} \tag{2.1}$$

$$J_n(x) = q\mu_n n(x) E(x) + qD_n \frac{dn(x)}{dx} \tag{2.2}$$

と与えられる．それぞれの式の右辺の第 1 項は電界によるドリフト電流成分で，第 2 項はキャリヤ濃度勾配による拡散電流成分である．ただし，q は電子電荷，$\mu_p(\mu_n)$ は正孔（電子）の移動度，$D_p(D_n)$ は正孔（電子）の拡散係数，$p(x)$ と $n(x)$ はそれぞれ距離 x での正孔濃度と電子濃度，$E(x)$ は x での電界である．

図 2.1 (b) に pn 接合のエネルギーバンド図を示す．熱平衡状態にある接合部の電位障壁，すなわち内蔵電位（ビルトイン電位：built-in potential）または拡散電位（diffusion potential）という電位差 V_b は，式 (2.1) の $J_p(x)$ を

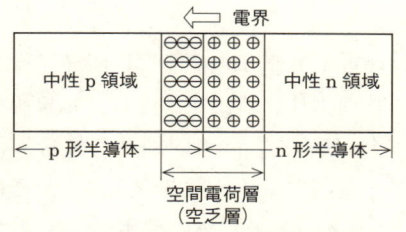

第2章 バイポーラトランジスタの動作機構

（a） 空間電荷層（空乏層）の形成

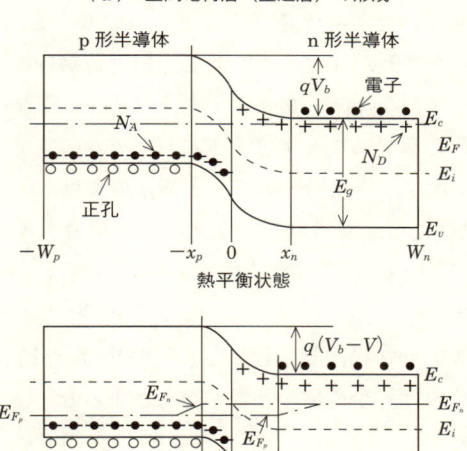

（b） pn 接合のエネルギーバンド図

図 2.1　pn 接合ダイオードの空間電荷層（空乏層）とバンド構造

0 と置き，また，アインシュタインの関係式 $D_p = (kT/q)\mu_n$（k：ボルツマン定数，T：温度）と，空間電荷層内電位を $V(x)$ としたとき，$E(x) = -dV(x)/(dx)$ の関係を用い，n 側の空乏層端 x_n から p 側の空乏層端（$-x_p$）までの正孔濃度を積分することにより，次式のように表される．

$$V_b = \frac{kT}{q} \cdot \ln \frac{N_A N_D}{n_i^2} \tag{2.3}$$

ただし，熱平衡状態の中性 p 領域の正孔濃度 p_{p0} をアクセプタ濃度 N_A で，中性 n 領域の正孔濃度 p_{n0} を n_i^2/N_D（N_D：ドナー濃度，n_i：真正キャリヤ濃度）

と置き換えている.

　pnダイオードに外部電圧を順方向にVだけ印加すると,そのほとんどはpn接合部にかかり,図2.1(b)に示すように,電位障壁はV_bからVだけ低くなる.空間電荷層も狭くなり,層内電界が弱くなるから拡散の流れが強くなり,p領域からn領域に正孔が注入され,またその逆にn領域からp領域には電子が注入される.そのために,熱平衡状態ではp形とn形半導体の全域で一致していた正孔と電子のフェルミ準位,E_Fは,外部電圧を印加すると,過剰キャリヤが存在する区間と空間電荷層内のフェルミ準位は正孔と電子で一致しなくなる.準フェルミ準位(quasi Fermi level)という概念を導入し,正孔の準フェルミ準位をE_{Fp},電子の準フェルミ準位をE_{Fn}として図2.1(b)に示す.空乏層内のE_{Fn}とE_{Fp}の差はqVとなる.

　pn接合内の電位分布,電界分布,空乏層幅,接合キャパシタンスは不純物分布に依存して異なる.以下に代表的な二つの不純物分布について述べる.

(1) 階段接合

　不純物分布がステップ状に変化している階段接合(abrupt junction)内の電界$E(x)$の分布は,半導体の誘電率をεとすると,ポアソンの方程式

$$\varepsilon \frac{dE(x)}{dx} = q(N_D - N_A - n(x) + p(x)) \tag{2.4}$$

を解くことにより得られる.得られた電界分布を図2.2(a)に示す.

　接合内最大電界は接合面に存在し,その電界E_mは

$$E_m = \left(\frac{2q}{\varepsilon} \cdot \frac{N_A N_D}{N_A + N_D} \right)^{1/2} (V_b - V)^{1/2} \tag{2.5}$$

で与えられる.

　空乏層幅Wは

$$W = \left(\frac{2\varepsilon}{q} \cdot \frac{N_A N_D}{N_A + N_D} \right)^{1/2} (V_b - V)^{1/2} \tag{2.6}$$

となる.n領域の空乏層厚さx_nとp領域の空乏層厚さx_pとの関係は

$$\frac{x_n}{x_p} = \frac{N_A}{N_D} \tag{2.7}$$

と与えられる.

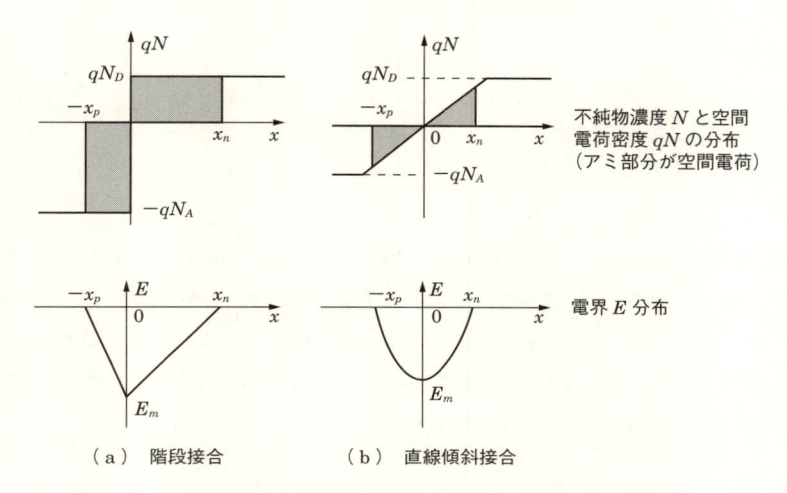

第2章 バイポーラトランジスタの動作機構

(a) 階段接合   (b) 直線傾斜接合

図 2.2　pn 接合の不純物，空間電荷，電界分布

不純物濃度に極端な差がある場合の空乏層は低不純物濃度側のみに広がる．このような接合を片側階段接合（one-sided abrupt junction）という．

空層での単位面積当りのキャパシタンス C は

$$C = \frac{\varepsilon}{W} = \left(\frac{q\varepsilon}{2} \cdot \frac{N_A N_D}{N_A + N_D}\right)^{1/2} (V_b - V)^{1/2} \tag{2.8}$$

で与えられる．

(2) 直線傾斜接合

不純物濃度が距離に対して直線的に変化する直線傾斜接合（linearly graded junction）内の電界分布は，不純物濃度分布の傾きを a としてポアソン方程式

$$\varepsilon \frac{dE(x)}{dx} = qax \tag{2.9}$$

を解くことにより得られる．得られた電界分布を図 2.2 (b) に示す．

接合内最大電界 E_m は接合面に存在し，以下の式で与えられる．

$$E_m = \frac{3}{2}\left(\frac{qa}{12\varepsilon}\right)^{1/3} (V_b - V)^{2/3} \tag{2.10}$$

空乏層幅 W と pn 接合の単位面積当りのキャパシタンス C は，次式で表

される．

$$W = \left(\frac{12\varepsilon}{qa}\right)^{1/3} (V_b - V)^{1/3} \tag{2.11}$$

$$C = \left(\frac{qa\varepsilon^2}{12}\right)^{1/3} (V_b - V)^{-1/3} \tag{2.12}$$

実際の pn 接合は均一不純物分布を持った基板に，異なる種類の不純物を拡散またはイオン注入することによって形成されることが多い．この場合の接合は上記の接合とは正確には異なるが，**図 2.3** に示すように，順方向電圧または逆方向低電圧を印加した場合には直線傾斜接合，逆方向高電圧印加の場合には片側階段接合に近似の振舞いとなる．

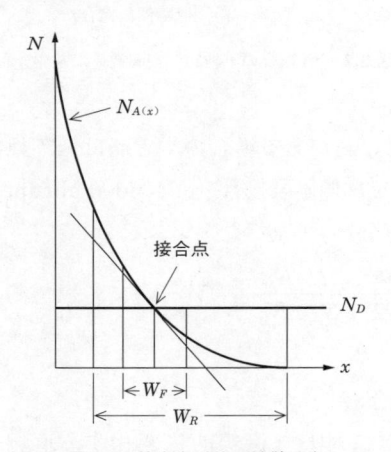

図 2.3 接合点近傍の拡散分布

2.1.2 順方向電流特性

pn 接合ダイオードに順方向電圧を印加すると，p 領域から n 領域へ正孔が，また n 領域から p 領域に電子が注入される．電流特性はこれら過剰少数キャリヤ（excess minority carrier）の挙動によって決定される．

以下では，特に記さない限り，n 領域に注入された過剰正孔の挙動を考える．更に，計算を簡単にするために，n 側の接合幅 x_n が狭く，n 領域の接合端を $x = 0$ とみなすことにする．

接合端から注入された正孔は，n 領域を進むにつれて再結合により消滅し

ていく．単位距離を動く間に再結合により消滅する単位時間当りの正孔濃度は，正孔電流密度を $J_{pn}(x)$ とすると，$(1/q)\cdot dJ_{pn}(x)/dx$ で表せる．そこで正孔が消滅するのは，図2.1 (b) に示す真性フェルミ準位 E_i 近くにある再結合中心を介して電子と再結合するからである．x に存在する正孔濃度を $p_n(x)$，熱平衡状態正孔濃度を p_{n0}，正孔寿命を τ_p とすると，過剰正孔が再結合により単位時間当りに消滅する濃度は $(p_n(x)-p_{n0})/\tau_p$ と表されるので，定常状態での正孔の連続式（continuity equation）は

$$\frac{1}{q}\frac{dJ_{pn}(x)}{dx} = -\frac{p_n(x)-p_{n0}}{\tau_p} \tag{2.13}$$

と書ける．

p 領域内の電子の挙動並びに電子に連続式も同様にして求められる．

（1） 低注入拡散電流

pn 接合ダイオードに低直流電圧 V を印加した場合，上述したように印加電圧はほとんど空乏層にかかり，ビルトイン電圧 V_b は (V_b-V) に減少する．それにより n 領域の接合端 $x=0$ での正孔濃度 $p_n(0)$ は

$$p_n(0) = p_{n0}\exp\left(\frac{qV}{kT}\right) \tag{2.14}$$

に増加する．増加した正孔，すなわち注入した正孔は，n 領域中を電子と再結合しながら拡散をし，n 領域端部の電極部 $x=W_n$ では 0 となる．すなわち

$$p_n(W_n) = p_{n0} \tag{2.15}$$

となる．

n 領域の電子濃度 n_n が注入正孔濃度より極めて高い場合，n 領域中の電界は無視できるほど小さいので，式 (2.1) の $J_{pn}(x)$ は右辺第2項の拡散電流成分のみとなる．したがって，$p_n(x)$ はこの式を式 (2.13) に代入し，式 (2.14) と式 (2.15) の境界条件で解くことにより

$$p_n(x) = p_{n0}\left\{\exp\left(\frac{qV}{kT}\right)-1\right\}\frac{\sinh\left(\dfrac{W_n-x}{L_p}\right)}{\sinh\left(\dfrac{W_n}{L_p}\right)} + p_{n0} \tag{2.16}$$

と得られる.ただし,L_p は正孔の拡散長(diffusion length)で,$L_p = \sqrt{D_p \tau_p}$.

$J_{pn}(x)$ は式 (2.16) を式 (2.13) に代入することにより得られる.ここでは,$J_{pn}(x)$ が最大電流密度となる,pn 接合を通って n 領域接合端に流れ込む正孔の拡散電流密度 J_p を記すと

$$J_p = J_{pn}(0) = \frac{qD_p}{L_p} p_{n0} \coth\left(\frac{W_n}{L_p}\right)\left\{\exp\left(\frac{qV}{kT}\right) - 1\right\} \tag{2.17}$$

となる.$J_{pn}(x)$ が電極部に向かうにつれて減少するのは,多数キャリヤの電子電流密度 $J_{nn}(x)$ に置き換わるからである.$J_{pn}(x)$ と $J_{nn}(x)$ を加えた電流密度は常に一定で,J_p である.

n 領域から p 領域端に流れ込む電子の拡散電流密度 J_n は同様にして求められるから,pn 接合ダイオード中を流れる全電流密度 J は次式で表される.

$$J = J_p + J_n = J_0 \left\{\exp\left(\frac{qV}{kT}\right) - 1\right\} \tag{2.18}$$

ここで,J_0 は飽和電流密度で

$$J_0 = \frac{qD_p p_{n0}}{L_p} \coth\left(\frac{W_n}{L_p}\right) + \frac{qD_n n_{p0}}{L_n} \coth\left(\frac{W_p}{L_n}\right) \tag{2.19}$$

と与えられる.ただし,n_{p0}:p 領域の熱平衡電子濃度,L_n:電子の拡散長,W_p:p 形半導体の接合端から電極端までの距離とする.

式 (2.19) の飽和電流密度は,$W_n \gg L_p$,$W_p \gg L_n$ のとき

$$J_0 = \frac{qD_p p_{n0}}{L_p} + \frac{qD_n n_{p0}}{L_n} \tag{2.20}$$

となり,$W_n \ll L_p$,$W_p \ll L_n$ のとき

$$J_0 = \frac{qD_p p_{n0}}{W_n} + \frac{qD_n n_{p0}}{W_p} \tag{2.21}$$

と近似できる.

(2) 高注入拡散電流

順方向印加電圧が高くなり,少数キャリヤ濃度が多数キャリヤ濃度と同程度かそれ以上に注入されると,n 領域や p 領域のバルク内にも電界が生じる.

p^+n 接合のダイオードの n 領域に高水準の正孔が注入された場合を考える.その領域では多数キャリヤである電子の電流は流れず,また電荷中性

条件 $(n_n(x) = p_n(x) + N_D)$ が近似的に成立していると置けるから，式 (2.2) から $E(x)$ は

$$E(x) = -\frac{kT}{q} \cdot \frac{1}{p_n(x) + N_D} \cdot \frac{dp_n(x)}{dx} \tag{2.22}$$

となる．

$p_n(x) \gg N_D$ のとき，この式を式 (2.1) に代入することにより，正孔電流密度 $J_{pn}(x)$ は，

$$J_{pn}(x) = -2qD_p \frac{dp_n(x)}{dx} \tag{2.23}$$

となる．この式は拡散係数が見掛け上低注入拡散係数の 2 倍になった拡散電流密度と等価である．この式を式 (2.13) に代入すると，低注入拡散電流の導入法と同様にして，n 領域の接合端を流れる正孔電流密度 J_p が求められる．ただし，そのときの境界条件，式 (2.14) と式 (2.15) のうち，前者の式の右辺の V を pn 接合にかかる電圧 V_1 に置き換え，n 領域のバルクにかかる電圧 V_n ($=V-V_1$) を，式 (2.22) から

$$V_n = -\int_0^{W_n} E(x)dx = V_1 + \frac{2kT}{q} \cdot \ln\frac{n_i}{N_D} \tag{2.24}$$

と求めておく必要がある．

その結果，J_p-V 特性は次式のように得られる．

$$J_p = q\frac{\sqrt{2}D_p n_i}{L_p} \coth\left(\frac{W_n}{\sqrt{2}L_p}\right) \exp\left(\frac{qV}{2kT}\right) \tag{2.25}$$

実際のダイオードにおいて，この高注入電流領域に入って，障壁 ($V_b - V$) が相当小さくなるとバルクの直列抵抗が効いてくる．そのため，この電流は，**図 2.4** に示す電流-電圧特性でははっきりと観測できない場合が多い．

(3) 空乏層内キャリヤ再結合電流

pn 接合の空乏層を過剰少数キャリヤが通過する際，キャリヤの一部がエネルギーバンドギャップの中央付近に存在する準位（再結合中心）を介して多数キャリヤと再結合する．この再結合によって流れる電流を再結合電流という．簡単化のために再結合中心がバンドギャップの中心にあり，電子と正孔の捕獲断面積が等しい σ であるとすると，空乏層内で $p \approx n = n_i \exp(qV/(2kT))$ に

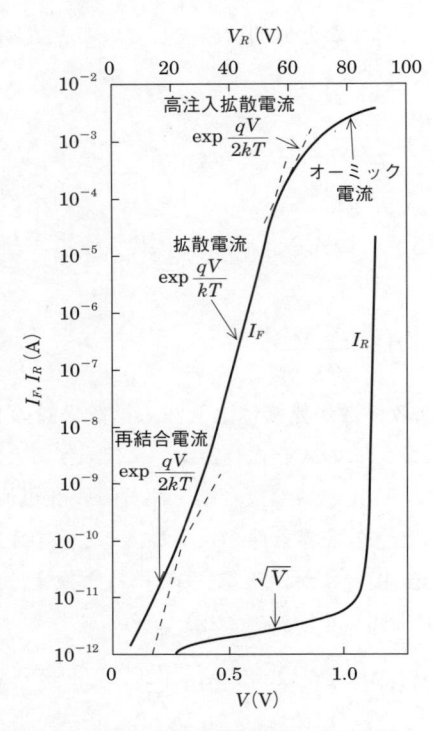

図 2.4 pn 接合の順方向電流-電圧 (I_F-V) 特性と逆方向電流-電圧 (I_R-V) 特性

なるところで再結合割合は最大となる．この最大再結合割合 $U_{\max}$ は，SRH モデル (Shockley-Read-Hall model)[1],[2] より

$$U_{\max} = \frac{1}{2} \cdot \frac{n_i}{\tau_0} \cdot \exp\left(\frac{qV}{2kT}\right) \tag{2.26}$$

で与えられる．ただし，τ_0：少数キャリヤの寿命で $1/\tau_0 = \sigma V_{\mathrm{th}} N_t$，$V_{\mathrm{th}}$：電子の熱速度，$N_t$：再結合中心濃度とする．

空乏層で再結合する電流密度，すなわち再結合電流密度 J_{rec} は，$U_{\max}$ を空乏層全体で積分することにより，近似的に

$$J_{\mathrm{rec}} = q \int_0^W U_{\max}\, dx = \frac{1}{2} qW \frac{n_i}{\tau_0} \cdot \exp\left(\frac{qV}{2kT}\right) \tag{2.27}$$

と与えられる．ただし，W は空乏層幅で，式 (2.6) と式 (2.11) に示すよ

うに,印加電圧によって変化する.再結合電流は,空乏層がある程度の幅を持ち,また拡散電流がそれほど大きくない低印加電圧領域で現れる.

(4) 表面再結合電流

ダイオードの接合表面は通常,絶縁膜(SiO$_2$膜)で覆われる.そのSi/SiO$_2$接触面にはダングリングボンドが多数存在して局在準位を形成し,再結合中心として働く.接合近傍のキャリヤがこれらの再結合中心を介して再結合する割合は,前述の空乏層内キャリヤ再結合割合と近似的に同一の電圧依存性を示す.したがって,表面再接合電流は空乏層内キャリヤ再結合電流式(2.27)に,ある係数を掛けることにより表現できる.

2.1.3 逆方向電流特性

(1) 拡散電流

n領域の空乏層端から正孔の拡散長L_pまでの距離(n領域の長さW_nがL_pより短い場合にはW_n)で熱的に発生した電子・正孔対のうち,空乏層端に拡散によって達した正孔は,空乏層内の強い電界によってn領域に向かって掃引され,式(2.17)で$V=0$とした電流が流れる.

逆バイアス電圧V_Rが$V_R \gg kT/q$であれば,このような正孔による拡散電流密度J_pは,単位時間中にL_p(まではW_n)内で熱的に発生した正孔電荷に律速した

$$J_p = q\frac{p_{n0}}{\tau_p}L_p = qD_p\frac{p_{n0}}{L_p} \qquad (W_n \gg L_p \text{の場合}) \qquad (2.28)$$

$$J_p = qD_p\frac{p_{n0}}{W_n} \qquad (W_n \ll L_p \text{の場合}) \qquad (2.29)$$

と等価な電流密度で与えられる.

p領域内で熱的に発生した電子による電子電流密度も同様に計算でき,pn接合ダイオードを流れる全拡散電流密度は式(2.19)に示した飽和電流密度と等しくなる.

(2) 空乏層内キャリヤ発生電流

$V_R \gg kT/q$のとき,空乏層内電界が強まるために,層内の再結合中心から熱的に発生した電子・正孔対は直ちに,電子はp領域に,正孔はn領域に引っ張られて電流となる.その電流をキャリヤ発生電流という.

キャリヤ発生電流密度 J_{rec} は

$$J_{rec} = q \frac{n_i}{\tau_0} W \tag{2.30}$$

と表される．空乏層幅 W は逆方向電圧が大きくなるとともに広がり，それに従って J_{rec} は大きくなる．W の電圧依存性は接合の種類によって異なり，階段接合の場合は式 (2.6)，直線傾斜接合の場合は式 (2.11) で与えられる．

（3） 逆方向の降伏

逆方向電圧を大きく増加させると，電流が急激に増大し，降伏に至る．

この原因には，ツェナー降伏（Zener breakdown）と電子なだれ降伏（avalanche breakdown）の二つの機構がある．

高濃度（p^+n^+）接合に高い逆方向電圧を加えると，図 **2.5**(a) に示すように，pn 接合のバンドギャップ幅が極端に狭くなり，p 形の価電子帯にある電子がトンネル効果により接合を通り抜けて伝導帯へ直接遷移し，後に正孔を残す．これらの電子と正孔が自由キャリヤとなって電流を急増させる．この降伏をツェナー降伏という．図 **2.6** に Si pn 接合におけるツェナー降伏及び後述する電子なだれ降伏の臨界電界と不純物濃度の関係[3]を示す．ツェナー降伏は不純物濃度 10^{18} cm^{-3} 以上の高濃度接合で，降伏臨界電界 10^6 V/cm で起き，電流はソフトな上昇特性を示す．

（a） ツェナー降伏　　　（b） 電子なだれ降伏

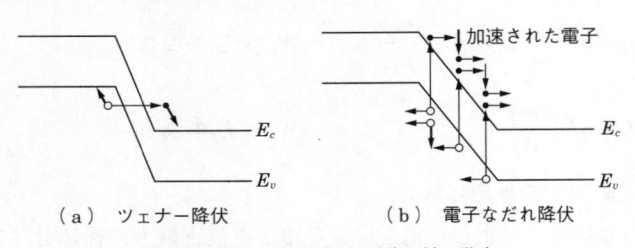

図 **2.5**　降伏による電子と正孔の対の発生

なだれ降伏は図 2.5 (b) に示すように，空乏層内で電界によって加速された電子と正孔が結晶原子と衝突して電子・正孔対を生み出し，それらがまた電子・正孔を生み出すというように，なだれ増倍現象によって生じる．

空乏層端 $x = 0$ から電子電流 $I_e(0)$ が入り，他端 $x = W$ で電子電流 $I_e(W)$ が流れ出た場合，電子なだれ増倍係数（avalanche multiplication factor）

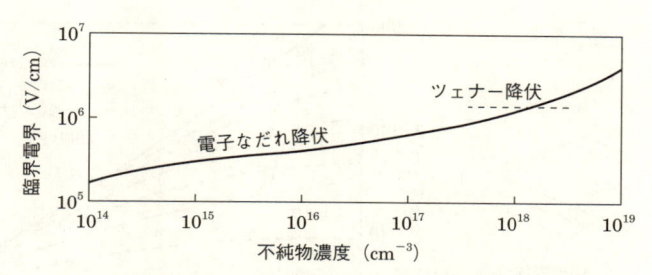

図 2.6 Si pn 接合におけるツェナー降伏及び電子なだれ降伏の臨界電界と不純物濃度の関係

M_e は

$$M_e \equiv \frac{I_e(W)}{I_e(0)} \tag{2.31}$$

と定義される.

正孔に対するなだれ増倍係数 M_h も同じ形で定義される. なだれ降伏は, M_e と M_h のどちらか一方が無限大のときに起こる.

増倍係数 M の実験式は, BV を接合の降伏電圧とすると, 逆方向電圧 V_R を関数として, 次式で与えられる[4].

$$M = \frac{1}{1-\left(\dfrac{V_B}{BV}\right)^n} \tag{2.32}$$

n の値は接合の種類や不純物濃度によって異なるが, Si の場合 2〜3 である.

電子なだれ降伏の臨界電界 E_{BR} の経験式[5]は, 不純物濃度 N（cm^{-3}）の関数として, 次式で表される.

$$E_{BR} = 4 \times 10^5 \left\{ 1 - \frac{1}{3} \log\left(\frac{N}{10^{16}}\right) \right\}^{-1} \quad (V/cm) \tag{2.33}$$

降伏電圧は E_{BR} が分かればポアソンの式から求められる. すなわち, E_{BR} を接合内の最大電圧 E_m と等しく置くことにより, 片側階段接合の場合には式 (2.5) から, また直線傾斜接合の場合には式 (2.10) から決められる. ただし, pn 接合が不純物の拡散で形成される場合, 接合面は図 2.7 (a) に示すように, 円筒形となり, またコーナは球状になっている. このような

（a）拡散領域の構造

（b）接合形状の違いによる降伏電圧 [6]

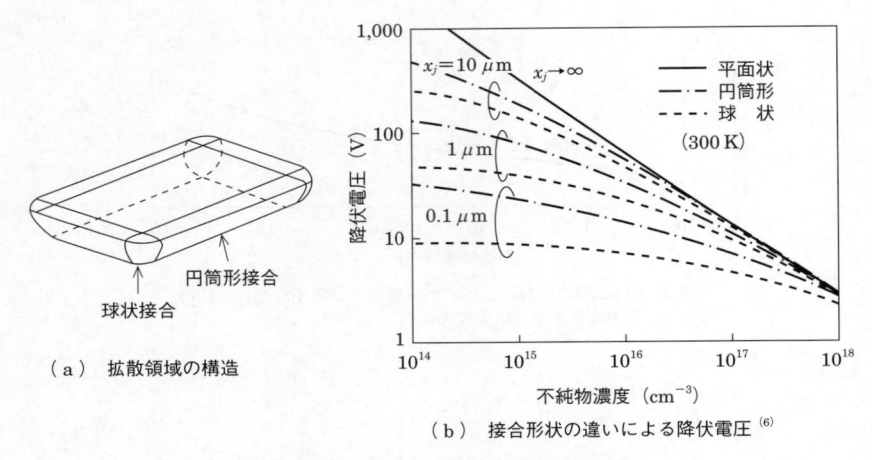

図 2.7　Si 階段接合の降伏電圧の不純物濃度依存性

pn 接合の降伏電圧は平面状の pn 接合より大幅に低下する[6]．図 2.7（b）に接合形状の違いによる降伏電圧を接合深さ x_j をパラメータとして示す．

2.2　バイポーラトランジスタの理論

2.2.1　種類と構造

バイポーラトランジスタの種類は，npn バイポーラトランジスタと pnp バイポーラトランジスタに大別できる[7]．前者はベース領域を走行する少数キャリヤの電子の移動度が後者の正孔の移動度に比べて大きく，またトランジスタ構造をより簡単に作ることができる．そのために，現在は npn トランジスタが専ら使われている．ただ，pnp トランジスタの性能を向上させて，npn トランジスタと組み合わせた相補形バイポーラトランジスタを作れば，後者単独使用のトランジスタより高速で，低消費電力，高耐圧，低雑音の高性能デバイスが実現できる．そのため，早くから研究開発が行われているが[8]，Si BJT では広く使われるまでには至っていない．

図 2.8 に npn バイポーラトランジスタ集積回路（1970 年代）の代表的な断面図とエミッタ領域の中心から深さ方向への不純物分布を示す．n$^+$ 埋込層はコレクタの寄生抵抗を小さくし，またベース・コレクタ基板からなる寄生 pnp トランジスタが働かないように形成している．トランジスタが性能

第2章 バイポーラトランジスタの動作機構

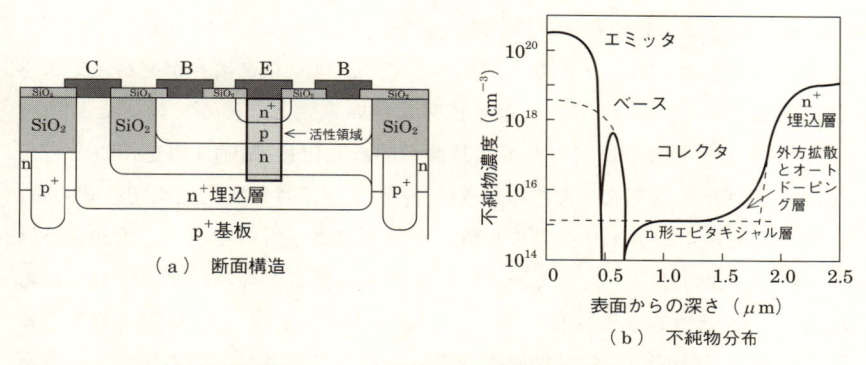

図2.8 (a) 断面構造

図2.8 (b) 不純物分布

図 2.8 従来形 npn トランジスタの断面図と深さ方向不純物分布

良く，高速で動作する領域は太い黒線で囲ったエミッタ直下の領域だけである．この領域を活性領域，その他の領域を不活性領域または外部領域という．不活性領域の部分をなるべく小さくすることが重要である．後述するように，これまでそれらを小さくするプロセス技術や構造上の工夫，革新がなされている．ベースと n^+ 埋込層の間に n エピタキシャル層が入っているのは，コレクタ・エミッタ間の耐圧を上げるためである．

図 2.9 は npn バイポーラトランジスタの代表的な結線であるエミッタ接地接続，及び入力のベース電流 I_B をパラメータとしたコレクタ電流 I_C とコレクタ・エミッタ電圧 V_{CE} 特性を示す．この特性は能動領域または活性領域（active region），飽和領域（saturation region），遮断領域（cut-off

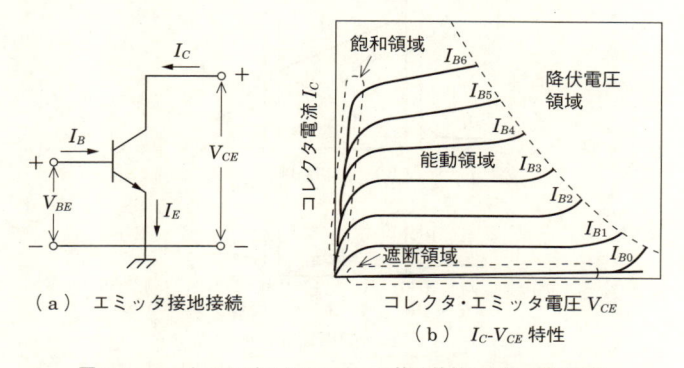

(a) エミッタ接地接続

(b) I_C-V_{CE} 特性

図 2.9 npn トランジスタのエミッタ接地接続と電流-電圧特性

region）の三つの動作領域と降伏電圧領域に分けることができる．

能動領域では，エミッタ接合が順バイアス，コレクタ接合が逆バイアスされているために，I_C は V_{CE} に余り依存しない電流となるが，I_B とともにベース・エミッタ電圧 V_{BE} に対して指数関数的に変化し，増幅作用を持つ．ただ，I_B が大きいときと V_{CE} が大きいときに，I_C が V_{CE} に対して増加傾向を強める．これらは後述するアーリー効果やカーク効果によるものである．飽和領域は V_{CE} が V_{BE} より小さく，エミッタ，コレクタ両接合が順バイアスされている場合で，I_C はコレクタに接続されている負荷抵抗によって制限される．遮断領域はエミッタ，コレクタ両接合とも逆バイアスされている場合で，各電流はほぼ0となる．

トランジスタ内の少数キャリヤ濃度分布を図 **2.10** に示す．飽和領域のベース内分布はエミッタからの電子注入によって形成される電子濃度分布とコレクタからの電子注入によって形成される電子濃度とを重畳した分布となる．これらの動作領域のうち，まず能動領域で，かつエミッタからベースへ

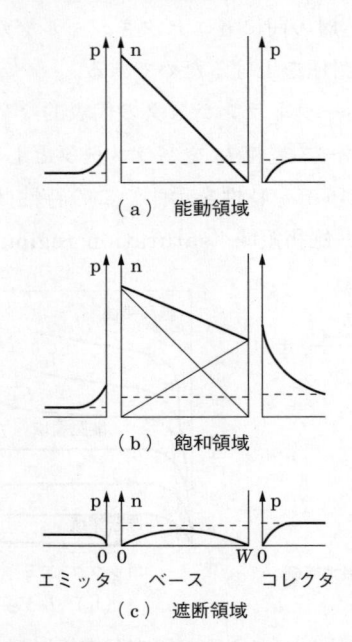

（a）能動領域

（b）飽和領域

（c）遮断領域

図 **2.10** 各動作領域における少数キャリヤ濃度分布

の電子の注入が余り大きくない低注入状態のトランジスタ動作について，以下に理論解析を行う．

2.2.2 均一不純物分布の場合の動作解析

熱拡散やイオン注入によって形成されたトランジスタの不純物濃度分布は図 2.8 (b) のように複雑な分布をしている．ここでは，解析を簡単化するために，**図 2.11** (a) のように，それぞれの領域で均一な不純物濃度分布を持つ npn トランジスタで，ベース幅 W_B とエミッタ幅 W_E はそれぞれの少数キャリヤの拡散長より極めて短く，その中で再結合はないものと仮定する．

（a） 不純物濃度分布

（b） エネルギーバンド図

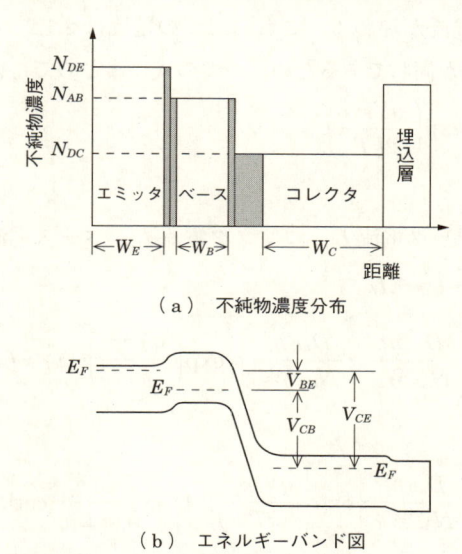

図 **2.11** 均一不純物分布を持った npn トランジスタの不純物分布とエネルギーバンド図

$V_{BE} > 0$ であるから，電子がエミッタからベース内に，また正孔がベースからエミッタ内に注入され，それぞれ電子拡散電流 I_{nB} と正孔拡散電流 I_{pE} が流れる．またベースに注入された電子の全ては，ベースを走行してコレクタ接合端に到達する．到達した電子はベース・コレクタ接合の強い電界に引かれるために，そこで電子濃度は 0 となり，コレクタ空乏層に入る．

I_{nB} と I_{pE} は，$W_B \ll L_n$ と $W_E \ll L_p$ の関係と式 (2.18)，式 (2.21) より，簡単に以下の式が得られる．

$$I_{nB} = qA \frac{D_{nB} n_i^2}{N_{AB} W_B} \left\{ \exp\left(\frac{qV_{BE}}{kT}\right) - 1 \right\} \tag{2.34}$$

$$I_{pE} = qA \frac{D_{pE} n_i^2}{N_{DE} W_E} \left\{ \exp\left(\frac{qV_{BE}}{kT}\right) - 1 \right\} \tag{2.35}$$

ただし,A:電極面積,添字 n, p, B, E はそれぞれ,電子,正孔,ベース,エミッタを表し,また,$n_{pB} = n_i^2/N_{AB}$, $p_{nE} = n_i^2/N_{DE}$ と置き換えている.

これらの電流のほかに,V_{BE} が小さいとき,エミッタ接合内で再結合する電流及びエミッタ接合とそれに接している絶縁膜(SiO_2 膜)との接触面で生じる表面再結合電流が加わる.これら二つの電流は 2.1.2(4)項で述べたように,電圧依存性が同じであるため,一つの式にまとめて再結合電流 I_{rec} とし

$$I_{rec} = I_{r0} \exp\left(\frac{qV_{BE}}{2kT}\right) \tag{2.36}$$

と表す.

以上より,エミッタ電流 I_E,コレクタ電流 I_C,ベース電流 I_B は

$$I_E = I_{nE} + I_{pE} + I_{rec}$$

$$= qA \left(\frac{D_{nB} n_i^2}{N_{AB} W_B} + \frac{D_{pE} n_i^2}{N_{DE} W_E} \right) \left\{ \exp\left(\frac{qV_{BE}}{kT}\right) - 1 \right\} + I_{r0} \exp\left(\frac{qV_{BE}}{kT}\right) \tag{2.37}$$

$$I_C = qA \left[\frac{D_{nB} n_i^2}{N_{AB} W_B} \left\{ \exp\left(\frac{qV_{BE}}{kT}\right) - 1 \right\} + \frac{D_{pC} n_i^2}{N_{DC} L_{pC}} \coth\left(\frac{W_C}{L_{pC}}\right) \right] \tag{2.38}$$

$$I_B = I_E - I_C \tag{2.39}$$

となる.

ベース接地の電流増幅率(common-base current gain)α は以下のように I_C 対 I_E の比で表され

$$\alpha \equiv \frac{I_C}{I_E} = \frac{I_{nB}}{I_{nB} + I_{pE} + I_{rec}} \tag{2.40}$$

また,エミッタ接地電流増幅率(common-base current gain)h_{FE}(β で表すことも多い)は I_C 対 I_B の比で表され

$$\frac{1}{h_{FE}} \equiv \frac{I_B}{I_C} = \frac{1-\alpha}{\alpha}$$

$$\approx \frac{D_{pE} N_{AB} W_B}{D_{nB} N_{DE} W_E} + \frac{N_{AB} W_B}{qAD_{nB} n_i^2} I_{r0} \exp\left(-\frac{qV_{BE}}{2kT}\right) \quad (2.41)$$

と書ける.α,h_{FE} を大きくするにはベースの不純物濃度をエミッタの不純物濃度より減じ,W_B を小さく,D_{nB} を大きくして,I_{nB} より相対的に I_{pE} を小さくする必要がある.

2.2.3 実際の不純物分布の場合の動作解析

図 2.8 (b) のように,n 形エピタキシャル層の表面から熱拡散またはイオン注入でベースとエミッタに不純物を導入すると,不純物濃度分布はガウス形や補誤差関数形の分布となり,不純物濃度に傾斜ができる.その濃度傾斜により多数キャリヤの拡散流が生じ,またその流れを打ち消す電界が生じる.この電界を内蔵電界 (built-in field) といい,多数キャリヤの注入量が小さいときにはキャリヤの輸送に多大な影響を与える.特に,ベース領域ではエミッタより注入された電子がその電界によって加速され,電子のベース走行時間を短くする.また,実際のエミッタやベースは 10^{18}cm^{-3} 以上の高濃度の不純物がドープされるから,後述するバンドギャップ縮小効果 (bandgap narrowing effect) やオージェ再結合効果 (Auger recombination effect) が現れ,電気特性に多大な影響を及ぼす.

(1) 不均一不純物分布

ベース領域の多数キャリヤである正孔の電流は小さく,ほぼ 0 と置けるから,ベース内正孔濃度を $p_{pB}(x)$ とすると,内蔵電界 $E(x)$ は式 (2.1) から

$$E(x) = \frac{kT}{q} \cdot \frac{1}{p_{pB}(x)} \cdot \frac{dp_{pB}(x)}{dx} \quad (2.42)$$

と書ける.この式を式 (2.2) に代入すると,電子電流 $I_{nB}(x)$ は

$$I_{nB}(x) = qAD_{nB} \frac{1}{p_{pB}(x)} \cdot \frac{d\{n_{pB}(x) p_{pB}(x)\}}{dx} \quad (2.43)$$

となる.

ベース領域内では再結合はほとんどなされないから,$I_{nB}(x)$ は一定値 I_{nB} となる.それゆえベース領域のエミッタ側接合端を $x=0$,コレクタ側接合

端を W_B とすると，式 (2.43) は

$$n_{pB}(0)p_{pB}(0) - n_{pB}(W_B)p_{pB}(W_B) = \frac{I_{nB}}{qAD_{nB}} \int_0^{W_B} p_{pB}(x)dx \quad (2.44)$$

と与えられる．式 (2.44) 右辺の正孔の総量を

$$G_B \equiv \int_0^{W_B} p_{pB}(x)dx \quad (2.45)$$

と定義する．G_B はベースのガンメル数（Gummel number）またはガンメル積分（Gummel integral）[9] と呼ばれる．

能動領域動作でかつ小注入状態の場合，注入電子を中和するためにベース領域内に入ってくる過剰正孔濃度はアクセプタ濃度より十分小さいので，$p_{pB}(x) \approx N_{AB}(x)$ と置ける．

式 (2.44) の境界条件は

$$n_{pB}(0)N_{AB}(0) = n_i^2 \exp\left(\frac{qV_{BE}}{kT}\right) \quad (2.46)$$

で，かつ $n_{pB}(W_B)p_{pB}(W_B) \approx 0$ であるから I_{nB} は

$$I_{nB} = \frac{qAD_{nB}n_i}{\int_0^{W_B} N_{AB}(x)dx} \cdot \exp\left(\frac{qV_{BE}}{kT}\right) \quad (2.47)$$

と表される[10]．

同様に，エミッタ領域内の正孔電流 I_{pE} は，ドナー濃度 $N_{DE}(x)$ とすると

$$I_{pE} = \frac{qAD_{pE}n_i^2}{\int_0^{W_B} N_{DE}(x)dx} \cdot \exp\left(\frac{qV_{BE}}{kT}\right) \quad (2.48)$$

が得られる．このように，注入された少数キャリヤ濃度が不純物濃度より十分小さい場合には，電流は不純物の総量で決定される．

ベース，エミッタ領域の不純物固定電荷の単位面積当りの総量をそれぞれ $Q_{B0}(=qG_B)$，$Q_{E0}(=qG_E)$ で表すと，h_{FE} は次式のように表される．

$$\frac{1}{h_{FE}} = \frac{D_{pE}Q_{B0}}{D_{nB}Q_{E0}} + \frac{Q_{B0}I_{r0}}{qAD_{nB}n_i^2} \cdot \exp\left(-\frac{qV_{BE}}{2kT}\right) \quad (2.49)$$

後述するように，D_{nB}, D_{pE} は不純物濃度依存性を持つので，ベースとエミッタの不純物濃度分布それぞれの平均濃度を求める必要がある．

（2） 高濃度効果

一般に，エミッタ不純物には $10^{20}\,\mathrm{cm}^{-3}$ 程度の高濃度不純物がドープされる．不純物が高濃度になると，不純物原子同士が近接してそれらの波動関数が重なり，不純物準位が広がって，不純物バンドを形成する．また Si 格子の周期が乱れてバンド端の境界がはっきりしなくなり，$10^{18}\,\mathrm{cm}^{-3}$ 近辺の不純物濃度よりバンドギャップ縮小（bandgap narrowing）が生じる．

バンドギャップが ΔE_g だけ縮小すると，真性キャリヤ濃度 n_{ie} は低不純物濃度のときの真性キャリヤ濃度 n_i と

$$n_{ie} = n_i \exp\left(\frac{\Delta E_g}{kT}\right) \tag{2.50}$$

の関係が成立し，高濃度となる．

バンドギャップ縮小効果がある場合の実効ドナー不純物濃度 $N_{D\mathrm{eff}}$ は

$$N_{D\mathrm{eff}} = N_D \exp\left(-\frac{\Delta E_g}{kT}\right) \tag{2.51}$$

となるから，n 形エミッタ領域内の正孔濃度 p_{nE} は

$$p_{nE} = \frac{n_i^2}{N_{D\mathrm{eff}}} \tag{2.52}$$

と表せ，ΔE_g の増大につれて大きくなる．

ベースから注入された正孔によるエミッタ電流 I_{pE} は，式（2.48）において $N_{DE}(x)$ を $N_{D\mathrm{eff}}(x)$ に置き換えた式で表される．その結果，不純物濃度を大きくすると I_{pE} が増加し，h_{FE} はかえって減少するようになる．図 **2.12** に，$10^{20} \sim 10^{21}\,\mathrm{cm}^{-3}$ の N_D をエミッタ表面から入れた場合に，実効不純物濃度分布[11]が変化する様子を示す．

ΔE_g は p ドープ Si の場合，Alamo らの実験式[12]より

$$\Delta E_g = 18.7 \times 10^{-3} \times \ln\left(\frac{N_D}{7 \times 10^{17}}\right) \quad (\mathrm{eV}) \tag{2.53}$$

と与えられる．

最近では，ベースの不純物濃度も $10^{19}\,\mathrm{cm}^{-3}$ 台に達するようになり，バンドギャップ縮小効果を考慮する必要が出てきた．さらに，ベースを高濃度にしてバンドギャップを縮小させ，エミッタ濃度を逆に下げてエミッタへの正

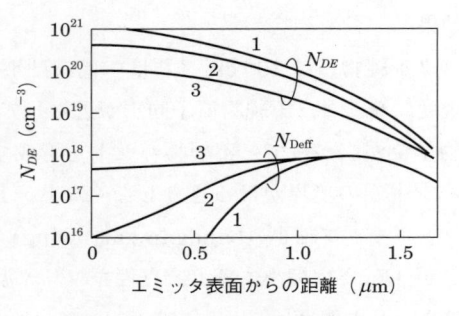

図 2.12 実効不純物濃度分布

孔注入を抑えようとする試みもなされている.

B ドープ p 形 Si の ΔE_g は Slotboom らの実験式[13]より

$$\Delta E_g = 9 \times 10^{-3} \left[\ln\left(\frac{N_A}{10^{17}}\right) + \left\{\left(\ln \frac{N_A}{10^{17}}\right)^2 + 0.5\right\}^{1/2} \right] \quad (\text{eV}) \tag{2.54}$$

と与えられる.

(3) 高不純物濃度での寿命と移動度

不純物濃度が 10^{18} cm^{-3} 以上になると,不純物濃度に強く依存したオージェ再結合(Auger recombination)と呼ばれる電子・正孔の直接再結合が起こり,キャリヤ寿命が著しく短くなり,少数キャリヤの拡散長が短くなる.特に,エミッタでは,正孔の拡散長がエミッタの長さと比較できるほど短くなると,式 (2.17) から明らかなように,正孔電流が大きくなり,h_{FE} が低下する.

オージェ再結合による寿命 τ_A は

$$\tau_A = \frac{1}{G_n N^2} \tag{2.55}$$

で与えられる.ただし,G_n はオージェ再結合係数で,Si 中の電子に対し $4 \times 10^{-32} \sim 6 \times 10^{-31}$ cm^6/s の値[14],[15]を持つ.また,N は不純物濃度 (cm^{-3}).

SRH(Shockley-Read-Hall)寿命の τ_{SRH} も考慮した実効寿命 τ_{eff} は

$$\frac{1}{\tau_{\text{eff}}} = \frac{1}{\tau_A} + \frac{1}{\tau_{SRH}} \tag{2.56}$$

となる.

n 形高濃度 Si での実測寿命は,Alamo ら[12]によって次式のように与え

第2章 バイポーラトランジスタの動作機構

られる.

$$\frac{1}{\tau_{peff}} = 7.8 \times 10^{-13} N_D + 1.8 \times 10^{-31} N_D^2 \quad (\mathrm{s}^{-1}) \tag{2.57}$$

また，p形高濃度Siでの実測寿命は，Swirhun ら[16]によって

$$\frac{1}{\tau_{neff}} = 3.45 \times 10^{-12} N_A + 0.96 \times 10^{-31} N_A^2 \quad (\mathrm{s}^{-1}) \tag{2.58}$$

と与えられる.

図2.13に h_{FE}-I_C 特性に及ぼすバンドギャップ縮小効果及びオージェ再結合の影響を示す[17]．この図より，両者とも I_C の広い範囲にわたって h_{FE} を低下させることが分かる．

$\mu = (kT/q)D$ で拡散係数 D と関係付けられる少数キャリヤ移動度 μ は不純物濃度依存性を有する．

n形Siに対する正孔移動度 μ_p の経験式はAlamo らによって[12]

$$\mu_p = 130 + \frac{370}{1 + \left(\dfrac{N_D}{8 \times 10^{17}}\right)^{1.25}} \quad (\mathrm{cm}^2/(\mathrm{V}\cdot\mathrm{s})) \tag{2.59}$$

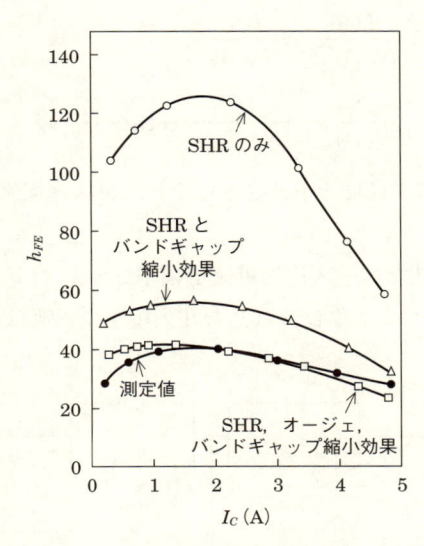

図2.13 h_{FE}-I_C 特性の計算値と実測値との比較[14]

p 形 Si に対する電子移動度 μ_n の経験式は Swirhun らによって[16]

$$\mu_n = 232 + \frac{1{,}180}{1 + \left(\dfrac{N_A}{8 \times 10^{16}}\right)^{0.9}} \quad (\mathrm{cm}^2/(\mathrm{V \cdot s})) \tag{2.60}$$

と与えられる．

2.2.4 エバーズ・モルのモデル

遮断領域から飽和領域までの広い領域にわたってスイッチングするような広い動作範囲で適用できるモデルとして，エバーズ・モル（Ebers-Moll model）[17] が広く知られている．

npn トランジスタ等価回路を図 2.14 に示す．エミッタの pn 接合を流れる電流を I_F，コレクタの pn 接合を流れる電流を I_R とすると，これらは

$$I_F = I_{F0}\left\{\exp\left(\frac{qV_{BE}}{kT}\right) - 1\right\} \tag{2.61}$$

$$I_R = I_{R0}\left\{\exp\left(\frac{qV_{BC}}{kT}\right) - 1\right\} \tag{2.62}$$

となる．ただし，飽和電流 I_{F0}，I_{R0} はそれぞれ次式で表される．

$$I_{F0} = qAn_i^2 \left(\frac{D_{nB}}{N_{AB}W_B} + \frac{D_{pE}}{N_{DE}W_E}\right) \tag{2.63}$$

$$I_{R0} = qAn_i^2 \left\{\frac{D_{nB}}{N_{AB}W_B} + \frac{D_{pC}}{N_{DC}L_{pC}} \cdot \coth\left(\frac{W_C}{L_{pC}}\right)\right\} \tag{2.64}$$

また，トランジスタは均一不純物分布をし，再結合電流は無視できるものとしている．

エミッタ側から見たベース接地電流増幅率を α_F，コレクタ側から見たそれを α_R とすると，コレクタに流れ込む注入電子の電流は $\alpha_F I_F$，エミッタに

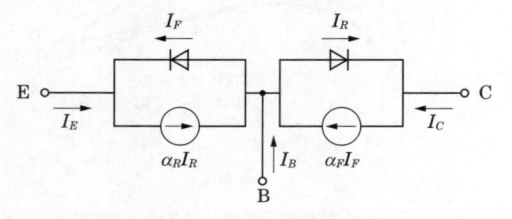

図 2.14　エバーズ・モルの等価回路モデル

流れ込む注入電子の電流は $\alpha_R I_R$ で表され，一般に次の関係が成立する．
$$\alpha_F I_{F0} = \alpha_R I_{R0} \tag{2.65}$$
エミッタ電流 I_E，コレクタ電流 I_C は，それぞれ次式で表される．
$$I_E = -I_F + \alpha_R I_R \tag{2.66}$$
$$I_C = \alpha_F I_F - I_R \tag{2.67}$$
能動領域では，$I_R = -I_{R0}$ となるから
$$I_C = -\alpha_F I_F = (1 - \alpha_F \alpha_R) I_{R0} \tag{2.68}$$
また，遮断領域では
$$I_E = -(1-\alpha_F) I_F, \quad I_C = -(1-\alpha_R) I_{R0} \tag{2.69}$$
と簡単な式で示される．再結合電流は考慮されていないが，アナログ回路設計の SPICE モデルに広く使われている．

2.2.5 ガンメル・プーンのモデル

ガンメル・プーンのモデル（Gummel-Poon model）[18] は，前項で述べたエバーズ・モルのモデル及びビューフォイ・スパークス（Beaufoy and Sparkes）による電荷制御モデル[19] を改良し，広範囲の定常及びスイッチング動作特性を正確に表現できるモデルにしている．特に，高注入動作の表現に優れ，後述するようなカーク効果や高注入効果，またアーリー効果などが組み込まれている．このモデルは，V_{BE}，V_{BC} の電圧変化による接合部分の多数キャリヤの変化量，高注入時の少数キャリヤの過剰蓄積電荷の変化量などを，式 (2.45) で示したような多数キャリヤの電荷の総量として取り込んで表現している．これは例えば，ベース領域内での少数キャリヤの過剰蓄積電荷量の変化を，電荷の中性条件が成立していることから，等量の多数キャリヤの電荷量の変化として捉えることができることによっている．

ベース領域内の単位面積当りの多数キャリヤの総電荷量を Q_B とすると
$$Q_B = q \int_0^{W_B} p_{pB}(x) dx \tag{2.70}$$
と表される．同様に，エミッタ，コレクタ領域内の多数キャリヤの総電荷量をそれぞれ Q_E，Q_C とし，また低注入時のベース飽和電流 I_S を
$$I_S = \frac{q^2 A n_i^2 D_{nB}}{Q_{B0}} \tag{2.71}$$
とすると，エミッタ電流 I_E，コレクタ電流 I_C は

$$I_E = I_S \left[-\left(\frac{Q_{B0}}{Q_B} - \frac{D_{pE} Q_{B0}}{D_{nB} Q_E} \right) \left\{ \exp\left(\frac{qV_{BE}}{kT} \right) - 1 \right\} \right.$$

$$\left. + \frac{Q_{B0}}{Q_B} \left\{ \exp\left(\frac{qV_{BC}}{kT} \right) - 1 \right\} \right] \tag{2.72}$$

$$I_C = I_S \left[\frac{Q_{B0}}{Q_B} \left\{ \exp\left(\frac{qV_{BE}}{kT} \right) - 1 \right\} - \left(\frac{Q_{B0}}{Q_B} + \frac{D_{pC} Q_{B0}}{D_{nB} Q_C} \right) \right.$$

$$\left. \cdot \left\{ \exp\left(\frac{qV_{BC}}{kT} \right) - 1 \right\} \right] \tag{2.73}$$

と書ける．ただし，Q_{B0} は $V_{BE} = V_{BC} = 0$ のときの Q_B で，ベース領域内の単位面積当りの不純物電荷総量を示す．

上式を，$I_F = I_S Q_{B0}/Q_B \cdot \{\exp(qV_{BE}/(kT)) - 1\}$, $I_R = I_S Q_{B0}/Q_B \cdot \{\exp(qV_{BC}/(kT)) - 1\}$, $\beta_F = D_{nB} Q_E/(D_{pE} Q_B)$, $\beta_R = D_{nB} Q_C/(D_{pC} Q_B)$ と表せば，I_E, I_C, I_B はそれぞれ，次式で与えられる．

$$I_E = -(I_F - I_R) - \frac{I_F}{\beta_F} \tag{2.74}$$

$$I_C = (I_F - I_R) - \frac{I_R}{\beta_R} \tag{2.75}$$

$$I_B = -(I_E + I_C) = \frac{I_F}{\beta_F} + \frac{I_R}{\beta_R} \tag{2.76}$$

Q_B は V_{BE}, V_{BC} によって変化し，次の五つの成分に分けられる．

$$Q_B = Q_{B0} + Q_{JB} + Q_{JC} + F_b \frac{\tau_F I_F}{A} + \frac{\tau_R I_R}{A} \tag{2.77}$$

これらの項目のうち

（i）Q_{JB}, Q_{JC}：接合キャパシタンスの充放電による多数キャリヤの増減電荷量を表し，順方向のとき増大する．Q_{JC} には後述するアーリー効果まで考慮される．

（ii）$\tau_F I_F/A$, $\tau_R I_R/A$：エミッタ，コレクタからの少数キャリヤの注入によって生じる蓄積電荷量を表し，τ_F, τ_R はそれぞれ電子がベースを順方向，逆方向に横切るのに要する時間である．F_b は後述する諸効果を考慮した電流に依存する係数である．

式 (2.77) の右辺第 1～3 項の和を Q_{B1}, Q_B が Q_{B0} に等しいときの第 4, 5 項の総電荷量を Q_{B2}, すなわち第 4, 5 項の和を $Q_{B0}/Q_B \cdot Q_{B2}$ とすると, Q_B は

$$Q_B = \frac{Q_{B1}}{2} + \left\{ \left(\frac{Q_{B1}}{2} \right)^2 + Q_{B0} Q_{B2} \right\}^{1/2} \tag{2.78}$$

と表せる.

次に, ベース走行時間, カーク効果, ウェブスター効果, アーリー効果を説明し, それらが Q_B とどのように関わるかを述べる.

(1) ベースの走行時間

能動領域で動作している場合, エミッタからベース領域に注入された電子の濃度 $n_{pB}(x)$ は, エミッタ側接合端子を $x=0$ としたとき, 式 (2.43) より

$$n_{pB}(x) = \frac{I_F}{qAD_{nB}} \cdot \frac{1}{N_{AB}(x)} \int_x^{W_B} N_{AB}(x) dx \tag{2.79}$$

と与えられる.

ベース領域に蓄積される電子の電荷量 Q_F は

$$Q_F = q \int_0^{W_B} n_{pB}(x) dx \tag{2.80}$$

と表せるから, 電子がベース内を走行する時間 τ_F は, 式 (2.79) と式 (2.80) より

$$\tau_F = \frac{AQ_F}{I_F} = \frac{1}{D_{nB}} \int_0^{W_B} \frac{1}{N_{AB}(x)} \int_x^{W_B} N_{AB}(x) dx dx \tag{2.81}$$

と与えられる.

ここで, ベース領域内の不純物濃度分布 $N_A(x)$ が

$$N_{AB}(x) = N_{A0} \exp\left(-\frac{ax}{W_B} \right) \tag{2.82}$$

であるようなトランジスタを考える. ただし, a は後述する理由から加速電界係数という係数である.

式 (2.81) と式 (2.82) より, τ_F は

$$\tau_F = \frac{1}{a} \left\{ 1 - \frac{1 - \exp(-a)}{a} \right\} \tau_{B0} \tag{2.83}$$

と表せる. ただし, τ_{B0} は不純物が均一分布 ($a=0$) のときの τ_F で

$$\tau_{B0} = \frac{W_B^2}{2D_{nB}} \qquad (2.84)$$

と与えられる.

式(2.83)から τ_F は a を大きくすればするほど短くなることが分かる.ただ,a を大きくすると,コレクタ側のベース領域の不純物濃度が小さくなってベース抵抗を大きくしてしまう.そのため,a の値は4程度以下に抑える必要がある.

実際のトランジスタの場合,τ_F は

$$\tau_F = \frac{W_B^2}{nD_{nB}} \quad (n = 2 \sim 8) \qquad (2.85)$$

で表される.

不純物濃度に傾斜を持たせると τ_F が短くなるのは,次の理由による.

不純物濃度傾斜で生じる内蔵電界により,ドリフト電流 $I_{ndrift}(x)$ は式(2.42)と式(2.79)より

$$I_{ndrift}(x) = qAD_{nB}n_{pB}(x)E(x) = I_F\left[1 - \exp\left\{a\left(\frac{x}{W_B} - 1\right)\right\}\right] \qquad (2.86)$$

となる.この式より,a が大きくなればなるほど,ドリフト電流がベース奥深くまで支配していることが分かる.

また,ベース内の電子濃度 $n_{pB}(x)$ は式(2.42)と式(2.86)より

$$n_{pB}(x) = \frac{I_F W_B}{qAD_{nB}} \cdot \frac{1}{a}\left[1 - \exp\left\{a\left(\frac{x}{W_B} - 1\right)\right\}\right] \qquad (2.87)$$

と記される.この式から得られる a をパラメータとした $n_{pB}(x)$ のベース内分布を図 2.15 に示す.$N_{AB}(x)$ が均一分布をしているとき,$n_{pB}(x)$ は直線傾斜で減衰し,ベースのコレクタ側空乏層端で0になる.これは,ベース内に電界が発生せず,しかもコレクタ空乏層内に強い電界がかかって,空乏層端に達した電子をコレクタ側に高速で引っ張るからである.一方,不純物分布の傾斜が大きくなる(a が大きくなる)と,ベース内に生じた内蔵電界により,ベースの奥深くまで減衰せずに運ばれるようになる.ただし,ベース側空乏層端近くでは,空乏層の高電界により n_{pB} は,急激に減少し,その端で0になる.

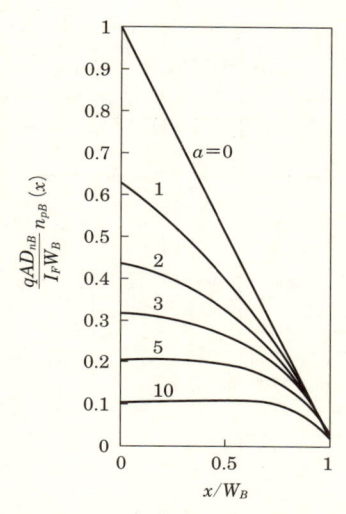

図 2.15 ベース領域内の電子濃度分布

（2） カーク効果

上に記したように，電子濃度がベース側空乏層端で 0 になるのは，コレクタ電流 I_C が余り大きくない場合で，I_C が増加すると様子は異なってくる．

強電界の空乏層中を電子は一定の飽和ドリフト速度 v_s（$\sim 10^7 \text{cm/s}$）で走行するから，空乏層中を走行する電子濃度 n_c は

$$I_C = qAv_s n_c \tag{2.88}$$

の関係式により，I_C の増加とともに増加することが分かる．n_c が空乏層内ドナー濃度に比べて無視できないほど増加すると，空乏層内電界は弱められる．更に n_c が空乏層内ドナー濃度 N_{DC} より大きくなると，ベース・コレクタの空乏層が消滅し，あたかもベース領域がコレクタ領域に入り込み，ベース幅が広がるような現象が起きる．その結果，電子のベース走行時間を長くしてしまう．このような現象をカーク効果（Kirk effect）またはベース広がり効果（base widening effect）[20]〜[22] という．

この効果を理解するために，エピタキシャル層と埋込層で構成されたコレクタのベース側空乏層から流入する電子濃度 n_c が変化したとき，空乏層内電荷並びに電界の分布がどのように変化するかの概念図を図 2.16 に示す．

n_c が増えるに従い，自由電子の電荷が空乏層のドナー電荷を補償し，補

(a) $n_c \ll N_{DC}$

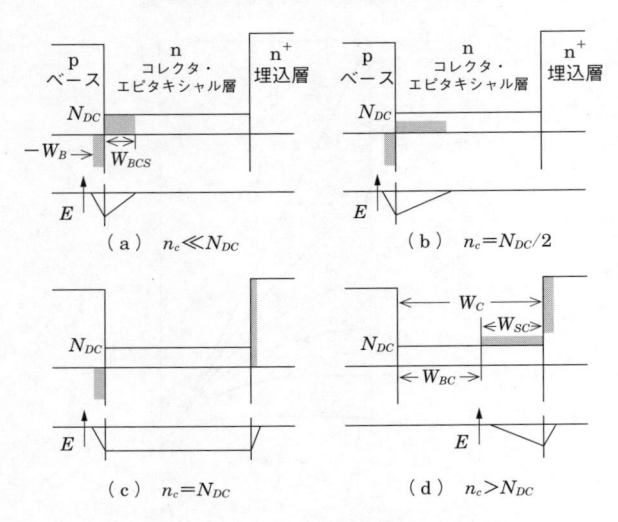

(b) $n_c = N_{DC}/2$

(c) $n_c = N_{DC}$

(d) $n_c > N_{DC}$

図 2.16 コレクタ・ベース層内での電荷と電界分布

償電荷相当分だけ空乏層が延びる．また，空乏層内電界 $E(x)$ の勾配も緩やかになる．n_c が小さいときから $(1/2)N_{DC}$ になるときまでの様子を図 2.16(a)，(b) に示す．更に，n_c が増加して N_{DC} になると，図 2.16(c) に示すように，エピタキシャル層は完全に空乏化し，ベース空乏層中の負のアクセプタ電荷とバランスする正電荷層が埋込層の付け根にできる．その結果，エピタキシャル層内の $E(x)$ は一様になる．n_c が N_{DC} より大きくなると，エピタキシャル層内のドナーは完全に電子で補償される上に，図 2.16(d) に示すように，埋込層近くには負電荷層ができ，ベース層側電界の傾きは $n_c < N_{DC}$ の場合と逆になる．すなわち，ベースがエピタキシャル層に張り出してベース幅が広がり，コレクタ幅は実質的に狭くなる．このときのベースのエピタキシャル層への広がり幅 W_{BC} を以下に求めてみる．

エピタキシャル層と埋込層との界面からベース方向への距離を x とすると，電界 $E(x)$ と電位 $V(x)$ は，式 (2.4) のポアソンの式から

$$E(x) = -\frac{q}{\varepsilon}(n_c - N_{DC})(x - W_{SC}) \tag{2.89}$$

$$V(x) = \frac{q}{\varepsilon}(n_c - N_{DC})\left(\frac{x^2}{2} - W_{SC}x\right) \tag{2.90}$$

と与えられる．ただし，W_{SC} はエピタキシャル層側の空乏層幅である．

ベース・コレクタ間電圧 $|V_{CB}|$ は，式 (2.90) から

$$|V_{CB}| = \frac{q}{2\varepsilon}(n_c - N_{DC})W_{SC}^2 \qquad (2.91)$$

と表されるから

$$n_{c0} = N_{DC} + \frac{2\varepsilon}{qW_C^2}|V_{CB}| \qquad (2.92)$$

のときを出発点として n_c が増加すると，ベース幅はコレクタ側に $W_{BC} = W_C - W_{SC}$ だけ広がる．

ベースの広がりが始まる電流，すなわち臨界電流 I_0 を

$$I_0 = qAv_s n_{c0} \qquad (2.93)$$

と定義すると，W_{BC} は

$$W_{BC} = W_C\left[1 - \left(\frac{I_0 - qAv_s N_{DC}}{I_C - qAv_s N_{DC}}\right)^2\right] \qquad (2.94)$$

と表される．

このように，見掛けのベース幅が増加すると，ベース走行時間 τ_{Feff} は式 (2.85) より長くなり

$$\tau_{Feff} = \frac{W_B^2}{nD_{nB}} + \frac{W_{BC}^2}{4D_{nC}} = \left(1 + \frac{nD_{nB}W_{BC}^2}{4D_{nC}W_B^2}\right)\tau_F \qquad (2.95)$$

と書ける．ここで，右辺第2項分母の係数4は，不純物濃度分布が均一で，電子濃度分布が三角形分布になっていることによる．τ_{Feff} を $F_b\tau_F$ で表現すると，F_b は

$$F_b = 1 + \frac{nD_{nB}W_{BC}^2}{4D_{nC}W_B^2} \qquad (2.96)$$

と与えられる．

コレクタは低ドープのエピタキシャル層で形成される場合が多いため，通常動作でもカーク効果の影響があり，τ_{Feff} が長くなるばかりではなく，h_{FE} も低下する．

（3） ウェブスター効果

順方向高バイアスに V_{BE} を印加すると，エミッタからベースへ電子が高

濃度に注入され，高注入効果により h_{FE} が低下する．この効果をウェブスター効果（Webster effect）[23] という．

カーク効果や次に述べるアーリー効果が無視でき，能動領域動作であるとき，式 (2.77) の Q_B は

$$Q_B = Q_{B0} + \frac{\tau_F I_F}{A} \tag{2.97}$$

となる．

I_F の一般式は，$I_F = I_S Q_{B0}/Q_B \cdot \exp(qV_{BE}/(kT))$ であるから，上式は，

$$I_F \left(1 + \frac{\tau_F I_F}{A Q_{B0}}\right) = I_S \cdot \exp\left(\frac{qV_{BE}}{kT}\right) \tag{2.98}$$

と書ける．ここで，$I_F \ll A Q_{B0}/\tau_F$ であれば，この式は $I_F = I_S \exp(qV_{BE}/(kT))$ と低注入状態の I_F を示している．また，$I_F \gg A Q_{B0}/\tau_F$ であれば，$\tau_F = W_B^2/(4D_{nB})$ を用いることにより

$$I_F = \frac{2qAn_i D_{nB}}{W_B} \exp\left(\frac{qV_{BE}}{2kT}\right) \tag{2.99}$$

が得られる．この式は接合ダイオードの高注入拡散電流の式（2.25）と等価の式である．

（4）アーリー効果

ベース幅が狭いトランジスタのベース・コレクタ接合に逆方向電圧 V_{CB} を加えていくと，ベース・コレクタ空乏層がベース領域にも広がり，ベース幅が実質的に狭くなる．その結果，**図 2.17** に示すように，V_{CB} が 0 V の V_{CB0} から V_{CB1}，V_{CB2} へと電圧を上げていくに従い，エミッタから注入された電子の濃度勾配がきつくなっていく．その結果 I_C が増加し，h_{FE} が増大する．

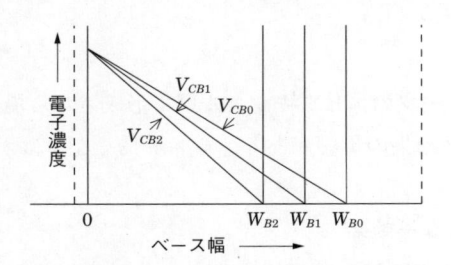

図 2.17　V_{CB} を変えたときのベース中電子濃度変化

この現象をアーリー効果（Early effect）[24]という．

図 **2.18** に示す I_C-V_{CE} 特性でアーリー効果を説明する．I_C が V_{CE} と直線関係になる直線を V_{CE} の負軸方向に延長したときの V_{CE} 軸の外挿点は V_{BE} の値にかかわらずほぼ一点に集まる．この電圧 V_A をアーリー電圧（Early voltage）という．

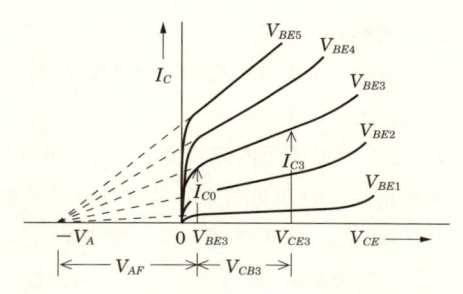

図 **2.18** I_C-V_{CE} 特性（アーリー効果説明図）

I_C が V_{CE} に対して直線関係になる範囲で，式（2.77）は $Q_B = Q_{B0} + Q_{JC}$ と表せる．Q_{JC} は V_{CE} を変化させたとき（V_{CB} の変化とほぼ同じ）の空乏層内電荷量の変化と符号は逆だが等量の変化をし，次式で表される．

$$Q_{JC} = -\frac{V_{CE}}{V_A} Q_{B0} \tag{2.100}$$

コレクタ電流 I_C は，$Q_{B0} \gg Q_{JC}$，すなわち $V_A \gg V_{CE}$ とすると，次式で表される．ただし，I_{C0} は $V_{CE}=0$ での I_C である．

$$I_C = \frac{Q_{B0}}{Q_B} I_S \cdot \left\{ \exp\left(\frac{qV_{BE}}{kT}\right) - 1 \right\} \approx \left(1 + \frac{V_{CE}}{V_A}\right) I_{C0} \tag{2.101}$$

V_{CE} を大きくしていくと，図 2.18 のように，I_C は直線関係より上にずれ，ついにアバランシェ降伏のように急増する．これは，コレクタ空乏層端がエミッタ接合に到達したために生じるもので，ベース幅縮小が進めば進むほど問題となる物理現象である．この現象をパンチスルー（punch-through）という．

これまで，$|V_{CE}| \gg V_{BE}$（飽和領域から能動領域に遷移する電圧）として考えてきたが，V_{BE} が V_{CE} に比べて無視できないときには，図 2.18 に示すように，V_{CE} 軸の原点を V_{BE} 分だけずらし，式（2.101）の V_{CE} を V_{CB} とし，

また V_A を V_{AF} に変更すればよい.

以上三つの効果について述べたが，このほか，後述するように，トランジスタの寄生キャパシタンス成分や抵抗成分の影響，更に低注入の場合には少数キャリヤ再結合による電流の項も考慮する必要がある.

2.2.6 遮断周波数

トランジスタの高周波動作特性で最も重要な性能指数の一つである遮断周波数（cut-off frequency）または電流利得帯域幅積（current gain-band width）と呼ばれる f_T について述べる.

エミッタ接地トランジスタの素子内部の物理現象を低周波から高周波まで等価的なパラメータを用いて表現できるハイブリッド π 形等価回路を基に小信号交流電流利得を考える．その等価回路を図 **2.19** に示す．回路に示したパラメータは，C_{diff}：各領域の拡散キャパシタンス，C_{je}：エミッタ・ベース接合キャパシタンス，C_{jc}：ベース・コレクタ接合キャパシタンス，$C_\pi = C_{\text{diff}} + C_{je}$，$r_\pi$：入力インピーダンス，$g_m = dI_C/(dV_{BE}) = qI_C/(kT)$：相互コンダクタンス，$r_{bb}$：ベース交流抵抗，$R_s$：電源内部抵抗，$i_b$：ベース電流，$i_c$：コレクタ電流，$v$：交流電源電圧，$v_1$：入力交流電圧，$v_b$：エミッタ・ベース間交流電圧である.

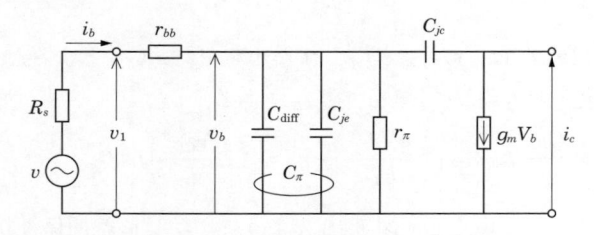

図 **2.19** エミッタ接地のハイブリッド形等価回路

直流電圧 V_B に角周波数 ω の小信号交流電圧 v を重畳したときに得られる最大電流利得 $h_{fe}(\omega)$ は，出力端子をショートしたときに得られる．そのときの交流小信号ベース電流 i_b とコレクタ電流 i_c は

$$i_b = (g_\pi + j\omega(C_\pi + C_{jc}))v_b \tag{2.102}$$

$$i_c = (g_m - j\omega C_{jc})v_b \tag{2.103}$$

となるから，$h_{fe}(\omega)$ は

第2章 バイポーラトランジスタの動作機構

$$h_{fe}(\omega) = \frac{i_c}{i_b} = \frac{g_m - j\omega C_{jc}}{g_\pi + j\omega (C_\pi + C_{jc})} \tag{2.104}$$

と与えられる．

ここで，入力コンダクタンス g_π（$=1/r_\pi$）は g_m と

$$g_\pi = \frac{dI_B}{dV_{BE}} = \frac{dI_B}{dI_C}\frac{dI_C}{dV_{BE}} = \frac{g_m}{h_{fe}(0)} \tag{2.105}$$

の関係がある．ただ，実際の高周波動作では $g_m \gg j\omega C_{jc}$ であるから，$h_{fe}(\omega)$ は

$$h_{fe}(\omega) = \frac{h_{fe}(0)}{1 + j\omega h_{fe}(0)\dfrac{(C_\pi + C_{jc})}{g_m}} \tag{2.106}$$

に書き直せる．

$h_{fe}(\omega)$ が 1 になる周波数を遮断周波数 f_T と定義すると

$$f_T = \frac{g_m}{2\pi (C_\pi + C_{jc})} \tag{2.107}$$

で与えられる．この f_T はトランジスタの動作周波数限界を表す指数で，**図 2.20** に示す h_{fe} の周波数 f 依存性から h_{fe} の減衰直線の外挿値として求められる．また，この図に記した f_β は電流利得の β 遮断周波数といい，$h_{fe}(f)$ が $h_{fe}(0)$（$=h_{FE}$）から 3 dB 低下したところの周波数である．

全エミッタ・コレクタ遅延時間を示す $(C_\pi + C_{jc})/g_m$ は

$$\frac{C_\pi + C_{jc}}{g_m} = \tau_b + \tau_e + \tau_c + \tau_{ed} + \tau_{cd} \tag{2.108}$$

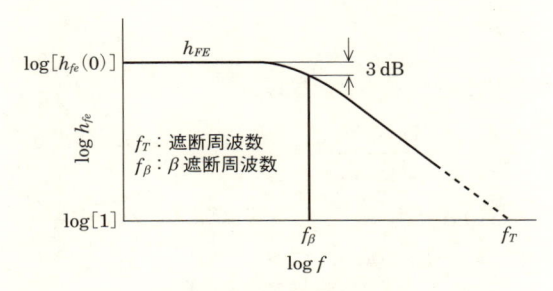

図 2.20　h_{fe} の周波数依存性

と，五つの遅延時間の和で表される[19]．これらのそれぞれの値を小さくすることが f_T を大きくする上で重要であるので，それぞれを以下のように具体的に説明する．

（1） ベース走行時間：τ_b

ベース領域内に注入された電子がベース内を走行する時間 τ_b は

$$\tau_b = F_b \frac{W_B^2}{nD_{nB}} \quad (n=2\sim 8) \tag{2.109}$$

で与えられる．F_b は，カーク効果が無視できるとき，式（2.86）に示したように1で与えられるが，無視できないときには式（2.97）で与えられる．また，極めて狭いベースで，かつカーク効果が影響するまでには至らないが，コレクタ接合内の電子濃度 n_c が無視できないほど電子が注入した場合には

$$F_b = 1 + \frac{nD_{nB}}{v_s W_B} \tag{2.110}$$

で与えられる．この値は，n_c の存在により，ベース内の単位面積当りの電荷量が qn_cW_B だけ増加し，そのときのコレクタ電流が $I_C = qn_c v_s$ であることから得られる．

（2） エミッタ遅延時間：τ_e

エミッタが単結晶Siのみで構成されている場合，ベースから注入される正孔は，その拡散長に比べて極めて狭いエミッタ中を直線的に減少し，エミッタ電極で0になる三角形濃度分布を形成すると近似できる．このことより，注入正孔によりエミッタに蓄積される電荷量 Q_e は

$$Q_e \approx \frac{qW_E}{2} p_{nE} \exp\left(\frac{qV_{BE}}{kT}\right) \tag{2.111}$$

と与えられる．

この式から，正孔のエミッタ走行時間 τ_e は

$$\tau_e = \frac{A_E Q_e}{I_C} = \frac{W_E W_B N_{Aeff}}{2D_{nE} N_{Deff}} \tag{2.112}$$

と求められる．この式はエミッタとベース領域にバンドギャップ縮小効果が適用されているものとして導かれている．

エミッタに多結晶Si電極が接続されている場合には，それによる遅延時

間も考慮する必要があるが，後述するように正孔の電流機構が確定されていないこともあり，数式で表すことはできない．

(3) コレクタ空乏層走行時間：τ_c

コレクタ空乏層中を過剰電子が走行する時間 τ_c は，ベース・コレクタ空乏層幅を W_{BCD} とすると

$$\tau_c = \frac{W_{BCD}}{2v_s} \tag{2.113}$$

で与えられる．分母の係数 2 は空乏層中の過剰電子の分布が三角形になっていることによる[25]．W_{BCD} は V_{CB} で変化する．τ_c を短くするにはコレクタのドープ量を多くすればよいが，そうすると C_{jc} が大きくなり，以下に述べる接合の充放電時間が長くなってしまうので，最適設計が必要となる．

(4) エミッタ・ベース接合の充放電時間：τ_{ed}

エミッタ・ベース接合の充放電時間 τ_{ed} は

$$\tau_{ed} = \frac{dV_{BE}}{dI_E} C_{je} \approx \frac{kT}{qI_C} C_{je} = r_e C_{je} \tag{2.114}$$

で与えられる．ここで，$r_e = kT/(qI_E)$ は小信号インピーダンスで，I_E が大きくなるにつれ小さな値となる．

(5) ベース・コレクタ接合の充放電時間：τ_{cd}

ベース・コレクタ接合の充放電時間 τ_{cd} は

$$\tau_{cd} = \left(\frac{kT}{qI_C} + R_E + R_C \right) C_{jc} \tag{2.115}$$

で与えられる．ここで，R_E はエミッタ抵抗である．エミッタは多結晶 Si，自然酸化膜，シリサイド電極などを含んだ複雑な構造のため，単純な式で表すことはできない．この抵抗による CR 遅延時間は，低周波動作のときは無視できるほど小さいが，高周波動作では無視できなくなる．

R_C はコレクタ抵抗で

$$R_C = \frac{\rho_c W_C}{A_C} + R_{CX} + R_{CC} \tag{2.116}$$

と表される．ただし，ρ_c は活性コレクタ領域の抵抗率，A_C はその領域の実効面積，R_{CX} はコレクタ埋込層とコレクタシンクの抵抗，R_{CC} はコンタクト

抵抗である．

C_{jc} は，活性領域のキャパシタンスとコレクタに関係した寄生キャパシタンスの和で与えられるが，活性領域のみのキャパシタンスは

$$C_{jc} = F_V \frac{\varepsilon ZL}{W_{BCD}} = \frac{C_{jc0}}{\left(1 + \dfrac{V_{BC}}{V_b}\right)^m} \quad \left(m = \frac{1}{2} \text{ または } \frac{1}{3}\right) \tag{2.117}$$

と与えられる．ただし，C_{jc0} は $V_{BC}=0$ のときの C_{jc} である．

図 **2.21** に f_T-I_C 特性を h_{fe}-I_C 特性とともに示す．I_C が低電流領域のときには τ_e が支配的となり，f_T は I_C ($\propto g_m$) に比例して増加する．高電流領域で f_T と h_{fe} が急激に減少するのは主にカーク効果による．f_T を大きくするには，ベース幅を狭くすることは無論であるが，それぞれのキャパシタンスをできるだけ小さくする工夫が必要である．また，式 (2.92)，式 (2.93) から明らかなように，コレクタ層の抵抗率を低くすると，カーク効果が始まる臨界電流が大きくなることから，f_T のピークが I_C の大きい方に伸び，そのピーク値を大きくすることができる．

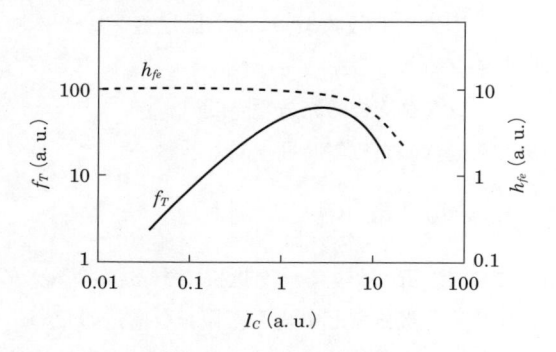

図 **2.21** f_T-I_C，h_{fe}-I_C 特性

2.2.7 最大発振周波数 $f_{\max}$

トランジスタの高周波特性の良さを示す重要な性能指数として前項で述べた f_T のほかに，最大発振周波数（maximum oscillation frequency）$f_{\max}$ がある．この周波数は，入出力端でインピーダンス整合をとった回路で，最大電力利得が 1 になるときの周波数と定義され，アナログ信号処理用トラン

ジスタのように駆動力を必要とするトランジスタにとって重要な性能指数である．

図 2.19 に示した等価回路の出力端子に負荷抵抗 R_L をつなぐ．その回路において，i_b がベース抵抗 r_{bb} を通った直後の入力側の電流電圧（i_b, v_b）と出力側の電流電圧（i_c, v_0）との関係式を記すと

$$v_b = \frac{r_\pi}{1 + j\omega r_\pi C_\pi}(i_b + i_c) \tag{2.118}$$

$$i_c = g_m v_b + j\omega C_{jc}(v_0 - v_b) \tag{2.119}$$

となる．ただし，これらの式と図 2.19 の等価回路から，入出力端でインピーダンス整合をとって，最大電力利得を求めることは困難であるため，以下の工夫を行う．入力電圧 i_b が r_{bb} を通る前の電圧（図 2.19 に示す v_1）にとり，また高周波動作を前提に，$r_{bb} \gg 1/(\omega C_\pi)$ が成立し，電流 i_e は r_π より C_π に流れる容量性電流が支配する場合を考える．

出力端子に負荷抵抗 R_L を接続したとき，式（2.118）と式（2.119）は以下のように書き換えられる．

$$v_1 = r_{bb} i_b + v_b = r_b i_b + \frac{C_{jc}}{C_\pi} v_0 \tag{2.120}$$

$$i_c = \frac{g_m}{j\omega C_\pi} i_b + \frac{C_{jc}}{r_\pi C_\pi} v_0 \tag{2.121}$$

$$v_0 = -R_L i_c \tag{2.122}$$

これらの式を一方向性の等価回路で示すと**図 2.22** になる．この図からも明らかなように，インピーダンス整合をとった R_L と入力抵抗 R_S はそれぞれ $C_\pi r_\pi / C_{jc}$ と r_{bb} となる．

これらの関係式から，最大電力利得 $G_{\max}$ は

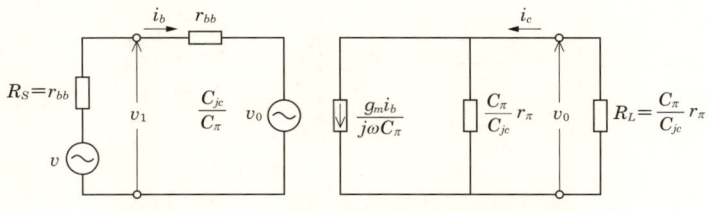

図 2.22 インピーダンス整合をとった高周波等価回路

$$G_{\max} = \frac{i_c}{i_b}\frac{v_0}{v_1} = \frac{r_\pi g_m^2}{4\omega^2 r_{bb} C_{jc} C_\pi} = \frac{f_T}{8\pi f^2(\omega) r_{bb} C_{jc}} \tag{2.123}$$

と導かれるから，$G_{\max} = 1$ になる周波数，最大発振周波数 $f_{\max}$ は

$$f_{\max} = \left(\frac{f_T}{8\pi r_{bb} C_{jc}}\right)^{1/2} \tag{2.124}$$

と与えられる．

アナログ信号処理に必要な駆動力を得ながらトランジスタの高周波性能を良くするためには，f_T を大きくするばかりではなく，$f_{\max}$ も大きくする必要がある．式（2.124）から，$f_{\max}$ を大きくするには，f_T を大きくするのは無論であるが，C_{jc} や r_{bb} を小さくする必要がある．しかし，f_T を大きくするために W_B を狭くすると，r_{bb} が大きくなってしまう．このジレンマを取り除くには，最適設計が必要となる．

活性領域のベース直流抵抗 R_{BB} は図 2.23 のベース電流の流れを示すベース層の断面図から以下のように求められる．ベース電極から補給される正孔による電流は，エミッタ直下の狭い活性ベース領域を水平に流れながらエミッタ領域へと向きを変えていく．その結果，ベース電流の横方向流路に沿って電圧降下が発生し，図 2.23（a）に示すように，電位分布 $V_{BE}(x)$ はエミッタ領域直下の中央で最も低く，エミッタストライプ幅 L の両端部で最

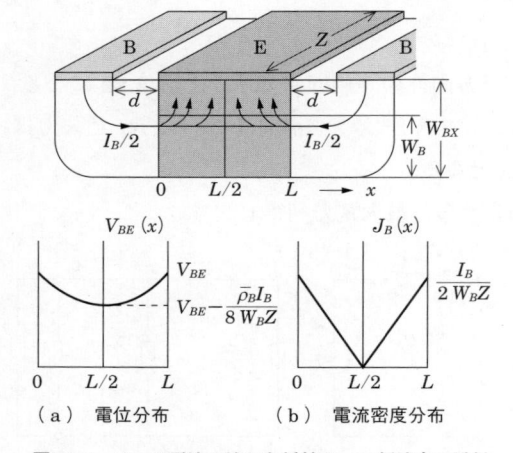

図 2.23 ベース電流の流れと活性ベース領域内の近似

も高くなる．それに伴い，エミッタ直下を流れる電流密度もストライプ幅の両端部付近が一番大きく，中央で低くなる．いま，単純化して，ベース電流密度 $J_B(x)$ を図2.23(b)のように，エミッタ活性ベース領域の中央で $J_B(L/2)=0$，それから両端部に向かって直線的に増加すると仮定すると，$0 \leq x \leq L/2$ の範囲でベース・エミッタ接合にかかる電圧 $V_{BE}(x)$ は

$$V_{BE}(x) = V_{BE} - \bar{\rho}_B \int_0^x J_B(x)dx = V_{BE} - \frac{\bar{\rho}_B I_B}{2W_B Z}\left(\frac{x}{L} - \frac{x^2}{L^2}\right) \quad (2.125)$$

と導かれる．ただし，V_{BE} はベース・エミッタ電圧，I_B はベース電流，Z はエミッタストライプ長，$\bar{\rho}_B$ は活性ベース領域の平均抵抗率で

$$\frac{1}{\bar{\rho}_B} \simeq \frac{1}{W_B} \int_0^{W_B} q\mu_p(N_{AB}) N_{AB}(x) dx \quad (2.126)$$

と与えられる．

$V_{BE}(x)$ の平均値を $\bar{V}_{BE}$ とすると，活性領域のベース直流抵抗は，$R_{BB} = (V_{BE} - \bar{V}_{BE})/I_B$ と与えられるから

$$R_{BB} = F_r \frac{\bar{\rho}_B L}{W_B Z} \quad (2.127)$$

となる．ここに，F_r：補助係数で，ベース電極がエミッタの両側にある場合には $F_r = 1/12$，片側だけの場合には，$F_r = 1/3$ となる．

以上の解析はモデルを単純化して行っているので，流れる電流の大きさに無関係な一定抵抗値を示している．しかし，実際には，エミッタ直下の接合にかかる順方向バイアスが場所により変化するから，そこを通過するベース電流，コレクタ電流も場所により指数関数的に変化する．したがって，正確な解析をするには二次元空間の複雑な解析が必要となる．

ベース・エミッタ間を分布回路網と考えて解析したGhoshの解析[26]や，更に導電率変調効果を考慮したHanaokaらの素子分割法による解析[27]がなされている．後者は，トランジスタのエミッタ領域を n 個のストライプに分割し，個々のトランジスタをベース抵抗で連結した構造を数値計算したものである．この解析で，高電流やエミッタ幅が狭くなるにつれ，エミッタ端部に電流が集中する現象,すなわちエミッタ電流クラウディング（emitter current crowding）効果が増大することが導き出されている．この効果はベ

ース抵抗を低くするので，高周波でのトランジスタ動作に有用である．より抵抗を低くして，高電流を流すには，エミッタ面積に比べてエミッタの外周をなるべく長くする（格子状，くし歯状）工夫をすればよい．

図2.23に示したような構造では，外部ベース抵抗

$$R_{BX} = \frac{\bar{\rho}_{BX} \, d}{W_{BX} Z} + R_{CON} \tag{2.128}$$

も式（2.127）に加える必要がある．ここで，$\bar{\rho}_{BX}$は外部ベースの平均抵抗率，W_{BX}は外部ベースの深さ，dはベース電極からエミッタまでの距離，R_{CON}は電極（シリサイド）と外部ベースとの接触抵抗である．

以上より，W_Bを小さくしながらベース抵抗を小さくするには，極力Lを短くすることと，R_{BX}を極力小さくすることが必要である．

ベースの不純物は均一分布をし，ベース抵抗は活性化ベース領域のみでf_Tに寄与する遅延時間は$\tau_b + \tau_c$のみと仮定した場合，$f_{\max}$は

$$f_{\max} = \frac{1}{4\pi L} \left[\frac{W_B W_{BC}}{\varepsilon F_r F_c \left(\dfrac{F_b W_B^2}{2 D_{nB}} + \dfrac{W_{BC}}{2 v_s} \right) \bar{\rho}_B} \right]^{1/2} \tag{2.129}$$

で与えられる．ただし，式（2.117）で示したベース・コレクタ接合キャパシタンスC_{jc}の実効断面積A_cと活性ベース領域の有効断面積Z_Lの比を面積係数F_cとして示している．F_cは一般的には1より大きな値を有している．

式（2.129）より，Lを短くすると，それに逆比例して$f_{\max}$が大きくなることが分かる．また，W_Bに関しては，前述したように$f_{\max}$とf_Tの間にトレードオフの関係があり，また$f_{\max}$を最大にするには

$$\frac{F_b W_B^2}{2 D_{nB}} = \frac{W_{BC}}{2 v_s} \tag{2.130}$$

の条件が必要であることが分かる．

2.2.8 動作電圧

バイポーラトランジスタの動作電圧は，素子の耐圧以下に保つ必要がある．耐圧を決める要因としては，①コレクタ・ベース接合部での降伏がまず挙げ

第2章　バイポーラトランジスタの動作機構

られるが，微細化・浅い拡散デバイスにおいては，②コレクタ・エミッタ間のパンチスルー，及び③エミッタ・ベース接合部での降伏も考慮する必要がある．

（1）　コレクタ・ベース接合部での降伏

エミッタを開放状態にしたコレクタ・ベース間降伏電圧 BV_{CB0} は，コレクタ空乏層端が n^+ 埋込層に達している場合と，達していない場合とで違ってくる．

降伏電圧がコレクタ空乏層全てにかかったときの空乏層幅を W_{BC0} とすると

（ｉ）$W_C > W_{BC0}$ の場合：BV_{CB0} はコレクタ・ベース接合本来の降伏電圧となる．

階段接合では，N を不純物濃度（cm^{-3}）とすると

$$BV_{CB0} = 60\left(\frac{N}{10^{16}}\right)^{-4/3} \text{ (V)} \tag{2.131}$$

直線傾斜接合では，a を不純物濃度の傾き（cm^{-4}）とすると

$$BV_{CB0} = 60\left(\frac{a}{3\times10^{20}}\right)^{-2/5} \text{ (V)} \tag{2.132}$$

で与えられる[6]．

（ⅱ）$W_C < W_{BC0}$ の場合：図 **2.24** を参照することにより，階段接合では

$$BV_{CB0} = E_{BR} W_C - \frac{2qN_{DC}}{\varepsilon} W_C^2 \tag{2.133}$$

となる．ただし，E_{BR} は式（2.33）で表される降伏の臨界電界で，N_{DC} はコレクタのドナー濃度である．この BV_{CB0} をリーチスルー（reach-

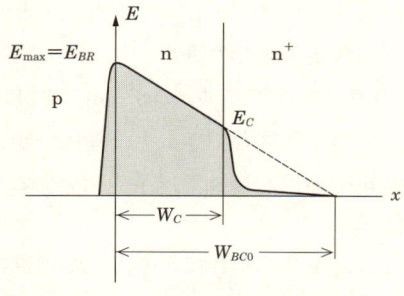

図 **2.24**　$W_C < W_{BC0}$ の場合の電界分布

through）電圧という[28]．式（2.134）より，W_C が大きく N_{DC} が小さいとき耐圧が大きくなることが分かる．W_C と N_{DC} の値は f_T や C_{jc} にも大きな影響を与えるから，これらを考慮した設計が必要となる．

（2） コレクタ・エミッタ接合部での降伏

実際に動作するトランジスタでの降伏電圧は，エミッタ・ベース間に入る抵抗が0に近ければ BV_{CB0} の値となる．しかし，実際の動作回路では，その間に抵抗が入っているため，この電圧より低い電圧で降伏が生じる．ベースを開放状態にしたときの降伏電圧が最小となり，その電圧をコレクタ・エミッタ間降伏電圧 BV_{CE0} として，以下に求めてみる．

コレクタ・エミッタ間に逆方向電圧を印加すると，コレクタ・エミッタ接合は弱い順方向バイアスとなり，その接合を通して注入された電子電流がコレクタ電流に加わり，コレクタ接合でアバランシェ増倍される．式（2.32）で表される増倍係数 M でベース・コレクタ接合を通る電流が増倍された場合，式（2.67）で示されるエバーズ・モルの式は

$$I_C = M(\alpha_E I_F + I_{R0}) \tag{2.134}$$

となる．

ベースが開放されているから，$I_F = I_C$ と置く．また，降伏のとき $I_C = \infty$ になるから，$\alpha_E M = 1$ となる．この条件を式（2.32）に入れると

$$BV_{CE0} = (1-\alpha_E)^{1/n} BV_{CB0} = \frac{1}{h_{FE}^{1/n}} BV_{CB0} \quad (n=3\sim6) \tag{2.135}$$

と，BV_{CE0} は h_{FE} とトレードオフの関係になる．h_{FE} は大きな値であるから，BV_{CE0} は BV_{CB0} に比べてかなり小さな値となる．この電圧は，実際のトランジスタの最小動作電圧を決める目安として重要な電圧となる．

（3） エミッタ・ベース接合部での降伏

エミッタとベースの不純物濃度が共に $10^{18} \mathrm{cm}^{-3}$ 以上になると，図2.6に示すように，エミッタ・ベース接合でツェナー降伏が起こるようになり，エミッタ・ベース間降伏電圧 BV_{BE0} は 4V 以下の低い値となる．

（4） ジョンソン限界

トランジスタの動作速度を速くすればするほど動作可能上限電圧は小さくなる．このような関係を，f_T と BV_{CE0} の積はある一定値を超えないという

物理的限界式で示したのがジョンソン (Johnson) で，1985 年であった[29]．この式はジョンソン限界 (Johnson limit) と呼ばれ，シリコン系では

$$BV_{CE0} \cdot f_T = E_{BR} W_C \cdot \frac{1}{2\pi \left(\dfrac{W}{v_s}\right)} = \frac{E_{BR} v_s}{2\pi} = 200 \text{ GHzV} \qquad (2.136)$$

と与えられている．右辺の臨界値はコレクタ接合部の降伏臨界電界 $E_{BR} = 2 \times 10^5$ V/cm，コレクタ空乏層を走行する速度，すなわち飽和ドリフト速度を $v_s = 6 \times 10^6$ cm/s として導入されたものである．

動作速度がそれほど速くなかった時代にはこの限界値を超えることは余りなかったので，この限界値を目安に性能の評価が行われてきた．ところが，動作速度が飛躍的に増加した現在，限界超えも多々報告されるようになり，式の修正が必要になってきた．その詳細については 2.4.2 項で改めて述べるが，この式は現在も動作限界を大雑把に知る目安の式として使われている．

2.3 SiGe ヘテロ接合バイポーラトランジスタ (SiGe HBT) の動作理論

Si BJT では，遮断周波数を大きくするために，活性化領域の縦方向スケーリングや不純物ドープ量の制御，横方向スケーリングによる活性領域以外の寄生キャパシタンスの低減など，トランジスタ構造の改善，工夫がなされてきた．しかし，f_T と h_{FE} や降伏電圧がトレードオフの関係にあることから，100 GHz 以上の f_T を得ることは困難であった．

この問題を解決したのが，エミッタとベースのバンドギャップに差を付けて，ベースからエミッタへの正孔注入を抑え，エミッタからベースへの電子注入を大幅に増加させ，またベースの走行時間を飛躍的に短くできる SiGe ヘテロ接合バイポーラトランジスタ (SiGe HBT) である．この種のトランジスタとしては他に，化合物半導体である GaAs 系，InP 系，GaN 系のヘテロ接合バイポーラトランジスタが知られている．しかし，SiGe HBT は超微細 CMOS プロセス技術が使用でき，また CMOS と組み合わせた高性能高速ディジタル回路と高周波アナログ回路を併せ持つ SiGe BiCMOS (Bipolar-CMOS) の ULSI を容易に作ることができることから，急激な進展を遂げつつある．本節では SiGe HBT の動作原理を，Si BJT と比較しな

がら述べる．

2.3.1 ひずみ $Si_{1-x}Ge_x$/ひずみなし Si のバンド構造

Ge は Si と $Si_{1-x}Ge_x$（x は Ge 含有割合）の形で，良好な合金を形成するが，Ge は Si より格子定数が大きく，4.2％の格子不整合を持つ．そのために，Si 結晶基板の上に $Si_{1-x}Ge_x$ をエピタキシャル成長させた場合には，図 2.25 に示すように，形成条件によって結晶状態が異なってくる．エピタキシャル成長の初期段階では，図 2.25 (b) に示すように，$Si_{1-x}Ge_x$ は Si の格子間隔を保ったまま，一定の圧縮ひずみを維持する．このような圧縮ひずみが維持されている膜厚で成長を止めると，いわゆる擬似格子整合された結晶欠陥のない良好な結晶が得られる．一方，$Si_{1-x}Ge_x$ の結晶成長を長く行い，層厚を厚くすると，図 2.25 (c) のように，$Si_{1-x}Ge_x$ の大部分はひずみが緩和されて，本来の格子間隔となるが，$Si_{1-x}Ge_x$/Si 界面にミスフィット転位が発生してしまう．

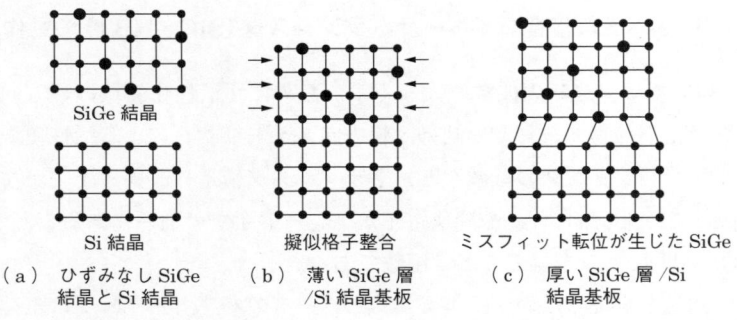

SiGe 結晶		
Si 結晶	擬似格子整合	ミスフィット転位が生じた SiGe
(a) ひずみなし SiGe 結晶と Si 結晶	(b) 薄い SiGe 層/Si 結晶基板	(c) 厚い SiGe 層/Si 結晶基板

図 2.25　Si 基板上に堆積した $Si_{1-x}Ge_x$ エピタキシャル成長層の結晶構造

以上のことから，ベースに用いる $Si_{1-x}Ge_x$ は擬似格子整合された結晶を用いる必要がある．すなわち，(001) 面の Si 結晶基板に $Si_{1-x}Ge_x$ を成長させる場合には，低温（300～800℃）で，Ge の組成比が最大25％程度までの余り大きくない範囲で，10～100 nm 程度の薄い層を用いる必要がある[30],[31]．

擬似格子整合 $Si_{1-x}Ge_x$ 結晶を (001) Si 表面上に堆積した場合のバンド構造を計算するには，Herring らの理論[32]に従って，ひずみなし状態のエネルギーバンドから等方的ひずみを加えた結晶のバンド計算（エネルギーバンドがシフト）を行い，その後，一軸性ひずみ（Si 面と垂直）を緩和して，

間接伝導帯端と価電子帯端（$k = 0$ 点）の二軸性バンド分裂の程度を求める．なお，ひずみなし $Si_{1-x}Ge_x$ の伝導帯端の等エネルギー面は，x が約 0.85 まで，Si と同様にブリユアンゾーン内の Δ 軸に沿っていることが確かめられている[33]．

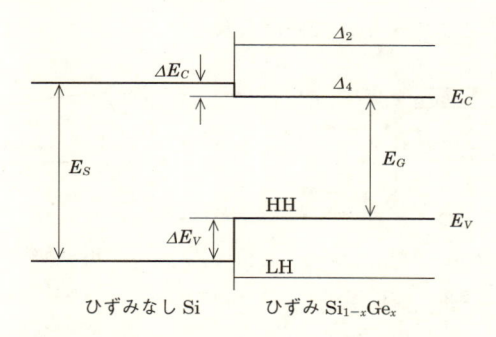

この方法により理論計算して求めた圧縮ひずみ $Si_{1-x}Ge_x$/ ひずみなし Si のエネルギーバンドの概略図を**図 2.26** に示す[34],[35]．等方圧縮ひずみ $Si_{1-x}Ge_x$ の伝導帯端と価電子帯端は，ひずみなし状態のそれらのエネルギーバンドより上方にシフトする（図には記していない）．その状態で二軸性ひずみにすると，六重縮退 Δ_6 していた伝導帯はエネルギーの高い二重縮退 Δ_2 とエネルギーの低い四重縮退 Δ_4 に分裂する．その結果，Δ_4 が伝導帯の底になる．また，価電子帯端は縮退していた重い正孔バンド（HH）と軽い正孔バンド（LH）に分裂し，前者が低く，後者が高いエネルギーとなる．Si と SiGe のバンドギャップ差 ΔE_G（$= E_S - E_G$）によって接合部の伝導帯と価電子帯にそれぞれ ΔE_C と ΔE_V のオフセットが生じる．

図 2.26 Si 結晶上に成長させた圧縮ひずみ $Si_{1-x}Ge_x$ のエネルギーバンド図

図 2.27 に，Van der Walle ら[35] の理論計算値から得られた圧縮ひずみ $Si_{1-x}Ge_x$/(001) Si 結晶基板の ΔE_G，ΔE_V，ΔE_C の Ge 含有量（%）依存性を示す．ΔE_V は Ge 含有量に対してほぼ直線的に変化し，10% で 100 meV ほどの増加となる．これに対し，ΔE_C は x が 10% まで僅かに増加した後飽和してしまい，最大でも 20 meV ほどの増加となっている．図の ΔE_G の値は King ら[30] や Lang ら[36] の実験値，また People の理論計算値[34] ともほぼ一致した値となっている．

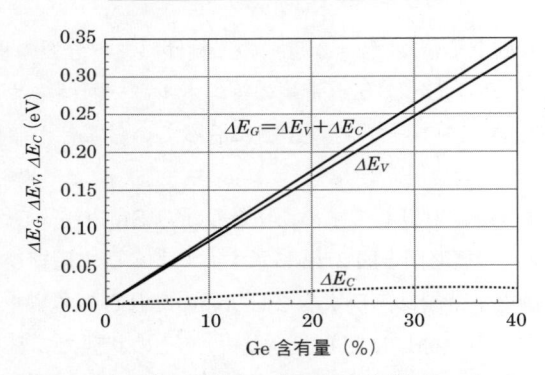

図 2.27 (001) Si 基板上に成長させたひずみ $Si_{1-x}Ge_x$ の ΔE_G, ΔE_V, ΔE_C の Ge 含有量依存性

2.3.2 SiGe HBT のエネルギーバンド構造

図 2.28 に SiGe のベース層を Si のエミッタとコレクタ層で挟んだ SiGe HBT のエネルギーバンド模式図を示す．この HBT には大きく分けて，SiGe 濃度が (a) ベース内一定のボックス形分布[37]と (b) 傾斜した傾斜形分布[38],[39]の二つのタイプに分けられる．

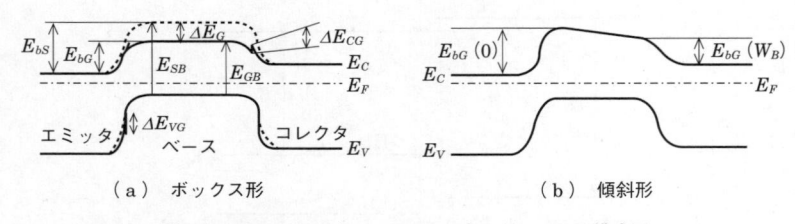

図 2.28 SiGe HBT と Si BJT のエネルギーバンド模式図

図 2.28 (a) に示すボックス形では，エミッタ・ベース間の伝導帯のビルトイン電位 E_{bG}/q が Si BJT のビルトイン電位 E_{bS}/q よりも $\Delta E_G/q$ だけ低くなるため，SiGe HBT の方がエミッタからベースへの電子の注入量が $\exp(\Delta E_G/(kT))$ だけ多くなる．一方，エミッタ・ベース間の価電子帯のビルトイン電位は両者で同じ E_{bS}/q で，ベースからエミッタへの正孔注入量は両トランジスタで変わらない．その結果として，電流利得の増大効果が期待できる．ただ，図 2.26 に示す Si と SiGe 伝導帯のエネルギー差 ΔE_C に起因して，ベース両端接合面の伝導帯にスパイクが見られるが，そのエネルギー

は300 Kの熱エネルギーかそれ以下であるために，電気的影響は無視できる．そのため，このスパイクは，次に述べる図2.28 (b) のバンド図では省略している．

図2.28 (b) に示す傾斜形のベースはエミッタ側からコレクタ側に向かってGe含有量を増加させることで，伝導帯に傾斜を設けている．それによりドリフト電界が形成されてベース中を走行する電子を加速し，電子のベース走行時間を大幅に短縮させる．ただし，2.3.3項で述べるように，エミッタ側のGe含有量を余り大きくできないために，電流利得の増大効果はボックス形ほど得られない．

2.3.3　SiGe HBTの電気特性

ボックス形と傾斜形のSiGe HBTのコレクタ電流，電流利得，ベースとエミッタの走行時間，アーリー電圧を以下に導出する．その際，二つのタイプ並びにSi BJTの電気特性の特徴が容易に理解できるように，それらを一つの式に組み込んで示すことにする．傾斜形のSiGe HBTとSi BJTの特性比較はHarameらが導出した理論式[39]を参考にしている．

式の導出に用いるデバイス条件と記号をまず説明する．ベース内のGeと不純物の濃度分布及びバンドギャップの概略図を**図2.29**に示す．Si BJTと

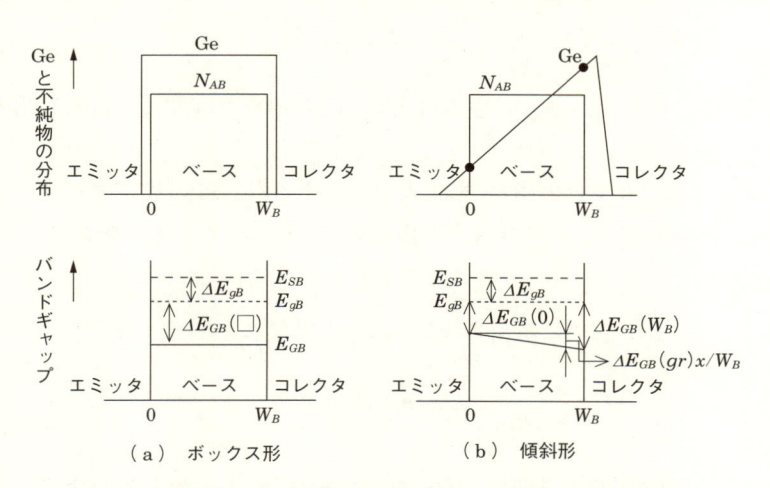

（a）ボックス形　　　　（b）傾斜形

図2.29　ベース内のGeと不純物の分布及びバンドギャップの概略図
（高濃度N_{AB}によるバンドギャップ縮小を含む）

二つのタイプの SiGe HBT のベースに，不純物（ほう素）を高濃度に均一に分布させると，低ドープ Si のバンドギャップ E_{SB} より ΔE_{gB} だけバンドギャップ縮小が生じているとする．それに Ge を加えることにより，更に ΔE_{GB} だけバンドギャップが縮小したとする．ボックス形の ΔE_{GB} はベース全体が一定で，それを $\Delta E_{GB}(\Box)$ と表示する．また傾斜形の ΔE_{GB} は，エミッタ側とコレクタ側のベース端をそれぞれ $\Delta E_{GB}(0)$ と $\Delta E_{GB}(W_B)$，それらのバンドギャップ差を $\Delta E_{GB}(gr)$ とすると，$\Delta E_{GB}(gr) = \Delta E_{GB}(0) - \Delta E_{GB}(W_B)$ となる．

低不純物濃度を有する Si のバンドギャップ E_{SB} を基準とした SiGe のベース内のエネルギーバンドを $E_{GB}(\Box, x)$ とすると

$$E_{GB}(\Box, x) = E_{SB} - \Delta E_{gB} - \Delta E_{GB}(\Box, 0) + \left[\!\left[-\Delta E_{GB}(gr) \cdot \frac{x}{W_B} \right]\!\right] \quad (2.137)$$

と，ボックス形と傾斜形を一つの式で表現できる．ただし，$E_{GB}(\Box, x)$ はボックス形の場合 $E_{GB}(\Box)$ で，傾斜形の場合は $E_{GB}(x)$ と解釈する．また，右辺の二重角カッコ 〚 〛 の項は，傾斜形の場合のみに適用される（以下の式全てに適用）．

SiGe の真性キャリヤ濃度 $n_{iG}^2(\Box, x)$ は

$$n_{iG}^2(\Box, x) = (N_C N_V)_G \exp\left[-\frac{E_{GB}(\Box, x)}{kT} \right] \quad (2.138)$$

と記せる．ただし，$(N_C N_V)_G$ の添字 G は SiGe を意味する（後に頻出する添字 S は Si）．

式 (2.138) に式 (2.137) を代入する．その際，Si の真性キャリヤ濃度を n_{i0}^2，γ を SiGe と Si の伝導帯と価電子帯の有効状態密度積の比 $(N_C N_V)_G / (N_C N_V)_S$ として $n_{iG}^2(\Box, x)$ を書き換えると

$$n_{iG}^2(\Box, x) = n_{i0}^2 \exp\left(\frac{\Delta E_{gB}}{kT} \right) \cdot \gamma \exp\left(\frac{\Delta E_{GB}(\Box, x)}{kT} \right)$$
$$\times \left[\!\left[\exp\left(\frac{\Delta E_{GB}(gr)}{kT} \right) \cdot \frac{x}{W_B} \right]\!\right] \quad (2.139)$$

となる．γ は Ge 含有量が増えるに従って減少し，Ge が 10% 以上になると $1/2$ [40] か $1/3$ ほどになる [41],[42]．

（1） コレクタ電流と電流利得

二つのタイプの SiGe HBT のコレクタ電流 I_{CG} は式（2.47）より

$$I_{CG} = qA \exp\left(\frac{qV_{BE}}{kT}\right) \left\{\int_0^{W_B} \frac{N_{AB}(\square, x)dx}{D_{nB}(\square, x)n_{iG}^2(\square, x)}\right\}^{-1} \quad (2.140)$$

と与えられる．

ベース中の SiGe と Si の平均拡散係数の比 $(D_{nB})_G/(D_{nB})_S$ を η と定義すると，式（2.140）は

$$I_{CG} = I_{CS} \cdot \gamma\eta \exp\left(\frac{\Delta E_{GB}(\square, 0)}{kT}\right)$$

$$\times \left[\frac{\Delta E_{GB}(gr)}{kT}\left[1-\exp\left(-\frac{\Delta E_{GB}(gr)}{kT}\right)\right]^{-1}\right] \quad (2.141)$$

となる．ただし，I_{CS} は Si BJT のコレクタ電流で

$$I_{CS} = \frac{qA\,(D_{nB})_s\,n_{i0}^2}{N_{AB}\,W_B} \exp\left(\frac{\Delta E_{gB}}{kT}\right) \exp\left(\frac{qV_{BE}}{kT}\right) \quad (2.142)$$

と与えられる．$\gamma\eta$ は Ge が 11〜16％で 0.25 ぐらいの値となる[43]．

ベース電流は Ge の含有量に依存せず，Si BJT と同じ電流となるから，SiGe HBT と Si BJT の電流利得比 h_{FEG}/h_{FES} は式（2.141）より

$$\frac{h_{FEG}}{h_{FES}} = \gamma\eta \exp\left(\frac{\Delta E_{GB}(\square, 0)}{kT}\right)$$

$$\times \left[\frac{\Delta E_{GB}(gr)}{kT}\left\{1-\exp\left(-\frac{\Delta E_{GB}(gr)}{kT}\right)\right\}^{-1}\right] \quad (2.143)$$

と与えられる．

この式より，傾斜形の h_{FE} は $\Delta E_{GB}(gr)$ の値にある程度の影響を受けるが，ボックス形の h_{FE} と同様にエミッタ側のベース端の Ge の量に顕著な影響を受ける．したがって，傾斜形でも，エミッタ側のベース端にも Ge を相当量入れる必要がある．ただ，この形ではコレクタ端に向かって Ge 含有量を増やしてドリフト電界を形成する必要があるため，ボックス形ほどエミッタ側に Ge を多量に入れることができない．そのため，ボックス形ほど h_{FE} は大きくできない，また R_B も低減できない．二つのタイプのどちらを使用するかは，f_T と利得のどちらを重視するかによって決められる．

式(2.143)より,低温で動作させれば極めて大きな利得が得られることは注目に値する.

(2) ベース走行時間とエミッタ走行時間

ベースの実効不純物濃度 $N_{ABG}(□, x)$ は,式(2.51)より

$$N_{ABG}(□, x) = N_{AB} \exp\left(-\frac{\Delta E_{gB}}{kT}\right) \times \exp\left(-\frac{\Delta E_{GB}(□, 0)}{kT}\right)$$

$$\times \left[\!\left[\exp\left(\frac{\Delta E_{GB}(gr)}{kT} \cdot \frac{x}{W_B}\right)\right]\!\right] \tag{2.144}$$

と求められる.

SiGe HBT と Si BJT のベース走行時間の比 τ_{bG}/τ_{bS} は,式(2.145)を式(2.81)に代入することにより得られ

$$\frac{\tau_{bG}}{\tau_{bS}} = \frac{2}{\eta} \times \left[\!\left[\frac{kT}{\Delta E_{GB}(gr)}\left[1 - \frac{kT}{\Delta E_{GB}(gr)}\left\{1 - \exp\left(-\frac{\Delta E_{GB}(gr)}{kT}\right)\right\}\right]\right]\!\right] \tag{2.145}$$

と書ける.

この式より,ボックス形での τ_{bG} は τ_{bS} より $1/\eta$ だけ短くなる程度で,ベース走行時間の短縮にはほとんど寄与しないことが分かる.ところが傾斜形では Ge の濃度傾斜により生じる電界により走行時間が顕著に短くなり,$\Delta E_{GB}(gr)$ が 100 meV ぐらいでも,f_T は2倍ほど大きくなる.

SiGe HBT と Si BJT のエミッタ走行時間の比 τ_{eG}/τ_{eS} は,式(2.111),式(2.112)を参考にすると

$$\frac{\tau_{eG}}{\tau_{eS}} = \frac{1}{\gamma\eta} \exp\left(-\frac{\Delta E_{GB}(□, 0)}{kT}\right) \times \left[\!\left[\frac{kT}{\Delta E_{GB}(gr)}\left\{1 - \exp\left(-\frac{\Delta E_{GB}(gr)}{kT}\right)\right\}\right]\!\right] \tag{2.146}$$

と書ける.

この式から,τ_{eG} は,ボックス形,傾斜形ともに,$\Delta E_{GB}(□, 0)$ で指数関数的に減少すること,更に傾斜形では $\Delta E_{GB}(gr)$ に逆比例して減少することが分かる.

(3) アーリー電圧と $h_{FE} \cdot V_A$ 積

アーリー電圧 V_A は,式(2.101)を用い,$V_{CE} \simeq V_{CB}$ と近似すると

第 2 章　バイポーラトランジスタの動作機構

$$V_A = I_C \left(\frac{dI_C}{dV_{BE}}\right)^{-1} - V_{BE} \approx I_C \left(\frac{dI_C}{dV_{BC}}\right)^{-1} \tag{2.147}$$

と与えられる．この式に式（2.140）を代入すると，ベース内の Ge 濃度が不均一な分布にも適用できる一般式

$$V_A = \left\{ -\frac{D_{nB}(W_B)\, n_{iB}^2(W_B)}{N_{AB}(W_B)} \int_0^{W_B} \frac{N_{AB}(x)\, dx}{D_{nB}(x)\, n_{iB}^2(x)} \right\} \left(\frac{dV_{CB}}{dW_B}\right) \tag{2.148}$$

が得られる[43]．

Si BJT とボックス形 SiGe HBT の V_A は，この式から同一式で与えられることが分かる．その V_A を $V_{AS,G(\square)}$ とすると

$$V_{AS,G(\square)} = -W_B \left(\frac{dV_{CB}}{dW_B}\right)$$

$$= W_B \left\{ \frac{2g}{\varepsilon} \frac{N_{AB}(N_{AB}+N_{DC})}{N_{DC}} \right\}^{1/2} V_{BC}^{1/2} \tag{2.149}$$

と表せる．

式（2.149）より，Si BJT の場合，N_{AB} を大きくすると V_A は大きくなるが，式（2.41）より，h_{FE} は小さくなってしまう．また，f_T も少数キャリヤの移動度が小さくなるために小さくなってしまう．N_{DC} を大きくすると，f_T の減少は防げるが，今度は V_A が小さくなってしまう．

一方，ボックス形の場合，N_{AB}，N_{DC} と V_A の関係は Si BJT と変わらないが，h_{FE} は Si BJT より大きくできるメリットがある．

一方，傾斜形 SiGe HBT の場合，τ_{bG} が劇的に短くなるだけでなく，以下に示すように V_A も大幅に改善できる．その V_A を $V_{AG(gr)}$ として，式（2.148）に式（2.144）を代入して計算すると

$$\frac{V_{AG(gr)}}{V_{AS,G(\square)}} = \left[\frac{kT}{\Delta E_{GB}(gr)} \exp\left(\frac{\Delta E_{GB}(gr)}{kT}\right) \cdot \left\{1 - \exp\left(-\frac{\Delta E_{GB}(gr)}{kT}\right)\right\} \right] \tag{2.150}$$

が得られる．V_A が大幅に改善できるのは，V_{CB} の印加によるベースのコレクタ側空乏層の広がりが抑えられることと，$n_{iG}^2(x)$ に傾斜があることによる．

傾斜形 SiGe HBT と Si BJT の $h_{FE} \cdot V_A$ 積比は，式（2.143）と式（2.150）から次式で与えられる．

$$\frac{h_{FEG}\,V_{AG(gr)}}{h_{FES}\,V_{AS,\,G(\square)}} = \left\lVert \gamma\eta\exp\left(\frac{\Delta E_{GB}(W_B)}{kT}\right)\right\rVert \tag{2.151}$$

式 (2.151) から, h_{FE} と V_A とはトレードオフの関係で, $h_{FEG}\cdot V_{AG}(gr)$ 積はベースのコレクタ端での Ge 含有量に依存して決定されることが分かる.

注目することは, この式は低温で動作させればさせるほど $h_{FEG}\cdot V_{AG}$ 積が大きくなることを示し, 低温にするほど良好な電気特性が得られることが分かる.

以上, ボックス形と傾斜形の SiGe HBT の電気特性の特徴を述べてきたが, ベース幅が同一のとき, ボックス形は電流駆動力を重視する場合, 傾斜形は高速性を重視する場合に適したデバイスであるといえる.

2.4 バイポーラトランジスタの高性能化の現状と今後の指針

高集積化させたバイポーラデバイスを高速, 高周波動作させる究極の構造は, 動作に必要な電圧マージンを取る工夫を別にすると, トランジスタが動作する活性領域のみを残し, それ以外の寄生領域をなくすことである.

本節では, まず Si BJT の高性能化の今までの主な成果を紹介する. SiGe HBT はそれらの成果技術を基に, 更に SiGe HBT ならではの独特の技術を追加しながら, 現在もめざましい勢いで進化を続けているので, 後半は SiGe HBT を中心とした高性能化の現状と今後の指針を紹介する.

2.4.1 Si BJT の高性能化

Si BJT を高速化, 高周波化, 高集積化して高性能化を図るには, まずデバイスの寸法を微細化することである. その際, CMOS のスケーリング則に従ってシステマティックに微細化ができれば簡単であるが, バイポーラデバイスは三次元構造を持ち, 平面的な縮小ばかりでなく, 縦方向のスケーリングもより重要となる[44]. すなわち, 寄生キャパシタンス成分 (特に C_{je} と C_{jc}) ばかりでなく, 寄生抵抗成分 (特に R_B) や寄生トランジスタなどの寄生素子の低減を図らなければならない. 更に, それらに伴うパンチスルーや降伏電圧の低下を防ぎながら最適設計する必要がある.

バイポーラ特性を飛躍的に向上させた主な技術を以下に示す. また, それらの技術の成果で作られた標準的な Si BJT のデバイス構造を図 2.30 に示

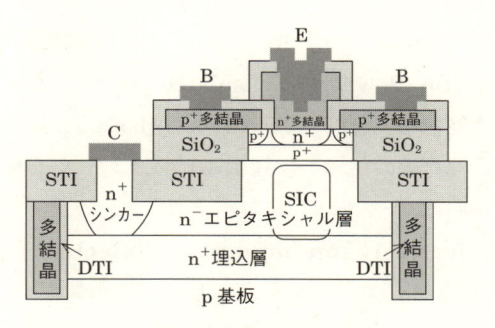

図 2.30 Si BJT の断面図

す．1980 年代のデバイス構造である図 2.8 と比較して，相当な微細化が進んでいることが分かる．

（1） 埋込層とエピタキシャル層の形成

コレクタ層は深い位置にあり，そのままではコレクタ抵抗が高くなる．それを回避するために，活性領域下の基板上にあらかじめ V 族不純物をイオン注入して n^+ 埋込層を形成しておき，その上にエピタキシャル層を形成して活性層を作り込む[45]．

（2） 自己整合と多結晶 Si

自己整合技術はマスクの重ね合わせを用いずにパターンの形成を正確に行う技術である．多結晶 Si をベース電極として各領域の位置を整合する PSA（Polysilicon Self-Align）技術が報告[46]された後，多くの自己整合技術が提案されている．特に，p^+ 多結晶 Si を外部ベースに，また n^+ 多結晶 Si をエミッタにと，多結晶を二用途に用いて自己整合する方法（double-polysilicon, self-aligned bipolar process）は，リソグラフィー技術の最小寸法より小さなエミッタ幅を制御良く形成し，また活性ベース抵抗，外部ベース抵抗やコレクタキャパシタンスなどを小さくできる革新的技術で，現在も多用されている[47], [48]．

（3） 酸化絶縁層形成

活性領域のみを単結晶基板内に形成し，外部ベース領域下に埋込酸化層を設けて外部ベース，コレクタキャパシタンスを最小にすることができる SICOS（Sidewall base Contact Structure）技術[49]を特記する．その他，

図 2.28 で見られるように，ベースとコレクタ分離のためのシャロートレンチ絶縁層（STI：Shallow Trench Isolated layer），素子間分離のためにディープトレンチ絶縁層（DTI：Deep Trench Isolated layer），寄生容量低減や集積度を上げるための絶縁層，選択エピタキシャル成長のための絶縁層などの形成技術がある．

（4） SIC（Selectively Ion-implanted Collector）

図 2.30 に示すように，エミッタを窓にして，ベース直下の n^- 層に高濃度りんをイオン注入し，エミッタと同じ面積の n^+ コレクタ層を形成する．それにより，コレクタ活性領域を狭く形成するとともにカーク効果を抑え，f_T と C_{jc} のトレードオフ関係を最適化させる[50],[51]．高周波，高速動作させるバイポーラトランジスタではこの SIC が必須となっている．

（5） 多結晶 Si エミッタによる電流利得の向上

薄い Si 結晶層の上に堆積した n^+ 多結晶 Si から単結晶 Si に n^+ 不純物を拡散して単結晶エミッタを形成するのが一般的である．ただ，その上の多結晶 Si も多結晶 Si エミッタと呼ぶが，それは以下の理由による．単結晶 Si だけで構成されたエミッタのエミッタ幅 W_E を正孔の拡散長より狭くしていくと，式（2.48）に示すように I_B は大きくなり，h_{FE} を小さくしてしまう．ところが，Si 結晶層上に多結晶 Si を堆積したエミッタでは I_B が小さくなり，電流利得 h_{FE} を飛躍的に向上させることが実験的に明らかにされているからである[52]．この原因については，当初，多結晶 Si の粒界で正孔の拡散係数が極端に小さくなるためと説明されていた[52]．しかし，その後種々のモデルが提案されているが，いまだ確たる結論は得られていない．Si 結晶層表面を RCA 洗浄や HF エッチングをしてクリーンにした後に多結晶 Si を堆積する．その際，多結晶 Si/Si 界面に RCA 洗浄では 0.4 nm，HF エッチングでは 1.4 nm 程度の自然酸化膜が形成される[53]．その自然酸化膜の存在やそれを挟んだ多結晶 Si と単結晶 Si の界面，更に多結晶 Si/単結晶 Si 界面や多結晶 Si 自体の性質に起因しているとの提案が多い．それらの幾つかの提案を以下に紹介する．

（ⅰ）酸化膜トンネルモデル：少数キャリヤの自然酸化膜トンネリングが I_B を小さくする主な原因としたモデル．それとともに，多結晶 Si/酸化膜

第2章 バイポーラトランジスタの動作機構

と酸化膜/単結晶 Si の両界面に偏析した P による障壁形成を考慮した理論[54],結晶 Si 界面準位や酸化膜の状態依存性を考慮した理論[55],結晶 Si 粒界と多結晶 Si/単結晶 Si 界面での電流や不均一不純物分布を考慮した理論[56],一部破れた薄い酸化膜から多結晶 Si に流入した再結合電流理論[57]~[59] が各々考慮されている.

(ii) 偏析モデル:多結晶 Si/結晶 Si 界面近傍に偏析したドーパントにより,正孔の再結合速度が大きくなるとしたモデル[60],または正孔の障壁が生じるとしたモデル[61].

(iii) ヘテロ接合エミッタモデル:多結晶 Si のバンドギャップ縮小効果が結晶 Si より小さいために正孔輸送が制限されるとしたモデル[62],または広いバンドギャップの酸化膜が正孔に対する障壁として働くとしたモデル[63].

多結晶 Si エミッタを使用すると h_{FE} が飛躍的に向上することから,Si BJT では多用されている.しかし,プロセス条件に依存した特性となるために,高速,高性能対応デバイスでは信頼性と雑音の面で問題となる.しかし,SiGe HBT では式(2.143)に示したように,多結晶 Si エミッタを使わなくても h_{FE} を飛躍的に大きくすることができるので,後述するように結晶 Si を単独で使用する試みがなされている.

2.4.2 SiGe HBT の高性能化

図 2.31 に,Si BJT と SiGe HBT における f_T の年次推移を示す.2003 年頃までのデータは Rieh らのデータ[64] を基にして,それ以後のデータを追加して示している.バイポーラ論理回路の LSI 化は 1960 年代後半からなされたが,この図には高性能化へ向けて急速な進展がなされた 1980 年代初頭以降のデータを示している.

1990 年代初頭までは Si BJT が主流で,当初は 2.4.1 項で述べたスケーリング技術やエピタキシャル技術などによる構造や材料の革新により,f_T は 4 年で約 2 倍の割合で増加していった.しかし,1990 年代半ば頃から頭打ちとなり,進行が停滞するようになった.その理由の一つには,BV_{CEO} と f_T,h_{FE} との間のトレードオフによって,Si だけを用いたホモ接合トランジスタに物理的な限界が見えてきて,f_T を 100 GHz[65] 以上にすることは困難であ

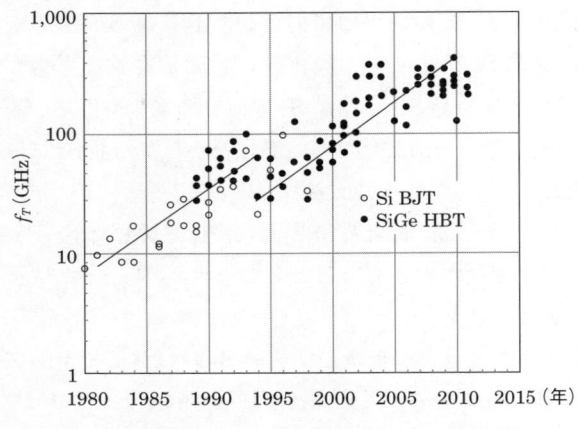

図 2.31　Si BJT と SiGe HBT における f_T の年次推移

ると認識されてきたこと．二つ目は，ちょうどその頃，集積バイポーラ論理回路チップの消費電力密度が増大し，$10\,\mathrm{W/cm^2}$ 以上に達してしまったために，低消費電力の高速 CMOS 論理回路が注目されだした時期であった．その結果，その後しばらくの間は，Si BJT は高速，高周波性は必要であるが集積度を余り必要としない RF 信号やミックス信号（ディジタル信号とアナログ信号が混在）機器に限って専ら使用された．

一方，SiGe HBT は 1987 年に最初の発表[66],[67]がなされたが，しばらくは Si BJT と同じ成長路線を取りながらも，本格的な実用化には，しばらく時間が必要であった．その理由は，不純物と Ge を混入した低温エピタキシャル成長層の信頼性に問題があったことと，既に実用化されていた化合物 HBT などに性能面と雑音面で太刀打ちできるかどうか確信が持てなかったことが底流にあった．ところが，1995 年に Harame らにより SiGe HBT の理論[39]と A-D 変換器用 BiCMOS プロセス[73]が発表され，その翌年に SiGe BiCMOS が IBM によって製品化されてから，SiGe HBT の有用性が改めて認識されるようになった．更に，その頃から登場した携帯情報機器や高速データ伝送などへの広範な応用展開に弾みが付き，SiGe HBT の高速化，高機能化が進み，f_T の高周波化は従来と同じ 4 年で 2 倍の割合で増加する路線に戻り，2010 年には $500\,\mathrm{GHz}$ に達するまでに至っている．

図 2.32 に，Si BJT と SiGe HBT におけるゲート遅延時間の年次推移を

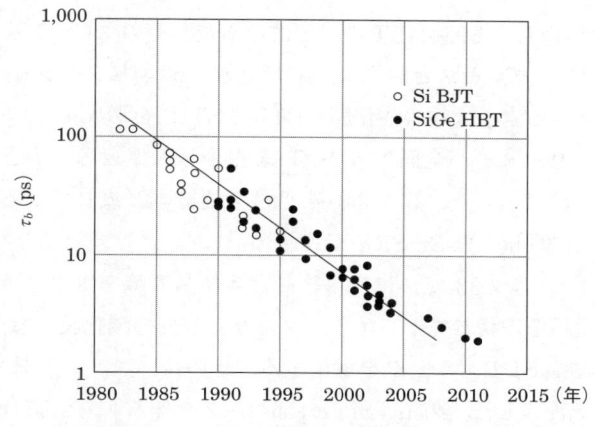

第 2 章　バイポーラトランジスタの動作機構

図 **2.32**　Si BJT と SiGe HBT における τ_b の年次推移

示す．この図からは，2005 年以降多少傾斜が緩めになってきているが，両デバイスとも区別なく，ゲート遅延時間は 4 年で 2 倍の割で短くなり，最短 1.9 ps に達するまでになっている．

SiGe HBT の有用性は，ベース内のバンドギャップを自由にデザインできることにより，ベース幅を縮小（エピタキシャル成長層を薄く）し，更にドープ濃度を変えられることで，容易にベース走行時間を短くできるとともに，ベース抵抗も低くできることである．それらにより，f_T だけでなく f_{max} も飛躍的に大きくできる．同時に，高駆動，高電流利得，低雑音性などの利点を有する．更に，シリコンプロセスと整合性があるために，SiGe HBT は CMOS を混載した BiCMOS を Si BJT と同様に容易に作ることができることから，アナログ回路とディジタル信号処理を備えた無線通信システム LSI にとって極めて有効なキーデバイスとなっている．

（1）　SiGe HBT の代表的なプロセス技術

SiGe HBT は SiGe ベースの活性領域の高速性を生かすために，自己整合で作られる．その形成プロセスは，SiGe エピタキシャル成長法の違いにより，大きく二つに分類される[69]．ディファレンシャルエピタキシー（DEP: Differential Epitaxial Growth）法（ブランケットエピタキシー（Blanket Epitaxial Growth）法ともいう）[39],[68],[70],[71] と選択エピタキシー（SEG: Selective Epitaxial Growth）法[72]〜[76] である．

DEP法で製作したSiGeHBTの代表的な構造とそのプロセスを図2.33に示す．Si BJTのプロセスと同様に，n$^+$埋込層，n$^-$エピタキシャル層（以降エピ層という）と素子分離の酸化膜（DTIとSTI）を形成する．その後，表面を平坦にしたウェーハ全面にp$^+$SiGe結晶を成長させる．引き続きSiキャップ薄層（後でエミッタになる）を低温で連続エピ成長させる．ただし，素子分離膜上に堆積したSi, SiGe膜は単結晶にならず，多結晶となる（DEPの名称の由来）．図2.33 (a) には単結晶と多結晶の境を点線で示してある．続いて，酸化膜を堆積してからエミッタとなる部分の酸化膜の窓開けをしてから，n$^+$多結晶Siのエミッタを堆積する．その後，エミッタをマスクとしてBをイオン注入し，p$^+$多結晶Siの外部ベースを作る（図2.33 (b)）．また，n$^+$多結晶Siエミッタから熱処理でSiキャップ層に不純物を拡散してn$^+$単結晶Siエミッタを作る（図2.33 (c)）．この方法で作製したエピ層は，平坦性は良いが，プロセスの初期に形成するので，熱履歴の影響を受け，不純物プロファイルが制御しにくい欠点がある．ただし，コレクタからエミッタまで連続的にエピ成長できるメリットがある．それぞれの電極はコンタクト抵抗を低くするためにシリサイド形成がなされる．

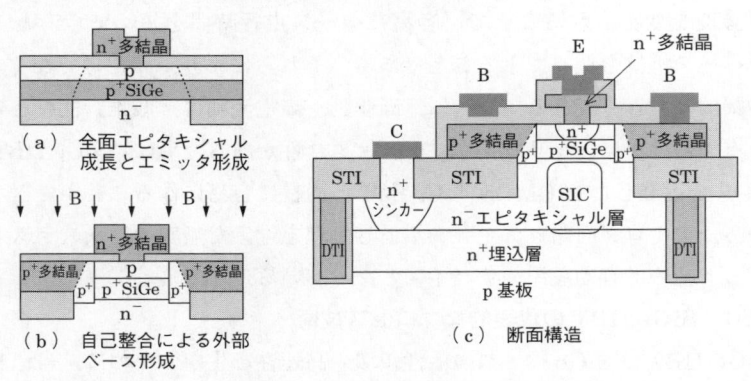

図2.33 ディファレンシャルエピタキシャル（DEP）プロセス

SEG法で製作したSiGe HBTの構造とそのプロセスを図2.34に示す．ウェーハ全面に熱酸化膜を形成後，その上に外部ベースとなるp$^+$多結晶Si膜，続いて窒化膜を堆積する．プロセスの早い段階で，酸化膜上に高濃度多結晶Si膜を形成するのは，ベース層形成後にBイオン注入を行った場合に

第2章　バイポーラトランジスタの動作機構

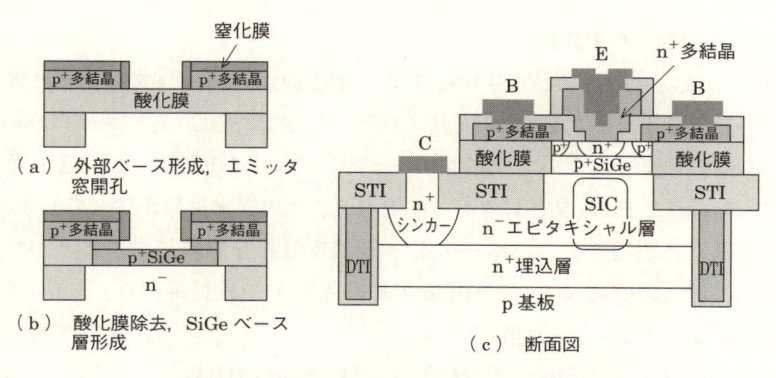

図2.34　選択エピタキシャル（SEG）プロセス

(a) 外部ベース形成，エミッタ窓開孔
(b) 酸化膜除去，SiGe ベース層形成
(c) 断面図

生じる SiGe へのダメージを回避して不純物の異常拡散をなくすことと，寄生キャパシタンスの低減を図るためである．エミッタとなる部分の窒化膜と p^+ 多結晶 Si 層を異方性ドライエッチで開孔する．その後，エミッタと接する p^+ 多結晶 Si の垂直側壁（サイドウォール）に異方性エッチングにより窒化スペーサを堆積する（図2.34 (a)）．開口部直下と多結晶 Si の下の酸化膜をウェットエッチで取り除いた後，コレクタ面上に SiGe の選択エピタキシャル成長を行い，ベース層を形成する．この選択的成長は成長中の雰囲気にエッチングガスを混合することにより得られる．その際，成長の初期段階に i-SiGe 層を作る．p^+ 多結晶 Si 直下にはグラフトベース（graft base）またはベースリンク（base link）といわれる外部ベースの一部となる多結晶 SiGe 層を形成して，マスクアライメントマージンを減らすようにする（図2.34 (b)）．その後，エミッタ Si キャップ層をベース層の上にエピタキシャル成長させる．その後のプロセスは DEP 法とほぼ同じである（図2.34 (c)）．この方法ではエミッタ・ベースの面積とベース・コレクタの面積とを同じに自己整合でき，SEG 法より寄生キャパシタンスを小さくできる．ただ，トランジスタの粗密やウェーハ周辺部の影響を受けて SiGe の成長速度が変化しやすく（ローディング効果），またプロセスが複雑でガスの制御を最適化する必要がある．

　DEP 法と SEG 法の SIC の形成は，基本的には図2.30 と同様にして行う．

（2） SiGe：C HBT

SiGe中Bの拡散係数はSi中の1/3と小さいが，高ドープにすると大きくなってしまう．またCMOS混載プロセスなどで，SiGe層作製後に900℃以上の熱処理を行うと外方拡散してしまう．更に，DEP法などによりイオン注入を行うとSiGe結晶にダメージを与え，Bの異常拡散が生じてしまう．これらのことが起きると，ベース端のB濃度分布を急峻にすることができない．これらの問題は，CをSiGeエピタキシャル成長時に0.1～0.4％ほど混入することである程度解決できる[73], [77]～[79]．ベースにCを導入したSiGe HBTを，特にSiGe：C HBTまたはSiGeC HBTと記すことがある．ただし，現在のSiGe HBTのほとんどはCが入れられているため，本章ではそれらを区別せず，単にSiGe HBTと記すことにする．

Cの導入によるB拡散の抑制は，次のような理由による[80]．結晶中に過剰に存在する格子間形Siが置換形Bをキックアウトして容易に格子間形Bに置き換え，増速拡散を引き起こす．そのような状態にCを入れると，過剰空孔が多量に発生して格子間形Siを減らし，格子間形Bの発生を抑える．

Cを入れると以下の効用もある．Geを多量に入れるとSiGeの格子ひずみが増大するが，Cを導入するとそれが緩和される．その結果，Ge濃度をより多く入れることができるようになり，HBTの性能をより上げることができる．Ge濃度を25％以上にしても格子欠陥は発生せず，バンドギャップを縮小できる[81]．ただ，C濃度を0.4％以上入れると膜表面に荒れが生じ，また格子欠陥やCクラスタが生じてリーク電流発生の原因になる[82]．ただし，2.4.2 (5) 項に述べるように，ベースに高濃度Cを導入すると，BV_{CE0}を大きくできるメリットもある．

f_Tを大きくするには，電子の走行時間を短くすることと接合キャパシタンスの充放電時間，すなわちRC遅延時間を短くすることである．また$f_{\max}$を大きくするには，上記に加えてベース抵抗R_B（寄生抵抗含む）とコレクタキャパシタンスC_{jc}（寄生キャパシタンス含む）を小さくすることである．それには縦方向と横方向のスケーリングと不純物分布の最適化を行うことが重要で，コレクタ，ベース，エミッタのデバイス構造と製造プロセス（BiCMOSの場合にはCMOSも含め）を総合的に考慮する必要がある．

(3) 縦方向スケーリングと不純物分布の最適化

(a) コレクタ 図2.33と図2.34のようにn^+埋込層の上にn^-コレクタエピ層を堆積して外部コレクタキャパシタンスC_{jcX}を小さくする．活性コレクタとなるSICはベース層の上にSiキャップ層を堆積した後またはベース層を堆積する前に，ベース側からイオン注入して形成する（DEP法とSEG法では形成工程が違うが）．SICの不純物濃度N_{DC0}をなるべく高くして，コレクタ走行時間τ_cを短く，またR_Cを小さくする．ただ，N_{DC0}を高濃度にすると活性コレクタキャパシタンスC_{jc0}が大きくなるので，SICの打込み位置を精密に調整して，C_{jc0}の増大を抑えf_Tを大きくする．N_{DC0}を高濃度にすると，式（2.93）に示すように，カーク効果が効き出すI_Cの臨界値が大きくなることから，デバイスの駆動力が増すメリットがある．ただし，電流が大きくなると自己発熱の影響が生じる．特に，電極，配線にエレクトロマイグレーション現象が起きて，断線やひずみによる電流シフトが生じて，エミッタ抵抗が変わるなど，デバイスの信頼性が失われるようになる[64]．更に，N_{DC0}を高濃度にするとC_{jc0}が大きくなることからf_{max}は小さくなる．C_{jc0}を小さくするためには，ベース・コレクタ間にノンドープSiGeバッファ薄層を設ける必要がある．これらのトレードオフ関係の何を優先させるかは，個々の用途に応じた最適設計が必要である．

SICのイオン注入種には低温で活性化できるPが多用されているが，拡散係数が大きく，拡散が広がってしまうので，高ドープAs（またはSb）を用いて，横方向に急峻な不純物分布が得られるようにしてC_{jcX}を小さくし，f_{max}を大きくする試みもなされている[83]．ただし，SiGe層形成後にSICを形成すると，W_BとR_Bが大きくなってしまう（特にAsとSbでは）[83]．それを避けるには，ベース層を形成する前に，エミッタ窓からSICイオン注入をするのが有効となる[84]．

n^+コレクタ埋込層とn^-コレクタエピ層を形成した後に，STI分離のための熱処理を行うと，n^+不純物が外方拡散してしまう．その影響を避けるためには，STI形成熱処理を先に行った後，低エネルギーで高濃度Asイオン注入を行う．$1\times 10^{20} \mathrm{cm}^{-3}$程度（今までの2倍）を注入しても，急峻な濃度

分布が得られ，注入欠陥のない低抵抗な埋込層を作ることができる．その上に窒化膜／酸化膜を堆積した後，一部窓開けをする．その後，薄いノンドープ Si 選択エピ層を形成すると，f_T を大きくすることができる（〜 350 GHz）[85]．

（b）ベース f_T を大きくするには，W_B を縮小し，ベース走行時間 τ_b を短くすることが重要である．ただ，W_B を小さくすると R_B が大きくなり f_{max} を小さくしてしまうので，N_{AB} を高濃度にする必要がある．B 濃度分布を 10 nm のオーダに狭く，急峻にするには，エピ成長，不純物拡散，ドーパント活性化などの熱処理により生じる外方拡散や異常拡散による分布の崩れを最小にする必要がある．エピ成長は C を混入して 600℃ 以下の低温で行って，狭く急峻な濃度分布を保ち，かつ膜や界面の清浄さを保つ必要がある．更に，従来は活性化や再結晶化のために電気炉による高温熱処理を行ってきたが，$f_T > 300$ GHz を得るプロセスでは短時間熱処理が必須になっている[86]．昇温速度 300 K/s，ピーク温度 1,000 〜 1,100℃ で 10 s 程度のスパイクアニール処理（spike annealing）を行って不純物分布のダレを抑えると R_B を低くすることができる[84],[87],[88]．更に，昇温速度〜 10^5 K/s，ピーク温度 1,200 〜 1,300℃ で，短時間（ms）レーザ熱処理のフラッシュアニール処理（flash annealing）を行うと，電極接触抵抗，外部ベース抵抗の低減にも有効であることが報告されている[89]．ただ，エミッタとコレクタへの外方拡散によってベースとの境界に生じる寄生障壁[90]をある程度許容しながら，また C_{je0} と C_{jc0} を小さくするには，エミッタ・ベース間，コレクタ・ベース間に i-SiGe：C 層を設ける必要がある．

f_T を大きくするには，既述のように傾斜形 SiGe HBT を用いて Ge の傾斜を大きくして，電子のドリフト速度を上げるのが有用である．更に，その HBT ではアーリー電圧 V_A も大きくできるが，h_{FE}，BV_{CE0} はボックス形 HBT の方が大きくできるので，用途によって両者を使い分けることが重要である．

p^+SiGe ベースエピ層を堆積した後，Ge が酸素雰囲気にさらされないように，続けて Ge フリーの Si キャップ層をその上に堆積する．そのキャップ層には後で n^+ 多結晶 Si エミッタから不純物を拡散して，一部または全てを単結晶エミッタ層とする．その際，熱処理条件の変動により，エミッタ層

の深さが変動して電気的特性に影響を及ぼす場合がある．特に傾斜形 SiGe HBT では，エミッタ側のベース端での濃度勾配による Ge 濃度の変動が大きい．その影響についての理論解析と図 2.35 に示すような安定な特性が得られる Ge 濃度分布の提案が Ning によってなされている[91]．

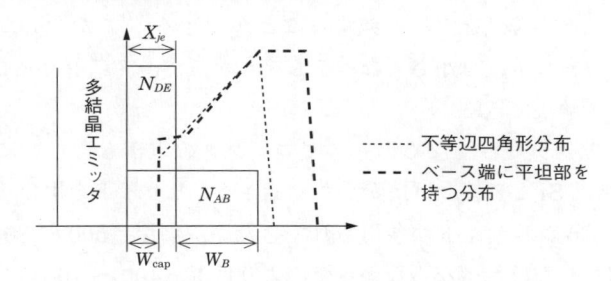

図 2.35　Ge 濃度分布の改善

f_{max} を大きくするには R_B，特に R_{BX} の低減が重要である．従来，外部ベースは p^+ 多結晶 Si で作られていたが，それを以下の二つの方法で単結晶 Si に置き換えると，R_{BX} を大幅に低くすることができる．

（i）DEP 法で SiGe, Si キャップ層を作製．周りに犠牲絶縁層を形成してエミッタを作製した後，その犠牲絶縁層をエッチングにより取り除く．その後，B ドープエピ成長させて単結晶外部ベース（elevated extrinsic base）を形成する[92]．その結果，300/500 GHz の f_T/f_{max} が得られている[84]．

（ii）SEG 法でベース，エミッタを形成してからそれらを酸化膜で覆う．その後，エミッタ窓開けをし，そこで使用した犠牲窒化膜をドライエッチングで取り除き，その部分に選択エピ成長で p^+ 単結晶 Si 外部ベース層を形成すると 310/480 GHz の f_T/f_{max} が得られる[93]．

SEG 法では，2.4.2（1）項に記したように，外部ベース多結晶 Si と活性ベースとを接続するグラフトベースを工夫して単結晶 Si（従来は多結晶 Si）にし，更にベースリンク長（グラフトベース長）を短くすることにより，R_{BX} と C_{jcX} を大幅に小さくできる[94],[95]．

（c）エミッタ　縦方向スケーリングを押し進めて f_T を大きくするにつれ，$R_E \cdot C_{je}$ の遅延時間も無視できなくなってきた．縦方向スケーリング

に限ると，C_{je} はエミッタ中の n^- スペーサの厚さを，HBT の動作中に完全空乏になるように調整しながら小さくする必要がある．R_E の低減は自然酸化膜が単結晶 Si/多結晶 Si の界面に存在する従来形エミッタを，n^+ 単結晶エミッタに替えればできる[96]．更に，自然酸化膜をなくすことで，低周波ノイズ（$1/f$ ノイズ）を大幅に減ずることができる[97]．ただし，2.4.1 (5) 項で述べたように h_{FE} は小さくなってしまうが，ベースに取り込む Ge を増量することで解決できる．

電極（エミッタだけでなくベースやコレクタの電極も含む）には，多結晶 Si や単結晶 Si との接触抵抗が小さくできるシリサイドを用いる必要がある．従来は Co シリサイドが多用されてきたが，高温（500〜800℃）で 2 段階熱処理をしなければならなかった．より低温（400〜700℃）で熱処理ができ，しかも低抵抗になり，Si 消費の少ないシリサイドとして，NiSi や NiPtSi が最近注目されている[83], [98]．これらは n 形ばかりではなく p 形にも有効である．接触抵抗はシリサイド/Si 界面のドーピング水準に依存する．

R_E を大幅に小さくし，しかも W_E も多結晶 Si エミッタより狭くできる方法として，Si キャップ層上に形成した n^+ 単結晶 Si エピタキシャル層のみを低温熱処理により完全にシリサイド化してメタル（Ni）エミッタを用いる方法が提案されている[99]．この熱処理では，同時に単結晶 Si 中の不純物を Si キャップ層に外方拡散し，薄層の単結晶エミッタが形成できる．その結果，f_T も BV_{CE0} も大幅に大きくすることができる[99]．

（4） 横方向スケーリング

横方向スケーリングを行うと，寄生キャパシタンス C_{je}，C_{jc} や R_B は小さくできるが，R_E や R_{C0} は大きくなってしまうので，それらのことを考慮しながら最適化を行う必要がある．

（a） コレクタ　図 2.33 に示すように，従来のコレクタ領域では素子間に DTI，コレクタ領域両端とベース・コレクタシンカーの間にそれぞれ STI を挿入している．それを，浅い高ドーズイオン注入をして埋込層を形成することで DTI を外し，ベース・コレクタ間には STI を入れずにコレクタ領域を STI で挟むと，コレクタ領域の横方向サイズを大幅に縮めることができる（SEG 法にも適用）．また，埋込層の上部に酸化層を堆積し，活性コ

レクタ領域部の酸化膜だけエッチングによって窓開けをし，その窓にエピ成長層を形成してコレクタ領域をそこに閉じ込める．SIC 形成はエミッタ窓開け後にイオン注入により行う．これらのコレクタデザインで，R_C と C_{jc} を大幅に減らすことができる[100]．

エミッタの窓からイオン注入をして SIC 形成を行うと，SIC の横幅 L_{SIC} はエミッタの窓枠と同じ大きさにできる．しかし，高温熱処理工程が入ると，SIC の横幅はドーパントの横拡散により広がってしまう．それを防ぎ C_{jc0} を低減する方法に，エミッタ窓内に厚めのサイドウォールスペーサを一時形成して SIC 横幅を狭くする方法が報告されている[95]．

SiGe HBT の電極配置は，従来エミッタの両側にベース電極，その外側の片側だけコレクタ電極を配置した CBEB 構造になっていた（より以前は CBE 構造）．その構造からコレクタ電極を一つ増やして CBEBC の対称構造にすると R_C が小さくなり，f_T をより大きくできる[101]．

活性コレクタ領域周りの余分な外部コレクタ部分をアンダーエッチングして削り，その部分を酸化物で埋め戻すと，コレクタ・基板間の接合領域が小さくなり，R_{CX} と C_{jcX} を大幅に小さくすることができる．この構造は pnp トランジスタでも全く同じ構造で作ることができる[102]．

DEP 法で埋込層の上に n⁻ドリフト層と SiGe 層を単一ステップエピタキシャル成長で形成する．その後犠牲エミッタを用いて，エミッタ，ベース，コレクタの活性領域のみを残して寄生デバイス領域をエッチングし，そこを酸化膜で埋め戻すことによって外部コレクタを大幅に減らし，C_{jcX} を最小にする[103],[104]．これらに加えて R_B を減らし，またコレクタ領域の濃度分布を最適化することで，$f_{max} = 400\,\mathrm{GHz}$ を得ている[105]．

（b）ベース　エミッタ幅 L_E を狭くすると，ベースの横方向電流経路による広がり抵抗 R_{B0} と C_{jc} が小さくなり，f_{max} を大きくすることができる．しかし，ベース以外の抵抗成分（R_E, R_C）が増加するために，f_T はそれほど大きくできない．ただ，エミッタとコレクタのドープ量を増やすことで，この問題は容易に解決できる．

エミッタ・ベース間のスペーサを薄くすることで，スペーサ直下の低ドープベース領域を小さくすることができる．またグラフトベース領域を増加さ

せると，R_{BX}を大きく低減できる[83]．2.4.2 (3) (b) 項で述べた内部ベースと外部ベースにくさびを打ち込む形で単結晶Siのグラフトベースを接続すると，外部ベースの横方向寸法を小さくできて，R_BとC_{jc}をともに小さくできる[95]．

p$^+$多結晶Si外部ベースの抵抗はシリサイド電極・エミッタ間の距離に依存して決まるので，その間隔をなるべく小さくする必要がある．

DEP法で埋込層の上にnSi/nSiGe(C)・p$^+$SiGe/p$^+$Si(B)層を連続全面エピ成長で作製した後，p$^+$Si層の一部を選択的に取り去って，そこにn$^+$単結晶Siエミッタをエピ成長で作ると，エミッタの外周を直接p$^+$Si外部ベースで囲んだ新しい構造のHBTができる[106]．このHBTのI_Cはエミッタ電流クラウジング効果の影響がなく，活性ベース中を縦方向に均一に流れ，エミッタ幅Lに比例した電流となる．一方，I_Bはp$^+$Si外部ベースが低抵抗のために，主にエミッタ・ベース接合の側壁に沿って流れて，L_Eに依存しない，ほぼ一定の電流が流れる．その結果，この構造のHBTではL_Eを大きくしても，ほぼ同じf_Tとf_{max}の値が得られる．

(c) エミッタ　エミッタストライプ幅L_Eを縮小するとC_{je}とC_{jc}は小さくなる（外部寄生キャパシタンスを含む）が，R_Eが増加する（R_Cも）ので，f_Tはそれほど大きくならない．ただ，R_B（外部ベース抵抗も含む）が大きく低減できるために，f_{max}を大きくすることができる．また，I_Cを小さくできることもメリットとなる．

L_Eを縮小するとともに縦方向スケーリングがなされると，f_TのピークはL_Eに比例して増加し，それとともにf_Tピークでのコレクタ電流密度J_{CP}も比例して増加する[107]．I_Cの発熱はエミッタ辺の長い方が主に影響を与えるから，エミッタストライプ長Z_E（図2.23参照）当りのI_CをI_Zとすると，I_ZはL_Eによらず，ほぼ一定となる．したがって，高電流のI_Cによる自己発熱を回避するには，L_Eを縮小しても（世代が変わっても），なるべくZ_Eを一定に保つことが重要となる[64],[107]．

Lの縮小によるR_Eの増大を食い止めるために，エミッタ幅をベース端からエミッタ電極に向かって広げていくロート状エミッタにする提案がなされている[108]．

以上，縦横方向のスケーリングによるHBTの特性改善の現状について

述べたが，1985年以来の Si BJT と SiGe HBT で得られた開発段階の f_T と f_{max} の値，並びにそれらの関係を図 2.36 に示す．2002年までは W_B を縮小し，プロセスを改善することにより，f_T と f_{max} は同じような進展をし，250 GHz に達するまでになった．しかし，その後ミリ波帯の無線機器の需要の広がりとともに，R_F の性能指数である f_{max} を大きくすることに重点が置かれるようになってきている．ただし，用途に応じて，f_T を重視したり f_T と f_{max} とのバランスを考慮する使い分けがなされている．

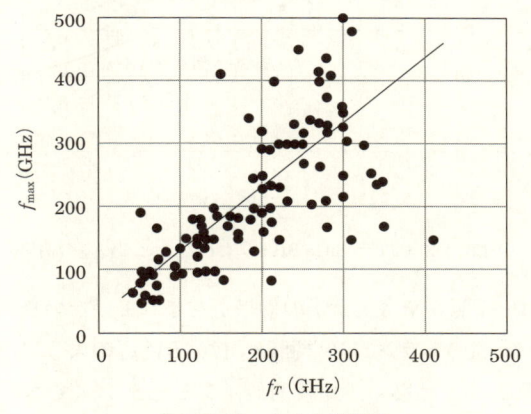

図 2.36　f_{max} と f_T の関係図

(5) ジョンソン限界と動作電圧の改善

図 2.37 に，現在までに発表されている Si BJT と SiGe BHT での f_T と BV_{CE0} の関係を示す．2.2.8 (4) 項で述べたように，動作速度がそれほど速くなかった時代，長いことジョンソン限界が物理的到達限界と考えられていた．そのため，Si系バイポーラトランジスタでは $BV_{CE0} = 1\,\text{V}$ になる 200 GHz が実用 f_T の限界で，それ以上の f_T が既に実現しているⅢ-Ⅴ族 HBT などには太刀打ちできないといわれていた時代もあった．ところが，2001 年頃から，ジョンソン限界曲線より高周波側にずれるデータがSiGe HBT で次々と現れるようになった．

それとともに，ジョンソン限界の見直しが Rieh らよってなされた[109]．ジョンソン限界値では，v_s の見積もりが実際より低く，またコレクタ走行時間が大きく見積もられている（式 (2.136) 参照）こと，E_{BR} の不純物濃度依

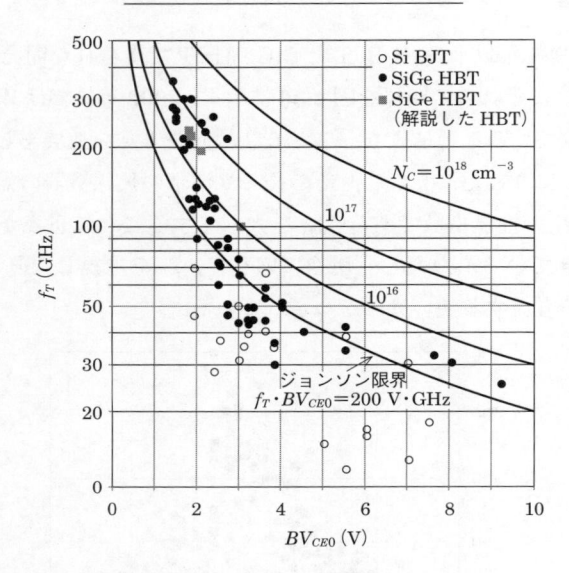

図 2.37　Si BJT と SiGe BHT における f_T と BV_{CE0} の関係

存性（式（2.33）参照）や寄生素子の効果が含まれていないなどの問題が指摘された．更に，実際のトランジスタ回路では，BV_{CE0} のようにベースを開放した状態で使われることはなく，比較的低インピーダンスでベースと接続されるため，エミッタ・ベースをショートしたコレクタ・エミッタ降伏電圧 BV_{CES} で表現した方が適正であるとの指摘がなされた．ただ，現在までに得られている $f_T \cdot BV_{CES}$ の測定データはその限界値のはるか下にあることから，現実的な動作電圧の大雑把な限界は，ジョンソン限界値からどの程度上にずれたかで評価されている．また，真の限界値が BV_{CE0} とその数倍大きな BV_{CB0} の値の間にあることから，BV_{CB0} も併用して動作電圧を考えることが多い．

図 2.36 には，Rieh が計算した $f_T \cdot BV_{CE0}$ の N_C 依存曲線も記している．N_C によって限界値は大きく動くことが分かる．実際のデータでは，コレクタ構造の最適化や寄生キャパシタンスの削減などで $f_T > 100$ GHz ぐらいからジョンソン限界線が上にずれてきている．また，BV_{CE0} は 1.4 V 辺りで飽和する傾向にある．

f_T や I_C を下げずに，BV_{CE0} を上げることを目的にして研究発表された報告を以下に示す．

第2章 バイポーラトランジスタの動作機構

SiGe HBT では h_{FE} を容易に大きくすることができるが，大きくすると式 (2.135) により BV_{CE0} が小さくなってしまう．また，BV_{CE0} を大きくすると，式 (2.136) により f_T が小さくなってしまう．これらのトレードオフ関係を解消して BV_{CE0} を大きくし，しかも f_T を小さくしない方法を二件紹介する．

(i) 普通，ベースには低濃度 C を一様に入れて不純物の外方拡散を抑えて薄層ベースを実現させている．そのベースに，格子欠陥（再結合中心）が多く発生する高濃度の C（0.8%まで）をあえて入れると，エミッタ・ベース接合近辺に生じた再結合中心により，I_B を増加させることができる．それによって，f_T, f_{max} や I_C を劣化させずに，BV_{CE0} を大きくすることができることを Saitoh らが報告している[110]．また，高濃度 C をベース中心部に入れ込むと，I_B が増加し，BV_{CE0} を 1.4 V から 1.9 V に，$f_T \times BV_{CE0}$ を 340 GHzV から 420 GHzV に増大できることを Barbalat らが報告している[111]．

(ii) 単結晶 Si をキャップ層から引き続きエピタキシャル成長させて n$^+$ 単結晶エミッタを作製する際，キャップ層近く（5 nm）のエミッタ層中に，その層と並行にスパイク状（数 nm）に高濃度 SiGe を挿入すると，I_C には影響を与えずに，SiGe スパイクがエミッタ端の役割をする．その結果，W_E が実質短くなることで I_B が大きくなり，h_{FE} を小さくする．このエミッタ構造によって，BV_{CE0} を 1.6 V から 2.1 V に，また $f_T \times BV_{CE0}$ を 300 GHzV から 400 GHzV に増大できることを Choi らが報告している[112]．

デバイスシミュレーションにより，f_T と BV_{CE0} の両方，または BV_{CE0} を大きくできる提案二件を以下に紹介する．

(i) THz の f_T を視野に，コレクタのベース端と高濃度 n$^+$ 埋込層の間に，ナノスケールで低濃度の傾斜を持った薄い n 層（20 nm 程度）を設けて，その層を完全空乏にすると，f_T と BV_{CE0} の両方を大きくできる．特に，傾斜形 SiGe HBT で大きくなることを Shi が報告している[113]．

(ii) SIC コレクタ層内にスーパーコレクタと呼ばれる薄い pn 層を何層か電流方向に沿って直列に並べると，BV_{CE0} を劇的に改善できることを，Yuan ら[114]が見いだしている．コレクタ内の電界がピークになる領域

で加速された電子は，その後の走行で高エネルギーを持ち，電子なだれに至る．その最高電子温度位置辺りにスーパーコレクタ層を挿入すると，f_T と f_{max} に余り影響を与えずに BV_{CE0} を大きくできる．

2.4.3 将来の指針

SiGe HBT の高速，高性能化は縦，横方向のスケーリングによって，また新しいデバイス構造の提案によって最近めざましい進展を遂げ，f_T/f_{max} は，試作段階で 400 GHz/500 GHz 以上，実用段階で共に 300 GHz 以上に達している．今後も，画像機器やセンサ，広帯域情報通信機器，測定機器などの応用に広範な需要が見込まれ，1 THz の f_T を目指して研究開発が行われている．高速 SiGe HBT の物理的，電気的特性の限界について Schröter らがシミュレーションを行った結果[115],[116]，$BV_{CE0} > 1 V$，自己発熱の問題もクリアした状態で，f_T/f_{max} が 1 THz/2 THz まで到達できることが示されている．ただ，その目標達成までには，更なるプロセス上の改良や革新的なデバイス構造の構築が必要である．

これからのプロセスで最も必要なことは，異種の不純物濃度分布を精密に制御し，かつ低温熱処理でも良好な結晶性を保つことである．その一つの解は，コールドウォールラピッドアニール超高真空/化学気相成長（cold-wall RT-UHV/CVD）装置のように，超高真空中でウェーハを搬送して表面汚染を抑制しながら，同一装置の中でコレクタからエミッタまで連続エピタキシャル成長させることである[117]．

従来の縦方向スケーリングは，より大きな f_T 並びに f_{max} を得ることと，高電流駆動にすることを主な目標にした研究が多い．ただ，広帯域携帯情報機器の需要が広がりを見せる中，極低消費電力で高周波，高性能動作ができる SiGe HBT の開発も重要になってきている．この要求に応えるには，デバイスの従来設計を見直す必要がある．それには，I_C が小さいところで，f_T をある程度大きな値に保つ必要がある．そのためには，ベース領域を狭く急峻にするとともに，エミッタ・ベース間とベース・コレクタ間の充放電時間と走行時間を短くする必要がある．C_{je} を小さくするにはエミッタとベース間に i-Si 層を挟んで pin 構造にし，As と P をエミッタから Si キャップ層と i-Si 層に拡散する．i-Si 層に Ge を傾斜して入れてベース・コレクタ間走

行時間を短くし，高低2種の注入エネルギーで SIC 形成して C_{je} を小さくする方法が提案されている[118]．また，上述の RT-UHV/CVD 装置を用いて，連続エピタキシャル成長させて，急峻な不純物濃度分布にして全体の走行時間を短くするとともに，エミッタ・ベース間を上記と同じように pin 構造にして C_{je} を小さくし，更に活性/外部コレクタ接触面を垂直にすることで，C_{jc} を小さくする方法が提案されている[119]．

　最近のバイポーラデバイスは npn SiGe HBT を中心にしてめざましい発展を遂げているが，高速，低雑音，高帯域，低消費電力，高直線性，高出力駆動のアナログ回路及びミックスドシグナル回路には，npn と pnp の SiGe HBT を組み合わせた相補形 SiGe HBT（C SiGe HBT）または相補 BiCMOS（C BiCMOS）が有用である．ただ，pnp SiGe HBT はベースを流れる少数キャリヤの正孔が npn SiGe HBT の電子に比べて遅いこと，並びに n^+ SiGe ベースの価電子帯のコレクタ端に生じる障壁に正孔がブロックされてドリフト電界を弱め，正孔の走行時間が長くなってしまい，npn SiGe HBT とのバランスが取りにくいという課題がある．ただし，価電子帯の障壁は，ボックス形と傾斜形のどちらの pnp SiGe HBT でも，ベースのコレクタ端からコレクタ内に向かって Ge に傾斜を付けて（>40 nm）価電子帯の障壁を滑らかにすればそれほどの障害にならないことが分かってきた[120]．相補形 Si BJT は 1900 年代から実用化の試みがなされていたが，相補形 SiGe HBT では 2003 年に Kareh ら[121] によって，C BiCMOS の実用化の可能性が示されてからである．当時，高 $h_{FE} \cdot V_A$ と高 $f_T \cdot BV_{CE0}$ が得られたが，f_T が低くプロセスが複雑で，コストがかかるのがネックで，現在はあまり実用化されていない．ただし，プロセスの改善，最適化が図られ[122]〜[125]，また低コスト化がなされ[130]，特殊用途用素子（プロトン，X 線照射）[126] への試みがなされている．これからの進展が期待される．

　SiGe HBT は室温より低温で良好な電気特性を示すように，特殊な環境で動作に耐え，また機能を発揮する最も適した素子で，今後末広がりの応用が期待される．宇宙空間のような宇宙線や低温，低圧での環境下，高温，高気圧，化学腐食性の環境下で動作する SiGe HBT の研究を精力的に行っている Clessler が，それらの素子の現状と将来性について解説を行っている[127]．

文　献

(1)　W. Shockley and W. T. Read, "Statistics of the recombinations of holes and electrons," Phys. Rev., vol. 87, no. 5, pp. 835-842, 1952.

(2)　R. N. Hall, "Electron-hole recombination in germanium," Phys. Rev., vol.87, no. 2, p. 387, 1952.

(3)　S. L. Muller, "Ionization rates for holes and electrons in silicon," Phys. Rev., vol. 105, no. 4, pp. 1246-1249, 1957.

(4)　S. L. Muller, "Avalanche breakdown in germanium," Phys. Rev., vol. 99, no.4, pp. 1234-1241, 1955.

(5)　S. M. Sze, Physics of semicnductor devices (Second edition), p. 102, John Wiley & Sons, 1981.

(6)　S. M. Sze and G. Gibbons, "Effects of junction curvature on breakdown voltage in semiconductors," Solid-State Electron., vol. 9, no. 9, pp. 831-845, 1966.

(7)　F. Hebert, J. DeSantis, et al., "A complementary bipolar technology family with a vertically integrated PNP for high-frequency analog applications," IEEE Trans. Electron Devices, vol. 48, no. 11, pp. 2525-2534, 2001.

(8)　R. Bashir, F. Hebert, et al., "A complementary bipolar technology family with a vertically integrated PNP for high-frequency analog applications," IEEE Trans. Electron Devices, vol. 48, no. 11, pp. 2525-2534, 2001.

(9)　H. K. Gummel, "Measurment of the number of impurities in the base layer of a transistor," Proc. IRE, vol. 49, no. 4, p. 834, 1961.

(10)　J. L. Moll and I. M. Ross, "The dependence of transistor parameters on the distribution of base layer resistivity," Proc. IRE, vol. 44, no. 1, pp. 72-78, 1955.

(11)　R. P. Mertens, H. J. DeMan, and R. J. Van Overstraeten, "Calculation of the emitter efficiency of bipolar transistors," IEEE Trans. Electron Devices, vol. 20, no. 9, pp. 772-778, 1973.

(12)　J. A. del Alamo, S. Swirhun, and R. M. Swanson, "Simultaneous measurement of hole lifetime, hole mobility and bandgap narrowing in heavily doped n-type silicon," IEDM Tech. Dig., pp. 290-243, 1985.

(13)　J. W. Slotboom and H. C. de Graaf, "Measurement of bandgap narrowing in Si bipolar transistors," Solid-State Electron., vol. 19, no. 10, pp. 857-862, 1976.

(14)　J. Dziewior and W. Schmid, "Auger coefficients for highly doped and highly excited silicon," Appl. Phys. Lett., vol. 31, no. 9, pp. 346-348, 1977.

(15)　D. J. Roulston, N. D. Arora, and S.G. Chamberlain, "Modeling and measurement of minority-carrier lifetime versus doping in diffused layers of n^+-p silicon diodes," IEEE Trans. Electron Devices, vol. 29, no. 2, pp. 284-291, 1982.

(16)　S. E. Swirhun, Y. H. Kwark, and R. M. Swanson, "Measurement of electron lifetime, mobility, and bandgap narrowing in heavily doped p-type silicon," IEDM Tech. Dig., pp. 24-27, 1985.

(17)　J. J. Ebers and J. C. Moll, "Large-signal behavior of junction transistors," Proc. IRE, vol. 42, no. 12, pp. 1761-1772, 1954.

(18)　H. K. Gummel and H. C. Poon, "An integral charge control model bipolar transistors," Bell Syst. Tech. J., vol. 49, no. 5, pp. 827-851, 1970.

(19) R. Beaufoy and J. J. Sparkes, "The junction transistor as a charge controlled device," J. ATM, vol. 13, no. 10, pp. 310-324, 1957.

(20) C. T. Kirk, "A theoy of transistor cutoff frequency (f_T) falloff at high current densities densities," IRE Trans. Electron Devices, vol. 9, no. 3, pp. 164-174, 1962.

(21) R. J. Whittier and D. A. Tremere, "Current gain and cutoff frequency falloff at high currents," IEEE Trans. Electron Devices, vol. 16, no. 1, pp. 39-57, 1969.

(22) H. C. Poon, H. K. Gummel, and D. L. Scharfetter, "High injection in epitaxial transistors," IEEE Trans. Electron Devices, vol. 16, , no. 5, pp. 455-457, 1969.

(23) W. M. Webster, "On the variation of junction-transistor current-amplification factor with emitter current," Proc. IRE, vol. 42, no. 6, pp. 914-920, 1954.

(24) J. M. Early, "Effects of space-charge layer widening in junction transistors," Proc. IRE, vol. 40, no. 11, pp. 1401-1406, 1954.

(25) R. G. Meyer and R. S. Muller, "Charge-control analysis of the collector-base space-charge-region contribution to bipolar-transistor time constant τ_T," IEEE Trans. Electron Devices, no. 342, no. 2, pp. 450-452, 1987.

(26) H. N. Ghosh, "A distributed model of the junction transistor and its application in the prediction of the emitter-base diode characteristic,base impedance,and pulse response of the device," IEEE Trans. Electron Devices, vol. 12, no. 12, pp. 513-531, 1965.

(27) N. Hanaoka and A. Anzai, "Perspective of scaled bipolar devices," IEDM Tech. Dig., pp. 512-515, 1981.

(28) A. S. Grove, Physics and semiconductor Devices, p. 199, John Wiley & Sons, 1967.

(29) E. O. Johnson, "Physical limitation on frequency and power parameters of transistors," RCA Rev., vol. 26, pp. 163-177, 1965.

(30) C. A. King, J. I. Hoyt, and J. F. Gibbons, "Bandgap and transport properties of $Si_{1-x}Ge_x$ by analysis of nearly ideal $Si/Si_{1-x}Ge_x/Si$ heterojunction bipolar transistors," IEEE Trans. Electron Devices, vol. 36, no. 10, pp. 2093-2104, 1989.

(31) R. People and J. C. Bean, "Calculation of critical layer thickness versus lattice mismatch for GeSi/Si strained layer heterostructures," Appl. Phys. Lett., vol. 47, no. 5, pp. 322-324, 1985.

(32) C. Herring and E. Vogt, "Transport and deformation-potential theory for many-valley semiconductors with anisotropic scattering," Phys. Rev., vol. 101, no. 3, pp. 944-961, 1956.

(33) R. Braunstein, A. R. Moore, and F. Herman, "Intrinsic optical absorption in germanium-silicon alloys," Phys. Rev., vol. 109, no. 3, pp. 695-710, 1958.

(34) R. People, "Indirect band gap of coherently strained Ge_xSi_{1-x} bulk alloys on $\langle 001 \rangle$ silicon substrates," Phys. Rev. B, vol. 32, no. 2, pp. 1405-1408, 1985.

(35) C. G. Van de Walle and R. M. Martin, "Theoretical calculations of heterojunction discontinuities in the Si/Ge System," Phys. Rev. B, vol. 34, no. 8, pp. 5621-5634, 1986.

(36) D. V. Lang, R. People, J. C. Beans, and A. M. Sergent, "Measurement of the band gap of Ge_xSi_{1-x}/Si strained-layer heterostructures," Appl. Phys. Lett., vol. 47, no. 12, pp. 1333-1335, 1985.

(37) A. Gruhle, H. Kibbel, U. König, U. Erben, and E. Kasper, "MBE-grown Si/SiGe HBT's with high β, f_T and f_{max}," IEEE Electron Device Lett., vol. 13, pp. 206-208, 1992.

(38) G. L. Patton, J. M. C. Stork, et al., "SiGe-base heterojunction bipolar transistors: physics and design issues," IEDM Tech. Dig., pp. 13-16, 1990.

(39) D. L. Harame, J. H. Comfort, et al., "Si/SiGe epitaxial-base transistors, I. Materials, physics, and circuits," IEEE Trans. Electron Devices, vol. 42, no. 3, pp. 455-468, 1995.

(40) S. C. Jain, J. Poortmans, et al., "Electrical and optical bandgaps of Ge Si strained layers," IEEE Trans. Electron Devices, vol. 40, no. 12, pp. 2338-2343, 1993.

(41) T. Manku and A. Nathan, "Effective mass for strained p-type $Si_{1-x}Ge_x$," J. Appl. Phys., vol. 69, no. 5, pp. 8414-8416, 1991.

(42) P. Ashburn, SiGe Heterojunction Bipolar Transistors, p. 129, John Wiley & Sons, Ltd. 2003.

(43) E. J. Prinz and J. C. Sturm, "Current gain-Early voltage products in heterojunction bipolar transistors with nonuniform base bandgaps," IEEE Electron Device Lett., vol. 12, no. 12, pp. 661-663, 1991.

(44) P. M. Solomon and D. D. Tang, "Bipolar circuit scaling," SSCC, p. 86, 1979.

(45) S. M. Sze, VLSI Technology, pp. 68-74, McGraw-Hill, 1988.

(46) K. Okada, K. Aomura, T. Nakamura, and H. Shiba, "A new polysilicon process for a bipolar device-PSA technology," IEEE Electron Devices, vol. 26, no. 4, pp. 385-389, 1979.

(47) T. Sakai, Y. Kobayashi, H. Yamauchi, M. Sato, and T. Makino, "High speed bipolar ICs using super seif-aligned process technology," Jpn. J. Appl. Phys., vol. 20, Suppl. 20-1, pp. 155-159, 1980.

(48) T. H. Ning, R. D. Isaac, et al., "Self-aligned bipolar transistors for high-performance and low-power-delay VLSI," IEEE Trans. Electron Devices, vol. 28, no. 9, pp. 1010-1013, 1981.

(49) T. Nakamura, K. Nakazato, et al., "290 psec I^2L circuits with five-fold self-alignment," IEDM Tech. Dig., pp. 684-687, 1982.

(50) S. Konaka, Y. Amemiya, et al., "A 20 ps/G Si bipolar IC using advanced SST with collector ion implantation," Int. Conf. SSDM, pp. 331-334, 1987.

(51) M. Suzuki, M. Hirata, and S. Konaka, "43-ps 5.2-GHz macrocell array LSIs," IEEE J. Solid-State Circuits, vol. 23, no. 5, pp. 1182-1188, 1988.

(52) T. H. Ning and R. D. Isaac, "Effect of emitter contact on current gain of silicon bipolar devices," IEEE Trans. Electron Devices, vol. 27, no. 11, pp. 2051-2055, 1980.

(53) G. R. Wolstenholme, N. Jorgensen, et al., "An investigation of the thermal stability of the interfacial oxide in polycrystalline silicon emitter bipolar transistors by comparing device results with high‐resolution electron microscopy observations," J. Appl. Phys., vol. 61, no. 1, pp. 225-233, 1987.

(54) H. C. de Graaff and J. G. de Groot, "The SIS tunnel emitter: A theory for emitters with thin interface layers," IEEE Trans. Electron Devices, vol. 26, no. 11, pp. 1771-1776, 1979.

(55) I. R. C. Post, P. Ashburn, and G. R. Wolstenholme, "Polysilicon emitters for bipolar transistors: a review and re-evaluation of theory and experiment," IEEE Trans. Electron Devices, vol. 37, no. 7, pp. 1717-1773, 1992.

(56) A. A. Eltoukhy and D. J. Roulston, "The role of the interfacial layer in polysilicon emitter bipolar transistors," IEEE Trans. Electron Devices, vol. 29, no. 12, pp. 1862-1869, 1982.

(57) J. J. Sung, T. M. Liu, et al., "Analytical modeling of oxide breakup effect on base current in n^+-polysilicon emitter bipolar devices," IEEE Trans. Electron Devices, vol. 39, no. 12,

第2章 バイポーラトランジスタの動作機構

pp. 2797-2802, 1992.
(58) P. Ma, L. Zhang, Z. B. Baoying, and Y. Wang, "An analytical model for determining carrier transport mechanism of polysilicon emitter bipolar transistors," IEEE Trans. Electron Devices, vol. 42, no. 10, pp. 1789-1797, 1995.
(59) A. Zouari and A. Arab, "Analytical model and current gain enhancement of polysilicon-emitter contact bipolar transistors," IEEE Trans. Electron Devices, vol. 55, no. 11, pp. 3214-3220, 2008.
(60) A. Neugroschel, M. Arienzo, et al., "Experimental study of the minority-carrier transport at the polysilicon-monosilicon interface," IEEE Trans. Electron Devices, vol. 32, no. 4, pp. 807-816, 1985.
(61) C. C. Ng and E. S. Yang, "A thermionic-diffusion model of polysilicon emitter," IEDM, pp. 32-35, 1982.
(62) J. Graul, A. Glast, and H. Murrman, "Ion implanted bipolar high performance transistors with POLYSIL emitter," IEDM Tech. Dig., pp. 450-454, 1975.
(63) H.-Y. Jin, L.-C. Zhang, and H.-F. Ye, "An equivalent heterojunction-like model for polysilicon emitter bipolar transistor," Solid-State Electron., vol. 47, no. 10, pp. 1719-1727, 2003.
(64) J.-S. Rieh, D. Greenberg, et al., "Scaling of SiGe heterojunction bipolar transistors," Proc. IEEE, vol. 93, no. 9, pp. 1522-1538, 2005.
(65) E. Ohue, Y. Kiyota, et al., "100-GHz f_T Si homojunction bipolar technology," Symp. VLSI Tech., pp. 106-107, 1996.
(66) S. S. Iyer, G. L. Patton, et al., "Silicon-germanium base heterojunction bipolar transistors by molecular beam epitaxy," IEDM Tech. Dig., pp. 874-876, 1987.
(67) S. S. Iyer, G. L. Patton, et al., "Heterojunction bipolar transistors using Si-Ge alloys," IEEE Trans. Electron Devices, vol. 36, no. 10, pp. 2043-2064, 1989.
(68) D. L. Harame, J. H. Comfort, et al., "Si/SiGe epitaxial-base transistors, II. Process integration and analog applications," IEEE Trans. Electron Devices, vol. 42, no. 3, pp. 469-482, 1995.
(69) P. Ashburn, "Materials and technology issues for SiGe heterojunction bipolar transistors," Mater. Sci. Semicon. Proc., vol. 4, no. 6, pp. 521-527, 2001.
(70) M. Racanelli, K. Schuegraf, et al., "Ultra high speed SiGe NPN for advanced BiCMOS technology," IEDM Tech. Dig., pp. 336-339, 2001.
(71) B. Jagannathan, M. Khater, et al., "Self-aligned SiGe NPN transistors with 285 GHz f_{MAX} and 207 GHz f_T in a manufacturable technology," IEEE Electron Device Lett., vol. 23, no. 5, pp. 258-260, 2002.
(72) E. Ganin, T. C. Chen, et al., "Epitaxial-base double-poly self-aligned bipolar transistors," IEDM Tech. Dig., pp. 603-605, 1990.
(73) F. Sato, T. Hashimoto, et al., "Sub-20 ps ECL circuits with high-performance super self-aligned selectively grown SiGe base (SSSB) bipolar transistors," IEEE Trans. Electron Devices, vol. 42, no. 3, pp. 483-488, 1995.
(74) T. F. Meister, H. Schafer, et al., "SiGe base bipolar technology with 74 GHz fmax and 11 ps gate delay," IEDM Tech. Dig., pp. 739-742, 1995.
(75) K. Washio, E. Ohue, et al., "A selective-epitaxial SiGe HBT with SMI electrodes featuring 9.3-ps ECL-gate delay," IEDM Tech. Dig., pp. 795-798, 1997.
(76) K. Washio, E. Ohue, et al., "A selective-epitaxial- growth SiGe-base HBT with SMI

(77) L. D. Lanzerotti, J. C. Sturm, et al., "Suppression of boron outdiffusion in SiGe HBTs by carbon incorporation," IEDM Tech. Dig., pp. 249-252, 1996.

electrodes featuring 9. 3-ps ECL-gate delay," IEEE Trans. Electron Devices, vol. 46, no. 7, pp. 1411-1416, 1999.

(78) H. J. Osten, G. Lippert, et al., "The effect of carbon incorporation on SiGe heterobipolar transistor performance and process margin," IEDM Tech. Dig., pp. 803-806, 1997.

(79) A. Gruhle, H. Kibbel, and U. König, "The reduction of base dopant outdiffusion in SiGe heterojunction bipolar transistors by carbon doping," Appl. Phys. Lett., vol. 75, no. 7, pp. 1311-1313, 1999.

(80) H. Rücker, B. Heinemann, et al., "Suppressed diffusion of boron and carbon in carbon-rich silicon," Appl. Phys. Lett., vol. 73, no. 12, pp. 1682-1684, 1998.

(81) I. M. Anteney, G. Lippert, et al., "Electrical determination of bandgap narrowing and parasitic energy barriers in SiGe and SiGeC heterojunction bipolar transistors," EDMO Tech. Dig., pp. 55-60, 1997.

(82) K. Oda, E. Ohue, et al., "Self- aligned selective-epitaxial-growth $Si_{1-x-y}Ge_xC_y$ HBT technology featuring 170-GHz f_{max}," IEDM Tech. Dig., pp. 332-335, 2001.

(83) M. H. Khater, T. Adam, et al., "Present status and future directions of SiGe HBT technology," Int. J. High Speed Electronics and Systems, vol. 17, no. 1, pp. 61-80, 2007.

(84) B. Heinemann, R. Barth, et al., "SiGe HBT technology with f_T/f_{max} of 300 GHz/500 GHz and 2.0 ps CML gate delay," IEDM Tech. Dig., pp. 688-691, 2010.

(85) B. Geynet, P. Chevaliera, et al., "A selective epitaxy collector module for high-speed Si/SiGe:C HBTs," Solid-State Electronics, vol. 53, no. 8, pp. 873-879, 2009.

(86) B. Geynet, P. Chevalier, et al., "SiGe HBTs featuring $f_T \gg$ 400 GHz at room temperature," Proc. BCTM, pp. 121-124, 2008.

(87) T. Tominari, S. Wada, et al., " Study on extremely thin base SiGe:C HBTs featuring sub 5-ps ECL gate delay," Proc. BCTM, pp. 107-110, 2003.

(88) S. Decoutere, S. Van Huylenbroeck, et al., "Advanced process modules and architectures for half-terahertz SiGe: C HBTs," Proc. BCTM, pp. 9-15, 2009.

(89) D. Bolze, B. Heinemann, et al., "Millisecond annealing of high-performance SiGe HBTs," Advanced Thermal Processing of Semiconductors Tech. Dig., pp. 1-11, 2009.

(90) E. J. Prinz, P. M. Garone, et al., "The effect of base-emitter spacers and strain dependent densities of states in $Si/Si_{1-x}Ge_x/Si$ heterojunction bipolar transistors," IEDM Tech. Dig., pp. 639-642, 1989.

(91) T. H. Ning, "Polysilicon-emitter SiGe-base bipolar transistors-what happens when Ge gets into the emitter? " IEEE Trans. Electron Devices, vol. 50, no. 5, pp. 1346-1352, 2003.

(92) H. Rücker, B. Heinemann, et al., "SiGe: C BiCMOS technology with 3.6 ps gate delay," IEDM Tech. Dig., pp. 121-124, 2003.

(93) A. Fox, B. Heinemann, et al., "SiGe: C HBT architecture with epitaxial external base," BCTM Tech. Dig., pp. 70-73, 2011.

(94) A. Fox, B. Heinemann, et al., "SiGe HBT module with 2.5 ps gate delay," IEDM Tech. Dig., pp. 731-734, 2008.

(95) A. Fox, B. Heinemann, and H. Rücker, "Double-polysilicon SiGe HBT architecture with lateral base link," Solid-State Electron., vol. 60, no. 1, pp. 93-94, 2011.

(96) T. F. Meister, H. Schafer, et al., "SiGe bipolar technology with 3.9 ps gate delay," Proc.

BCTM, pp. 103-106, 2003.
(97) K. Washio, "Size effects on DC and low-frequency-noise characteristics of epitaxially grown raised-emitter SiGe HBTs," IEEE Topical Meeting on Silicon Monolithic Integrated Circuits in RF Systems, pp. 162-165, 2007.
(98) P. S. Lee, K. L. Pey, et al., "New salicidation technology with Ni (Pt) alloy for MOSFETs," IEEE Electron Device Lett., vol. 22, no. 12, pp. 568-570, 2001.
(99) J. J. T. M. Donkers, T. Vanhoucke, et al., "Metal emitter SiGe: C HBTs," IEDM Tech. Dig., pp. 243-245, 2004.
(100) B. Heinemann, H. Rücker, et al., "Novel collector design for high-speed SiGe: C HBTs," IEDM Tech. Dig., pp. 775-778, 2002.
(101) J-S. Rieh, B. Jagannathan, et al., "Performance and design considerations for high speed SiGe HBTs of f_T/f_{max} = 375 GHz/210 GHz," Int. Conf. Indium Phosphide and Related Materials, pp. 374-377, 2003.
(102) B. Heinemann, R. Barth, et al., "A low-parasitic collector construction for high-speed SiGe:C HBTs," IEDM Tech. Dig., pp. 251-254, 2004.
(103) J. J. T. M. Donkers, M. C. J. C. M. Kramer, et al., "A novel fully self-aligned SiGe: C HBT architecture featuring a single-step epitaxial collector-base process," IEDM Tech. Dig., pp. 655-658, 2007.
(104) P. Chevalier, T. F. Meister, et al., "Toward THz SiGe HBTs," Proc. BCTM, pp. 57-65, 2011.
(105) S. Van Huylenbroeck, A. Sibaja-Hernandez, et al., "A 400 GHz fMAX fully self-aligned SiGe:C HBT architecture," Proc. BCTM, pp. 5-8, 2009.
(106) K. Washio, H. Shimamoto, et al., "Novel wide-emitter SiGe HBT technology for RF power applications," ESSDERC Tech. Dig., p. 103, 2008.
(107) G. Freeman, J-S. Rieh, et al., "Device scaling and application trends for over 200 GHz SiGe HBTs," Silicon Monolithic Integrated Circuits in RF Systems Tech. Dig., pp. 6-9, 2003.
(108) K. Washio, E. Ohue, et al., "High-speed scaled-down self-aligned SEG SiGe HBTs," IEEE Trans. Electron Devices, vol. 50, no. 12, pp. 2417-2424, 2003.
(109) J.-S. Rieh, S. Jagannathan, et al., "A doping concentration- dependent upper limit of the breakdown voltage–cutoff frequency product in Si bipolar transistors," Solid-State Electron., vol. 48, no. 2, pp. 339-343, 2004.
(110) T. Saitoh, T. Kawashima, et al., "Base current control in low-V_{BE}-operated SiGeC heterojunction bipolar transistors using SiGe-cap structure and high-carbon-content base," Jpn. J. Appl. Phys., vol. 43, no. 4, pp. 2250-2254, 2004.
(111) B. Barbalat, T. Schwartzmann, et al., "Carbon effect on neutral base recombination in high-speed SiGeC HBTs," ISTDM Tech. Dig., pp. 238-239, 2006.
(112) L. J. Choi, S. Van Huylenbroeck, et al., "On the use of a SiGe spike in the emitter to improve the $f_T \times BV_{CE0}$ product of high-speed SiGe HBTs," Electron Device Lett., vol. 28, no. 4, pp. 270-272, 2007.
(113) Y. Shi and G. Niu, "Vertical profile design and transit time analysis of nano-scale SiGe HBTs for terahertz f_T," Proc. BCTM, pp. 213-216, 2004.
(114) J. Yuan and J. D. Cressler, "A novel superjunction collector design for improving breakdown voltage in high-speed SiGe HBTs," Proc. BCTM, pp. 75-78, 2009.
(115) M. Schröter, G. Wedel, et al., "Physical and electrical performance limits of high-speed

SiGeC HBTs—Part I: vertical scaling," IEEE Trans. Electron Devices, vol. 58, no. 11, pp. 3687-3696, 2011.

(116) M. Schröter, J. Krause, et al., "Physical and electrical performance limits of high-speed SiGeC HBTs—Part II: lateral scaling," IEEE Trans. Electron Devices, vol. 58, no. 11, pp. 3697-3706, 2011.

(117) K. Oda, M. Miura, et al., "Precise control of doping profile and crystal quality improvement of SiGe HBTs using continuous epitaxial growth technology," Thin Solid Films, vol. 517, pp. 98-100, 2008.

(118) M. W. Xu, S. Decoutere, et al., "Ultra low power SiGe: C HBT for 0.18 μm RF-BiCMOS," IEDM, pp. 125-128, 2003.

(119) M. Miura, H. Shimamoto, et al., "Ultra-low-power SiGe HBT technology for wide-range microwave applications," BCTM, pp. 129-132, 2008.

(120) G. Zhang, J. D. Cressler, et al., "A comparison of npn and pnp profile design tradeoffs for complementary SiGe HBT Technology," Solid-State Electronics, vol. 44, no. 11, pp. 1949-1954, 2000.

(121) B. El-Kareh, S. Balster, et al., "A 5 V complementary-SiGe BiCMOS technology for high-speed precision analog circuits," Proc. BCTM, pp. 211-214, 2003.

(122) B. Heinemann, R. Barth, et al., "A complementary BiCMOS technology with high speed npn and pnp SiGe:C HBTs," IEDM Tech. Dig., pp. 117-120, 2003.

(123) T. Tominari, M. Miura, et al., "A 10 V complementary SiGe BiCMOS foundry process for high-speed and high-voltage analog applications," Proc. BCTM, pp. 38-41, 2007.

(124) S. Seth, P. Cheng, et al., "Comparing RF linearity of npn and pnp SiGe HBTs," Proc. BCTM, pp. 29-32, 2008.

(125) D. Knoll, B. Heinemann, et al., "A low-cost, high-performance, high-voltage complementary BiCMOS process," IEDM Tech. Dig., pp. 607-610, 2006.

(126) M. Bellini, B. Jun, et al., "The effects of proton and X-ray irradiation on the DC and AC performance of complementary (npn + pnp) SiGe HBTs on thick-film SOI," IEEE Trans. Nuclear Science, vol. 54, no. 6, pp. 2245-2250, 2007.

(127) J. D. Cressler, "On the potential of SiGe HBTs for extreme environment electronics," Proc. IEEE, vol. 93, no. 9, pp. 1559-1582, 2005.

第3章

MOSトランジスタの動作機構

3.1 MOS構造の電気特性

　MOSトランジスタは，Metal-Oxide-Semiconductor構造を用いたトランジスタのことで，Oxideは絶縁膜（Insulator）であることから，MOS構造のことを一般化してMIS（Metal-Insulator-Semiconductor）構造と呼ぶことがある．MOS構造を用いたトランジスタは絶縁層を介して電界によって半導体表面の電気伝導特性を変化させることから，MOS形電界効果形トランジスタ（MOS Field-Effect-Transistor：MOS FET）あるいは絶縁ゲート形FET（Insulated-Gate FET：IG FET）と呼ぶ．

3.1.1 MOS FET概要

　MOS FETは半導体シリコン基板（以後Si基板とする）上に形成されることが多く，p形Si基板とn形Si基板を用いた場合でトランジスタ動作に関わる伝導形が変わる．図3.1はMOS FETの基本的な構造としてp形Si基板を用いた場合を示してある．p形Si基板に対して，金属ゲートに正の電圧（V_G）を印加すると，p形表面に電子の層を誘起し，n$^+$層で形成されたソースSとドレインDの間にチャネル（キャリヤの層による導電路）ができ，SとDがチャネルで結ばれる．p形Si基板の場合はチャネルが電子でできているのでnチャネルといい，ソース・ドレイン間に電圧V_Dを印加すると，チャネル中を電子がドリフトし，矢印のような電流I_Dが流れる．

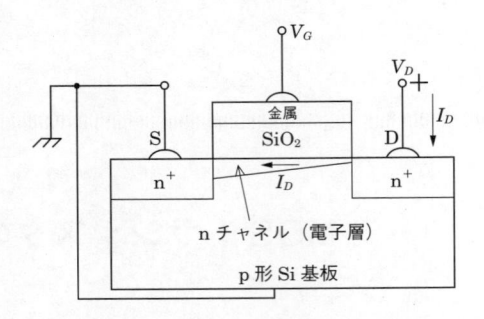

図 3.1 n チャネル MOS FET（基板が p 形 Si）

n 形 Si 基板の場合は，ソースとドレーンは p$^+$ 層で形成され，ゲートに負電圧を印加して n 形 Si 基板表面に正孔を誘起し，p$^+$ のソースとドレーンの間が正孔チャネルで結ばれ，これを p チャネルという．ドレーン電圧 V_D はソースに対して負電圧を印加する．I_D の符号は n チャネルの場合とは逆になる．

図 3.2 (a) は種々のゲート電圧 V_G に対する I_D-V_D 特性である．V_G を一定にし，V_D を変えていくと，ドレーン電流 I_D は線形に増加し（線形領域），ある電圧以上で飽和する（飽和領域）．I_D が飽和する V_D の値は，V_G で異なり，点線は線形領域と飽和領域の境界を示す．図 3.2 (b) は V_D を一定にしたときの V_G に対する I_D 特性である．I_D の流れ始める V_G をしきい値電圧（V_T）という．

V_G の変化分 ΔV_G に対する I_D の変化分 ΔI_D の比を相互コンダクタンス (mutual conductance) g_m と定義している．

$$g_m = \left| \frac{\Delta I_D}{\Delta V_G} \right|_{V_D=一定} \tag{3.1}$$

MOS FET には，I_D を流すためにチャネルを形成するようにゲート電圧 V_G を印加するエンハンスメント形（図 3.2 (b) (i)）と，図 3.2 (b) (ii) のように，V_G を加えなくても（$V_G=0$）既にチャネルができていて I_D が流れ，I_D を 0 にするためにチャネルが消滅するように V_G を印加するデプレッション形がある．**図 3.3** は n チャネル及び p チャネル MOS FET の特性を示してある．

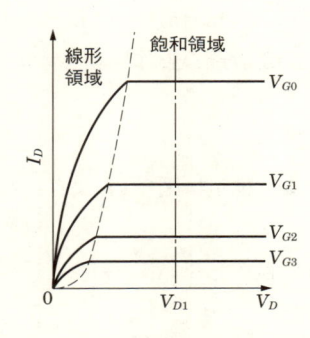

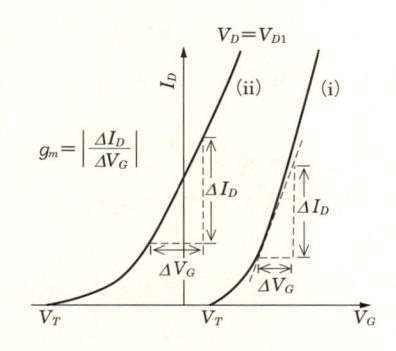

第3章　MOSトランジスタの動作機構

(a) ゲート電圧を一定にして，ドレーン・ソース間の電圧を変化させたときのドレーン電流特性

(b) ドレーン電圧を一定にし，ゲート電圧を変化させたときのドレーン電流，(i) エンハンスメント形, (ii) デプレッション形

図 3.2　MOS FET の基本的な静特性
V_G の変化分 ΔV_G に対する I_D の変化分 ΔI_D の比を相互コンダクタンスと定義している．

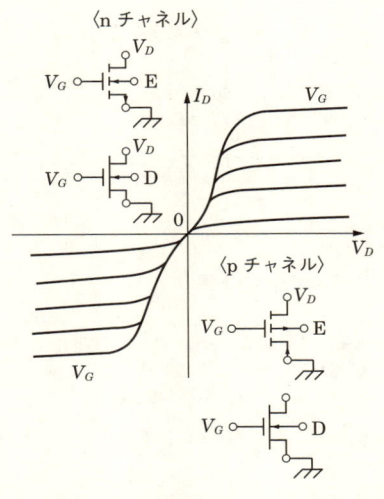

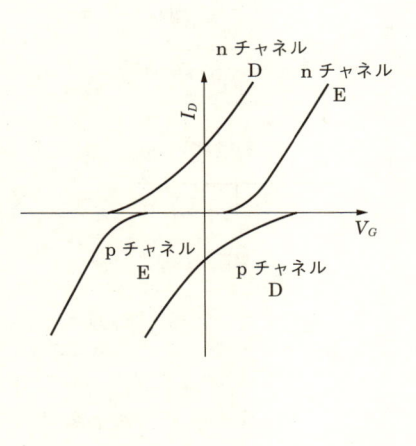

$$g_m = \left| \frac{\Delta I_D}{\Delta V_G} \right|$$

(a) 種々のゲート電圧におけるドレーン電圧に対するドレーン電流特性．$I_D>0$ の座標には n チャネルの特性を，$I_D<0$ の座標には p チャネル特性を示してある．挿入図の記号は E がエンハンスメント形，D がデプレッション形を示す．

(b) ゲート電圧に対するドレーン電流特性で，n チャネル，p チャネル，それぞれの場合のエンハンスメント (E) 形及びデプレッション (D) 形を示す．

図 3.3　MOS FET の種類と特性の違い

MOS FET の動作の理解を深めるには，ゲート（metal）-絶縁膜（oxide）-半導体（semiconductor，一般的には Si）；MOS 構造の動作原理を考える必要がある．

3.1.2 MOS 構造

理想的な p 形基板 MOS 構造のエネルギーバンド構造は図 3.4 のようになる．理想的とは

① 絶縁膜の抵抗が無限大で，膜中に電荷は存在しない．
② 金属と半導体（Si）の仕事関数の差はない．
③ 絶縁膜中では電界の横方向の広がり効果を無視できる．
④ Si/SiO₂ 界面準位は存在しない．
⑤ 半導体の不純物濃度は一定である．
⑥ 金属-半導体接触は抵抗性接触で，抵抗は十分小さい．

という条件を満足しているものとする．

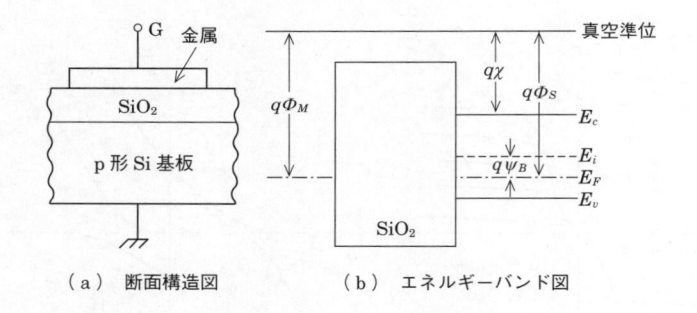

(a) 断面構造図　　(b) エネルギーバンド図

q：電子電荷，$q\chi$：Si の電子親和力，$q\Phi_M$：金属の仕事関数，$q\Phi_S$：Si の仕事関数，$q\psi_B$：ミッドギャップとフェルミエネルギーの差，E_c：Si の伝導帯下端，E_i：ミッドギャップエネルギー，E_F：フェルミエネルギー，E_v：Si の価電子帯上端

図 3.4　理想的な p 形基板 MOS 構造のエネルギーバンド図

図 3.5 はゲート電圧 V_G を印加したときの電位（静電ポテンシャル，下方が正方向）(a)，電圧関係図 (b)，電荷の関係図 (c) を示したものである．V_G は絶縁膜（SiO₂ あるいは酸化膜）の電位降下 V_{ox} と半導体（Si）表面電位 ψ_s の和である．

$$V_G = V_{\mathrm{ox}} + \psi_s \tag{3.2}$$

第3章　MOSトランジスタの動作機構

(a) 電位図　　　(b) 電圧関係図　　　(c) 電荷の関係

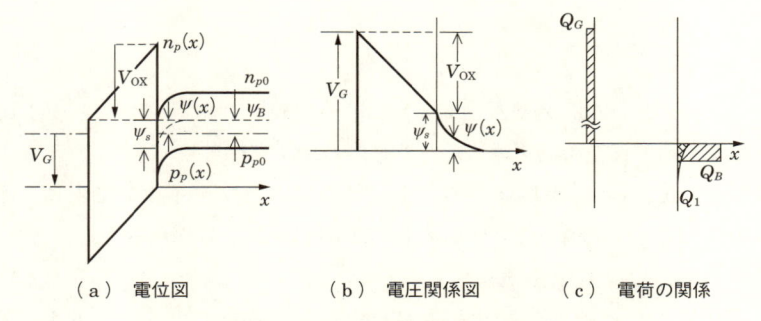

図 3.5　ゲート電圧 V_G を印加した場合

Si 表面の電荷は ψ_s によって変わる．x 座標を図 3.5 のようにとると，Si 表面付近の場所 x でのエネルギーバンドの曲がりに伴う電子と正孔の密度 $n_p(x)$, $p_p(x)$ は，次のようになる．

$$n_p(x) = n_{p0} \cdot \exp\left(\frac{q\psi(x)}{kT}\right) \tag{3.3}$$

$$p_p(x) = p_{p0} \cdot \exp\left(-\frac{q\psi(x)}{kT}\right) \tag{3.4}$$

$$p_{p0} = N_A = n_i \cdot \exp\left(\frac{q\psi_B}{kT}\right) \tag{3.5}$$

$$n_{p0} = \frac{n_i^2}{p_{p0}} = n_i \cdot \exp\left(-\frac{q\psi_B}{kT}\right) \tag{3.6}$$

ここに，n_{p0}, p_{p0}：熱平衡状態での電子及び正孔密度，N_A：アクセプタ濃度，n_i：半導体の真性キャリヤ密度，ψ_B：フェルミレベルと真性フェルミレベルの差

Si 表面（$x = 0$）では次式で表される．

$$n_p(0) = n_{p0} \cdot \exp\left(\frac{q\psi_s}{kT}\right) \tag{3.7}$$

$$p_p(0) = p_{p0} \cdot \exp\left(-\frac{q\psi_s}{kT}\right) \tag{3.8}$$

半導体中での一次元ポアソン方程式と電荷密度は次式のように表される．

$$\frac{d^2\psi}{dx^2} = -\frac{\rho(x)}{\varepsilon_0 \varepsilon_s} \tag{3.9}$$

$$\rho(x) = q\{N_D^+(x) - N_A^-(x) + p_p(x) - n_p(x)\} \tag{3.10}$$

ここに，ε_0：真空の誘電率，ε_s：半導体の比誘電率

$N_D^+(x)$，$N_A^-(x)$ は半導体中のドナー及びアクセプタイオンである．ポテンシャルの曲がりのない Si バルク中では $\rho(x) = 0$ であるから

$$N_D^+ - N_A^- = n_{p0} - p_{p0} \tag{3.11}$$

半導体表面付近のポテンシャルが変化している点での ρ は，ドナー及びアクセプタが全てイオン化しているとして次式となる．

$$\rho(x) = q\left[p_{p0}\left\{\exp\left(-\frac{q\psi(x)}{kT}\right) - 1\right\} - n_{p0}\left\{\exp\left(\frac{q\psi(x)}{kT}\right) - 1\right\}\right] \tag{3.12}$$

したがってポアソン方程式は次式となる．

$$\frac{\partial^2 \psi(x)}{\partial x^2} = -\frac{q}{\varepsilon_0 \varepsilon_s}\left[p_{p0}\left\{\exp\left(-\frac{q\psi(x)}{kT}\right) - 1\right\} - n_{p0}\left\{\exp\left(\frac{q\psi(x)}{kT}\right) - 1\right\}\right] \tag{3.13}$$

電界 E は $E = -\partial\psi/\partial x$ であるから，Si 表面電位を ψ_s とすると，Si 表面電界 E_s は次式のようになる．

$$E_s = \pm\frac{\sqrt{2}kT}{qL_D}\left[\left\{\exp\left(-\frac{q\psi_s}{kT}\right) + \frac{q\psi_s}{kT} - 1\right\} + \frac{n_{p0}}{p_{p0}}\left\{\exp\left(\frac{q\psi_s}{kT}\right) - \frac{q\psi_s}{kT} - 1\right\}\right]^{1/2} \tag{3.14}$$

ここに，$L_D \equiv (kT\varepsilon_0\varepsilon_s/(p_{p0}q^2))^{1/2}$：ホールに対するデバイ長

この電界を発生させるに必要な単位面積当りの電荷 Q_s はガウスの法則より次式のように求められる．

$$Q_s = -\varepsilon_0\varepsilon_s E_s = \mp\frac{\sqrt{2}\varepsilon_0\varepsilon_s kT}{qL_D}\left[\left\{\exp\left(-\frac{q\psi_s}{kT}\right) + \frac{q\psi_s}{kT} - 1\right\} + \frac{n_{p0}}{p_{p0}}\left\{\exp\left(\frac{q\psi_s}{kT}\right) - \frac{q\psi_s}{kT} - 1\right\}\right]^{1/2} \tag{3.15}$$

式（3.15）は不純物濃度，温度，ψ_s によって変化する．p 形 Si 基板について，温度を一定にして不純物濃度を変え，ψ_s に対して Q_s がどのように変

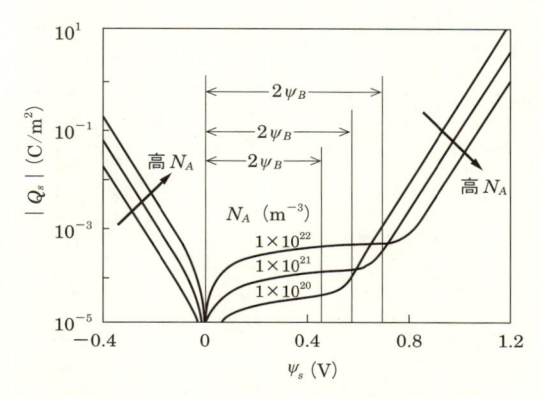

第3章 MOSトランジスタの動作機構

図 3.6 Si表面電位 ψ_s に対する半導体表面電荷密度
(パラメータは不純物濃度)

化するかを計算すると**図 3.6** のようになる．以下にp形Si基板の場合について，ψ_s によってSi表面電荷密度 Q_s がどのように変化するかを調べる．

(a) 蓄積層 $\psi_s < 0$ このときエネルギーバンドは**図 3.7** (a) のように表すことができ，式 (3.15) は右辺第1項が大きくなり，$Q_s = \{\sqrt{2}\varepsilon_0\varepsilon_s kT/(qL_D)\} \times [\exp(-q\psi_s/(kT))^{1/2}]$ と表すことができる（正孔による蓄積層が形成されている）．

(b) フラットバンド状態 $\psi_s = 0$ エネルギーバンドは図 3.7 (b) のように平坦（フラットバンド状態という）になり，このとき，Si表面のキャリヤ密度は次式のようになる．

$$p_s = p_{p0}, \quad n_s = n_{p0} \tag{3.16}$$

この場合，表面電荷はキャリヤ密度とイオン化した不純物密度が等しくなり，電荷密度は0となる．

(c) 空乏層 $0 < \psi_s < 2\psi_B$ この場合のエネルギーバンドは図 3.7 (c) に示すようになり，図 3.6 の Q_s は，Si表面電荷層の多数キャリヤが涸渇し，イオン化した不純物（p形の場合はアクセプタイオン）によって形成される空間電荷層が主であることを示している．特に $\psi_s = \psi_B$ では $n_s = p_s = n_i$ である．

(d) 反転層 $\psi_s \geq 2\psi_B$ この場合，エネルギーバンドは図 3.7 (d) のようになり，式 (3.15) の電子の項 $\exp(q\psi_s/(kT))$ が大きくなる．すなわち，Si表面電荷層の電子が増加し，表面電荷密度は電子による層が支配的であ

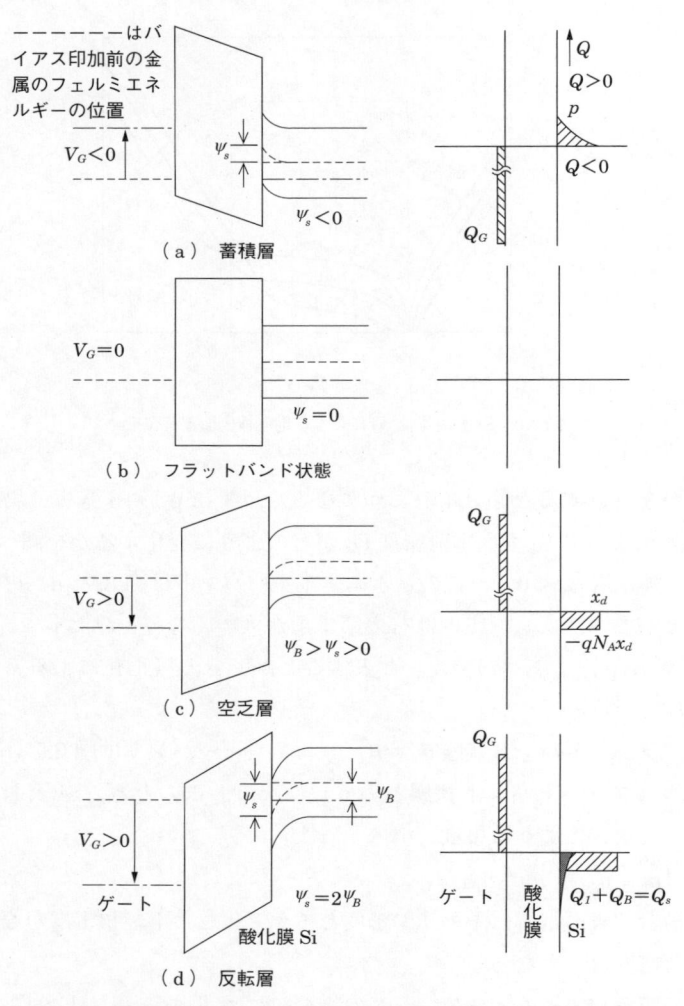

図 3.7 MOS 構造のゲート電圧印加時のエネルギーバンドと電荷の関係

ることを示している．すなわち，$\psi_s = 2\psi_B$ では Si 表面の電子密度は $n_s = n_i \cdot \exp(q\psi_B/(kT))$ であり，これは式 (3.5) で表した p 形 Si バルクの多数キャリヤ密度である正孔密度と等しく，この時点で反転層が形成されたと定義する．Si 表面に反転層が形成されるとゲート電圧の増加に対して式(3.15)の右辺の電子密度の項の増加が大きく，空乏層の増加は無視できるほど小さ

くなる.したがって空乏層幅は $\psi_s = 2\psi_B$ のときに最大になると考えて ($d_{\max}$), 次式で表される.

$$d_{\max} = \left(\frac{2\varepsilon_0\varepsilon_s}{qN_A}\psi_s\right)^{1/2} = \left(\frac{4\varepsilon_0\varepsilon_s\psi_B}{qN_A}\right)^{1/2} \tag{3.17}$$

反転層を形成しているときのゲート上の単位面積当りの電荷 Q_G と半導体表面電荷 Q_s の関係は図3.7 (d) のようになる.Q_I は単位面積当りの反転層電荷密度,空乏層電荷 Q_B は $Q_B = -qN_A d_{\max}$ であり,次のような関係がある.

$$Q_G = -Q_s = -(Q_I + Q_B) = -(Q_I - qN_A d_{\max}) \tag{3.18}$$

酸化膜電位降下 V_{OX} と単位面積当りの酸化膜容量 C_{OX} の間の関係と式(3.2)の関係から次式が得られる.

$$Q_G = C_{\mathrm{OX}} V_{\mathrm{OX}} = C_{\mathrm{OX}}(V_G - \psi_s) \tag{3.19}$$

式 (3.18) を用いて $\psi_s = 2\psi_B$ として,Q_I を求めると

$$Q_I = -C_{\mathrm{OX}}(V_G - V_T) \tag{3.20}$$

$$V_T = 2\psi_B + \frac{qN_A d_{\max}}{C_{\mathrm{OX}}} \tag{3.21}$$

ただし,V_T:しきい値電圧

3.1.3 MOS容量特性

MOS構造は絶縁膜として Si 酸化膜 (SiO_2) を用いているが,SiO_2 膜の代わりに窒化シリコン膜 (Si_3N_4) などが用いられる場合がある.そこで絶縁膜(絶縁層)として一般化し,MIS 構造と呼ぶことがある.しかし,絶縁膜が異なっても,基本的には比誘電率が変わるだけであり,本章ではすべて Si 酸化膜で説明する.

p 形 Si 基板 MOS 構造のゲート電圧 V_G を,Si 表面が十分反転層を形成している状態から蓄積層を形成する状態へ変化させるとき,$\psi_s = 2\psi_B > 0$ から $\psi_s = 0$ を経由して $\psi_s < 0$ に変化する.また,V_G に微小交流電圧 δV_G を重ね合わせて印加すると,V_{OX},ψ_s は信号周波数とともに微小に変化する.

半導体表面容量 C_s を,ψ_s に対する Q_s の変化と考えると,C_s は次式で定義される(単位面積当り).

$$C_s \equiv \left|\frac{\partial Q_s}{\partial \psi_s}\right| \tag{3.22}$$

ψ_s の変化に対応して Q_s が遅れることなく図 3.6 に従って変化すると仮定すると，C_s は次式で与えられる（**図 3.8**）．

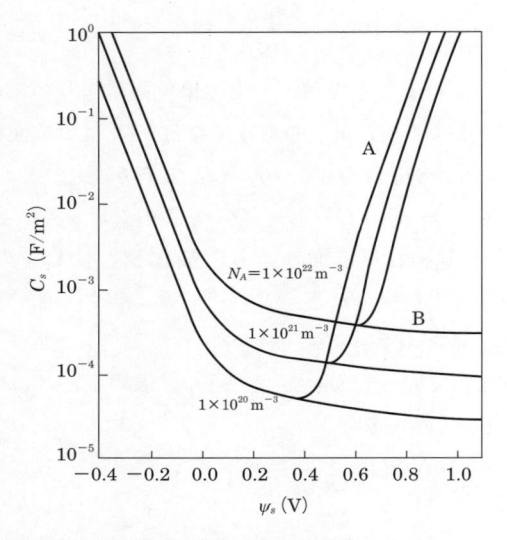

図 3.8 表面電位 ψ_s に対する半導体容量 C_s の変化．
A は反転層で少数キャリヤが ψ_s の変化に追従できる場合（低周波），
B は少数キャリヤが ψ_s の変化に追従できない場合（高周波）

$$C_s = \frac{\varepsilon_0 \varepsilon_s}{\sqrt{2} L_D} \frac{\left[1 - \exp\left(-\frac{q\psi_s}{kT}\right) + \frac{n_{p0}}{p_{p0}} \left\{ \exp\left(\frac{q\psi_s}{kT}\right) - 1 \right\} \right]}{\left[\left\{ \exp\left(\frac{q\psi_s}{kT}\right) + \frac{q\psi_s}{kT} - 1 \right\} + \frac{n_{p0}}{p_{p0}} \left\{ \exp\left(\frac{q\psi_s}{kT}\right) - \frac{q\psi_s}{kT} - 1 \right\} \right]^{1/2}} \tag{3.23}$$

$\psi_s = 0$（フラットバンド状態）では上式の分母分子は共に 0 となる．実際には ψ_s の微小な変化に対して Q_s も変化するので，ψ_s が非常に小さいことから指数項を級数展開し，第 2 項までを考慮すると次のようになる．

$$C_{SFB} = \frac{\varepsilon_0 \varepsilon_s}{L_D} \tag{3.24}$$

また MOS の端子間（ゲート・基板間）の容量は次式で定義される．

$$C \equiv \left| \frac{dQ_s}{dV_G} \right| \tag{3.25}$$

$dQ_G = -dQ_s$ であり,式 (3.2) と単位面積当りの酸化膜容量 $C_{\mathrm{ox}} = \varepsilon_0 \varepsilon_{\mathrm{ox}}/d_{\mathrm{ox}}$ ($\varepsilon_{\mathrm{ox}}$ は酸化膜比誘電率,d_{ox} は酸化膜厚)を用いると C は次のように表される.

$$C = \frac{\left|\dfrac{\partial Q_s}{\partial \psi_s}\right|}{\dfrac{1}{C_{\mathrm{ox}}} \cdot \left|\dfrac{\partial Q_s}{\partial \psi_s}\right| + 1} \tag{3.26}$$

更に式 (3.22) を用いると,理想的な MOS 容量は次式のようになる.

$$C = \frac{C_S}{\dfrac{C_S}{C_{\mathrm{ox}}} + 1} = \frac{1}{\dfrac{1}{C_{\mathrm{ox}}} + \dfrac{1}{C_S}} \tag{3.27}$$

式 (3.27) は,MOS 容量が酸化膜容量 C_{ox} と半導体容量 C_S の直列合成容量で表されることを示している.このうち C_{ox} は V_G に依存しないが,C_S は V_G によって変わる.また,V_G が同じでも,シリコン表面のキャリヤ発生・再結合がどれくらい信号周波数に応答するか,その割合によって C_S が変わる(周波数依存性を示す).

Si 表面で多数キャリヤの蓄積層が形成されているとき,$d|Q_s|/d\psi_s (= C_S) \gg C_{\mathrm{ox}}$ であり,十分蓄積層を形成する V_G では $C = C_{\mathrm{ox}}$ と近似することができる.ψ_s の符号が負から正に変化するとき,Si 表面は蓄積層から空乏層を経て反転層へと変化する.この領域では,$C_S < C_{\mathrm{ox}}$ となり,C_S が大きく変化するので C も大きく変化する.

反転層を形成する V_G では,少数キャリヤ発生・再結合時定数が大きいため,信号周波数が高くなるに従って,半導体表面で信号周波数に応答する少数キャリヤ密度が減少し,C_S は小さくなる.これが MOS 容量 C が反転層を形成する領域で周波数依存性を示す理由である.少数キャリヤの発生・再結合時定数が追従できるような低周波数(数十 Hz 以下)では,反転層でも C_S が大きくなり $C = C_{\mathrm{ox}}$ となるが,それ以上の高い周波数では C は空乏層容量と C_{ox} の直列合成容量となる.

半導体表面でエネルギーバンドが平坦となるフラットバンド状態 $\psi_s = 0$ での容量（フラットバンド容量）は次式で与えられる．

$$C_{FB} = \frac{1}{\dfrac{1}{C_{OX}} + \dfrac{1}{C_{SFB}}} = \frac{\varepsilon_0 \varepsilon_{OX}}{d_{OX}} \left(\frac{1}{1 + \dfrac{\varepsilon_{OX} L_D}{\varepsilon_s d_{OX}}} \right) \quad (3.28)$$

実際の MOS 構造の C-V 特性は，次節のしきい値電圧をシフトさせる要因によって，理想の C-V 曲線が電圧軸に沿って移動する．Si/SiO$_2$ 界面準位（界面状態ともいう）に捕獲される電荷によって反転層から蓄積層に変化する際に帯電状態が変わることにより C-V 曲線がひずむ．また，界面準位のうちキャリヤの捕獲・放出時定数の小さいものは，ゲートの交流信号に応答してフェルミレベルが変化するとき，Si 表面と界面トラップの間でキャリヤの捕獲・放出を行い，これによる容量とコンダクタンスを生じる[1]．

図 3.9 はこのときの MOS 構造の二端子等価回路を示す．これらが理想的な MOS 構造の C-V 特性からの変化として観測される．図 3.10 は，実際の MOS 構造の容量を信号周波数 1 MHz で測定したときのゲート電圧に対する容量の測定例である．

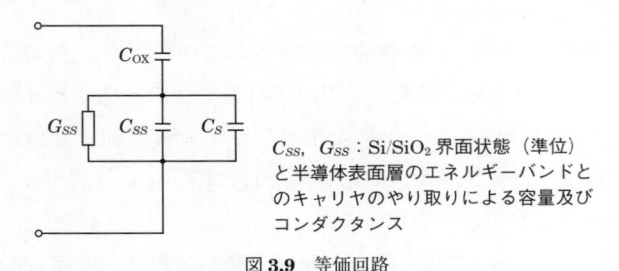

C_{SS}, G_{SS}：Si/SiO$_2$ 界面状態（準位）と半導体表面層のエネルギーバンドとのキャリヤのやり取りによる容量及びコンダクタンス

図 3.9 等価回路

3.1.4 フラットバンド電圧

これまでは理想 MOS 構造を仮定して解析を行ってきたが，現実の MOSFET のしきい値電圧や MOS 容量のフラットバンド電圧は，金属と半導体接触で生じる仕事関数差，酸化膜中の電荷，Si/SiO$_2$ 界面に存在する界面準位電荷などで変化する．したがって実際の MOS 構造を扱う際にはこれらの

第3章　MOSトランジスタの動作機構

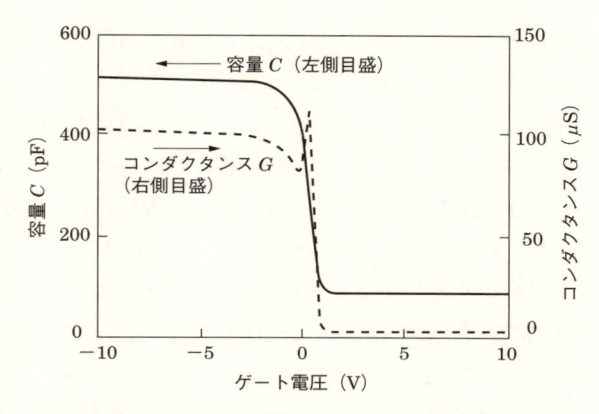

図3.10　p形基板MOS容量の1MHzで測定したC-V特性

影響を考慮しなければならない．

（1）　金属と半導体の仕事関数差

金属と半導体の仕事関数差（電位差で表現した）Φ_{MS}は次式で表される．

$$\Phi_{MS} = \phi_M - \left(\chi + \frac{E_g}{2q} + \psi_B{}^{*1}\right) \tag{3.29}$$

Φ_Mは金属の仕事関数，χは半導体の電子親和力，E_g/qは半導体の禁制帯幅である．

Φ_Mはゲート金属によって変わり，ψ_Bは半導体の不純物濃度で変わる．Φ_{MS}が0でない場合，フラットバンド状態にするためにはψ_sを0にするように，ゲート電圧$V_G = \Phi_{MS} = V_{FB1}$を印加する必要がある．したがって，$\Phi_{MS}$はしきい値電圧とMOS C-V特性を同時にシフトさせる原因となる．

（2）　絶縁膜中の電荷

MOS構造の酸化膜中には素子製造プロセス中の水や水素の影響やNaイオン，あるいは放射線照射などにより種々の電荷捕獲中心ができる[2]．このような捕獲中心に電荷が捕獲されるとMOSトランジスタのしきい値電圧

---

*1　nチャネル（p形基板）の場合 $\psi_B = \dfrac{kT}{q}\ln\dfrac{N_A}{n_i}$

　　 pチャネル（n基板）の場合 $\psi_B = -\dfrac{kT}{q}\ln\dfrac{N_D}{n_i}$

である．

が変化したり，C-V 特性が正あるいは負にシフトする．酸化膜中の電荷によって，しきい値電圧を変化させることができることを利用して，任意のしきい値電圧に設定が可能となる．電気的に絶縁膜（酸化膜）中の電荷捕獲中心に電荷を注入・放出することによって電気的に書換え可能な半導体不揮発性メモリ（EEPROM：Electrically-Erasable Programable Read Only Memory）としても応用することができる．

このような絶縁膜中の電荷によるしきい値電圧の変化は次のように考えられる．図 3.11 は絶縁膜として酸化膜（SiO_2）を用いた場合の絶縁膜中での捕獲中心の電荷分布を示している．この電荷分布 $\rho(x)$ が ψ_s によって変わらない場合，これを固定電荷と呼ぶ．$\rho(x)$ を x の微小間隔 Δx 内では線形と近似できるように分割する．ゲート電極から x の距離にある電荷 $\rho(x)\Delta x$ による電気力線を δ_D とすると，$\delta_D = \rho(x)\Delta x$ となる．この電荷による電界は $dE_x = \delta_D/\varepsilon_0\varepsilon_{OX}$ であり，$E = -\mathrm{grad}V$ より $dV_G = -xdE(x)$ となり，次式が得られる．

$$dV_G = -\frac{x\delta_D}{\varepsilon_0\varepsilon_{OX}} = -\frac{x\rho(x)\Delta x}{\varepsilon_0\varepsilon_{OX}} \tag{3.30}$$

したがって，絶縁膜（酸化膜）中に分布する全電荷によるフラットバンド電圧シフト V_{FB2} は次式で表される．

$$V_{FB2} = -\frac{1}{\varepsilon_0\varepsilon_{OX}}\int_0^{d_{OX}} x\rho(x)dx \tag{3.31}$$

d_{OX}：絶縁膜（酸化膜）厚

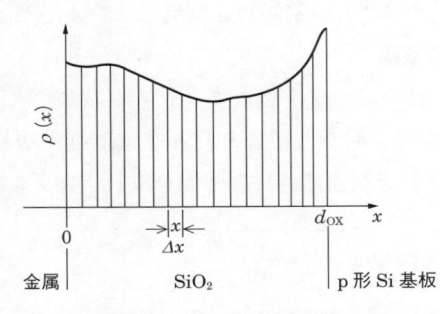

図 3.11　絶縁膜中の電荷分布 $\rho(x)\Delta x$ 内では一様とみなせる程度の Δx に分割する

この固定電荷が Si/SiO$_2$ 界面にあるとき，デルタ関数を用いて $\rho(x) = Q_{SS}\delta(d_{OX} - x)$ と置くことができ，次式のようになる．

$$V_{FB2} = -\frac{1}{\varepsilon_0 \varepsilon_{OX}} \int_0^{d_{OX}} x Q_{SS} \delta(d_{OX} - x) dx = -\frac{Q_{SS}}{C_{OX}} \tag{3.32}$$

(3) 界面準位

シリコン基板は単結晶であり，その上に成長した SiO$_2$ は非晶質である．結晶 Si から非晶質 SiO$_2$ に変化する領域（遷移領域）は非常に鋭く変わることが分かってきている．しかし，結晶と非結晶の境界では結晶性の乱れが生じており，Si の未結合枝 (dangling bond) や SiO$_2$ の化学量論的組成比からのずれによって，Si$_x$O$_y$ が存在する．これは Si/SiO$_2$ 界面において，Si の禁制帯中に電子の存在し得る準位を形成し，Si 表面電位 ψ_s の変化で帯電状態が変化する．この準位と Si のエネルギー帯とのキャリヤの捕獲・放出時定数が小さいと，**図 3.12** (a) のように MOS C-V 特性を理想特性から変える原因になる．

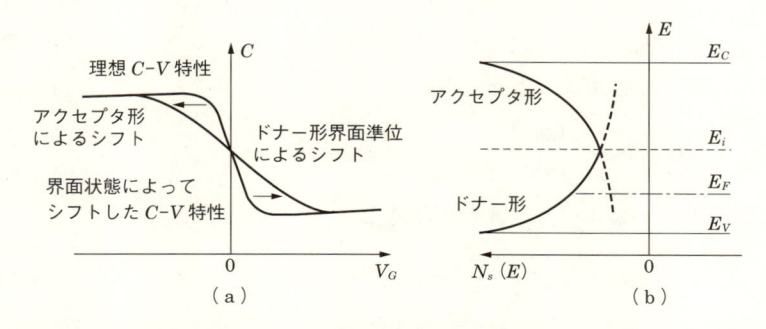

図 3.12 Si/SiO$_2$ 界面状態による C-V 特性の変化とアクセプタ形及びドナー形の界面状態

Si/SiO$_2$ 界面準位はアクセプタ形とドナー形がある．アクセプタ形は電子を占有（捕獲）しているときは負に帯電し，電子を占有しない（放出）状態では中性となる．エネルギーレベルで見れば，フェルミレベル以下では電子を捕獲して負に帯電し，フェルミレベル以上では電子を放出して中性となる．ドナー形は電子を占有（捕獲）しているときは中性で，電子を放出しているときは正に帯電する．したがってフェルミレベル以下では電子を捕獲して中

性となり，フェルミレベル以上では電子を放出して正に帯電する．一般に，Si/SiO_2 界面準位は Si バンドギャップ中に U 字形に分布することが知られている．またバンドギャップ中の価電子帯に近い方はドナー形が多く，伝導帯近くはアクセプタ形が多く，ミッドギャップ付近では界面準位密度が低いため，見掛け上は図 3.12(b) のように，ミッドギャップ以上はアクセプタ形で，ミッドギャップ以下の界面準位はドナー形と考えてよいとされている[3]．

したがって，界面準位によるフラットバンド電圧シフト（V_{FB3}）は次のように表される．

$$p 形 \quad V_{FB3} = -\frac{1}{C_{OX}} \int_{E_F}^{E_i} qN_S(E)dE$$

$$n 形 \quad\quad = \frac{1}{C_{OX}} \int_{E_i}^{E_F} qN_S(E)dE \tag{3.33}$$

ここに，$N_S(E)$：エネルギー E における Si/SiO_2 界面準位密度

一般的には界面準位による電荷が Si/SiO_2 界面に存在することから，式 (3.33) で表されるフラットバンド電圧シフトは，絶縁膜中の電荷によるフラットバンド電圧シフトに含まれるとして，両方の電荷をまとめて表面電荷 Q_{SS} として V_{FB} を次式のように表す．

$$V_{FB} = \Phi_{MS} - \frac{Q_{SS}}{C_{OX}} \tag{3.34}$$

また，しきい値電圧は次式のようになる．

$$V_T = 2\psi_B + V_{FB} + \frac{qN_A d_{max}}{C_{OX}} \tag{3.35}$$

$$= 2\psi_B + V_{FB} + \frac{\sqrt{4\varepsilon_0\varepsilon_s qN_A\psi_B}}{C_{OX}} \tag{3.36}$$

3.2 MOS FET の動作原理

3.2.1 ドレーン電流-電圧特性

基板不純物密度が一様で，理想的な n チャネル MOS FET のチャネル領域を図 3.13 に示してある．ソース・ドレーン間に電位差がある場合，ソー

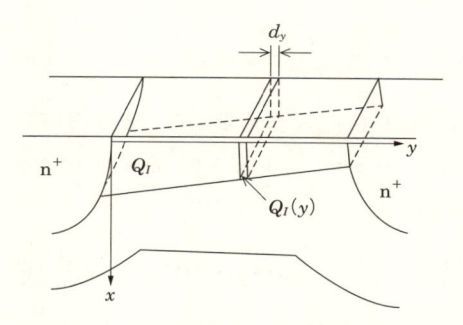

第3章 MOSトランジスタの動作機構

図3.13 MOS FETのチャネル領域概念図

スを原点とし，ドレーン方向にy軸を取り，チャネルに沿った点yのSi表面電位$\psi_s(y)$は次式で与えられる．

$$\psi_s(y) = 2\psi_s + V_C(y) \tag{3.37}$$

ここで$\psi_s(y)$は，y点において，x軸方向の半導体中の電位降下を考慮したときの半導体表面電位である．$V_C(y)$はソース・ドレーン間の電位差が生じているときのy点での電位である．$V_C(y)$が0で，反転層が生じているとき，半導体表面電位は$2\psi_B$であるので，$\psi_s(y) = 2\psi_B$である．

ソース・ドレーン間に電圧が加わると，空乏層はy軸に沿って変化する．y点での空乏層電荷$Q_B(y)$は，式(3.17)，(3.18)に式(3.37)を用いることにより次式のようになる．

$$Q_B(y) = -qN_A d_{max} = -[2qN_A\varepsilon_0\varepsilon_s(2\psi_s + V_C(y))]^{1/2} \tag{3.38}$$

したがって，式(3.18)，(3.19)からy点における反転層電荷$Q_I(y)$は次式のようになる．

$$Q_I(y) = -C_{OX}\left[V_G - 2\psi_B - V_C(y) - V_{FB} - \frac{\{2qN_A\varepsilon_0\varepsilon_s(2\psi_B + V_C(y))\}^{1/2}}{C_{OX}}\right] \tag{3.39}$$

ドレーン電流I_Dはソースから供給される電子だけであり（基板からチャネルへ流れ込む電流はない），ソース・ドレーン間はチャネルで結ばれる．そして，$Q_I(y)$はドレーンによる電界（$E_y = -dV(y)/dy$）と実効的なチャネル移動度μ_{eff}によって決まる速度でチャネルを流れていく．単位時間に流れた電荷量がドレーン電流I_Dになり，次式で表される．

$$I_D = WQ_I(y)\mu_{\text{eff}}\left(-\frac{dV(y)}{dy}\right) \tag{3.40}$$

チャネルのどの y 点でも I_D は一定であることを考慮して，上式をソース端（$y=0, V(0)=V_S$）からドレーン端（$y=L, V(L)=V_D$）まで積分すると，I_D として次式を得る．

$$I_D = \frac{WC_{\text{OX}}\mu_{\text{eff}}}{L}\Bigg[(V_G - V_{FB} - 2\psi_B)(V_D - V_S) - \frac{1}{2}(V_D^2 - V_S^2)$$
$$-\frac{2(2\varepsilon_0\varepsilon_s qN_A)^{1/2}}{3C_{\text{OX}}}\{(V_D + 2\psi_B)^{3/2} - (V_S + 2\psi_B)^{3/2}\}\Bigg] \tag{3.41}$$

ソース電位が基板と同電位であり，接地されている場合（$V_S = 0$）は次式になる．

$$I_D = \frac{WC_{\text{OX}}\mu_{\text{eff}}}{L}\Bigg[(V_G - V_{FB} - 2\psi_B)V_D - \frac{1}{2}V_D^2$$
$$-\frac{2(2\varepsilon_0\varepsilon_s qN_A)^{1/2}}{3C_{\text{OX}}}\{(V_D + 2\psi_B)^{3/2} - 2\psi_B^{3/2}\}\Bigg] \tag{3.42}$$

式（3.42）は，V_G を一定にして，ドレーン電圧 V_D を変えていくとき，V_D の小さいところでは V_D の増加とともに I_D は増加していく．しかし，I_D が最大値となった後，減少していく．I_D の最大値では $dI_D/dV_D = 0$ であり，反転層電荷が $y = L$ で 0 になることを意味している．このような状態をピンチオフといい，ドレーン端でチャネルが消滅する．実際の MOS FET では，ピンチオフ後の I_D はドレーン電圧を大きくしても電流値は増加せず飽和する．したがって，式（3.42）は I_D が飽和するまでは有効である．またピンチオフ点は V_D の増加とともにドレーン端からソース側へ移動する．

I_D が飽和する V_D（$= V_{D\text{sat}}$）は次式のようになる．

$$V_{D\text{sat}} = (V_G - V_{FB} - 2\psi_B) + \frac{\varepsilon_0\varepsilon_s qN_A}{C_{\text{OX}}^2}\left\{1 - \sqrt{1 + \frac{2(V_G - V_{FB})}{\dfrac{\varepsilon_0\varepsilon_s qN_A}{C_{\text{OX}}^2}}}\right\} \tag{3.43}$$

式（3.43）を（3.42）に代入して飽和電流 $I_{D\text{sat}}$ 及び相互コンダクタンス g_m を求めると次式のようになる．

$$I_{D\text{sat}} \cong \frac{mW}{L} \mu_{\text{eff}} C_{\text{OX}} (V_G - V_T)^2 \tag{3.44}$$

$$g_m = \frac{2mW}{L} \mu_{\text{eff}} C_{\text{OX}} (V_G - V_T) \tag{3.45}$$

ここで m は定数で,不純物濃度の関数である.

V_D が小さい場合,式 (3.42) は次のように近似される.V_T はしきい値電圧である.

$$I_D = \frac{WC_{\text{OX}} \mu_{\text{eff}}}{L} \{(V_G - V_T)V_D - \alpha V_D^2\}$$

$$\alpha \equiv \frac{1}{2} + \frac{\left(\dfrac{\varepsilon_0 \varepsilon_s q N_A}{\psi_B}\right)^{1/2}}{4 C_{\text{OX}}}$$

$$V_T \equiv V_{FB} + 2\psi_B + \frac{(4\varepsilon_0 \varepsilon_s q N_A \psi_B)^{1/2}}{C_{\text{OX}}} \tag{3.46}$$

式 (3.39) の $Q_I(y)$ で,空乏層電荷 $Q_B(y)$ がドレーン電圧によって変化しないと仮定したのがグラデュアルチャネル近似である.V_T は変化しないので反転層電荷は式 (3.47) で表される.

$$Q_I(y) = -C_{\text{OX}} [V_G - V_T - V_C(y)] \tag{3.47}$$

これを用いると I_D は式 (3.40) から式 (3.48) のように導かれる.

$$I_D = \mu_{\text{eff}} C_{\text{OX}} \frac{W}{L} \left\{(V_G - V_T)V_D - \frac{1}{2} V_D^2\right\} \tag{3.48}$$

式 (3.48) は式 (3.41) と同様に $V_D = V_G - V_T$ ($= V_p$) となるときにドレーン端でチャネルがピンチオフするので I_D は飽和し,$V_D \leq V_G - V_T$ ($= V_p$) で有効である.飽和電流は次式で与えられる.

$$I_{D\text{sat}} \equiv \frac{\mu_{\text{eff}} C_{\text{OX}}}{2} \frac{W}{L} (V_G - V_T)^2 \tag{3.49}$$

式 (3.48),(3.49) は,絶縁層の上に薄いシリコン層を作り,そこに FET を作成する SOI (Silicon On Insulator) 構造のように,チャネル形成時に空乏層が電気的に中性領域と接することがない(完全空乏形)場合にも理論的に正しい式として使える.

ドレーン端でチャネルがピンチオフしたとき，チャネル内の点 y の電位を $V_C(y)$ とすると次式が得られる．

$$V_C(y) = V_p \left\{ 1 - \left(1 - \frac{y}{L}\right)^{1/2} \right\} \tag{3.50}$$

点 y におけるチャネル電荷 $Q_I(y)$ は式（3.47）から次式となる．

$$Q_I(y) = -C_{\mathrm{OX}} V_p \left(1 - \frac{y}{L}\right)^{1/2} \tag{3.51}$$

したがって，チャネル内の全電荷は次式となる．

$$Q_I = W \int_0^L Q_I(y) dy = -\frac{2}{3} C_{\mathrm{OX}} W L V_p \tag{3.52}$$

入力容量 C_{GS} がゲートの電圧変動に対するチャネル電荷の変化と考えることができるから，次式で与えられる．

$$C_{GS} = \frac{dQ_G}{dV_G} = -\frac{dQ_I}{dV_p} = \frac{2}{3} C_{\mathrm{OX}} W L \tag{3.53}$$

相互コンダクタンス g_m は式（3.1）より次のようになる．

$$g_m = \frac{W}{L} \mu_{\mathrm{eff}} C_{\mathrm{OX}} V_p \tag{3.54}$$

$V_D \geq V_p$ になると，ピンチオフ点はドレーンからソース側へ移動する．ピンチオフ点 P_{off} からドレーン側は空乏層であり，ピンチオフ点からチャネル内のキャリヤを引き込むような電界が生じている（**図 3.14**）．チャネルのソース端からピンチオフ点までの距離 L_{eff} を実効チャネル長という．

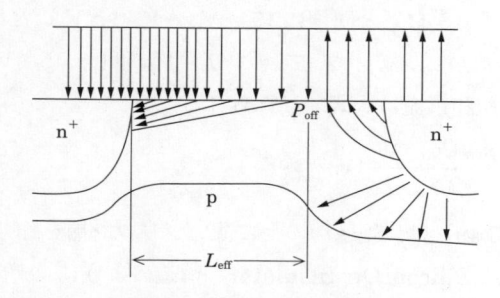

図 3.14 ピンチオフ電圧以上の電圧印加時の実効チャネル長 L_{eff} とドレーン領域の電界

3.2.2 サブスレッショルド電流

ゲート電圧がしきい値電圧以下で，弱い反転層を形成している場合，キャリヤ濃度差による拡散電流がドレーン電圧の関数として観測される．弱い反転層内の電界は一定であり，反転層は半導体電位が半導体表面に対して kT/q 下った点，すなわち反転層内のキャリヤ密度が表面の $\exp(-1)$ になるところを実効的な深さと仮定して，次式が得られる[4]．

$$I_{D\mathrm{sub}} = \mu_{\mathrm{eff}} \left(\frac{W}{L}\right) \sqrt{\frac{\varepsilon_0 \varepsilon_s q N_A}{2\psi_s}} \left(\frac{kT}{q}\right)^2 \left(\frac{n_i}{N_A}\right)^2 e^{q\psi_s/(kT)} \left(1 - e^{-qV_D/(kT)}\right) \tag{3.55}$$

図 3.15 はサブスレショルド電流の例である．ゲート電圧（表面電位 ψ_s）に対して電流が指数関数的に変化することが分かる．

サブスレッショルド電流は基板・ソース間の電位，チャネル長で変わり，スイッチング動作におけるオン・オフ特性に影響を与える．サブスレッショルド電流を 1 桁変化させるに相当するゲート電圧変化をサブスレッショルド係数と呼び，次式で定義する．

$$S \equiv \frac{dV_G}{d(\log I_D)} = \frac{\ln 10\, dV_G}{d(\ln I_D)} = \frac{kT}{q} \ln 10 \left[1 + \frac{C_D(\psi_s)}{C_{\mathrm{OX}}}\right] \left[1 - \left(\frac{2}{a^2}\right) \left\{\frac{C_D(\psi_s)^2}{C_{\mathrm{OX}}}\right\}\right] \tag{3.56}$$

ここに，$a = \dfrac{\sqrt{2}\,\varepsilon_0 \varepsilon_s}{C_{\mathrm{OX}} L_D} = \sqrt{2} \left(\dfrac{\varepsilon_s}{\varepsilon_{\mathrm{OX}}}\right) \left(\dfrac{d_{\mathrm{OX}}}{L_D}\right)$, $\quad \ln 10 \simeq 2.3$

$C_D(\psi_s)$ は表面電位が ψ_s のときの空乏層容量である．$a \gg (C_D/C_{\mathrm{OX}})$ の場合，次式のようになる．

$$S \simeq \left(\frac{kT}{q}\right) \ln 10 \left\{1 + \frac{C_D(\psi_s)}{C_{\mathrm{OX}}}\right\} \tag{3.57}$$

3.2.3 キャリヤ移動度の電界依存性

前節のドレーン電流を誘導する過程では，反転層中の電子の移動度は，実効的な一定値とみなして扱ってきた．しかし，実測の移動度は印加電圧，温度，不純物濃度で変化し，また表面反転層ではバルクの値より低いのが一般的である．半導体バルクの移動度は，音響フォノンやイオン化した不純物によるクーロン散乱が支配的であるのに対して，MOS FET の表面反転層では

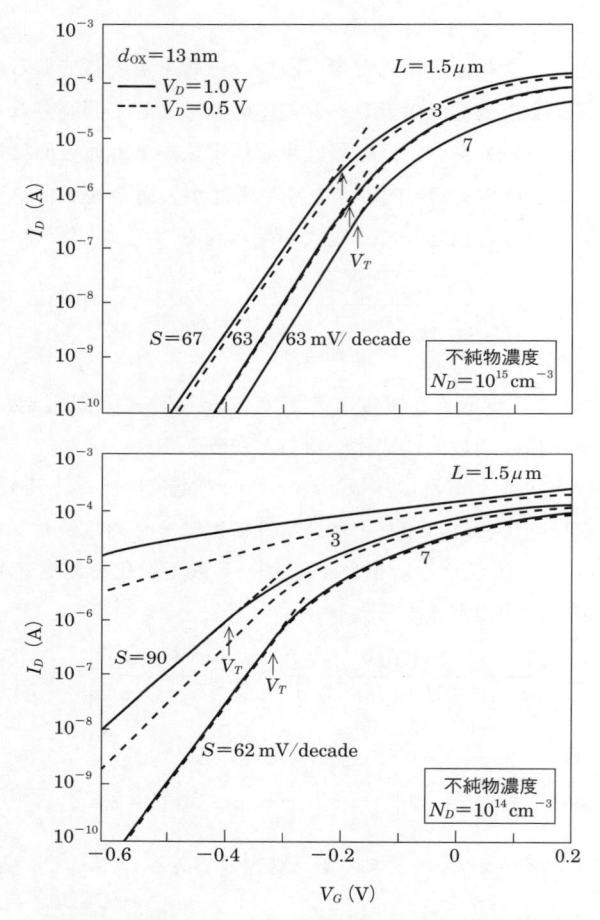

図 3.15 サブスレッショルド電流のチャネル長依存性[4]

垂直な電界による表面散乱，界面電界や界面準位による散乱が強く影響する場合がある．

また，十分大きい電界では，電子と格子のエネルギー授受において，電子が格子にエネルギーを与えきらないために，電子温度が格子温度よりも高くなる，いわゆる熱い電子状態（hot electron）になる．更に高電界になると，光学フォノンと相互作用するようになる．そして電子の速度が飽和速度に達すると，電子が光学フォノンを放出して運動エネルギーが0になり，また

電界からエネルギーを得るという動作を繰り返す.

MOS FET の表面反転層の電子の移動度は，ドレーン電圧が小さいときは表面に垂直な電界による影響が支配的であるが，ドレーン電圧が大きくなるに従い，表面に平行な電界成分の影響が強くなる．このような移動度に対する実験式として，次式がよく用いられている[5].

$$\mu_{\text{eff}} = \frac{\mu_0}{1+\theta(V_G-V_T)\left(1+\dfrac{V_D}{L}\cdot\dfrac{1}{E_C}\right)} \tag{3.58}$$

ここに，μ_0：バルクの移動度，θ：定数，V_D：ドレーン電圧，L：チャネル長，E_C：速度が飽和する臨界電界

式 (3.58) のうち，分母の第2項の最初の項は垂直方向（ゲート電圧）の電界に関するものであり，後の項は水平方向（ドレーン電圧）の電界依存性に関するものである．

デバイスの寸法が小さくなり，チャネル電界が E_C に近くなると，電子の速度が飽和するために寸法を小さくしても性能が向上しない．

3.3 高性能化の指針

3.3.1 MOS トランジスタの性能指標

集積度を上げ性能を向上させるために，MOS トランジスタの微細化を進め遅延時間と消費電力を低減することが要求される．素子の基本的な性能指標としてしばしば用いられるのが図 **3.16**[6] に示した遅延時間・消費電力積である[*2]．図中の斜めの線は遅延時間と消費電力の積が一定になる線である．素子は消費電力と遅延時間の積が小さいものほど高性能である．図からプロセス世代が進むに従い，積が小さい方に移動し高性能になることが分かる．

遅延時間 t_{pd} は負荷容量の電荷をドレーン電流で充放電する時間である．

[*2] 他に性能指標として，負荷容量 C_L と相互コンダクタンス g_m の比もよく使われる.

$$\text{性能指標} = \frac{C_L}{g_m} = \frac{C_{\text{OX}} WL}{C_{\text{OX}}\,\mu_{\text{eff}}\left(\dfrac{W}{L}\right)V_D} = \frac{L^2}{\mu_{\text{eff}} V_D}$$

と表すことができる．この式を $L/|\mu_{\text{eff}}(V_D/L)|$ と書き直すと，キャリヤがチャネルを走行する時間と等しく，移動度とチャネル長が性能を決める要因となることが分かる．

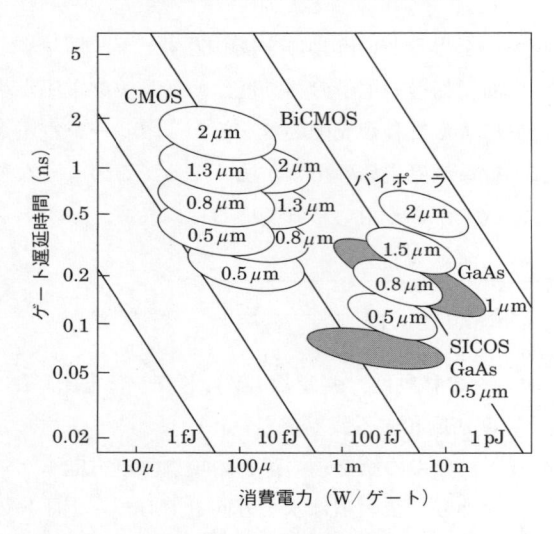

図3.16 ゲートアレーにおける遅延時間,消費電力のテクノロジーごとの変遷[6]

負荷容量が小さくドレーン電流が大きいほど高速動作する．LSIでは負荷がMOSトランジスタになるので，負荷を$C_{ox}WL$と表し，I_Dとして式（3.49）を用いるとt_{pd}は次式で表される．

$$t_{pd} \propto \frac{C_L V_D}{I_D} = \frac{C_{ox} WL V_D}{\dfrac{W \mu_{\text{eff}}}{2L} C_{ox} (V_G - V_T)^2} = \frac{2L^2 V_D}{\mu_{\text{eff}} (V_G - V_T)^2} \tag{3.59}$$

式（3.59）から移動度が大きい素子はt_{pd}が小さくなることが分かる．したがってpMOSよりnMOSの方が，またSiよりGaAsの方が高速になると予測される．しかし，t_{pd}を小さくするのに最も効果があるのはチャネル長を短くすることであり，集積度も高くできるので二重のメリットがある．

消費電力を小さくするためにはnチャネルとpチャネルMOSを組み合わせた図3.17に示すCMOS回路が広く用いられている．この場合，消費電力は主に負荷容量（C_L）を充放電するエネルギーで決まる．1回の充放電で消費されるエネルギーは$V_D^2 C_L$であり，消費電力P_Dは次式で表される．

$$P_D = V_D^2 C_L f \alpha \tag{3.60}$$

fはシステムの動作周波数で，αは回路が0から1または1から0へ変化

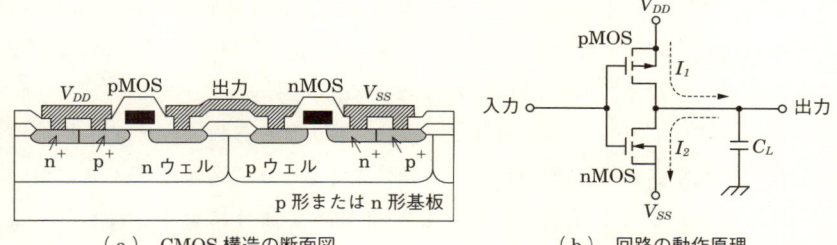

第3章　MOSトランジスタの動作機構

（a）　CMOS構造の断面図

（b）　回路の動作原理

入力がlowのときはnMOSがオフ，pMOSがオンで電流I_1が負荷を充電する．入力がhighのときはnMOSがオン，pMOSがオフでI_2が負荷の電荷を放電する．過渡時にp，nMOSを貫通する電流が流れるが，スイッチング動作時ではその量は少ない．

図 3.17　CMOSの構造図と動作原理

する遷移確率である．単位回路で見ると微細化でC_Lは減少するが，システムが高速動作するのでfが大きくなり消費電力の改善はプロセス世代で緩やかに進むことになる．デバイスとしては低電圧で動作するものを開発することが重要になる．

3.3.2　スケールダウンの理論

素子寸法の微細化で性能は向上するが，単にチャネル長だけを小さくするとしきい値電圧が低下したり，パンチスルー（ソースからドレーンへのキャリヤの筒抜け現象）が生じやすくなる短チャネル効果が問題になってくる．

素子に短チャネル効果が現れるかを判定するためには次式の$L_{\min}$が用いられる[7]．

$$L_{\min} = A\left[x_j d_{\text{ox}}(W_S + W_D)^2\right]^{1/3} \tag{3.61}$$

ここに，x_j：接合の深さ，W_S，W_D：ソース及びドレーンの空乏層幅をμmで，酸化膜厚d_{ox}をnmで表した場合，$A = 0.88(\text{nm})^{-1/3}$として$L_{\min}$を計算した結果を図 3.18に示す．

計算した$L_{\min}$は次のいずれかの条件に該当するものとする．

① 長チャネル領域ではI_Dは$1/L$に比例するが，短チャネル領域になるとこの関係からずれてくる．I_Dが$1/L$から10%ずれる点を$L_{\min}$とする．
② 長チャネル領域ではV_Dが$3kT/q$以上になるとサブスレッショルド電流はV_Dに依存せず，V_Gのみの関数である（式（3.55）参照）．し

かし，チャネル長が短くなるとドレーン電圧による障壁低下（barrier lowering）によってサブスレッショルド電流がドレーン電圧によって変わるようになる[8]．この点を L_{min} とする．

設計した素子のチャネル長が上式の L_{min} 値以下であれば短チャネル特性が表れると判定される．式 (3.61) は経験式であるが，各種デバイスについてのシミュレーション結果と比較すると図 3.18 のようによく一致する．この式からチャネル長を短くするには L_{min} を小さくする必要があること，つまり酸化膜 d_{OX} や空乏層の厚さ W_S, W_D も小さくしなければならないことが分かる．

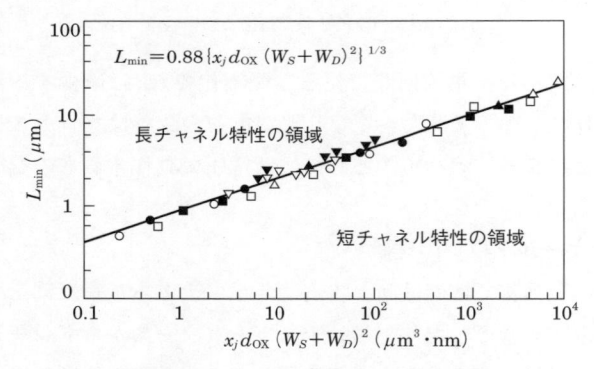

図 3.18 L_{min} と $x_j d_{OX}(W_S+W_D)^2$ の関係．
打点は二次元シミュレーションの結果．
直線は経験則を表す[7]．(©1980 IEEE)

素子の微細化のガイドラインとして提案されたのがスケールダウンの理論である．この提案としては電界一定スケールダウン（CF：Constant Field）則[9]，電圧一定スケールダウン（CV：Constant Voltage）則，準電圧一定スケールダウン（QCV：Quasi Constant Voltage）則[10]などが挙げられる（**表 3.1** 参照）．

電界一定スケーリングは，寸法を縮小すると同時に素子に加わる電圧も下げて電界を一定に保つ方法である．この場合，短チャネル効果を少なくするために空乏層の幅も比例縮小する必要があり，基板不純物濃度は上げる．

素子寸法と電圧を $1/K$ に，基板不純物濃度を K 倍にした場合の空乏層幅

第3章 MOSトランジスタの動作機構

表 3.1 各種比例縮小則

パラメータ	電界一定 (CF)	電圧一定 (CV)	準電圧一定 (QCV)	一般スケーリング則
寸法 (d_{ox}, L, W)	$1/K$	$1/K$	$1/K$	$1/\lambda$
不純物濃度 (N_A)	K	K	K	λ^2/K
電圧 (V)	$1/K$	1	$1/\sqrt{K}$	$1/K$
電流 (I)	$1/K$	K	1	λ/K^2
容量 $(\varepsilon_0\varepsilon_{ox}LW/d_{ox})$	$1/K$	$1/K$	$1/K$	$1/\lambda$
遅延時間 (VC/I)	$1/K$	$1/K^2$	$1/K^{3/2}$	K/λ^2
配線抵抗 $(\rho L/(Wt))$	K	K	K	λ
配線遅延 (RC)	1	1	1	1
消費電力 (VI)	$1/K^2$	K	$1/\sqrt{K}$	λ/K^3
電力・遅延時間積	$1/K^3$	$1/K$	$1/K^2$	$1/(\lambda K^2)$

を W_s',しきい電圧を V_T',ドレーン電流を I_D' とすると,それぞれは縮小前の素子特性に対し次式のように $1/K$ に比例縮小される.

$$W_s' = \left\{\frac{2\varepsilon_0\varepsilon_s\left(2\psi_B' + \dfrac{V_{s-\text{sub}}}{K}\right)}{qKN_A}\right\}^{1/2} \simeq \frac{W_s}{K} \tag{3.62}$$

$$V_T' = \frac{d_{\text{OX}}}{K\varepsilon_0\varepsilon_{\text{OX}}}\left[-Q_{ss} + \left\{2\varepsilon_0\varepsilon_s qKN_A\left(2\psi_B' + \frac{V_{s-\text{sub}}}{K}\right)\right\}^{1/2}\right]$$
$$+ (\Phi_{MS} + 2\psi_B') \simeq \frac{V_T}{K} \tag{3.63}$$

$$I_D' = \frac{\mu_{\text{eff}} C_{\text{OX}}}{d_{\text{OX}}/K}\left(\frac{W/K}{L/K}\right)\left(\frac{V_G - V_T - \dfrac{V_D}{2}}{K}\right)\left(\frac{V_D}{K}\right) = \frac{I_D}{K} \tag{3.64}$$

ここに,$V_{s-\text{sub}}$ はソースと基板間の電圧,Q_{ss} は酸化膜中の電荷量である.
しかし,比例縮小則に乗らないパラメータもある.例えば,式 (3.57) で表されるサブスレッショルド特性の傾き S は,次式のように縮小前と同じになり,スケールダウンの効果は出てこない.

$$S' = \frac{kT}{q\log_{10}e}\left[1 + \frac{\varepsilon_s(d_{ox}/K)}{\varepsilon_{ox}(W_D/K)}\right] = S \tag{3.65}$$

図 3.19 は,一般スケーリング則で素子を 1/5 に縮小した例であり,電圧

ゲート $d_{OX}=100$ nm

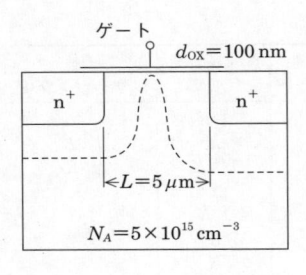

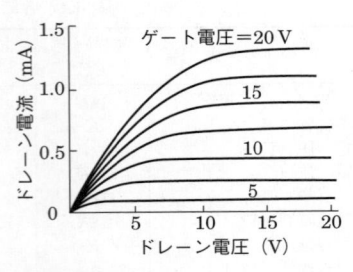

$\leftarrow L=5\,\mu\mathrm{m}\rightarrow$

$N_A=5\times10^{15}\,\mathrm{cm}^{-3}$

（a）スケールダウン前の素子構造と特性

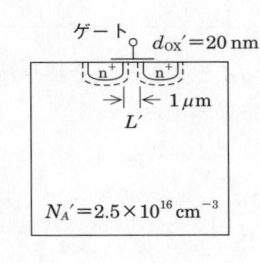

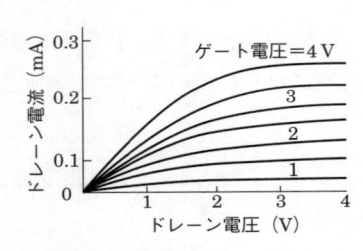

ゲート $d_{OX}'=20$ nm

$\rightarrow|\ |\leftarrow 1\,\mu\mathrm{m}$
L'

$N_A'=2.5\times10^{16}\,\mathrm{cm}^{-3}$

（b）1/5にスケールダウンした後の素子構造と特性

図 3.19　一般スケーリング則の原理[9]．（©1974 IEEE）

電流の形状は変わらず，値はそれぞれ 1/5 に縮小されている．

　実際には，5V 電源の TTL インタフェースが標準仕様としてシステムに広く定着しており，ノイズマージンも確保できるので電圧を変えない方が使いやすい．このため数 $\mu\mathrm{m}$ 〜 0.8 $\mu\mathrm{m}$ の範囲では電圧を変えないで，素子寸法だけ縮小する電圧一定スケーリングが行われていた．しかしそれ以下の領域で電圧一定のまま微細化を行うと内部電界が大きくなり，ホットエレクトロンによる信頼度低下が大きな問題となる．その他に実効的なキャリヤ移動度の低下やキャリヤの速度飽和，あるいはパンチスルー電圧の低下などを生じる．更に電界一定スケーリング則では微細化で寄生容量の比率が高くなるのを駆動能力で補うことができず性能向上が困難である．これらの問題点に対し，準電圧一定スケーリング則は寸法を $1/K$ 倍，不純物濃度を K 倍，電圧を $1/\sqrt{K}$ 倍にして回路性能の向上を図ったものである．また，一般スケーリング則[11] は素子寸法を $1/\lambda$，電圧を $1/K$ とし不純物濃度を λ^2/K 倍にする

もので,電界の強さはλ/K倍になるが,電界の形状は変わらないようにした提案である.

これらのスケーリング則によって,パラメータがどのように変化するかをまとめたものが表3.1である.表から素子をスケールダウンすることにより遅延時間や消費電力が改善されることが分かる.ただし,配線での電圧降下や配線遅延時間は変わらないことに注意する必要がある.

以上,スケーリング則による性能改善について述べたが,現在までのスケーリング則とデバイスとの関係及び今後の予測を図 **3.20** に示した.$0.8\mu m$ までは電圧一定スケーリングが採用されホットエレクトロンや耐圧の問題にはLDD構造で対処している.しかし,チャネル長が$0.5\mu m$以下になるとLDD素子でもホットエレクトロンの問題が大きくなり,電圧をスケーリングすることが必要になる.標準化された電圧として3.3Vや2.5Vが選ばれている.また,後述するように素子構造をゲートオーバラップド構造にしてホットエレクトロン耐性を一層高める動きがある.以下の項ではこれらスケーリング則に沿ってデバイスの高性能化がどのように図られていくかを見ていく.

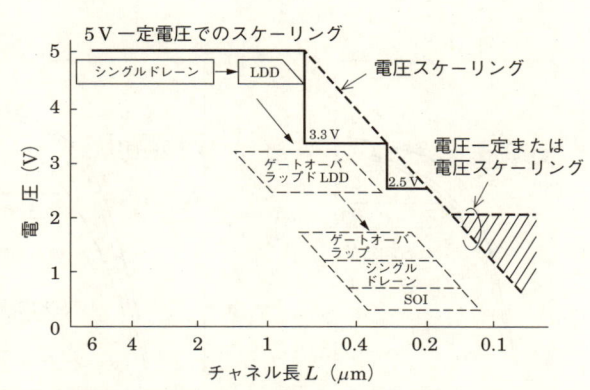

図 **3.20** プロセス世代に対するスケーリング則とデバイス構造との関係,及び今後の推定

3.3.3 ホットエレクトロン効果とデバイス構造

(1) ホットエレクトロン効果

電源電圧一定のもとでチャネル長を縮小していくとドレーン・ソース間の

電界が非常に強くなり電子は加速されて高エネルギーを得る．ホットエレクトロン効果とは高エネルギーの電子がSi-酸化膜間の障壁を越えるか，あるいは衝突電離で発生した電子や正孔が酸化膜に注入されてMOS特性が変化する現象である．このとき，Si/SiO$_2$界面準位密度の増加によるg_mの劣化，酸化膜中の電子や正孔捕獲によるV_Tの変動などを生じ信頼性の点で重大な問題となる[12],[13]．

図3.21はホットエレクトロン効果で生じたドレーン電流特性劣化の例である[14]．一般にホットエレクトロンはドレーン付近で注入されるので，電圧ストレス印加後，ソースとドレーンを入れ換えると特性が異なる特徴がある．またホットエレクトロンで生じた過剰な基板電流や少数キャリヤ電流が基板に流れ，それによる特性劣化を招くことがある[15]．主なホットエレクトロンの注入メカニズムには以下の4種がある[13]．

① チャネルホットエレクトロン（CHE：Channel Hot Electron）[12]
② ドレーンアバランシェホットキャリヤ（DAHC：Drain Avalanche Hot Carrier）[16][17]
③ 二次的に発生したホットエレクトロン（SGHE：Secondary Generated

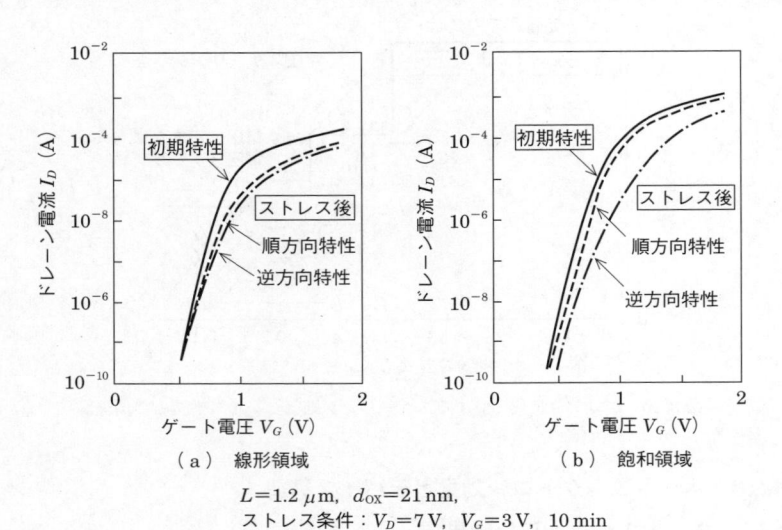

（a）線形領域　　　　　　　（b）飽和領域

$L=1.2\,\mu$m, $d_{OX}=21$nm,
ストレス条件：$V_D=7$V, $V_G=3$V, 10min

図3.21 ホットエレクトロンによる特性変動の例[14]

Hot Electron)[15]〜[18]

④ 基板ホットエレクトロン (SHE：Substrate Hot Electron)[19]

以上の代表的な注入メカニズムを図 3.22，図 3.23 に示すが，特性の劣化はそれぞれ少しずつ異なる．

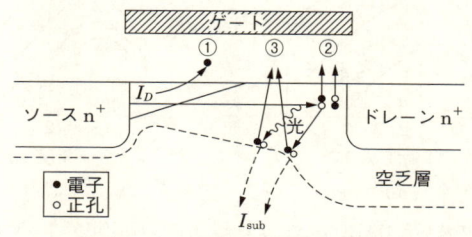

①がチャネルホットエレクトロン (CHE)
②がドレーンアバランシェホットキャリヤ (DAHC)
③が二次的に発生したホットエレクトロン (SGHE)

図 3.22　ホットキャリヤ注入のメカニズム

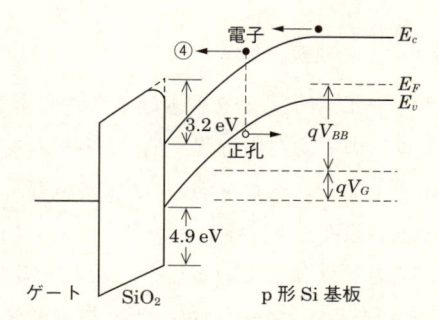

図 3.23　基板ホットエレクトロン (SHE) 注入④のメカニズム

注入されたキャリヤが酸化膜中にトラップされると，V_T シフトの原因となる．また正孔と電子の両者が注入されると，SiO_2/Si 界面の Si-H ボンドを切って界面準位を発生させるため[20]〜[22]，g_m 劣化が生じる．このため両方のキャリヤが注入される DAHC では特性劣化が最も大きい．更にゲート電圧が高くなると空乏層部分が消えて，チャネル中の高エネルギー電子が酸化膜に注入される．問題となる DAHC 領域では酸化膜に注入されるホットキャリヤは衝突電離で発生したものであるから基板電流と比例関係にある[23]．図 3.24 はこの様子を示したもので g_m の劣化と基板電流とがよく対

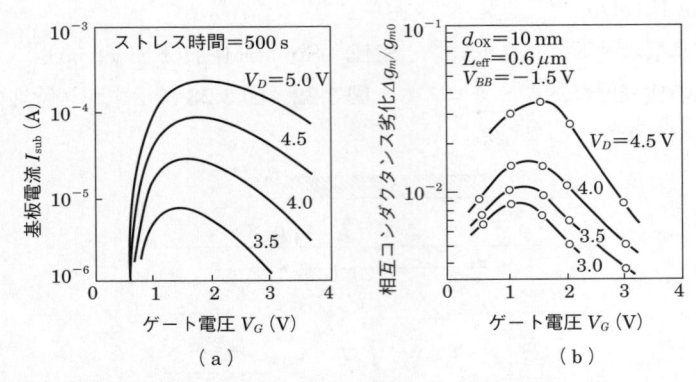

図 3.24 基板電流の波形と DAHC 注入による g_m 劣化の対応関係[24]. (©1983 IEEE)

応している.

一般に衝突電離で生じる基板電流は次式で表される[23].

$$I_{sub} = C_i I_D \cdot \exp\left(-\frac{\psi_i}{q\lambda E_m}\right) \tag{3.66}$$

ここで，C_i は定数，ψ_i は衝突電離を引き起こすに要する最小エネルギー，λ はホットエレクトロンの平均自由行程，E_m はチャネル中の最大電界強度である．上式からホットエレクトロン効果（I_{sub} に依存）の低減には，電圧を下げてチャネルの電界強度を下げることが最も有効である．しかし素子内の不純物濃度分布が大きく変化している場合，低電圧でも電界集中が生じ，E_m が大きくなることがある．したがって，不純物濃度分布の変化を緩くして電界緩和をすることも大切である．

(2) LDD 素子

ホットエレクトロンに耐性を持つデバイス構造として，図 3.25 に示す二重拡散ドレーン（DDD：Double Diffused Drain）[25],[26] と LDD（Lightly Doped Drain）[27],[28] がある．いずれも n$^+$ ドレーン拡散層の外側に n$^-$ 層を設けて電界を緩和している．

両者を比較すると，DDD 素子は短チャネル特性が表れやすくチャネル長を小さくするのに難点がある．一方，LDD 素子は n$^-$ 層の長さや不純物濃度をサイドウォールスペーサ長とイオン打込みで任意に設定できる自由度があ

(a) 二重拡散ドレーン (DDD)　　　(b) LDD

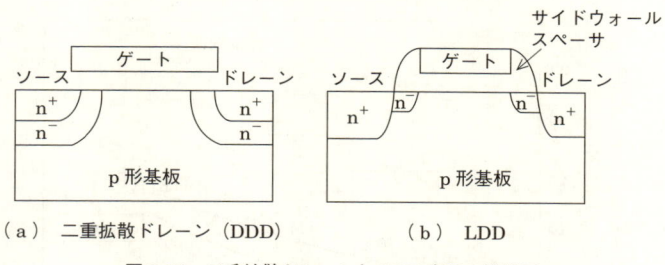

図3.25 二重拡散ドレーンとLDD素子の構造図

る．またn⁻層が浅いためV_Tのチャネル長依存性が少ない．

LDD素子の設計ではn⁻層の長さと不純物濃度が最大電界を決定する[29]．濃度が高いと従来のシングルドレーンと同様に最大電界はn⁻層とチャネルの境界に現れホットエレクトロン劣化やV_Tのチャネル長依存性が強くなる．濃度が低いと最大電界はn⁻層とn⁺ドレーン境界に移る．この場合，電界が緩和され耐圧が向上するが，n⁻層の抵抗が高くなるためドレーン電流は減少する．

次にn⁻層の長さは，長ければ電界は緩和されるが抵抗が高くなり電流が減少する．短ければシングルドレーンに近い構造になるため，高電界が生じ，ホットエレクトロンが問題となる．n⁻層の長さはn⁻層の空乏層の幅と同程度にするのが効果的との報告がある[30]．

このようにLDD素子は電界緩和，ドレーン電流それにV_Tのチャネル長依存性を考慮した最適設計が必要である．

LDD素子製作上ではイオン打込み角度に注意しなければならない．斜め打込みをするとゲート電極がイオンビームの陰となる部分を作り（シャドウイング），ソースまたはドレーンのいずれかに打ち込まれない領域（オフセット）ができる．ソースとドレーン端子を入れ換えると電流が非対称になるほか[31]，ホットエレクトロン劣化やゲート電圧に対して基板電流に二重のピークが表れる double hump [32]を生じるので垂直打込みが必要である．

最適設計をしたLDD素子ではn⁻層の抵抗によるドレーン電流またはg_mの低下分は約10％で，V_T変動に対するホットエレクトロン耐性は従来形より1桁以上大きい[13],[33]．このため2～0.8μmに至る範囲で5V動作を可能にしている（**図3.26**参照）．

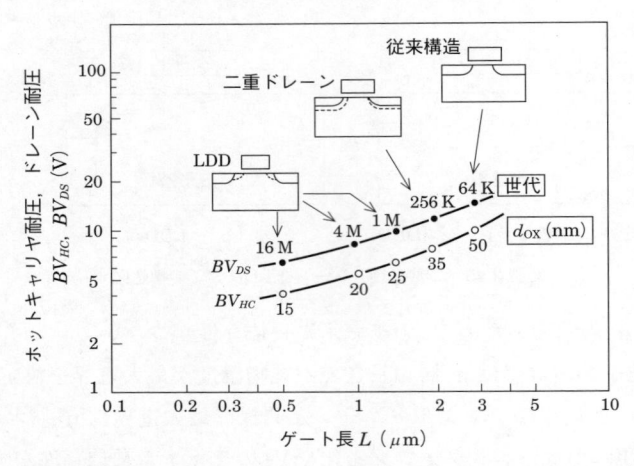

図 3.26 チャネル長に対するホットキャリヤ耐圧及びドレーン耐圧の関係[13]

（3） LDD 素子の改良及び DIBL 効果

　LDD 素子はサブミクロン領域の突破口を開いたが，チャネル長が $0.5\mu m$ レベルになると LDD 素子といえどもホットエレクトロン効果が大きくなり 5V 動作が困難となる．この様子を図 3.26 に示した．このため動作電圧を下げるか素子構造で更に改良を加えることが重要になる．

　LDD 素子の劣化のメカニズムを示したのが**図 3.27** である[34]．ホットエレクトロンは電界が最大となる n^- 層中で発生し，その上のサイドウォールスペーサに注入され，負電荷としてトラップされる．一般にサイドウォールスペーサはトラップ密度が高く，多くの電子が捕獲され，その電荷による反

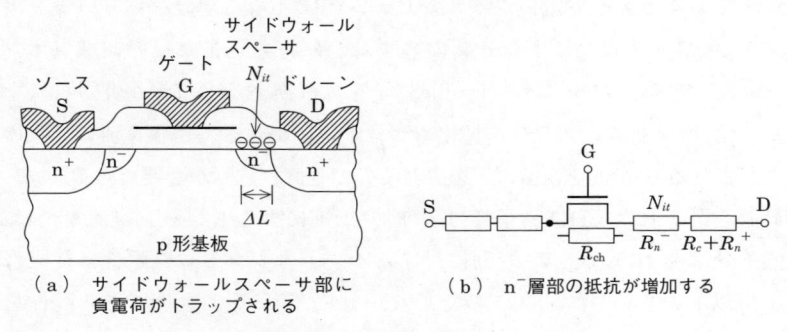

図 3.27　LDD 素子の劣化モデル[34]．（©1984 IEEE）

撥力でn⁻層の表面電子濃度が低くなる．それによって抵抗が高くなりドレーン電流や g_m の低下を生ずる．n⁻の抵抗は次式で与えられる．

$$R_{n^-} \simeq \frac{\Delta L}{qW\mu_n(N_{n^-}-N_{it})} \tag{3.67}$$

ここに，ΔL：n⁻の長さ，N_{n^-}：n⁻層中の単位面積当りの電子濃度，N_{it}：トラップされた電子濃度．

抵抗の増大は不純物濃度 N_{n^-} を高くすることである程度改善が可能であるが，それと同時に最大電界強度も大きくなるので限界がある．この改善策としてn⁻層をゲート電極で覆うゲートオーバラップドLDD構造が提案されている[35],[36]．これらはn⁻層を良質の熱酸化膜で覆うのでトラップが減少し電荷捕獲が抑えられる．n⁻層は従来のLDDより低濃度で浅くてよいので電界の緩和効果が大きくホットキャリヤ耐性が高くなり，短チャネル効果も抑制される．またゲート電圧を上げたときにはn⁻層に大量の電子が誘起されて抵抗が下がるのでドレーン電流を大きくとれる．図3.28に素子構造の改良によって最大電界強度が低減する様子を示した[37]．

注意する点はゲートとドレーンの重なり容量の増大である．回路動作でミ

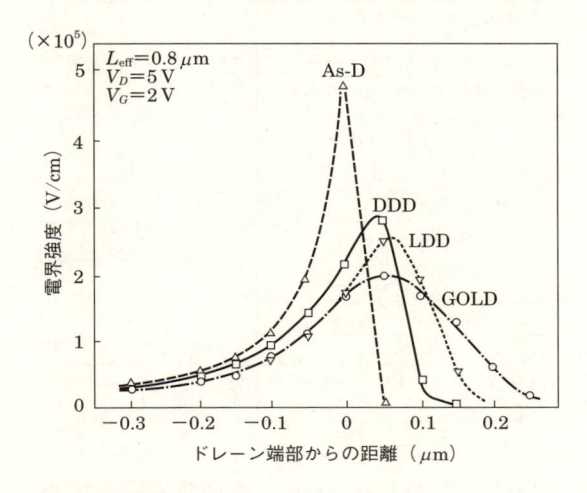

図3.28 素子構造と最大電界強度の比較[37]．
ホットエレクトロン発生の最大点を通る横方向の位置に対する電界強度の分布．(©1988 IEEE)

ラー容量として作用し,スイッチング速度を低下させる要因になる.しかし従来の LDD に比較してドレーン電流を大きくとることができるので,この効果を打ち消し,高速動作をする可能性を持つ.

具体的な素子構造として発表されているものを**表 3.2** に示した.従来の LDD 素子と比較してドレーン電流が 15〜30% 増加し,ホットエレクトロンによる劣化寿命は 1 桁以上の改善が見られ,ゲート・ドレーンの重なり容量の増加は 10〜20% にとどまるとの報告がある.現在はイオン斜め打込み法を用いた構造が実用化されている.

表 3.2 各種 LDD の改良構造.(©1988 IEEE)

名称	GOLD [37], [38] (gate-drain overlapped LDD)	ITLDD [39], [40] (inverse-T LDD)
素子構造	ポリSiゲート,SiO$_2$(2),ゲート酸化膜,SiO$_2$(1),n$^+$,n$^-$,Γ,n$^+$,p 形基板,オーバラップ長	サイドウォールスペーサ,SiO$_2$,ポリSiゲート,SiO$_2$,n$^+$,n$^-$,n$^-$,n$^+$,p 形基板,Γ
特徴	ポリSi ゲート端部の薄い部分を通して n$^-$ の打込みを行う.	同 左
名称	LATID [41] (large-tilt-angle implanted drain)	ポリSi サイドウォールスペーサ [42]
素子構造	θ,n$^-$斜め打込み,ゲート,n$^-$,n$^+$打込み,n$^+$,n$^-$,n$^+$	ポリSi サイドウォール,熱酸化膜(〜10 nm),ポリSiゲート,n$^+$,n$^-$
特徴	n$^-$ を斜め打込みして,ゲートの下部に n$^-$ 層を形成する.	サイドウォールスペーサを SiO$_2$ の代わりにポリSi で形成する.

0.5 μm 以下の素子ではパンチスルーの防止も重要である.**図 3.29** は TiSi$_2$ サリサイドをマスクにしてボロンを斜め打込みしてパンチスルーストッパ(p$^+$)を形成したものである.高濃度のパンチスルーストッパとソース,

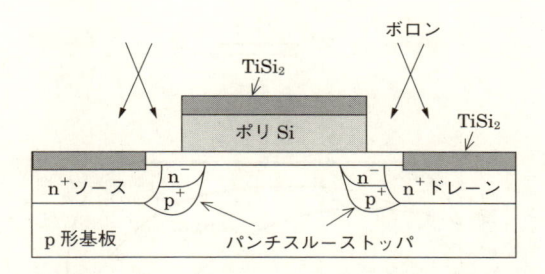

第3章　MOSトランジスタの動作機構

図3.29　パンチスルーストッパを設けたデバイス構造[43]．(©1993 IEEE)

ドレーン拡散層との重なりが少ないので接合容量を小さくできる[43]．

その他にpMOSの開発に多くの課題がある．現在，広く使われているのは図3.30(a)のようなn^+ゲートの埋込チャネル（BC：Buried Channel）形である．この構造は移動度が高く$1\mu m$レベルまで良好な短チャネル特性を示す[44]．しかし，本質的にDIBL（Drain Induced Barrier Lowering）[8]の影響を受けやすくディープサブミクロン化では問題を含んでいる．DIBLとは図3.31に示すようにドレーン電界でソース側のポテンシャル障壁が低下しサブスレッショルド電流が増加し，ついにはパンチスルーに至る現象である．これを防ぐには埋込チャネル層を薄くしてドレーン電界がソースに影響しないようにするのが効果的である[45]．現在の埋込層の厚さ$0.15 \sim 0.2\mu m$を$0.1\mu m$以下にすることが必要になるが，ボロンを不純物に用いてこのような浅い層を作るのは困難である．

対策としてp^+ゲートを用いて表面チャネル形にする方法がある[46]〜[48]．移動度は低下するが短チャネル特性が良好なのを利用してチャネル長を細目にしてカバーできる．問題はp^+ゲート中のボロンがプロセスの熱処理中に

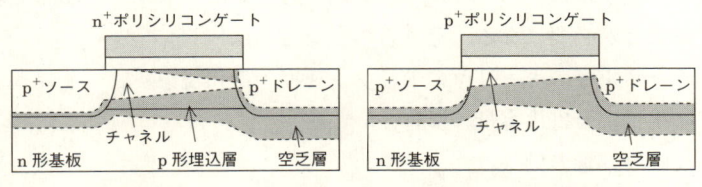

(a) 埋込チャネル形pMOS（BC pMOS）　(b) 表面チャネル形pMOS（SC pMOS）

図3.30　埋込チャネル形と表面チャネル形pMOSの構造

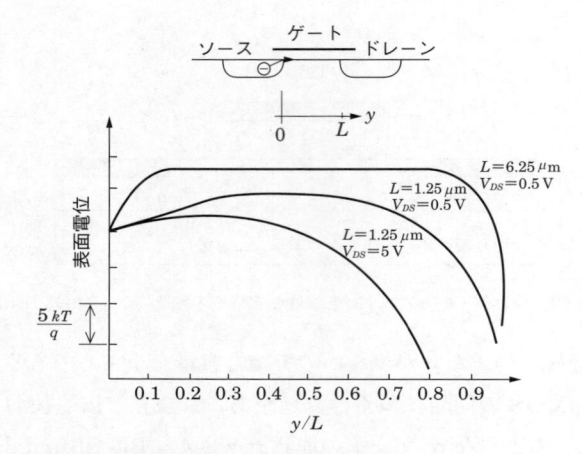

図 3.31 DIBL 効果の説明図[8]. (©1979 IEEE)
ドレーン電圧が大きくなるとチャネルの表面電位が下がり,ソースからドレーンにキャリヤが流れ,サブスレッショルド電流が増加する.

酸化膜を通過して基板の表面濃度を変え V_T の制御を困難にすることである.酸化膜中に水素(H),ふっ素(F)があるとこの現象は加速される[49]～[51].このためボロン単独の打込み,低温処理,窒化酸化膜をゲートに使うなどの改善が検討されている.

n$^+$ゲートの nMOS と p$^+$ゲートの表面チャネル形 pMOS を組み合わせたものはデュアルゲート(Dual-gate)CMOS と呼ばれる.

3.3.4 サブミクロン領域のデバイス性能と構造

(1) デバイス性能に影響を与える要因

(a) 性能向上で考慮すべき要因 今後のディープサブミクロン素子の性能を見通すには,スケールダウン則で考慮していなかった項目を新たに検討することが必要になる.それらの主なものは

① チャネルでのキャリヤのドリフト速度の飽和現象
② 寄生抵抗と寄生容量の影響
③ 反転層容量の効果

である[9],[52],[53].デバイスの性能はこれらの要因と使用する電源電圧との関係で決められる.図 3.32 (a) は一つの試算例であるが,電界一定のスケ

ーリング則でデバイスを縮小していった場合に上に述べた要因によって性能が理想特性からずれてくる様子を示したものである．また図 3.32 (b) は理想特性からのずれに占める各要因の割合を表している．これを見るとサブミクロン領域に入るところでキャリヤの速度飽和や垂直電界による移動度の低下などの効果が現れてくる．更に $0.3\mu m$ 以下になると寄生抵抗や反転層容量の効果が大きくなるのが分かる．以下にそれぞれの効果について見ていく．

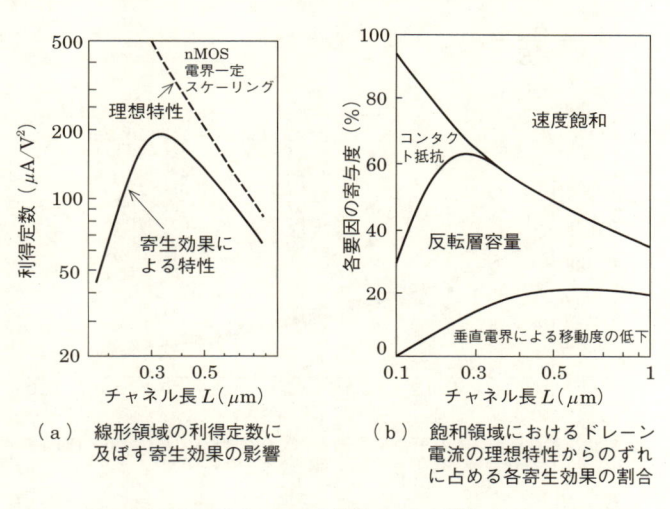

(a) 線形領域の利得定数に及ぼす寄生効果の影響

(b) 飽和領域におけるドレーン電流の理想特性からのずれに占める各寄生効果の割合

図 3.32 寄生効果が性能に及ぼす影響 (nMOS)[53]．(©1983 IEEE)

(b) 移動度の効果　　移動度はチャネルに垂直と水平な両方向の電界の影響を受けて変化する．まず水平電界が弱く垂直電界が支配的な場合は，チャネル中のキャリヤはイオン化した不純物や酸化膜界面の電荷による散乱（クーロン散乱）及び格子振動（フォノン）による散乱を受けることになる．垂直電界が強くなると反転層のキャリヤは狭いポテンシャルウェルに閉じ込められるのでサーフェスラフネス散乱を受けることになる[54],[55]．低温では反転層中の状態が量子化されるのでこの効果も考慮することになる[56],[57]．しかし一般に常温で反転層が形成されている場合はフォノン散乱とサーフェスラフネス散乱が支配的であって移動度は反転層の平均電界強度 $E_{\rm eff}$ によって一義的に決められ，構造や製造条件に依存しないユニバーサルカーブに乗

ることが知られている[58]．ここで，平均電界強度は次式で定義される[59]．

$$E_{\text{eff}} = \left(\frac{1}{\varepsilon_0 \varepsilon_s}\right)(Q_B + \eta Q_I) \tag{3.68}$$

ここに，Q_B：空乏層電荷，Q_I：反転層の電荷，η：nMOS で 1/2，pMOS で 1/3．E_{eff} と移動度の関係は図 **3.33** のようにユニバーサルカーブに乗る．この曲線は近似的に次式で表せる[60],[61]．

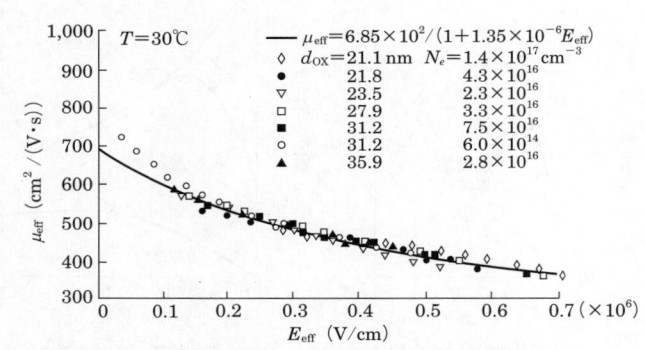

$$\mu_{\text{eff}} = \frac{A}{1 + BE_{\text{eff}}} \tag{3.69}$$

図 **3.33** 移動度のユニバーサルカーブ（電子の場合）[60]．(©1989 IEEE)
移動度は E_{eff} によって一義的に決まる．

E_{eff} はほぼゲート電圧に比例する項であり，移動度は垂直電界が強くなると急激に低下していく．このことは微細 MOS で酸化膜を薄くしゲート電圧を高くして性能向上を図ろうとしても予想どおりの効果が期待できなくなることを意味する．むしろ電界の低い領域で高い移動度を利用する方が性能面で有利である．

次に，水平方向の電界の影響について見る．水平電界が強くなるに従ってキャリヤのドリフト速度が増加するが，電界が非常に強くなると散乱によりキャリヤが失うエネルギーが増加しドリフト速度は飽和傾向を示すようになり（移動度は低下してくる），臨界電界 ($E_c = 10 \sim 20\,\text{kV/cm}$) で飽和速度 ($v_{\text{sat}} = 8 \times 10^6\,\text{cm/s}$) に達する[62]．キャリヤの速度が飽和すると，移動度が低下し，ドレーン電圧が ($V_G - V_T$) より低いところで電流が飽和するためにグラデュアルチャネル式も成り立たなくなる，など性能低下の大きな要因

となる.ここでは簡単なモデルとしてドリフト速度 v を

$$v = \frac{\mu_{\text{eff}} E}{1 + E/E_c} \qquad (E \leq E_c) \tag{3.70}$$

$$= v_{\text{sat}} \qquad (E > E_c) \tag{3.71}$$

と表して解析すると,飽和ドレーン電圧は

$$V_{D\text{sat}} = \frac{E_c L (V_G - V_T)}{E_c L + (V_G - V_T)} \tag{3.72}$$

となる[63].チャネル長 L が大きければ飽和ドレーン電圧は従来と同じ($V_G - V_T$)になるが,チャネルが短いとこれより低い値で飽和しドレーン電流も低くなる.キャリヤの速度飽和がチャネル全面で起こるようになるとドレーン電流はグラデュアルチャネルモデルとは異なり,究極では

$$I_{D\text{sat}} = C_{\text{OX}} W (V_G - V_T) v_{\text{sat}} \tag{3.73}$$

ここに,v_{sat} は飽和ドリフト速度で与えられ,ゲート電圧の2乗ではなく線形で比例するようになる[63].

以上,垂直電界による移動度の低下やドリフト速度の飽和が性能向上での問題要因になることを見てきた.

今後 $0.1\mu\text{m}$ レベルあるいはそれ以下になるとチャネルを走行する電子が散乱される確率が減り,電子は電界で得たエネルギーを格子に十分与えきらないうちにドレーンに到達することが起こる.いわゆる速度オーバシュートを生じて,電子が飽和速度よりも大きなドリフト速度を持つことがある.$0.1\mu\text{m}$ デバイスでは g_m の値が予想よりも大きい値となったという報告がある[64]～[67].

(c) **寄生抵抗と寄生容量の効果**　　ソース,ドレーンの寄生抵抗は実効的な相互コンダクタンス g_m を低下させる[68].g_m は次式で表される.

$$g_m = \frac{g_{mi}}{1 + R_S g_{mi} + R_{SD} g_{di}} \tag{3.74}$$

ここに,R_S:ソースの寄生抵抗,R_{SD}:ソース,ドレーンの寄生抵抗($= R_S + R_D$),g_{di}:真性ドレーンコンダクタンスであり,g_m は真性相互コンダクタンス g_{mi} より小さくなる[69].

図 3.34 は寄生抵抗をモデル的に表現したものである[70].コンタクト穴部

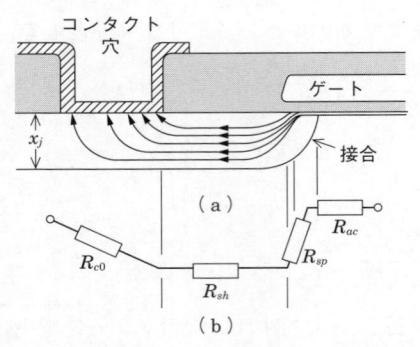

図 3.34 ソース，ドレーン部の寄生抵抗のモデル図[70]．(©1987 IEEE)

の抵抗（R_{c0}）は金属と半導体の界面抵抗と拡散層への広がり抵抗からなっている．界面抵抗は金属と半導体の接触により生じるバリヤの高さと空乏層の幅，及び開口面積で決められる．接合障壁が 0 になるような仕事関数を持つ金属を用いれば理想的であるが，実際に使用できる材料が限られているため開口面積と拡散層の不純物濃度で決められ，コンタクト部の面積を大きくし，不純物濃度を高くすることが必要になる[71]．

拡散層のシート抵抗 R_{sh} も微細化とともに増加する．それは接合が浅くなるためと浅い接合を実現するために不純物濃度を下げるためである．熱処理で高融点金属と半導体を合金にするシリサイド化（いわゆるサリサイド技術）は抵抗低減の有効な手段であって，シート抵抗を 10 Ω/□ 程度に下げることができる．また，金属と半導体の接触面積も大きくなり界面抵抗の低減にも有効である．サリサイド化すれば，シート抵抗が寄生抵抗全体に占める割合は低くなる．

最後に問題となるのはゲート端部での拡散層の広がり抵抗と蓄積層の抵抗 $R_{sp} + R_{ac}$ である．短チャネル素子ほど端部の不純物プロファイルを急峻にしてゲートの重なりを精密に制御することが要求される．

寄生容量について見ると微細化に伴い容量全体に占める割合が増加し性能低下の大きな要因となる．短チャネル効果を防ぐための基板やパンチスルーストッパの高不純物濃度は，ソース及びドレーンの接合容量を大きくする．またゲートのフリンジ容量はスケールダウンによって減少しないので，ゲート・ドレーン間容量は微細化とともに問題になってくる．

更にLSI中で用いられる配線も，ピッチが減少するとともにフリンジ容量の占める比率が大きくなり，隣接する配線との結合も増大する．配線による遅延時間を減らすため，低抵抗のCu配線や誘電率の小さい絶縁材料の実用化が重要な開発課題になっている．

（d） 反転層容量の効果　　ゲート酸化膜が薄くなると，ゲート電圧の低い領域で反転層容量の効果を考慮しなければならなくなる．通常，反転層は3～10nm程度の厚さを持つと考えられている．ゲート酸化膜が10nm以下に薄くなると反転層の厚さと同程度になり，ゲートに電圧を加えたときに反転層での電圧降下が無視できなくなる．酸化膜が厚い場合の反転層の電荷は

$$Q_I = C_{\text{ox}}(V_G - V_T) \tag{3.75}$$

のようにC_{ox}またはV_Gに線形に比例する．しかし，酸化膜が薄くなると酸化膜に加わる電圧は反転層での電圧降下分を差し引いたものとなり，反転層の電荷とゲート電圧の関係は非線形になっていく[72],[73]．

ゲート電圧と電荷の間には

$$\psi_s = V_G - \frac{Q_s}{C_{\text{ox}}} = V_G - \frac{Q_I + Q_B}{C_{\text{ox}}} \tag{3.76}$$

の関係が成り立つ．この式をV_Gで微分すると

$$\frac{d\psi_s}{dV_G} = \frac{C_{\text{ox}}}{C_{\text{ox}} + \dfrac{dQ_s}{d\psi_s}} \tag{3.77}$$

$$= \frac{C_{\text{ox}}}{C_{\text{ox}} + \dfrac{dQ_I}{d\psi_s} + \dfrac{dQ_B}{d\psi_s}} \tag{3.78}$$

となる．この関係を使ってチャネル電荷Q_IのV_G依存性（ゲート・チャネル容量C_{GC}）を求めると

$$\frac{dQ_I}{dV_G} = C_{GC} = \frac{dQ_I}{d\psi_s} \cdot \frac{d\psi_s}{dV_G} = \frac{C_{\text{ox}} C_i}{C_{\text{ox}} + C_i + C_d} \tag{3.79}$$

ここに，C_i：反転層容量（$dQ_I/d\psi_s$），C_d：は空乏層容量（$dQ_B/d\psi_s$）が得られる[72]．

従来の厚い酸化膜のMOSでは$C_i \gg C_{\text{ox}}$であるため，$dQ_I/dV_G \sim C_{\text{ox}}$と

なり式 (3.75) が成り立つ．しかし，酸化膜が薄くなり C_{ox} が大きくなると，dQ_I/dV_G は C_{ox} よりも反転層容量の効果つまり $C_i/(C_{ox}+C_i+C_d)$ だけ小さな値になる．これによって，g_m は C_{ox} に比例して増加せず予測よりも低い値をとる．この様子を図 3.35 に示した[74]．酸化膜が 10 nm 以下で電界が弱い場合はこの効果を考慮することが必要になってくるのが分かる．

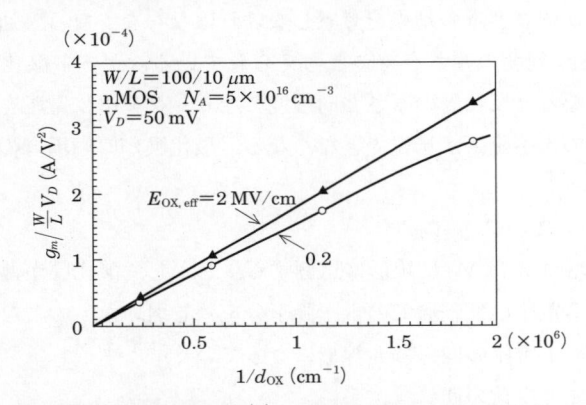

図 3.35 反転層容量の効果[74]．酸化膜が薄くなり電界が弱いと g_m は $C_{ox}(\propto 1/d_{ox})$ に比例しなくなる．(©1986 IEEE)

（2） 動作電圧と回路性能

動作電圧は回路を使用する立場からは変えたくないが，信頼度を確保するにはプロセス世代に応じて下げる必要があり，両者を見た最適設定をしなければならない．信頼度を決める要因はホットエレクトロンである．ホットエレクトロン現象はある臨界電圧以下では起こらないと期待されていた．例えば Si/SiO_2 の障壁の高さは約 3.2 eV であり，ショットキー障壁低減効果を加味しても最小で 2.7 eV ある．これ以下の電圧で使うならキャリヤの酸化膜への注入は起こらないと思われた．また，衝突電離のエネルギーは約 1.65 eV であるからこれ以下の電圧ではアバランシェによるホットエレクトロンの発生がなくなると期待された．

しかし，微細 MOS で実験すると 2.5 V の電圧でもホットエレクトロン現象が観察された[75]~[78]．また，衝突電離による基板電流はエネルギーバンドギャップ 1.1 eV 以下の 1.0 V のドレーン電圧でも観測された[73]．これは，

例えば電子・電子または電子・フォノン衝突で温度が高められた準熱平衡分布状態にある電子のうち，僅かな電界による加速で高エネルギーとなった電子が障壁を越えたり衝突電離を起こす可能性があること，あるいはオージェ再結合のエネルギーを他の電子が受け取り高エネルギーになるなどのモデルが考えられる．

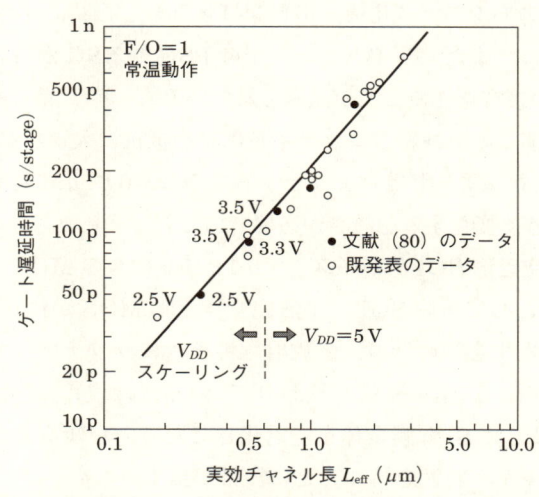

以上のように微細化とともに電源電圧を下げるときに，3V付近に明確な臨界点があるわけではなく，それ以下でも当面は電圧を下げていくことが必要であり，最適値の選定は重要な課題になる．一例として，キャリヤの速度飽和やホットエレクトロンによる信頼度を考慮した上で性能を改善させていくには，電圧をデザインルールの平方根に比例させてスケーリング（表3.1，QCV）するのがよいとの提案がなされている[79],[80]．図 3.36 は $0.5\mu m$ 以下の領域で電源電圧を下げていった場合の性能を予測したもので，遅延時間はほぼ $L_{\text{eff}}^{1.2}$ に比例して低減し，電圧を下げても性能の改善が見込めることを示したものである．動作電圧を下げる場合には同時にしきい値電圧も下げなければならない．さもないと回路動作が遅くなるためである．このとき，回路のオフ電流を低く抑え良好な保持特性を持たせるためデバイス

図 3.36 実効チャネル長と回路遅延時間の関係[80]．(©1990 IEEE)
 $0.5\mu m$ 以下で電圧を下げても性能向上が見込まれる．遅延時間は $L_{\text{eff}}^{1.2}$ に比例して低減していく．

は急峻なサブスレッショルド特性を持たなければならない．短チャネルで急峻なサブスレッショルド特性を持たせることはデバイス設計を困難にさせるが，基板の不純物濃度プロファイル設計による改善が試みられている．

(3) プロセス技術及び完全空乏型デバイス

(a) デバイスプロセス技術 ディープサブミクロン領域では基板の不純物濃度設計が重要になる．短チャネル効果を防ぐために不純物濃度を高くすると，V_T や接合容量は大きくなり移動度は低下する．このためチャネル表面は低濃度にして移動度を大きくし，V_T を下げ，チャネルの下部では濃度を高くして短チャネル効果を抑制するような不純物濃度設計が必要である．プロセス面でも幾つかの重要な技術開発の課題がある．まず，酸化膜の薄膜化ではホットエレクトロン効果，TDDB (Time Dependent Dielectoric Breakdown)，ドレーンから基板へのバンド間トンネリング[81]～[84]によるリークなどによる信頼性の検討が必要であり，更に厚さが 5 nm 以下ではトンネル電流が流れることにも注意しなければならない．

短チャネル特性を良好にするためには，ソース・ドレーン接合を浅くすることも必要である．n 形で不純物にアンチモン (Sb) を使う[85]，p 形では半導体表面をアモルファス化後，ボロン打込みをし再結晶化させる[86]，などの技術がある．また，サイドウォールの PSG や BSG からの固相拡散で 10～40 nm の接合を作ることが試みられている[87],[88]．前にも述べたように，ゲート端部での不純物プロファイルは寄生抵抗に大きな影響を与える．$0.1\mu m$ のチャネル長を実現しようとするならば，$0.01\mu m$ 程度の距離で不純物濃度が大きく変化する急峻さが必要である．

(b) 完全空乏形 SOI デバイス $0.1\mu m$ レベルの MOS を実現するブレークスルーとして薄膜 SOI による完全空乏形 MOS が注目されている．SOI は当初，寄生容量の低減，耐放射線性それにラッチアップフリーを主目的に開発され，Si 膜も厚膜が使われていた．しかし，最近では Si 膜を 100 nm 以下にして Si 薄膜全体を空乏化させた，いわゆる完全空乏形 SOI が優れた短チャネル特性を持つことに注目が集まっている[89],[90]．図 **3.37** は構造図[90]で下地となる SiO_2 絶縁膜は SIMOX 技術やウェーハ貼合わせ技術などで作られる．図から分かるように，空乏層が薄く一様なので短チャ

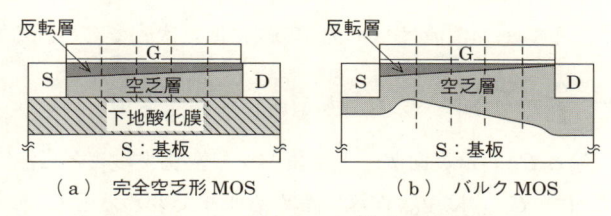

図 3.37 MOS の構造図の比較[90]．(©1990 IEEE)

(a) 完全空乏形 MOS
(b) バルク MOS

ネル特性が良好になる[91]．また，シリコン膜中の電界分布は**図 3.38** のようにゲート電界に強く支配され，ドレーン電圧の影響をあまり受けない．このため不純物濃度を下げてもパンチスルーは起こり難い．空乏層の伸びは下地絶縁膜で抑えられるのでその電荷量は少なく，ゲート電圧はチャネルにキャリヤを集めるのに有効に使われて電流が大きくとれる．低いゲート電圧でより多くのキャリヤが制御でき，チャネルの不純物濃度も下げられることから，高い移動度の利用が期待される．従来 SOI で問題にされたキンク効果は基板に中性領域がないので生じなくなる．

薄膜 SOI の動作解析では基板が裏面ゲートとして作用することに注意しなければならない．例えば表面側ゲートの V_T は裏面ゲートの電圧によって

$N_A = 1 \times 10^{15} \text{cm}^{-3}$, $d_{OX} = 20$ nm, $t_s = 100$ nm, $L_{eff} = 1.0$ μm

(a) 完全空乏形 SOI MOS

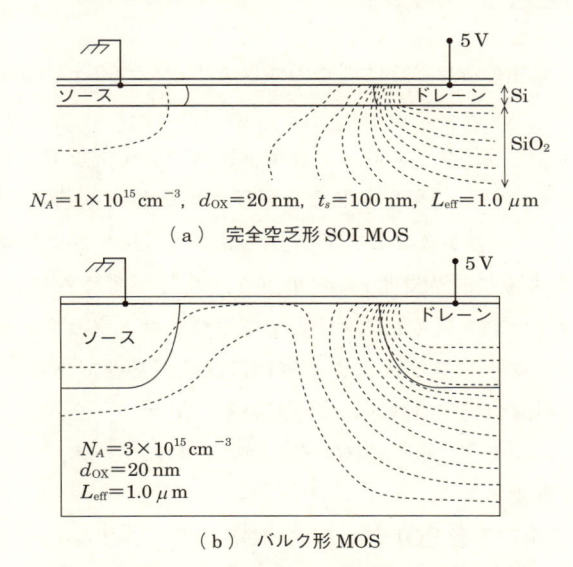

$N_A = 3 \times 10^{15} \text{cm}^{-3}$
$d_{OX} = 20$ nm
$L_{eff} = 1.0$ μm

(b) バルク形 MOS

図 **3.38** MOS の電界分布状態の比較[90]．(©1990 IEEE)

変化する[92]. ドレーン電流はバルクMOSに似た次式で表される[93].

$$I_D = \frac{W}{L} \mu_n C_{\text{OX}} \left[(V_G - V_T) V_D - \left(1 + \frac{C_{\text{body}}}{C_{\text{OX}}}\right) \frac{V_D^2}{2} \right] \quad (3.80)$$

ここで，V_T と C_{body} は裏面ゲート電圧 V_{Gb} で変化することに注意する必要がある．例えば，C_{body} は V_{Gb} が深い－から＋まで変わると C_b（$=\varepsilon_s/t_s$）から C_{bb} [$=C_{0b}C_b/(C_{0b}+C_b)$] まで変わる．ここで，C_{0b} は裏面ゲート容量のことである．式(3.80)はバルクの式のように3/2乗項を含まないし，移動度も高いので電流はバルクの30%増を期待できる．

サブスレッショルド特性は

$$I_D \propto \exp\left(\frac{q\psi_s}{kT}\right) \quad (3.81)$$

と表される．表面ポテンシャルが単純にゲート電圧をゲート容量 C_{OX} と空乏層容量 C_{dep} で分割したものとして決まるとすれば

$$I_D \propto \exp\left(\frac{qV_G}{nkT}\right) \quad (3.82)$$

$$n = \frac{C_{\text{OX}} + C_{\text{dep}}}{C_{\text{OX}}} \quad (3.83)$$

となるから，究極の $n=1$ では理想の傾き kT/q（$=60\,\text{mV/dec}$）に近づくことになる[90].

注意すべきことは，サブスレッショルド領域で衝突電離で生じた正孔電流により寄生バイポーラ効果を生じたり耐圧が低下したり[94]，短チャネル特性に影響する[95]場合があることである．ホットエレクトロン効果については，計算上では最大電界強度 E_m が小さく，改善が期待されるが[96]，裏面の絶縁膜へのホットエレクトロン注入や寄生バイポーラのブレークダウンによるホットエレクトロン注入による劣化に注意が必要である[97],[98]. 更にpMOSの V_T 制御が開発の課題になっている．p$^+$ゲートを用いた dual gate 構造が望ましい．また，電流駆動力を上げるためにソース，ドレーン抵抗を下げることが重要である．

図3.39は完全空乏形SOIとバルクMOSのリングオシレータでの遅延時間を示したもので，バルクの約1/2と高速であり，短チャネル化に向けた

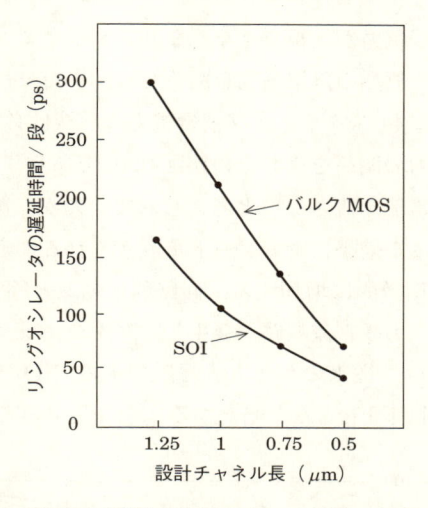

図 3.39 完全空乏層形 SOI MOS とバルク MOS とのリングオシレータの遅延時間の比較[101]. (©1989 IEEE)

開発が進められていることを示すものである[99]~[101].

3.3.5 ナノメートル領域のデバイス構造と性能

（1） 性能向上のための課題

チャネル長が $0.1\mu m$（100 nm）以下のナノメートル領域になっても，性能の基本指標は遅延時間と消費電力であることに変わりはない．しかし，技術環境がこれまでのサブミクロン領域とは大幅に変わるため，新たな技術を取り込んでいく必要がある[102].

遅延時間の短縮にはこれまで同様に，チャネル長の微細化，移動度の低下防止，寄生抵抗と寄生容量の低減を図っていくことになる．しかし，チャネル長の微細化に伴う不純物濃度の増加や電界強度の増加により移動度の低下が更に進むので，移動度を向上させる新たな技術を追加しなければならない．このため，シリコン結晶に応力を加えてキャリヤの移動度を上げるひずみ Si 技術をデバイス構造に組み込んで実用化することになった．

消費電力について見ると，これまでは式（3.60）に示した回路動作に伴う充放電の電力，つまりダイナミック消費電力が中心で，微細化や低電圧動作で抑えながら進んできたが，65 nm 以下になると回路が静止状態で消費す

るスタティック消費電力が無視できなくなり，ダイナミック消費電力を超える恐れも出てきた．放熱の負担軽減を図るため，またモバイル機器の電池を長持ちさせるためにも，スタティック消費電力の低減は必須の条件になった．

微細化と消費電力の関係を表したのが**図 3.40** である[103]．これまで MOS のゲート絶縁膜は電流を流さないと考えられていたが，膜厚が 2 nm 程度まで薄くなるとトンネル効果によるゲート電流が流れるようになり，更に膜厚を薄くすると指数関数的に増加する．回路的に見ると**図 3.41** のように前段の出力から後段の入力へ電流経路が発生し，スタティック消費電力の増加を招く．対策としては，従来のゲート絶縁膜である SiO_2 や SiON に換えて，高誘電率絶縁膜（以下 high-k と略記する）を採用することでゲートリーク

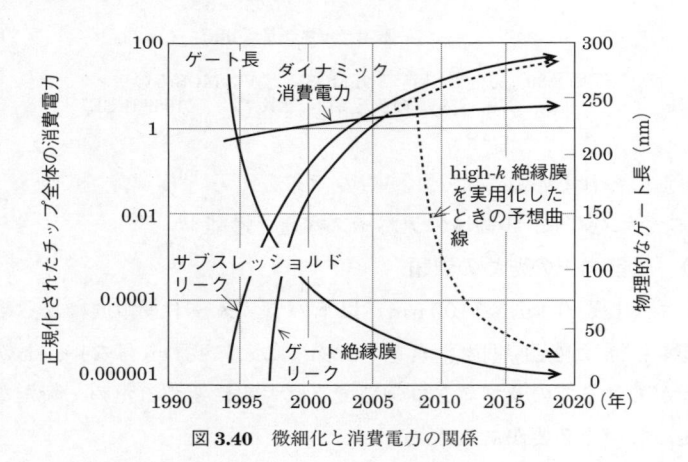

図 3.40 微細化と消費電力の関係

図 3.41 リーク電流の経路

の低減が図られる．

また，サブスレッショルド電流について見ると，微細化すると同時に動作電圧を下げるためスレッショルド電圧 V_T も低くしなければならないため，増加が続いている．構造や不純物濃度の改善を図っていくことが大切だが，SOI デバイスや Fin 形 FET などの新しいデバイスによって改善することが期待されている．

遅延時間を決める駆動電流はリーク電流に対して独立ではなく，トレードオフの関係にある．そのため，トランジスタの性能を評価する場合は，リーク電流（I_{off}）に対する飽和電流（I_{Dsat}）または線形電流（I_{Dlin}）をグラフの直交軸にプロットして判断する必要がある．**図 3.42** は 32 nm 技術世代での高性能用（HP），標準用（SP），それに低消費電力用（LP）のデバイス特性をプロットしたものである[102]．それぞれのデバイスはゲート長，スレッショルド電圧，それにプロセス条件などを用途に合わせて最適化したものである[102],[104]．例えば，高性能用デバイスではリーク電流の規格は緩めにして，駆動電流が大きくなるように設定される．

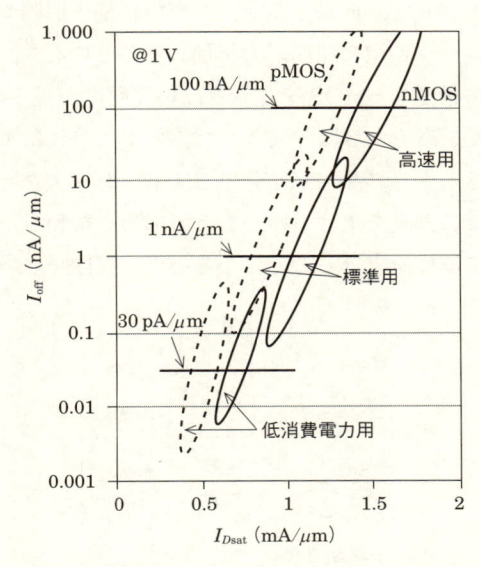

図 3.42 用途別のデバイス性能．32 nm 技術世代の例

（2） ひずみ Si 技術

　ひずみ Si 技術とはシリコンに引張りまたは圧縮性の応力（ストレス）を加えて結晶の格子間隔を変化させ，それによって電子や正孔の移動度を上げ，トランジスタの駆動電流を増加させる技術である．結晶の格子間隔が変わることは電子や正孔に対する周期的ポテンシャルが変化することであり，エネルギーバンド構造を変化させることになる．これによって有効質量の変化，エネルギーサブバンドのキャリヤ分布の変化，散乱の変化などが起こり，特に有効質量の低下は移動度の増加に大きく寄与する[105],[106]．

　nMOS では引張り応力，pMOS では圧縮応力で移動度が増加する．二軸性（平面内の 2 方向）の応力より，一軸性の方が移動度の増加は大きくなる[107],[108]．

　応力を発生させる手法は幾つかあるが，その代表的なものの一つに SiGe を使う方法がある．図 3.43 はその構造例である[107]．SiGe の結晶格子間隔は Si よりも大きい．図 3.43 のように MOS のソース・ドレーン部の Si をエッチングで掘り下げ，エピタキシャル成長で SiGe を埋め込むと，最初は Si 格子に合わせて SiGe が成長するが，しだいに格子間隔が大きくなろうとしてソース・ドレーン側壁に圧縮応力を加えることになり，これがチャネル部に伝わる．この構造で pMOS を作ると高い移動度が得られる．SiGe の格子間隔は Ge 濃度を高くするほど大きくなるので，それによって応力を大きくすることができるが，結晶欠陥を発生してトランジスタ特性を劣化させる恐れもある．徐々に濃度を上げてゆくことで応力を緩和したり，その他のプロセス的な改善で濃度を上げることになる．更に NiSi サリサイド化したり，

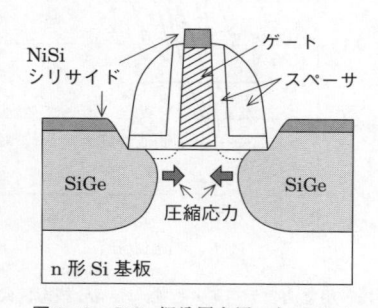

図 3.43　SiGe 埋込層を用いた pMOS

コンタクト埋込み金属に引張応力があるとチャネルの圧縮応力が低下するので，これを防ぐために SiGe 層を元の Si 面より高く成長させる，いわゆるせり上げ（RSD：Raised Source/Drain）構造がとられる．**図 3.44** はこの構造で実現した pMOS の正孔の移動度を，応力なしのときの移動度のユニバーサルカーブ（3.3.4（1）（b）項参照）や，二軸性応力の pMOS と比較したものである[107]．

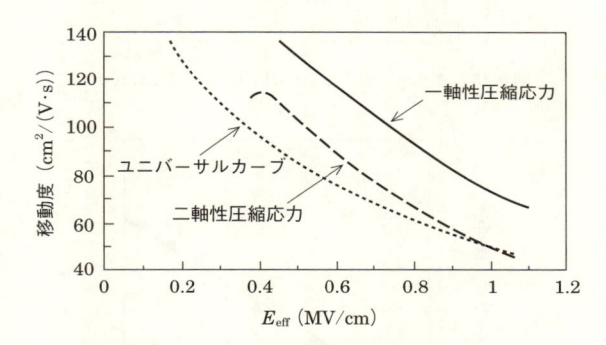

図 3.44　ひずみ Si 技術による正孔移動度の変化．
一軸性応力は T. Ghani, et al., IEDM, pp. 978-980, 2003，
二軸性応力は K. Rim, et al., VLSI Tech., pp. 98-99, 2002 による．
90 nm 世代のデータ

二つ目の方法はナイトライド（Si_3N_4）膜を利用するものである．ナイトライド膜は生成条件のガス流量，圧力，RF 電力などを変えると，引張り性から圧縮性まで，広い範囲にわたる応力の膜が形成される．MOS のゲートを形成した後で，上にナイトライドキャップ層を堆積すると，チャネル部に引張りから圧縮までの任意の応力をかけることができる．**図 3.45** は nMOS チャネルに引張応力を加えた例である．応力はキャップ層の厚さに比例するので，それとともに電流が増加する．この様子を**図 3.46** に示す[109]．また，nMOS と pMOS に異なる応力をかけることもできる．まずウェーハ全面に引張り応力を加えるキャップ層を堆積し，次に pMOS 部でそれを取り除いて改めて圧縮応力を加えるキャップ層を堆積し nMOS 部ではそれを取り除くと，それぞれの MOS の移動度を高めることができる．この方法は Dual Stress Liner（DSL）と呼ばれる[110]．

応力のかけ方は他にもあるが，幾つかの手法を組み合わせて使うことが可

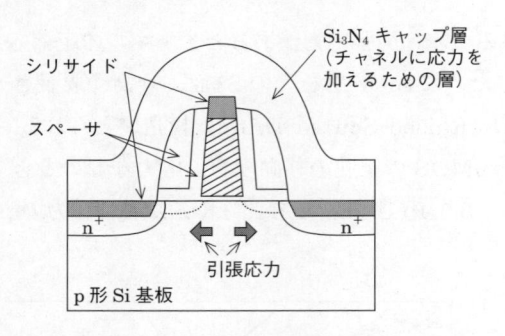

図 3.45 キャップ層を用いて引張応力を加えた nMOS

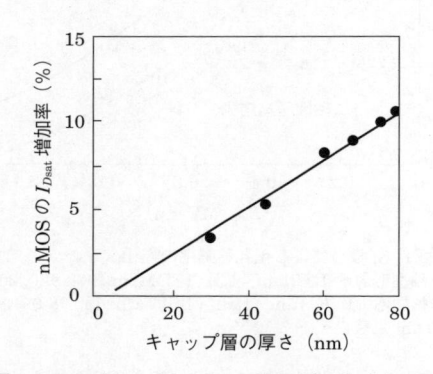

図 3.46 ナイトライドキャップ層の厚さと電流の関係

能な場合が多い．

ひずみ Si 技術は 90 nm 技術世代から製品に使われ始めた[107],[109]．その後，次節で述べる high-k/メタルゲート技術などと合わせて広い技術世代の製品に使われている．

（3） 高誘電率絶縁膜（high-k）/メタルゲート技術

MOS トランジスタの電流は式（3.48）のようにゲート酸化膜の容量 C_{OX} に依存している．トンネル効果によるリーク電流を抑制するために，ゲート酸化膜を従来の SiO_2 に換えて high-k にすることを考えてみる．ここで記号をこの分野で慣例的に使われているものに変えて，ゲート容量は C_G，比誘電率は ε ではなく k，膜厚は d でなく t で表すことにする．添字は SiO_2 の場合は OX，high-k の場合は hk とすると，それぞれのゲート容量は

$$C_{GOX} = \frac{\varepsilon_0 k_{OX}}{t_{OX}}, \quad C_{Ghk} = \frac{\varepsilon_0 k_{hk}}{t_{hk}} \tag{3.84}$$

となる．ゲート容量が同じであれば同じ電流値が得られるので，high-k の場合は

$$t_{hk} = \left(\frac{k_{hk}}{k_{OX}}\right) t_{OX} \tag{3.85}$$

の膜厚があれば，同じ電流を流せることになる．一般に $k_{OX} \fallingdotseq 3.9$, $k_{hk} \fallingdotseq 20$ 程度なので high-k 膜の厚さは大幅に厚くしてよいことになり，リーク電流を指数関数的に減らすことができる．high-k 膜厚を等価な SiO_2 膜厚（EOT：Equivalent Oxide Thickness）に換算すると

$$EOT = t_{OX} = \left(\frac{k_{OX}}{k_{ht}}\right) t_{hk} \tag{3.86}$$

になる．high-k 膜を薄くすれば，等価的な SiO_2 膜厚は更に薄くすることができ，リーク電流で無理とされていた $t_{OX} < 2\,nm$ に相当する領域のデバイスを実現できるようになる．

誘電率の高い材料は多くあるが，ゲート絶縁膜として使えるものは，バンドギャップの大きさと Si バンドとの相性，熱処理に対する安定性，界面の性質，電気的特性への影響，それにプロセスとの整合性など多くの課題をクリアしなければならない[111]．現在は HfO_2，HfSiO，HfSiON（以下 HfO_2 で代表させる）が多く使われている．各種絶縁膜の EOT とリーク電流の関係を図 3.47 に示す[112]．EOT 一定であれば SiO_2 から high-k 膜にすることでゲートリーク電流は数桁減少する．リーク電流一定の条件であれば，high-k 膜は SiO_2 よりも薄い EOT を実現できる．

しかし，従来のポリ Si ゲート MOS に high-k 膜を組み込んでみると，フェルミレベルピニングの問題を発生することが分かった．ポリ Si ゲートの仕事関数が禁制帯の中央付近にピン止めされたように見える現象である（図 3.48 参照[113]）．特に p^+ ポリ Si ゲートでは仕事関数の変化が大きいため pMOS のスレッショルド電圧が大きく負側にシフトしてしまい，大きな問題になる．このメカニズムは酸素空孔説で説明されている．まず HfO_2 中の中性酸素がゲートに移動し HfO_2 中に酸素空孔を作る．次に空孔部の 2 個の

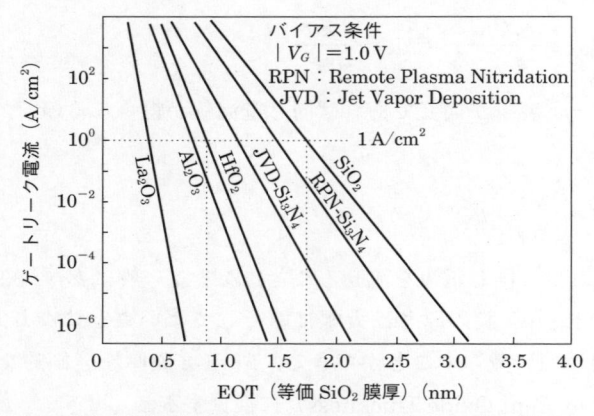

図 3.47 各種絶縁膜における EOT とゲートリーク電流の関係

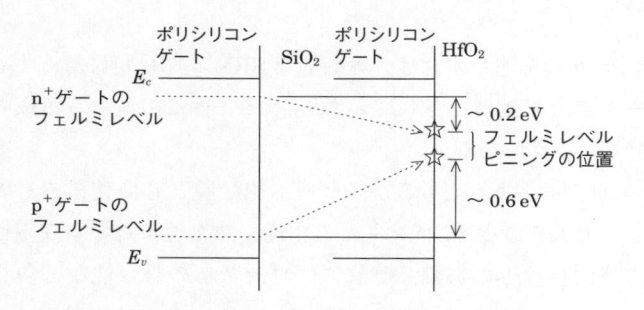

図 3.48 フェルミレベルピニング

電子がゲートに移動することで，ゲートと HfO_2 間に電気的双極子が形成され，p^+ ゲートのポテンシャルが上がるためと解釈される[114]．n^+ ゲートではエネルギー的に電子の移動が起こり難いためスレッショルド電圧の変動は少ない．その他に，high-k 膜では膜中の双極子（分極）の振動でフォノンが発生しチャネルのキャリヤを散乱させて移動度を低下させる問題もあった[115]．

これらの問題に対処するためゲートのポリシリコンをメタルに換えると，high-k 膜との結合が良くなるのでフェルミレベルピニングが解消される可能性がある．更に金属は電子密度が高いので，high-k 膜中の双極子振動の影響をスクリーニングして移動度の低下を抑えるし，ゲートの空乏化もなくなるので電気的な実効ゲート膜厚を薄くする効果も期待できる[116]．金属の

選定では仕事関数に注目しなければならない．TiN のように仕事関数が禁制帯の中央付近の金属（midgap metal）は nMOS と pMOS で共用して使える（single metal）．ただし，スレッショルド電圧はやや大きめになるので，低くしたいときはイオン打込みなどによる調整が必要になる．他の選択法は nMOS では伝導帯に近い仕事関数の金属，pMOS では充満帯に近い金属にする使い分け（dual metal gates）をして，高速用の低いスレッショルド電圧を実現する方法が考えられる．しかし実際に試作してみると，ここでもスレッショルド電圧のシフトが起こることが分かった．原因は HfO_2 膜と地下の薄い SiO_2 膜との界面に電気的双極子が形成されるためと解釈された[117]．

以上の事情から high-k/メタルゲート構造を実現するプロセスとして，ゲートファーストとゲートラストと呼ばれる二つの方式が開発された．また，これらのプロセスはひずみ Si 技術と組み合わせることも可能である．

ゲートファースト方式は従来と同じステップで MOS を形成する[118]．ゲート絶縁膜を high-k 膜に，ゲート電極をメタルに置き換えただけである．ただし，pMOS と nMOS のスレッショルド電圧シフトの対策が必要である．幾つかの方法はあるが，一つには酸素雰囲気での低温アニールで酸素空孔を減らすもの[119]，別の方法では極めて薄い金属酸化膜（キャップ層）と HfO_2 膜を組み合わせ，熱処理でキャップ層の金属を拡散させる方法である．拡散した金属は HfO_2 膜と下地 SiO_2 膜との界面に新たな電気的双極子を形成し，シフト量を変化させる働きをするので，これによってスレッショルド電圧を適正な値に設定することが可能になる．キャップ層には nMOS で La_2O_3，pMOS で Al_2O_3 などが使われる[117],[120]．

ゲートラスト方式ではゲート絶縁膜に high-k，ゲート電極にポリ Si を用いてソース・ドレーンまで作り上げ，その後，研磨によってポリ Si ゲートの表面を露出させエッチングで取り除き，代わりにゲートメタルを埋め込む方式である．メタルはシングルかデュアルメタルかの選択をする．既にソース・ドレーンの不純物活性化の高温アニールが済んでいるので以後の熱処理は低温だけであり，界面反応が抑えられてスレッショルド電圧のシフトを防げる．ただし，工程数はゲートファースト方式よりも多くなる[121]．

これらの技術とひずみ Si 技術とを組み合わせたものが 45 nm 技術世代

のプロセッサから実用化されている[116],[121],[122]．従来の65 nm技術ではゲートリークを抑えるためゲートSiON膜厚を1.2 nmにとどめていたが，45 nmではHf系絶縁膜を使ってETO=1 nmまで薄くした．それにもかかわらずゲートリークはnMOSで1/25，pMOSで1/1,000と大幅に少なくなった．駆動電流はnMOSで12％，pMOSで51％の向上が見られた．更に32 nmまで微細化したものと合わせた結果を図3.49に示す[123]．

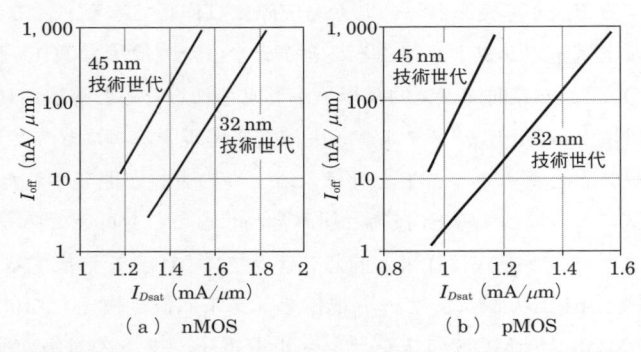

（a） nMOS　　　　（b） pMOS

図3.49　high-k/メタルゲートとひずみSi技術を用いた場合の駆動電流

（4） ETSOIとFinFET技術

22 nm世代以下になるとサブスレッショルド電流の低減と，不純物濃度の揺らぎによる電気特性のばらつきを少なくすることが大きな課題になる．このため，従来のプレーナ型ではない，新しい構造のデバイスで対処することが必要になる．

この目的に適合するのは完全空乏型のデバイスである．3.3.4（3）項で述べたように急峻なサブスレッショルド特性を持っているし，チャネル層を薄くすればドレーン電界がチャネルに侵入する影響を少なくできるため，DIBL効果（3.3.3（3）項）を抑えることもできる．これらはサブスレッショルドリーク電流を低減する有効な対策になる．また，チャネルの不純物濃度を低くできるので移動度の低下が抑えられ，不純物濃度の揺らぎによる電気特性のばらつきも低減できる．

完全空乏型のデバイス構造は大きく二つに分けられる[124],[125]．一つはSOIのチャネルになるシリコン層を数nmまで薄くした極薄SOI（Extremely thin SOI：ETSOI あるいは Ultrathin Body SOI：UTB SOI）であり，他は FinFET（Tri-Gate とも呼ばれる）である．それぞれの構造を図 3.50 に示す[102],[126]．FinFET は厚さ数 nm の板を立てたような Si チャネルの上面と側面をゲートが囲んだものである．チャネル層が薄いため完全空乏型の動作をする．FinFET のチャネル幅を大きくするには高さを高くすることになるが，加工の問題を生じる場合は，複数個の FinFET を並列接続して使うことになる．

（a）ETSOI　　　　　（b）FinFET（Tri-Gate）

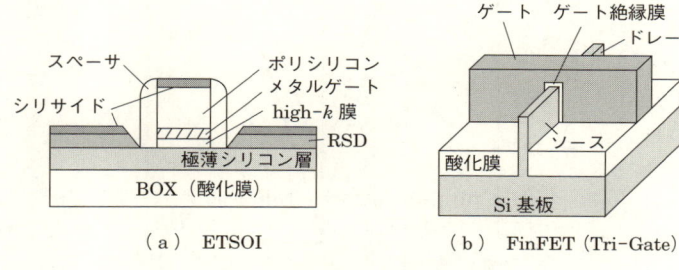

図 3.50　完全空乏形デバイスの構造

これらのデバイスには性能改善のためのひずみ Si 技術や high-k/メタルゲート技術を組み合わせて使うことができる．ただし，スレッショルド電圧の設定では，適切な仕事関数を持つゲート用のメタルを選ぶことが必要になる．

プロセス開発での課題は，特性がチャネルの厚さで決まるため，厚さを精度良く制御することである．また，チャネル層が薄くなることによってシート抵抗が高くなるので，寄生抵抗を下げる工夫が必要である．図 3.50（a）の ETSOI ではソース・ドレーンをエピタキシャル成長で積み上げ（RSD），そこにドープしてある不純物を下地 Si 層に拡散させ，寄生抵抗の低減や不純物プロファイルの制御を行っている[127],[128]．FinFET も同様にソース・ドレーン部を厚くしたり，コンタクト部の構造を改善したり，それに立体構造を処理するプロセスの開発が必要である[129],[130]．

ETSOI によって得られたサブスレッショルド特性の例を図 3.51 に示す[126]．Si チャネルの厚さ 6 nm，ゲート長 25 nm でサブスレッショルド係数 S は 85 mV/dec 以下，DIBL は 90 mV/V 以下に抑えられた性能が得られている．

Tri-Gate では 22 nm 技術世代のデバイスが開発され，プロセッサや

SRAM など実際の製品での使用が始まった[131],[132]．**図 3.52** は性能向上の例で，従来の 32 nm 技術のプレーナ形と比較すると，同一速度なら動作電圧を 0.2 V 低くして消費電力を 50％改善でき，同一電圧で動作させるならゲート遅延時間を 37％短縮できた[131]．

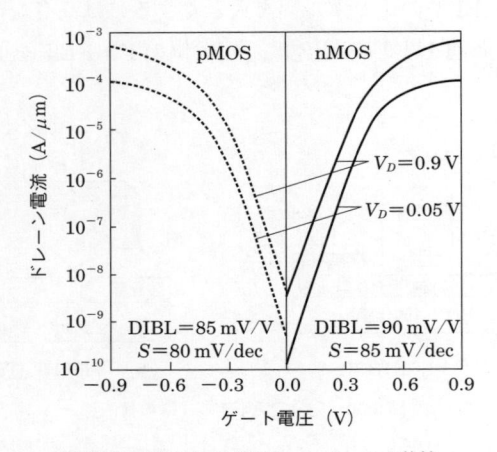

図 3.51 ETSOI のサブスレッショルド特性

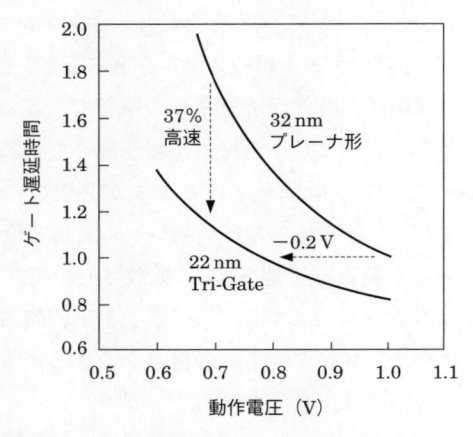

図 3.52 プレーナ形から Tri-Gate に移行することによる性能改善の例

第3章 MOSトランジスタの動作機構

文　献

(1)　E. H. Nicollian and A. Goetzberger, "The Si-SiO$_2$ interface-electrical properties as determined by the metal-insulator-silicon conductance technique," Bell System Tech. J., vol. 46, p. 1055, 1967.

(2)　D. J. Dimaria, "The properties of electron and hole traps in thermal silicon dioxide layers grown on silicon," S. T. Pantelides, ed., Proc. Int. Topical Conference, New York Pergamon, March 1978.

(3)　T. P. Ma and V. Dressendorfer Paul, Ionizing Radiation Effects in MOS Devices and Circuits, John Wiley & Sons, 1989.

(4)　S. M. Sze, Physics of Semiconductor Devices, 2nd ed., Weiley Intersciences, 1981.

(5)　岸野正剛, 小柳光正, VLSIデバイスの物理, 丸善, 1986.

(6)　増原利明, 下東勝博, 武田英次, "高性能サブミクロンデバイス技術の現状と将来," 信学論(C-2), vol. J72-C-2, no. 5, pp. 298-311, May 1989.

(7)　J. R. Brews, W. Fichtner, et al., "Generalized guide for MOSFET miniaturization," IEEE Electron Device Lett., vol. EDL-1, no. 1, pp. 2-4, Jan. 1980.

(8)　R. R. Troutman, "VLSI limitations from drain-induced barrier lowering," IEEE Electron Device Lett., vol. EDL-26, no. 4, pp. 461-469, April 1979.

(9)　R. H. Dennard, F. H. Gaensslen, et al., "Design of ion-implanted MOSFET' s with very small physical dimensions," IEEE J. Solid-State Circuits, vol. SC-9, pp. 256-268, Oct. 1974.

(10)　P. K. Chatterjee, W. R. Hunter, et al., "The impact of scaling laws on the choise of n-Channel or p-Channel for MOS VLSI," IEEE Electron Device Lett., vol. EDL-1, no. 10, pp. 220-223, Oct. 1980.

(11)　G. Baccarani, M. R. Wordeman, and R. H. Dennard, "Generalized scaling theory and its application to a 1/4 micrometer MOSFET design," IEEE Trans. Electron Devices, vol. ED-31, no. 4, pp. 452-462, April 1984.

(12)　T. K. Ning, P. W. Cook, et al., "1μm MOSFET VLSI technology, Part 4-hot-erectron design constraints," IEEE Trans. Electron Devices, vol. ED-26, vol. 4, pp. 346-353, April 1979.

(13)　武田英次, ホットキャリヤ効果, 日経マグロウヒル社, 1987.

(14)　小柳光正, サブミクロンデバイスⅡ, 丸善, 1988.

(15)　S. Kohyama, T. Furuyama, et al., "Nonthermal carrier generation in MOS structures," Jpn. J. Appl. Phys., vol. 19, Suppl. 19-1, pp. 85-92, 1980.

(16)　Y. Nakagome, E. Takeda, et al., "New observation of hot-carrier injection phenomena," Proc. 14th Conf. on Solid State Devices, pp. 99-102, 1982 ; Jpn. J. Appl. Phys., vol. 22, Suppl. 22-1, pp. 99-102, 1983.

(17)　E. Takeda, Y. Nakagome, et al., "New hot-carrier injection and device degradation in submicron MOSFETs," IEEE Proc., vol. 130, Pt.1, no. 3, pp. 144-150, June 1983.

(18)　S. Tam, F. C. Hsu, et al., "Hot-electron induced excess carriers in MOSFET' s," IEEE Electron Device Lett., vol. EDL-3, no. 12, pp. 376-378, Dec. 1982.

(19)　T. H. Ning, "Hot-electron emission from silicon into silicon dioxide," Solid-State Electronics, vol. 21, pp. 273-282, 1978.

(20)　R. B. Fair and R. C. Sun, "Threshold-voltage instability in MOSFET's due to channel hot-hole emission," IEEE Trans.Electron Devices, vol. ED-28, no. 1, pp. 83-94, Jan. 1981.

(21) H. Gesch, J.-P. Leburton, and G. E. Dorda, "Generation of interface states by hot hole injection in MOSFET's," IEEE Trans. Electron Devices, vol. ED-29, no. 5, pp. 913-918, May 1982.

(22) C. M. Svensson, "The defect structure of the Si-SiO$_2$ interface, A model based on trivalent silicon and its hydrogen "Compounds"," The Physics of SiO$_2$ and Its Interfaces, pp. 328-332, Edited by S. T. Pantlides, Pergamon Press, New York, 1978.

(23) C. Hu, S. C. Tam, et al., "Hot-electron-induced MOSFET degradation-model, monitor, and improvement," IEEE Trans. Electron Devices, vol. ED-32, no. 2, pp. 375-385, Feb. 1985.

(24) E. Takeda and N. Suzuki, "An empirical model for device degradation due to hot-carrier injection," IEEE Electron Device Lett., vol. EDL-4, no. 4, pp. 111-113, April 1983.

(25) M. Koyanagi, H. Kaneko, and S. Shimizu, "Optimum design of n^+-n^- double-diffused drain MOSFET to reduce hot-charrier emission," IEEE Trans. Electron Devices, vol. ED-32, no. 3, pp. 562-570, March 1985.

(26) E. Takeda, H. Kume, et al., "An As-P(n^+-n^-) double diffused drain MOSFET for VLSI's," IEEE Trans. Electron Devices, vol. ED-30, no. 6, pp. 652-657, June 1983.

(27) S. Ogura, P. J. Tsang, et al., "Design and characteristics of the lightly doped drain-source (LDD) insulated gate field-effect transistor," IEEE Trans. Electron Devices, vol. ED-27, no. 8, pp. 1359-1367, Aug. 1980.

(28) P. J. Tsang, S. Ogura, et al., "Fabrication of high-performance LDDFET's with oxide sidewall-spacer technology," IEEE Trans. Electron Devices, vol. ED-29, no. 4, pp. 590-596, April 1982.

(29) K. Mayaram, J. C. Lee, and C. Hu, "A model for the electric field in lightly doped drain structures," IEEE Trans. Electron Devices, vol. ED-34, no. 7, pp. 1509-1518, July 1987.

(30) R. Izawa and E. Takeda, "The impact of N-drain length and gate-drain/source overlap on submicrometer LDD devices for VLSI," IEEE Electron Device Lett., vol. EDL-8, no. 10, pp. 480-482, Oct. 1987.

(31) T. Y. Chan, A. T. Wu, et al., "Asymmetrical characteristics in LDD and minimum-overlap MOSFET's," IEEE Electron Device Lett., vol. EDL-7, no. 1, pp. 16-19, Jan. 1986.

(32) J. Hui, F.-C. Hsu, and J. Moll, "A new substrate and gate current phenomenon in short-channel LDD and minimum overlap devices," IEEE Electron Device Lett., vol. EDL-6, no. 3, pp. 135-138, March 1985.

(33) D. A. Baglee and C. Duvvury, "Reduced hot-electron effects in MOSFET's with an optimized LDD structure," IEEE Electron Device Lett., vol. EDL-5, no. 10, pp. 389-391, Oct. 1984.

(34) F.-C. Hsu and H. R. Grinolds, "Structure-enhanced MOSFET degradation due to hot-electron injection," IEEE Electron Device Lett., vol. EDL-5, no. 3, pp. 71-74, March 1984.

(35) J. Hui and J. Moll, "Submicrometer device design for hot-electron reliabiltiy and performance," IEEE Electron Device Lett., vol. EDL-6, no. 7, pp. 350-352, July 1985.

(36) J. Lee, K. Mayaram, and C. Hu, "A theoretical study of gate/drain offset in LDD MOSFET's," IEEE Electron Device Lett., vol. EDL-7, no. 3, pp. 152-154, March 1986.

(37) R. Izawa, T. Kure, and E. Takeda, "Impact of the gate-drain overlapped device (GOLD) for deep submicrometer VLSI," IEEE Trans. Electron Devices, vol. ED-35, no. 12, pp. 2088-2093, Dec. 1988.

(38) R. Izawa, T. Kure, et al., "The impact of gate-drain overlapped LDD (GOLD) for deep

submicron VLSI's," IEDM Tech. Dig., ss. 3.1, pp. 38-41, 1987.

(39) T. Y. Huang, W. W. Yao, et al., "A novel submicron LDD transistor with inverse-T gate structure," IEDM Tech. Dig., ss. 31.7, pp. 742-745, 1986.

(40) J. R. Pfiester, F. K. Baker, et al., "A selectively deposited poly-gate ITLDD process with self-aligned LDD/channel implantation," IEEE Electron Device Lett., vol. EDL-11, no. 6, pp. 253-255, June 1990.

(41) T. Hori, K. Kurimoto, et al., "A new submicron MOSFET with LATID (large-tilt-angle implanted drain) structure," Symp. VLSI Technol. Dig. Tech. Papers, no. 2-5, pp. 15-16, 1988.

(42) I. C. Chen, C. C. Wei, and C. W. Teng, "Simple gate-to-drain overlapped MOSFET's using poly spacers for high immunity to channel hot-electron," IEEE Electron Device Lett., vol. EDL-11, no. 2, pp. 78-81, Feb. 1990.

(43) A. Hori, M. Segawa, S. Kameyama, and M. Yasuhira, "High-performance dual-gate CMOS utilizing a novel self-aligned pocket implantation (SPI) technology," IEEE Trans. Electron Devices, vol. ED-40, no. 9, pp. 1675-1681, Sept. 1993.

(44) K. Nishiuchi, H. Oka, et al., "A normally-off type buried channel MOSFET for VLSI circuit," IEDM Tech. Dig., pp. 26-29, 1978.

(45) K. Cham and S.-Y. Chiang, "Device design for the submicrometer p-channel FET with n^+ polysilicon gate," IEEE Trans. Electron Devices, vol. ED-31, no. 7, pp. 964-968, July 1984.

(46) G. J. Hu and R. H. Bruce, "Design tradeoffs between surface and buried-channel FET's," IEEE Trans. Electron Devices, vol. ED-32, no. 3, pp. 584-588, March 1985.

(47) D. W. Wenocur, K. M. Cham, et al., "Fabrication and characterization of sub-micron thin gate oxide p-channel transistors with p^+ polysilicon gates," IEDM Tech. Dig., ss. 8.4, pp. 212-215, 1985.

(48) F. Matsuoka, H. Iwai, et al., "Analysis of hot-carrier-induced degradation mode on pMOSFET's," IEEE Trans. Electron Devices, vol. ED-37, no. 6, pp. 1487-1495, June 1990.

(49) F. K. Baker, J. M. Pfiester, et al., "The infuluence of fluorine on threshold voltage instabilities in p^+ polysilicon gated p-channel MOSFET's," IEDM Tech. Dig., ss. 17.1, pp. 443-446, 1989.

(50) J. M. Sung, C. Y. Lu, M. L. Chen, and S. J. Hillenius, "Flourine effect on boron diffusion of p^+ gate devices," IEDM Tech. Dig., ss. 17.2, pp. 447-450, 1989.

(51) J. R. Pfiester, L. C. Parillo, and F. K. Baker, "A physical model for boron penetration through thin gate oxides from p^+ polysilicon gates," IEEE Electron Device Lett., vol. EDL-11, no. 6, pp. 247-249, June 1990.

(52) Y. El-Mansy, "MOS device and technology constraints in VLSI," IEEE Trans. Electron Devices, vol. ED-29, no. 4, pp. 567-573, April 1982.

(53) H. Shichijo, "A re-examination of practical performance limits of scaled n-channel and p-channel MOS devices for VLSI," Solid-State Electron., vol. 26, no. 10, pp. 969-986, 1983.

(54) S. C. Sun and J. D. Plummer, "Electron mobility in inversion and accumulation layers on thermally oxidized silicon surfaces," IEEE Trans. Electron Devices, vol. ED-27, no. 8, pp. 1497-1508, Aug. 1980.

(55) D. S. Jeon and D. E. Burk, "MOSFET electron inversion layer mobilities—A physically

(56) M.-S. Lin, "The classical versus the quantum mechanical model of mobility degradation due to the gate field in MOSFET inversion layers," IEEE Trans. Electron Devices, vol. ED-32, no. 3, pp. 700-710, March 1985.

(57) M.-S. Lin, "A better understanding of the channel mobility of Si MOSFET's based on the physics of quantized subbands," IEEE Trans. Electron Devices, vol. ED-35, no. 12, pp. 2406-2411, Dec. 1988.

(58) A. G. Sabnis and J. T. Clemens, "Characterization of the electron mobility in the inverted ⟨100⟩ Si surface," IEDM Tech. Dig. ss. 2. 3, pp. 18-21, 1979.

(59) J. T. Watt and J. D. Plummer, "Universal mobility-field curves for electrons and holes in MOS inversion layers," VLSI Symp. Tech. Dig, ss. 9.2, pp. 81-82, 1987.

(60) S.-W. Lee, "Universality of mobility-gate field characteristics of electrons in the inversion charge layer and its application in MOSFET modeling," IEEE Trans. Computer-Aided Design, vol. 8, no. 7, pp. 724-730, July 1989.

(61) C.-L. Huang and G. S. Gildenblat, "Measurements and modeling of the n-channel MOSFET inversion layer mobility and device characteristics in the temperature range 60-300 K," IEEE Trans. Electron Devices, vol. ED-37, no. 5, pp. 1289-1300, May 1990.

(62) T.-Y. Chan, S.-W. Lee, and H. Gaw, "Experimental characterization and modeling of electron saturation velocity in MOSFET's inversion layer from 90 to 350 K," IEEE Electron Device Lett., vol. EDL-11, no. 10, pp. 466-468, Oct. 1990.

(63) C. G. Sodini, P.-K. Ko, and J. L. Moll, "The effect of high fields on MOS device and circuit performance," IEEE Trans. Electron Devices, vol. ED-31, no. 10, pp. 1386-1393, Oct. 1984.

(64) J. R. Ruch, "Electron dynamics in short channel field-effect transistors" IEEE Trans. Electron Devices, vol. ED-19, no. 5, pp. 652-654, May 1972.

(65) S. Y. Chou, D. A. Antoniadis, and H. I. Smith, "Observation of electron velocity overshoot in sub-100-nm-channel MOSFET's in silicon," IEEE Electron Device Lett., vol. EDL-6, no. 12, pp. 665-667, Dec. 1985.

(66) G. G. Shahidi, D. A. Antoniadis, and H. I. Smith, "Electron velocity overshoot at room and liquid nitrogen temperatures in silicon inversion layers," IEEE Electron Device Lett., vol. EDL-9, no. 2, pp. 94-96, Feb. 1988.

(67) G. A. Sai-Halasz, M. R. Wordeman, et al., "High transconductance and velocity overshoot in NMOS devices at the 0.1-μm gate-length level," IEEE Electron Device Lett., vol. EDL-9, no. 9, pp. 464-466, Sept. 1988.

(68) P. Antognetti, C. Lombardi, and D. Antoniadis, "Use of process and 2-D MOS simulation in the study of doping profile influence on S/D resistance in short channel MOSFET's," IEDM Tech. Dig., ss. 25.4, pp. 574-577, 1981.

(69) S. Y. Chou and D. A. Antoniadis, "Relationship between measured and intrinsic transconductances of FET's," IEEE Trans. Electron Devices, vol. ED-34, no. 2, pp. 448-450, Feb. 1987.

(70) K. K. Ng, and W. T. Lynch, "The impact of intrinsic series resistance on MOSFET scaling," IEEE Trans. Electron Devices, vol. ED-34, no. 3, pp. 503-511, March. 1987.

(71) R. L. Maddox, "On the optimization of VLSI contacts," IEEE Trans. Electron Devices, vol. ED-32, no. 3, pp. 682-689, March 1985.

(72) C. G. Sodini, T. W. Ekstedt, and J. L. Moll, "Charge accumulation and mobility in thin dielectric MOS transistors," Solid-State Electron., vol. 25, no. 9, pp. 833-841, 1982.

(73) G. B. Baccarani and M. R. Wordeman, "Transconductance degradation in thin-oxide MOSFET's," IEEE Trans. Electron Devices, vol. ED-30, no. 10, pp. 1295-1304, Oct. 1983.

(74) M.-S. Liang, J. Y. Choi, et al., "Inversion layer capacitance and mobility of very thin gate-oxide MOSFET's," IEEE Trans. Electron Devices, vol. ED-33, no. 3, pp. 409-413, March 1986.

(75) S. Tam, F.-C. Hsu, et al., "Hot-electron currents in very short channel MOSFET's," IEEE Electron Device Lett., vol. EDL-4, no. 7, pp. 249-251, July 1983.

(76) E. Takeda, N. Suzuki, and T. Hagiwara, "Device performance degradation due to hot-carrier injection at energies below the Si-SiO_2 energy barrier," IEDM Tech. Dig., ss 15.5, pp. 396-399, 1983.

(77) J. E. Chung, M.-C. Jeng, et al., "Low-voltage hot-electron currents and degradation in deep-submicrometer MOSFET's" IEEE Trans. Electron Devices, vol. ED-37, no. 7, pp. 1651-1657, July 1990.

(78) M. Koyanagi, T. Matsumoto, et al., "Impact ionization phenomenon in $0.1\,\mu m$ MOSFET at low temperature and low voltage," IEDM Tech. Dig., ss. 13.6, pp. 341-344, 1993.

(79) M. Kakumu, M. Kinugawa, and K. Hashimoto, "Choice of power-supply voltage for half-micrometer and lower submicrometer CMOS devices," IEEE Trans. Electron Devices, vol. ED-37, no. 5, pp. 1334-1342, May 1990.

(80) M. Kakumu and M. Kinugawa, "Power-supply voltage impact on circuit performance for half and lower submicrometer CMOS LSI," IEEE Trans. Electron Devices, vol. EDL-37, no. 8, pp. 1902-1908, Aug. 1990.

(81) J. Chen, T. Y. Chan, et al., "Subbreakdown drain leakage current in MOSFET," IEEE Electron Device Lett., vol. EDL-8, no. 11, pp. 515-517, Nov. 1987.

(82) C. Chang and J. Lien, "Corner-field induced drain leakage in thin oxide MOSFETS," IEDM Tech., Dig., ss 31. 2, pp. 714-717, 1987.

(83) T. Y. Chan, J. Chen, et al., "The impact of gate-induced drain leakage current on MOSFET scaling," IEDM Tech. Dig., ss. 31. 3, pp. 718-721, 1987.

(84) Y. Igura, H. Matsuoka, and E. Takeda, "New device degradation due to "Cold" carriers created by band-to-band tunneling," IEEE Electron Device Lett., vol. EDL-10, no. 5, pp. 227-229, May. 1989.

(85) G. A. Sai-Halasz and H. B. Harrison, "Device-grade ultra-shallow junctions fabricated with antimony," IEEE Electron Device Lett., vol. EDL-7, no. 9, pp. 534-536, Sept. 1986.

(86) A. L. Butler and D. J. Foster, "The formation of shallow low-resistance source-drain regions for VLSI CMOS technologies," IEEE Trans. Electron Devices, vol. ED-32, no. 2, pp. 150-155, Feb. 1985.

(87) M. Ono, M. Saito, et al., "Sub-50 nm gate length N-MOSFETs with 10 nm phosphorous source and drain junctions," IEDM Tech. Dig., ss. 6. 2, pp. 119-122, 1993.

(88) M. Saito, T. Yoshitomi, et al., "P-MOSFET's with ultra-shallow solid-phase-diffused drain structure produced by diffusion from BSG gate-sidewall," IEEE Trans. Electron Devices, vol. ED-40, no. 12, pp. 2264-2272, Dec. 1993.

(89) S. D. S. Malhi, H. W. Lam, et al., "Novel SOI CMOS design using ultra thin near intrinsic substrate," IEDM Tech. Dig., ss. 5.3, pp. 107-110, 1982.

(90) J. C. Sturm, "The SOI MOSFET," IEDM Short Course: Silicon-on-Insulator, 1990.
(91) K. Throngnumchai, K. Asada, and T. Sugano, "Modeling of 0.1μm MOSFET on SOI structure using Monte Carlo simulation technique," IEEE Trans. Electron Devices, vol. ED-23, no. 7, pp. 1005-1011, July 1986.
(92) H.-K. Lim and J. G. Fossum, "Threshold voltage of thin-film silicon-on-insulator (SOI) MOSFET's," IEEE Trans. Electron Devices, vol. ED-30, no. 10, pp. 1244-1251, Oct. 1983.
(93) H.-K. Lim and J. G. Fossum, "Current-voltage characteristics of thin-film SOI MOSFET's in strong inversion," IEEE Trans. Electron Devices, vol. ED-31, no. 4, pp. 401-408, April 1984.
(94) C.-E. D. Chen, M. Matloubian, et al., "Single-transistor latch in SOI MOSFET's," IEEE Electron Device Lett., vol. EDL-9, no. 12, pp. 636-638, Dec. 1988.
(95) 中村かおり，井澤龍一，他，"薄膜 SOI MOS トランジスタの短チャネル効果の解析，" 信学誌 (C-2), vol. J74-C-II, no. 3, pp. 147-153, March 1991.
(96) J. P. Colinge, "Hot-electron effects in silicon-on-insulator n-channel MOSFET's," IEEE Trans. Electron Devices, vol. ED-34, no. 10, pp. 2173-2177, Oct. 1987.
(97) P. H. Woerlee, A. H. Van Ommen, et al., "Half-micron CMOS on ultra-thin silicon on insulator," IEDM Tech. Dig., ss. 34.2, pp. 821-824, 1989.
(98) R. J. T. Bunyan, M. J. Uren, et al., "Degradation in thin-film SOI MOSFET's caused by single-transistor latch," IEEE Electron Device Lett., vol. EDL-11, no. 9, pp. 359-361, Sept. 1990.
(99) H. Miki, T. Ohmameuda, et al., "Sub-femto joule deep sub-micron gate CMOS built in ultra thin Si film on SIMOX substrate," IEEE Trans. Electron Devices, vol. ED-38, no. 2, pp. 373-377, Feb. 1991.
(100) Y. Omura, S. Nakashima, et al., "0.1μm-gate, ultrathin-film CMOS devices using SIMOX substrate with 80-nm-thick buried oxide layer," IEDM Tech. Dig., ss. 26.4, pp. 675-678, 1991.
(101) A. Kamgar, S. I. Hillenius, et al., "Ultra-high speed CMOS circuits in thin SIMOX films," IEDM Tech. Dig., ss. 34.4, pp. 829-832, 1989.
(102) M. Bohr, "The evolution of scaling from the homogeneous era to the heterogeneous era," IEEE Int. Electron Devices Meeting (IEDM), no. 1.1, 2011.
(103) M. S. Kim, T. Austin, et al., "Leakage current: Moore's low meets static power," IEEE Computer, pp. 68-75, Dec. 2003.
(104) C.-H. Jan, M. Agostinelli, et al., "A 32 nm SoC platform technology with 2nd generation high-k/metal gate transistors optimized for ultra low power, high performance, and high density product applications," IEEE Int. Electron Devices Meeting (IEDM), ss. 28.1, 2009.
(105) J. Welser, J. L. Hoyt, et al., "Strain dependence of the performance enhancement in strained-Si n-MOSFETs," IEEE Int. Electron Devices Meeting (IEDM), pp. 373-376, 1994.
(106) M. V. Fischetti and S. E. Laux, "Band structure, deformation potentials, and carrier mobility in strained Si, Ge, and SiGe alloys," J. Appl. Phys., vol.80, no.4, pp. 2234-2252, Aug. 1996.
(107) T. Ghani, M. Armstrong, et al., "A 90nm high volume manufacturing logic technology featuring novel 45 nm gate length strained silicon CMOS transistors," IEEE Int.

第3章　MOSトランジスタの動作機構

Electron Devices Meeting (IEDM), pp. 978-980, 2003.
(108) E. Wang, P. Matagne, et al., "Quantum mechanical calculation of hole mobility in silicon inversion layers under arbitrary stress," IEEE Int. Electron Devices Meeting (IEDM), pp. 147-152, 2004.
(109) M. Mistry, M. Armstrong, et al., "Delaying forever: uniaxial strained silicon transistors in a 90 nm CMOS technology," Symp. VLSI Tech., pp. 50-51, 2004.
(110) H. S. Yang, R. Malik, et al., "Dual stress liner for high performance sub-45nm gate length SOI CMOS Manufacturing," IEEE Int. Electron Devices Meeting (IEDM), ss. 28.8, 2004.
(111) G. D. Wilk, R. M. Wallace, and J. M. Anthony, "High-k gate dielectrics, current status and materials properties considerations," J. Appl. Phys. Rev., vol. 89, no. 10, pp. 5243-5275, May 2001.
(112) Y.-C. Yeo, T.-J. King, and C. Hu, "MOSFET gate leakage modeling and selection guide for alternative gate dielectrics based on leakage considerations," IEEE Trans. Electron Devices, vol. ED-50, no. 4, pp. 1027-1035, April 2003.
(113) C. Hobbs, L. Fonseca, et al., "Fermi level pinning at the PolySi/Metal oxide interface," Symp. VLSI Tech., pp. 9-10, 2003.
(114) K. Shiraishi, K. Yamada, et al., "Physics in Fermi level pinning at the PolySi/Hf-based high-k oxide interface," Symp. VLSI Tech., pp. 108-109, 2004.
(115) E. P. Gusev, V. Narayanan, and M. M. Frank, "Advanced high-k dielectric stacks with polySi and metal gates: Recent progress and current challenges," IBM J. Res. & Dev., vol. 50, no. 4/5, pp. 387-409, July/Sept. 2006.
(116) M. T. Bohr, R. S. Chau, et al., "The high-k solution," IEEE Spectrum, pp. 23-29, Oct. 2007.
(117) Y. Kamimuta, K. Iwamoto, et al., "Comprehensive Study of V_{FB} shift in high-k CMOS-Dipole formation, Fermi-level pinning and oxygen vacancy effect-," IEEE International Electron Devices Meeting (IEDM), pp. 341-344, 2007.
(118) M. Chudzik, B. Doris, et al., "High-performance high-k/metal gates for 45 nm CMOS and beyond with gate-first processing," Symp. VLSI Tech., pp. 194-195, 2007.
(119) E. Cartier, F. R. McFeely, et al., "Role of oxygen vacancies in V_{FB}/V_t stability of pFET metals on HfO_2," Symp. VLSI Tech., pp. 230-231, 2005.
(120) H. N. Alshareef, H. R. Harris, et al., "Thermally stable n-metal gate MOSFETs using La-incorporated HfSiO dielectric," Symp. VLSI Tech., pp. 7-8. 2006.
(121) K. Mistry, C. Allen, et al., "A 45 nm logic technology with high-k + metal gate transistors, strained silicon, 9 Cu interconnect layers, 193nm dry patterning, and 100% Pb-free packaging," IEEE Int. Electron Devices Meeting (IEDM), pp. 247-250, 2007.
(122) C. Auth, A. Cappellani, et al., "45 nm high-k + metal gate strain-enhanced transistors," Symp. VLSI Tech., pp. 128-129, 2008.
(123) P. Packan, S. Akbar, et al., "High performance 32 nm logic technology featuring 2nd generation high-k + metal gate transistors," IEEE Int. Electron Devices Meeting (IEDM), pp. 659-662, 2009.
(124) G. G. Shahidi, "Device Scaling for 15 nm Node and Beyond," IEEE Device Research Conference (DRC), pp. 247-250, 2009.
(125) K. Ahmed and K. Schuegraf, "Transistor wars," IEEE Spectrum, pp. 44-49, Nov. 2011.
(126) K. Cheng, A. Khakifirooz, et al., "Fully depleted extremely thin SOI technology

fabricated by a novel integration scheme featuring implant-free, zero-silicon-loss, and faceted raised source/drain," Symp. VLSI Tech., pp. 212-213, 2009.

(127) K. Cheng, A. Khakifirooz, et al., "Extremely thin SOI (ETSOI) CMOS with record low variability for low power system-on-chip applications," IEDM, ss. 3.2, pp. 49-52, 2009.

(128) A. Khakifirooz, K. Cheng, et al., "Scalability of extremely thin SOI (ETSOI) MOSFETs to sub-20-nm gate length," IEEE Electron Device Lett., vol. EDL-33, no. 2, pp. 149-151, 2012.

(129) 稲葉聡,"最先端 FINFET プロセス・集積化技術,"信学誌, vol. 91, no. 1, pp. 25-29, Jan. 2008.

(130) H. Kawasaki, V. S. Basker, et al., "Challenges and solutions of FinFET integration in a SRAM cell and a logic circuit for 22 nm node and beyond," IEDM, ss. 12.1, pp. 289-292, 2009.

(131) S. Damaraju, V. George, et al.,"A 22 nm IA Multi-CPU and GPU system-on-chip," IEEE Int. Solid-State Circ. Conf. (ISSCC), pp. 56-57, 2012.

(132) C. Auth, C. Allen, et al., "A 22 nm high performance and low-power CMOS technology featuring fully-depleted Tri-gate transistors, self-aligned contacts and high density MIM capacitors," Symp. VLSI Tech., pp. 131-132, 2012.

第 4 章

ULSI デバイス構造

　半導体デバイスが高性能化・高機能化するに従ってその用途が広がっている．電子機器はもちろんのこと，自動車や各種装置及びシステムの至るところで半導体デバイスの適用が増加している．単体トランジスタや小規模集積回路も多く用いられているが，これらのデバイスはやがて，ULSI デバイスの中に組み込まれ，更に高性能化，高信頼性化していくことが予想される．

　半導体デバイスがカバーできる分野も広がっている．基板技術や実装技術の進展により，低電圧デバイスと高電圧デバイスの混載，アナログ回路とディジタル回路の混載，高周波デバイスやパワーデバイスの混載，更には異種デバイスの混載が容易になり様々なところで ULSI デバイスを用いることが可能になった．更に ULSI デバイスでは，各ユニットにおいて必要な性能を実現できるデバイスを自由に選択することができ，負荷に応じて動作電圧，クロック周波数，回路方式などをダイナミックに最適化することが可能になる．これらによって，ULSI デバイスの低消費電力化と高性能化が更に加速する．

　本章では，ULSI デバイスを構成するトランジスタとして MOS FET とバイポーラトランジスタを取り上げる．また，ULSI デバイスを構成する基本回路として，各種の論理ゲート回路，揮発性及び不揮発性のメモリセル回路を説明する．更に ULSI デバイスへの組込みが進むイメージセンサや RF 回路などのアナログ回路について述べる．最後に，多層配線や実装技術についても触れる．

4.1 MOS デバイス

スケーリング則に沿って MOS FET の微細化が進み，MOS デバイスは集積度が向上するだけでなく，高速化や低消費電力化なども著しく進展した．CMOS デバイスの用途及び市場が拡大し，ロジック，メモリ，アナログの全ての集積回路において最も重要なデバイスになっている．微細化だけでは十分な特性向上が見込めなくなってくると MOS FET の構造，特にゲートの構造や材料の革新が進められた．更に，複数のチップを積層化して実装する三次元（3D）実装技術が採用され，積層されたチップ間を高密度で配線する TSV（Through Silicon Via）技術の導入も進められている [1]～[3]．また，SOI（Si On Insulator）基板の採用が増加し [4]，CMOS LSI の用途を更に拡大している．第3章で述べられているように，完全空乏形 SOI（FD SOI：Fully Depleted SOI）基板を用いれば更に性能を向上させることが可能である [5]．

一方，チップ上に膨大な数の MOS FET を形成できるようになったことから，チップ上に組み込まれたソフトウェアによって ULSI デバイスの性能や機能を向上させることが可能になった．微細化による高集積化が，ハードを変更することなく ULSI デバイスを高性能化する新しい手段を可能にしたといえる．ソフトウェアによるチップ内における電源電圧及びクロック周波数の局所的かつ動的な制御は消費電力の低減に効果を上げている．このように，MOS デバイスはハード及びソフトの両面から更なる高集積化，高速化そして低消費電力化が進められている．ここでは，MOS FET を用いた MOS ロジック及び MOS メモリを中心としてそれぞれの基本的な構成や特徴について述べる．

4.1.1 MOS ロジック

MOS FET を用いた基本的なロジック回路として，**図 4.1** に示すように AND, OR, NAND, NOR, NOT, XOR など各種の論理演算を行うゲート回路がある．更にこれらのゲート回路を用いたレジスタ（register），カウンタ（counter），フリップフロップ（flip-flop），加算器（adder），乗算器（multiplier），コンパレータ（comparator），エンコーダ（encoder），

第4章 ULSIデバイス構造

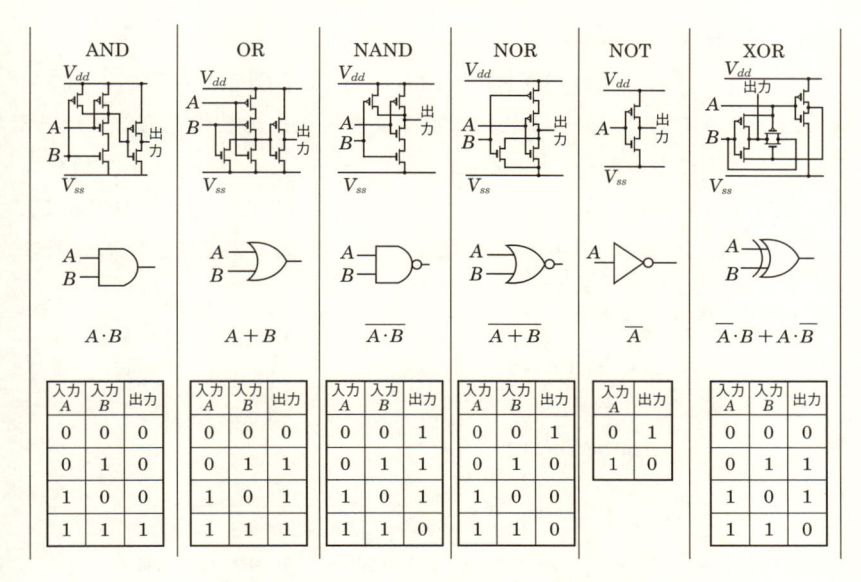

AND	OR	NAND	NOR	NOT	XOR
$A \cdot B$	$A + B$	$\overline{A \cdot B}$	$\overline{A + B}$	$\overline{A}$	$\overline{A} \cdot B + A \cdot \overline{B}$

入力A	入力B	出力
0	0	0
0	1	0
1	0	0
1	1	1

入力A	入力B	出力
0	0	0
0	1	1
1	0	1
1	1	1

入力A	入力B	出力
0	0	1
0	1	1
1	0	1
1	1	0

入力A	入力B	出力
0	0	1
0	1	0
1	0	0
1	1	0

入力A	出力
0	1
1	0

入力A	入力B	出力
0	0	0
0	1	1
1	0	1
1	1	0

図 4.1 MOS FET を用いた基本ロジック回路

デコーダ (decoder), マルチプレクサ (multiplexer), デマルチプレクサ (demultiplexer) など各種の基本的なロジック回路が LSI の中で多用されている. ロジック回路は当初, バイポーラトランジスタにダイオードや抵抗を組み合わせた DTL (Diode Transistor Logic) や RTL (Resistor Transistor Logic) などが用いられた. しばらくして, より高速・低消費電力でノイズマージンが大きい TTL (Transistor Transistor Logic) に発展した. MOS ロジックでは, p チャネル MOS FET (以下, pMOS FET) と n チャネル MOS FET (以下, nMOS FET) を相補形に配置した CMOS (Complementary Metal Oxide Semiconductor) ゲートが基本構成である. CMOS ゲートは, MOS FET を微細化することによって高速・低消費電力の各種ロジック回路を実現し, TTL を置き換えていった. 更に MOS ロジックには, 製造後に LSI の構成や機能を設定・変更できる PLD (Programmable Logic Device) や FPGA (Field-Programmable Gate Array) がある. 微細化で MOS FET が高性能化したことにより, これらのプログラマブルデバイスは様々なディジタル信号処理に重用されている.

（1） CMOSゲート

CMOSゲートは，pMOS FETとnMOS FETを図4.2 (a) のように配置したゲートであり，図4.2 (b) に示すような入出力特性を有している．CMOSゲートはNOTゲートあるいはインバータ（inverter）として機能する．CMOS LSIの最も基本的な回路であり，様々な回路で用いられている．

図4.3はCMOSゲートの断面図とレイアウト図である．p形基板上に

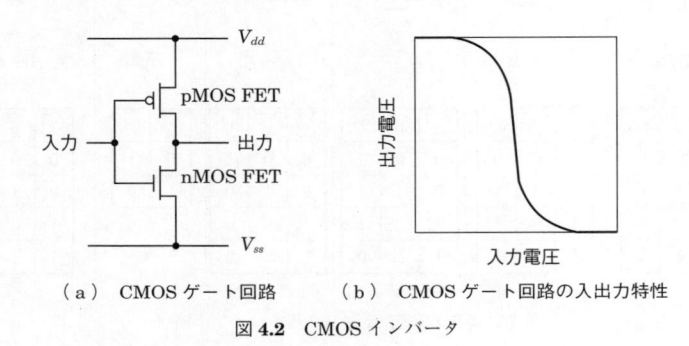

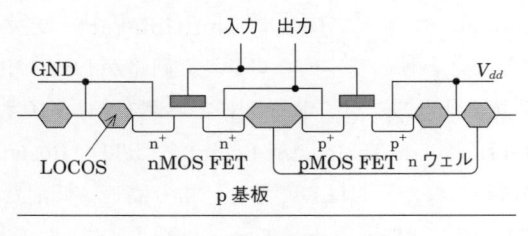

（a） CMOSゲート回路　　（b） CMOSゲート回路の入出力特性

図4.2　CMOSインバータ

（a） 断面図

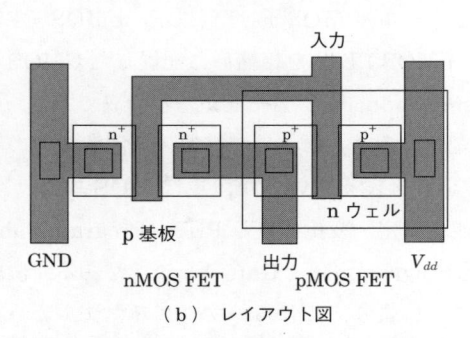

（b） レイアウト図

図4.3　CMOSインバータの断面図とレイアウト図

pMOS FETを作製するため，n形領域のウェル（n well）を形成している．p形基板はグラウンド（0 V）に接続し，n形領域のウェルは電圧V_{dd}の電源に接続している．二つのMOS FETのゲートは互いに接続され，入力端子となる．また，互いに接続されたドレーンは出力端子となる．

（2） CMOSゲートの動作速度

図**4.4**にCMOSゲート（インバータ）の動作を示す．入力がhighからlowになるとpMOS FETがオンになりnMOS FETがオフになる．pMOS FETを流れる電流が，出力端子に接続されている負荷キャパシタンス（ドレーンキャパシタンス，配線キャパシタンス，次段MOS FETのゲートキャパシタンス）C_Lを充電し，出力はhighになる．入力がlowからhighになると，pMOS FETがオフ，nMOS FETがオンになる．負荷キャパシタンスに蓄積されていた電荷がnMOS FETを通して流れ出て出力はlowになる．負荷キャパシタンスが大きいと充放電に時間がかかるため，動作速度が遅くなる．

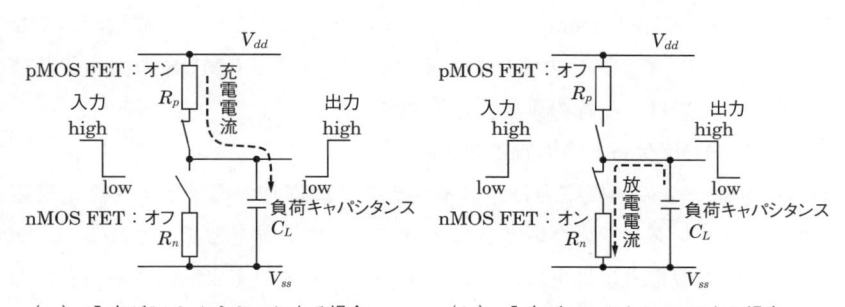

（a） 入力がhighからlowになる場合　　　（b） 入力がlowからhighになる場合

図**4.4** CMOSインバータの動作

（a） 入力がhighからlowに変わったとき　　図4.4のように負荷キャパシタンスをC_Lとする．pMOS FETは飽和領域から線形領域に動作が変化するが，ここでは，pMOS FETのオン抵抗をR_pに単純化している．出力電圧$V(t)$及び充電電流$I(t)$は以下のようになる．

$$V(t) = V_{dd}\left(1 - \exp\frac{-t}{C_L R_p}\right) \tag{4.1}$$

$$I(t) = \frac{V_{dd}}{R_p} \exp\frac{-t}{C_L R_p} \tag{4.2}$$

（b） 入力が low から high に変わったとき　　nMOS FET のオン抵抗を R_n に単純化すると，出力電圧 $V(t)$ 及び放電電流 $I(t)$ は次式で表される．

$$V(t) = V_{dd} \exp\frac{-t}{C_L R_n} \tag{4.3}$$

$$I(t) = \frac{V_{dd}}{R_n} \exp\frac{-t}{C_L R_n} \tag{4.4}$$

動作速度を向上させるためには，MOS FET のオン抵抗（R_p, R_n）及びドレーンに接続されている負荷キャパシタンス（C_L）を小さくすることが必要である．遅延時間は負荷キャパシタンス C_L とオン抵抗の積すなわち $C_L V_{dd}/I_{ON}$ で評価することができる．I_{ON} は MOS FET のオン電流である．このため，$C_L V_{dd}/I_{ON}$ は動作速度の指標として用いられている．

微細化を進めると配線の抵抗が増大するため配線での遅延が重要になる．このため，従来の配線材料であるアルミニウム（抵抗率：$2.66 \times 10^{-6}\Omega\cdot cm$）から銅（抵抗率：$1.67 \times 10^{-6}\Omega\cdot cm$）への変更が進んでいる．また，周波数が高くなると配線のインダクタンス成分を考える必要がある．CMOS の高速化及び低消費電力化では，配線の重要性が増加する．

（3） CMOS ゲートの消費電力

CMOS ゲートの消費電力は，スイッチング動作時のダイナミック消費電力とスイッチングしていないときのスタティック消費電力で表される[6]．ダイナミック消費電力には更に，負荷キャパシタンスの充放電による消費電力に加えて，スイッチング動作時に pMOS FET と nMOS FET を過渡的に流れる貫通電流による消費電力がある．スタティック消費電力は，MOS FET のリーク電流によるものである．

CMOS LSI の消費電力は，上記の負荷キャパシタンス充放電電流，貫通電流及びリーク電流による消費電力の和になる．それぞれの消費電力を以下に説明する．

① **負荷キャパシタンス充放電による消費電力**：充電時に pMOS FET で消費されるエネルギー E_p は

$$E_p = \frac{1}{2} C_L V_{dd}^2 \tag{4.5}$$

放電時に nMOS FET で消費されるエネルギー E_n は

$$E_n = \frac{1}{2} C_L V_{dd}^2 \tag{4.6}$$

したがって，負荷キャパシタンス充放電電力 P_1 は f をクロック周波数とすると，次式で表される．

$$P_1 = f(E_P + E_n) = fC_L V_{dd}^2 \tag{4.7}$$

負荷キャパシタンスの充放電で消費する電力は，f と C_L に比例し，V_{dd} の2乗に比例する．低消費電力 LSI では，$C_L V_{dd}^2$ の値が LSI 設計の指針として用いられている．

式 (4.7) から，集積回路の消費電力を低減するためには，電源電圧を下げることが効果的である．しかし，電源電圧を下げると動作速度が低下する．このため，負荷の大きさに応じてチップ内のクロック周波数や電源電圧を局所的かつ動的に変化させる方法が導入されている．

② **貫通電流による消費電力**：CMOS ゲートでは，pMOS FET がオンのときは nMOS FET がオフに，あるいはその逆になりいずれかの MOS FET がオフになっている．このため，静止状態では消費電力が少ない．しかし，スイッチング時において，入力が電源電圧の半分程度のときに pMOS FET と nMOS FET の両方がオン状態になり，過渡的に電流が流れる．これを貫通電流と呼ぶ．

貫通電流による消費電力 P_2 は以下の式で表される．

$$P_2 = fp_t I_{SC} \Delta t_{SC} V_{dd} \tag{4.8}$$

ここで，p_t はスイッチング確率，I_{SC} は平均貫通電流，Δt_{SC} は貫通電流平均時間である．貫通電流は，入力信号の立上り時間及び立下り時間が長いほど大きくなる．pMOS FET 及び nMOS FET のしきい値電圧が小さいほど貫通電流が大きくなる．また，MOS FET のサブスレッショルド係数が大きいほど貫通電流が流れる時間が長くなる．負荷に応じて，クロック周波数や電源電圧をダイナミックに制御することは，貫通電流による電力の低減にも有効である．

③ **MOS FET のリーク電流による消費電力**：MOS FET がオフ状態にあるときにも僅かなリーク電流が流れている．このリーク電流による消費電

力 P_3 は以下のように表される.

$$P_3 = I_{\text{leak}} V_{dd} \tag{4.9}$$

I_{leak} は MOS FET のリーク電流であり，ドレーン接合リーク電流，サブスレッショルドリーク電流，ゲートリーク電流及びゲート誘起ドレーンリーク電流（GIDL：Gate Induced Drain Leakage Current）に分けることができる．高速化のためにしきい値電圧を下げるとサブスレッショルドリーク電流が急激に増加する．また，ゲート酸化膜を薄くするとゲートリーク電流が増大する．このため，微細化による高集積化と高速化を追求したハイエンドLSI では，リーク電流による消費電力が支配的になる．

以上から，CMOS LSI の消費電力 P は以下のように表される．

$$\begin{aligned} P &= P_1 + P_2 + P_3 \\ &= f C_L V_{dd}^2 + f_{pt} I_{SC} \Delta t_{SC} V_{dd} + I_{\text{leak}} V_{dd} \end{aligned} \tag{4.10}$$

消費電力の低減は LSI における最優先の課題であり，特に携帯電子機器用途では不可避である．このため以下に示すように，材料からアーキテクチャの全範囲で消費電力を低減するための工夫が精力的に進められている．

- 負荷に応じたクロック周波数と電源電圧の局所的かつ動的な制御（クロック停止，電源切断を含む）
- MOS FET及び配線の材料や構造を最適化して負荷キャパシタンス，抵抗，リーク電流を低減
- しきい値電圧が異なるMOS FETの組合せ及びしきい値電圧の局所的かつ動的な制御
- 並列処理アーキテクチャによるクロック周波数の低減

4.1.2 MOS メモリ

MOS トランジスタを用いたメモリには非常に多くの種類があるが，ここでは，電源を切断するとデータを失う揮発性メモリと電源を切断してもデータを失わない不揮発性メモリについて述べる．揮発性メモリでは，DRAM（Dynamic Random Access Memory）と SRAM（Static Random Access Memory）について述べる．また，電源を切断しても 10 年以上の長期間にわたってデータを保持する不揮発性メモリとして，フラッシュ（Flash）メモリと FeRAM（Ferroelectric Random Access Memory）について述べる．

不揮発性メモリは,データを保持するための電力を必要としないため,消費電力の低減が可能である.このため,MRAM (Magnetic Random Access Memory)[7]~[11],PCM (Phase Change Memory)[12]~[14],ReRAM (Resistance Random Access Memory)[15]~[17]など各種の不揮発性メモリの開発が進められている.

(1) DRAM

DRAM (Dynamic Random Access Memory) は,コンピュータ及び各種電子機器のメモリデバイスとして広く使用されている.そのメモリセルは図4.5 に示すように,一つのトランジスタと一つのキャパシタから構成されている.キャパシタのキャパシタンスは,これまでほぼ一定であり約 25 fF/セルである.大容量化と低価格化の要求から,キャパシタの微細化と立体化が続けられている[18].DRAM では,キャパシタに電圧を印加して電荷を蓄積することでデータを書き込む.この電荷はキャパシタに接続された MOS FET のリーク電流によって徐々に失われるため,数十 ms (例えば,汎用 DRAM では 64 ms) ごとに再書込み動作 (リフレッシュ) を行っている.常にリフレッシュ動作が必要なことから,ダイナミック (dynamic) の名前が付けられている.

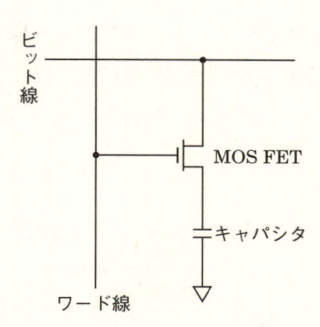

図 4.5 DRAM のメモリセル

微細化によってキャパシタンスが小さくなると動作マージンが低下する.このため,SiO_2 よりも比誘電率が大きい HfO_2 膜,Ta_2O_5 膜や ZrO_2 膜などをキャパシタの絶縁膜に用い,キャパシタを微細化しても必要なキャパシタンスが確保できるようにしている[19]~[21].図 4.6 は DRAM ハーフピッチ (配

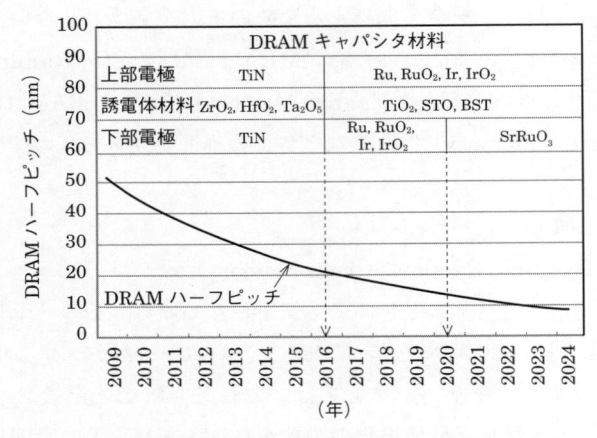

図4.6 DRAMの微細化とキャパシタ材料

線ピッチ幅の半分）のロードマップとキャパシタ材料である．微細化とともにキャパシタ材料も変化していく．また，キャパシタとトランジスタを立体的に配置してキャパシタンス確保とメモリセル面積低減の両方を達成しようとしている．

図4.7はスタック形キャパシタとトレンチ形キャパシタである[22]〜[26]．スタック形にはマルチシリンダ形やマルチフィン形など様々な構造がある[27]〜[29]．更に，電極の多結晶Siの表面を粗面化（HSG：Hemi-Spherical Grain）してキャパシタ電極面積を拡大する工夫も行われている[30]．

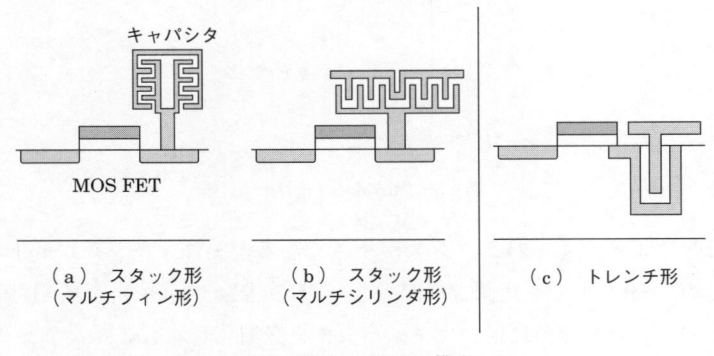

図4.7 キャパシタの構造
(a) スタック形（マルチフィン形）
(b) スタック形（マルチシリンダ形）
(c) トレンチ形

デザインルールを F (Feature size) としたとき，1ビットのメモリセルの面積は $8F^2$ となる．キャパシタ材料と構造の工夫によって，図 **4.8** のメモリセルレイアウト図に示すように，メモリセル面積を $8F^2$ から $6F^2$，更に $4F^2$ に低減し，高集積化・大容量化することを目指している[31]～[34]．

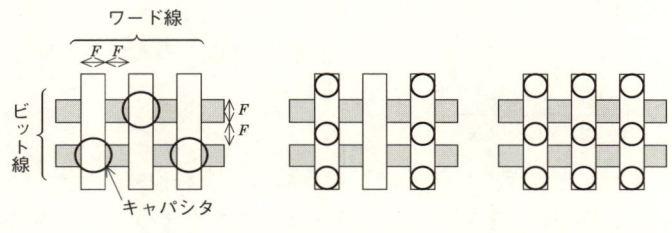

（a） $8F^2$ メモリセル　　（b） $6F^2$ メモリセル　　（c） $4F^2$ メモリセル

図 **4.8**　DRAM メモリセルのレイアウト

DRAM のメモリセルは回路が単純である反面，データ書込みや読出しは少し複雑である．図 **4.9** のメモリ周辺回路でデータ読出し/書込み方法の一例を述べる．

① **データ読出し**
（ⅰ）プリチャージスイッチをオンにしてビット線の電位を $V_{dd}/2$ にする．

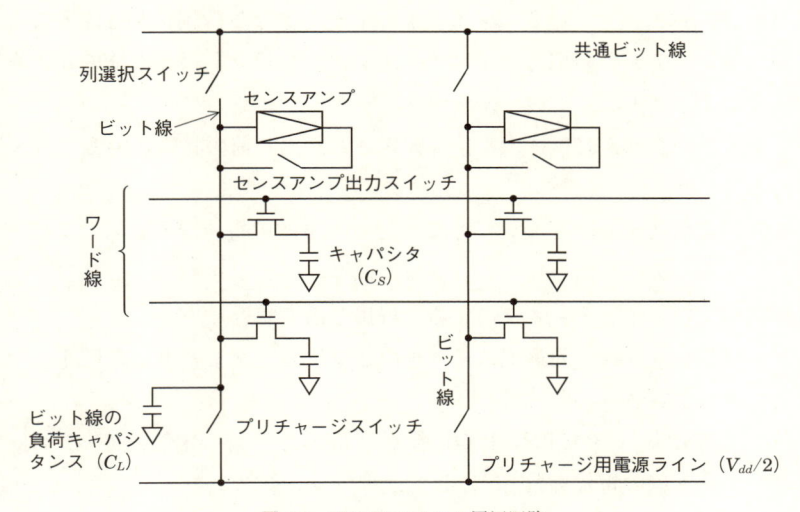

図 **4.9**　DRAM のメモリ周辺回路

(ii) プリチャージスイッチをオフにした後，ワード線の電位を high にして選択トランジスタをオンにする．

(iii) キャパシタに蓄えられていた電荷に応じて変化したビット線の電位に対して，一定値以下ならば 0 V，一定値以上であれば V_{dd} をセンスアンプが出力する．

ここで，センスアンプに入力される電圧 V_S は以下の式で表される．

$$V_S = \frac{V_{dd}}{2} \frac{C_S}{(C_L + C_S)} \tag{4.11}$$

C_S はキャパシタのキャパシタンス，C_L はビット線の負荷キャパシタンスである．温度変化やトランジスタの特性ばらつきを含めて，V_S がセンスアンプの感度以上になるように C_L と C_S が設定される．

$C_L = 5C_S$ の場合，V_S は以下のようになる．

$$V_S = \frac{V_{dd}}{12} \tag{4.12}$$

センスアンプに入力される V_S を大きくするためには，C_L を小さくすることが有効である．このため，埋込ビット線技術などによってビット線の負荷キャパシタンスを削減することができればキャパシタに必要なキャパシタンス（約 25 fF/セル）を小さくすることができ，更なる微細化が可能となる．

(iv) センスアンプの出力スイッチをオンにしてビット線の電位を 0 V 若しくは V_{dd} とする．

(v) キャパシタがビット線電位で充電され読出し前の状態に戻る（再書込み）．

(vi) 列選択スイッチをオンにして共通ビット線の電位を 0 V 若しくは V_{dd} にする（データ出力）．

(vii) 全てのスイッチをオフにする（読出し前の状態）．

② **リフレッシュ**：列選択スイッチをオフにしたまま読出しを行う．

③ **データ書込み**

(i) 列選択スイッチをオンにして共通ビット線とビット線の電位を同じにする．

(ii) ワード線の電位を high にして選択トランジスタをオンにし，ビット線の電位をキャパシタに印加する（データ書込み）．

DRAM では，キャパシタのキャパシタンスによって動作マージンが大きく変化する．使用条件が厳しい用途の場合は，キャパシタを大きくし，キャパシタンスを増やして動作マージンを増加させることが可能である．この意味で，DRAM は使いやすいメモリであるともいえる．

DRAM は SOI 基板上にも作製されておりソフトエラーが低減することが確認されている[35]．SOI-DRAM は，ウェーハ貼合わせ技術を用いて作製した SOI 基板上で LSI が正常に動作することを初めて実証したデバイスである．LSI 製造プロセスに耐える強力で均一な接着を実現するため，パルス静電接着技術が用いられている[36]．また，通常の Si ウェーハにデバイスを作製し，別の Si ウェーハに貼り合わせた後，薄膜化するデバイス反転形 SOI 技術では SOI-DRAM，パワー MOS FET などが作製されている[37],[38]．更に，SOI-MOS FET のボディ電位を利用することによってキャパシタをなくしたキャパシタレス DRAM が開発されている[39],[40]．

(2) SRAM

SRAM (Static Random Access Memory) は，データ保持状態での消費電力が非常に小さく，高速動作が可能である．これらの特徴から，SRAM は MPU (Micro-Processing Unit) に内蔵されるキャッシュメモリ，ハードディスクやルータなどのバッファメモリ，小形携帯機器のメモリとして多用されている．ボタン電池を内蔵若しくは二次電池や電気二重層コンデンサを接続してデータを不揮発性にしたバッテリバックアップ SRAM も様々な用途で用いられている．また，フラッシュメモリや FeRAM などの不揮発性メモリを混載した不揮発性 SRAM もある．電源切断時に SRAM のデータを不揮発性メモリに転送し，電源入力時にデータを SRAM に戻すことによってデータを不揮発性にすることができる．

SRAM のメモリセルには図 4.10 に示すように，4 個の MOS FET と 2 個の抵抗から構成される 4T 形と，6 個の MOS FET から構成される 6T 形がある．前者では抵抗の代わりに TFT (Thin Film Transistor) を用いたものもある．4T 形 SRAM は，メモリセル面積を低減できるが，動作マージンと動作速度が低下する．このため，電源電圧の低下とともに用いられなくなっている．

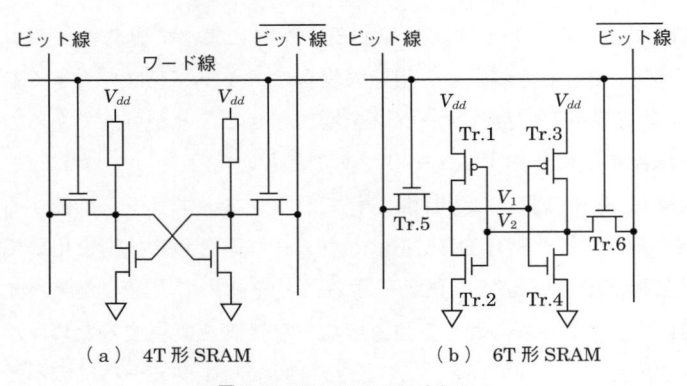

図 4.10　SRAM のメモリセル

（a）4T 形 SRAM　　　（b）6T 形 SRAM

CMOS LSI では，動作マージンが大きい 6T 形 SRAM が主流である．6T 形 SRAM メモリセルは，インバータ 2 個によるフリップフロップと入出力線との間をスイッチするトランジスタ（トランスファゲート）2 個で構成されている．ビット線間に 100 mV 前後の電位差があるとフリップフロップが動作し，ビット線が V_{dd} 若しくは 0 V になる．データはフリップフロップの双安定状態で記憶する．したがって，**図 4.11** に示すように，ノイズマージンはそれぞれのインバータの特性を重ね合わせたバタフライカーブの中に入る正方形で表される．正方形が大きいほどノイズマージンが大きくなる．

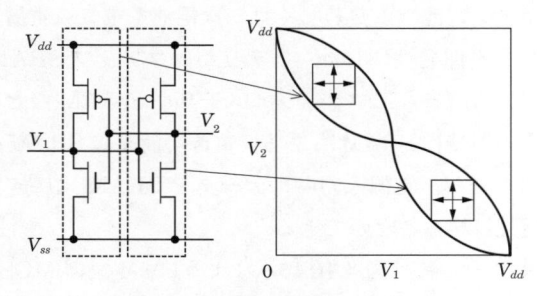

図 4.11　SRAM の動作マージン

6T 形 SRAM は，メモリセル面積が大きいため大容量メモリには向かないが，ノイズマージンが大きくインタフェースが単純であるため使いやすい．量産されている SRAM のメモリ容量は，数十 Mbit 程度であるが，DRAM のようなキャパシタプロセスが不要であり，通常の CMOS プロセスで製造

できるメリットがある．このため，各種の LSI に混載されている．

一方，システム LSI では必要な SRAM が増加する傾向にあることから，動作マージンを確保しながらメモリセルを微細化することが要求されている．

SRAM のデータ書込みと読出しは，DRAM と比較すると大幅にシンプルである．図 4.10 (b) を用いて基本動作を説明する．

① **データ読出し**
(ⅰ) ビット線及び$\overline{\text{ビット線}}$を $V_{dd}/2$ にプリチャージする．
(ⅱ) ワード線を high にして Tr.5 と Tr.6 をオンにする．
(ⅲ) V_1 が high(V_{dd})，V_2 が low$(0\,\text{V})$ とすると，Tr.4 がオン，Tr.2 がオフであることから，ビット線から電荷が流れ込んで$\overline{\text{ビット線}}$の電位が低くなる．
(ⅳ) ビット線と$\overline{\text{ビット線}}$の電位差を差動センスアンプで判定する．
(ⅴ) ワード線を low にする（V_1 と V_2 は初期のまま保持される）．

② **データ書込み**
(ⅰ) ビット線及び$\overline{\text{ビット線}}$をデータ電位にする（V_{dd} または $0\,\text{V}$）．
(ⅱ) ワード線を high にして Tr.5 及び Tr.6 をオンにする．
(ⅲ) ビット線を V_{dd}，$\overline{\text{ビット線}}$を $0\,\text{V}$ とすると，$V_1 = V_{dd}$，$V_2 = 0\,\text{V}$ となることから，Tr.4 と Tr.1 がオンになり，Tr.2 と Tr.3 がオフになる．
(ⅳ) ワード線を low にする（Tr.1～4 はそのままの状態で保持されデータが記録される）．

(3) フラッシュ (Flash) メモリ

フラッシュメモリは，電源を切断してもデータを失わない不揮発性メモリである．フラッシュ EEPROM（Electrically Erasable Programmable Read-Only Memory）とも呼ばれているように，データを記憶するトランジスタの構造は，EEPROM のトランジスタと類似している[41]～[45]．複数のメモリセルのデータを一括して消去することからフラッシュ (Flash) という名称が付けられた．フラッシュメモリは携帯電話，ディジタルカメラなど各種電子機器の不揮発性大容量メモリデバイスとして多用されている．微細化，多値化及びチップ積層化によって大容量化することによりハードディスクの置換えが進んでいる[46]．ただし，高速のランダムアクセスができない

ことや書込み回数に制限があること等から，DRAM や SRAM をフラッシュメモリで置き換えることはできない．

フラッシュメモリセルのトランジスタには多くの種類があり，フローティングゲート形，MNOS（Metal-Nitride-Oxide-Silicon）形，MONOS（Metal-Oxide-Nitride-Oxide-Silicon）形及び SONOS（Silicon-Oxide-Nitride-Oxide-Silicon）形がある[47]~[50]．いずれもゲートの中に電荷を蓄える領域を形成している．**図 4.12** (a) のフローティングゲート形はゲート酸化膜の中に形成されている多結晶シリコン層（フローティングゲート）に電荷を注入する．MNOS 形，MONOS 形及び図 4.12 (b) の SONOS 形は Si 酸化膜と Si 窒化膜の界面に電荷を注入する．いずれも注入した電荷（書込み）でチャネルのしきい値電圧を変化させ，ドレーン電流の大きさからデータを判定する（読出し）．注入された電荷は 10 年間以上保持される．このことからフラッシュメモリは無電源で 10 年間以上，データを保持することができる．

（a） フローティングゲート形　　（b） SONOS 形

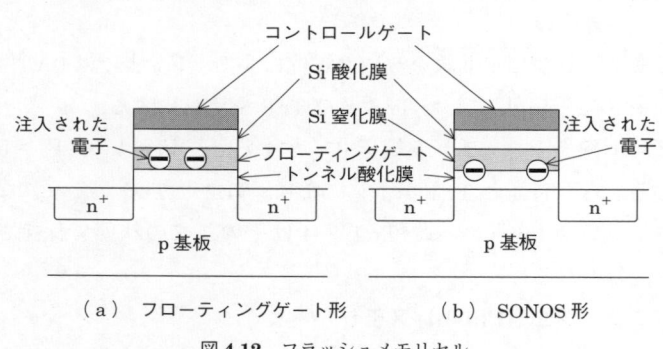

図 4.12　フラッシュメモリセル

① **データ読出し**：**図 4.13** に示すように，コントロールゲートに読出し電圧，ソース及びドレーン間に電圧を印加してドレーン電流の大小でデータを読み出す．

フローティングゲートに電子が注入されている場合にはしきい値が大きくなり，ドレーン電流が小さくなる．電子が注入されていない場合はしきい値が変化せず，コントロールゲートに印加された読出し電圧によってドレーン電流が流れる．このドレーン電流の変化でデータを判定する．フローティングゲートに注入された電子が失われるとデータも失われる．

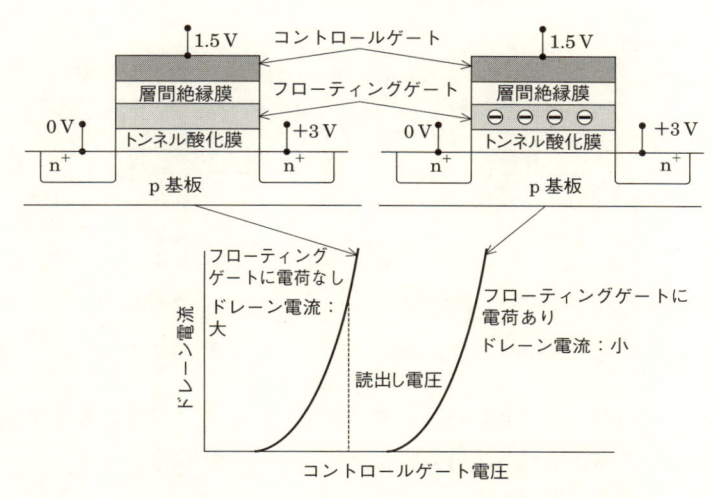

第4章　ULSIデバイス構造　　　　　　　　　　　　　　　**179**

図4.13　フラッシュメモリのデータ読出し

② **データ消去**：フラッシュメモリにデータを書き込むためには，前もってデータを消去しておく必要がある．消去は，コントロールゲート，ソース，ドレーンに電圧を印加して，フローティングゲートに注入された電子を引き抜くことによって行われる．**図4.14**に示すようにソース消去法とチャネル消去法がある．

（a）　ソース消去法　　　　　　（b）　チャネル消去法

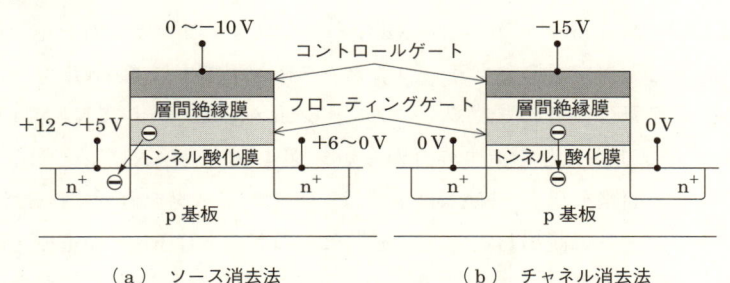

図4.14　フラッシュメモリのデータ消去方法

③ **データ書込み**：フローティングゲートに電荷がない状態にした後，フローティングゲートに電子を注入して書込みを行う．電子の注入方法には**図4.15**に示すように，ホットエレクトロン注入法とトンネル注入法がある．前者は書込み電圧が低い反面，書込み電力が大きくなる．後者はその逆で，

(a) ホットエレクトロン注入法   (b) トンネル注入法

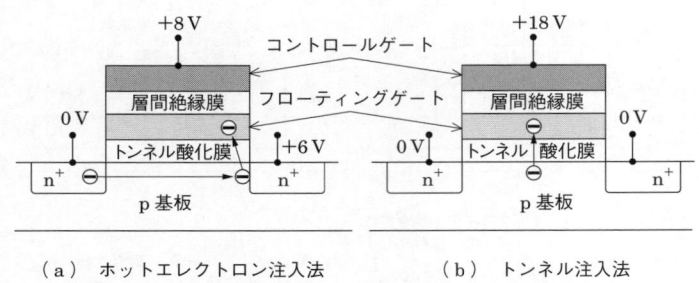

図4.15 フラッシュメモリのデータ書込み方法

電力は小さいが書込みに高い電圧が必要である．いずれの場合もトンネル酸化膜を貫通して電子を注入することから，トンネル酸化膜が劣化する．このため書込み回数に制限があり，10万回程度が限界である．

　フローティングゲートに注入された電子は10年間以上，その状態を維持する．微細化とともにトンネル酸化膜が薄くなるとデータの保持特性が劣化し，データ保持時間が短くなる傾向にある．

　フラッシュメモリの使い方には2種類がある．一つはプログラムコード格納用であり，この用途では主にNOR形のフラッシュメモリが用いられる．NOR形フラッシュメモリはシステムメモリに適しており，従来はROM（Read Only Memory）の交換が必要であったプログラムの更新を電気的に簡単に行うことができる．もう一つはデータ格納用で主にNAND形が用いられる．生産量は後者の方が多く，フラッシュメモリといえばNAND形フラッシュメモリのことを指す場合が多い．図4.16にNAND形とNOR形のメモリセル回路を示す．NAND形では，トランジスタを直列に接続する．選択セルのゲートに読出し電圧，非選択セルのゲートにhighの電圧を印加してデータを読み出す．セルとセルの間から電極を取り出す必要がないことから，NAND形は微細化が可能で，大容量化に適している．一般的には，読出しと書込みはページ（2kバイト）単位で行われ，消去はブロック（64ページ）単位で行われる．フラッシュメモリは上書きができないことから，消去してから書込みを行う．したがって，データの一部を変更する場合はまず，ブロック単位のデータを外部に移してデータを変更する．次に，元のブ

第4章　ULSIデバイス構造

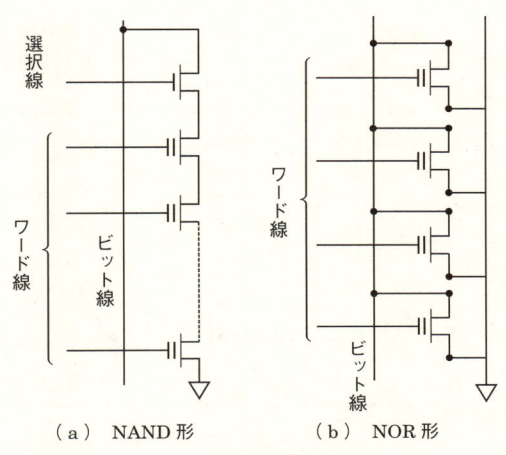

(a) NAND形　　　(b) NOR形

図4.16　NAND形とNOR形

ロックのデータを消去し，そこに外部で変更したデータを書き戻す．NOR形はトランジスタ単位で配線を引き出す必要があるため，NANDよりもメモリセル面積が大きくなり，大容量化が難しくなる．一方，メモリセルがビット線に対して並列接続されているため，DRAMやSRAMと同じようにバイト単位の高速読出しが可能である．この特徴から，NOR形フラッシュメモリはプログラムを格納するメモリとして従来のROMの代わりに用いられている．バイト単位での書込みが可能であるが，消去はNAND形と同じくブロック単位である．フラッシュメモリにはNAND形，NOR形以外にAND形，DINOR形などがある．

フラッシュメモリの特徴はデータの多値化が可能なことにある[51]．一つのメモリセルで2～4ビットのデータを記憶することができ，微細化／高集積化することなく大容量化を実現することができる[52]～[55]．一つのメモリセルで多ビットの記録が可能なセルをMLC (Multi Level Cell) という．これに対して1ビットを記録するセルはSLC (Single Level Cell) と呼ばれている．多値化には二つの方法がある．一つは**図4.17**のように，フローティングゲートに注入する電子の数でしきい値電圧を制御する．もう一つは，フローティングゲートを用いない構造に限定されるが，**図4.18**のように注入する電子の場所を変えることによって多値化する方法である．フラッシュ

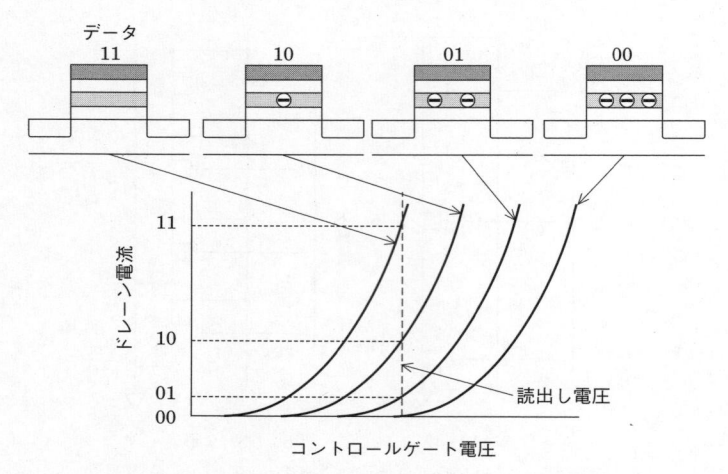

図 4.17 フローティングゲート形フラッシュメモリの多値化

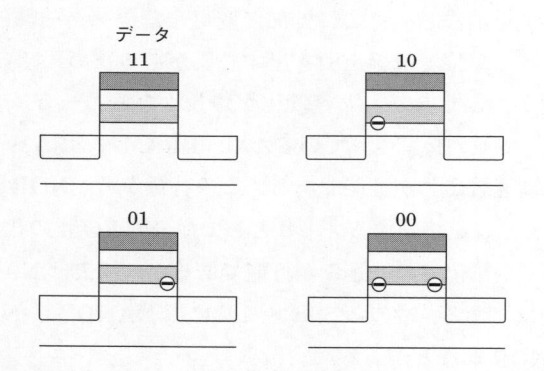

図 4.18 フローティングゲートを用いないフラッシュメモリの多値化

メモリでは，注入する電子の数と場所をかえて多値化しているわけであるが，いずれの場合もドレーン電流の大きさでデータを判別しているため，特性ばらつきが十分小さい製造技術が不可欠である．

（4） FeRAM

FeRAM（Ferroelectric Random Access Memory）は，強誘電体の残留分極を利用した不揮発性メモリである[56]〜[61]．FRAM と呼ばれることもある．高速・低消費電力で DRAM や SRAM と同じようにランダムアクセスが可能であることが特徴である．データは強誘電体キャパシタに電圧を印加し，

強誘電体の分極方向で書き込み，残留分極で記憶する．データを読み出すときは，強誘電体キャパシタに電圧を印加し，そのときに分極が反転するかしないかでデータを判定する．電源を切断しても10年間以上，分極状態すなわちデータを保持することができる．一方，分極反転による強誘電体の疲労のため，書換え回数が10^{12}～10^{15}回程度に制限されている．ただし，強誘電体材料技術やプロセス技術の進展により，書換え回数無制限（10^{15}回以上）の実現が予想されている．高速・低消費電力・ランダムアクセスが可能であることから，非接触ICカード，RFID（Radio Frequency Identification）タグなどに用いられている[62]～[64]．バッテリバックアップSRAMの置換えも進んでいる．書換え限界回数がフラッシュメモリの1,000万倍以上多いことから，各種LSIへの混載や不揮発性ロジックなどの新たな応用が期待されている[65]．FeRAMのメモリセルは図4.19に示すようにDRAMのメモリセルと類似している．キャパシタの誘電体が強誘電体であることが特徴である．DRAMのキャパシタの電荷がリーク電流によって徐々に失われるのに対して強誘電体の残留分極は長時間にわたってその状態を維持できる．こ

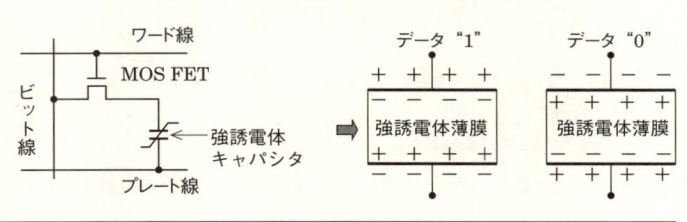

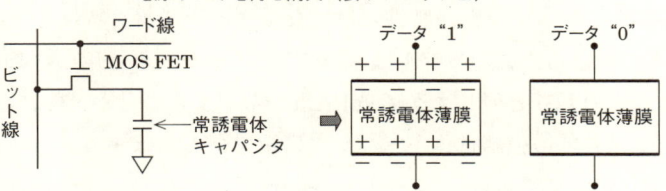

図4.19 FeRAMとDRAMのメモリセル比較

のため，FeRAMはDRAMのようなリフレッシュが不要であり，電源を切断してもデータを維持することができる．図4.20は強誘電体キャパシタの構造である．強誘電体薄膜として，PZT（Pb(Zr, Ti)O$_3$）やSBT（SrBi$_2$Ta$_2$O$_9$）などが用いられている[66],[67]．図4.21は，PZTの結晶構造と分極特性を示している．結晶内部のZr/Tiが外部電界によって二つの安定点をとる．これによって分極方向が異なる2種類の残留分極が発生する．分極特性はヒステリシス曲線を示し，このヒステリシス曲線の形がメモリ特性（書込み，読出し，データ保持）に大きな影響を与える．

上部電極 — Pt, Ir, IrO$_2$, SrRuO$_3$
強誘電体薄膜 — PZT, SBT, BLT, BIT
下部電極 — Pt, Ir, IrO$_2$, SrRuO$_3$

PZT：Pb(Zr, Ti)O$_3$, SBT：SrBi$_2$Ta$_2$O$_9$
BLT：(Bi, La)$_4$Ti$_3$O$_{12}$, BIT：Bi$_4$Ti$_3$O$_{12}$

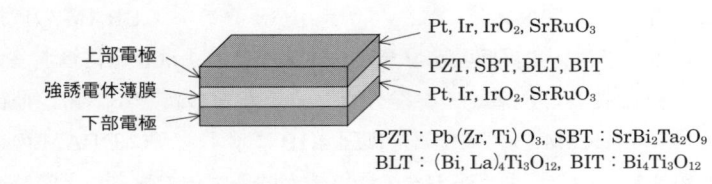

図4.20　強誘電体キャパシタ

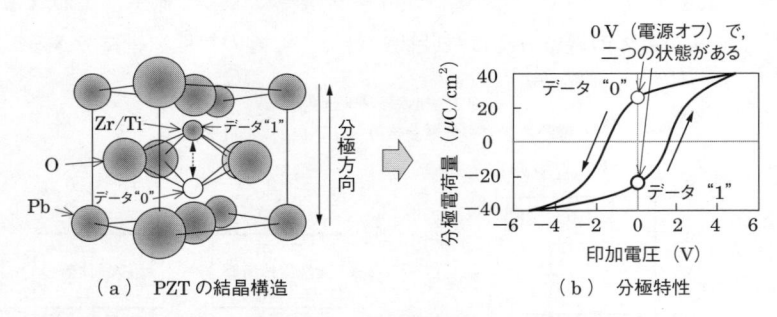

（a）PZTの結晶構造　　　（b）分極特性

図4.21　強誘電体（チタン酸ジルコン酸鉛：PZT）薄膜の結晶構造と分極特性

強誘電体キャパシタの分極特性がFeRAMの回路設計に大きな影響を与えることから，強誘電体キャパシタの回路シミュレーションモデルが開発されている[68]．ヒステリシス特性だけでなくダイナミック特性も正確に表現することができる．このモデルはSPICEシミュレータで用いることができるため，通常のLSIと同じようにFeRAMを設計することが可能になっている．図4.22は各種の強誘電体キャパシタ構造である．ほかのメモリと同じように微細化が課題であり，プレーナ（planar）構造からスタック（stack）構造へ，更に3D-スタック（3D-stack）構造にすることによって微細化を図ってい

第4章 ULSIデバイス構造

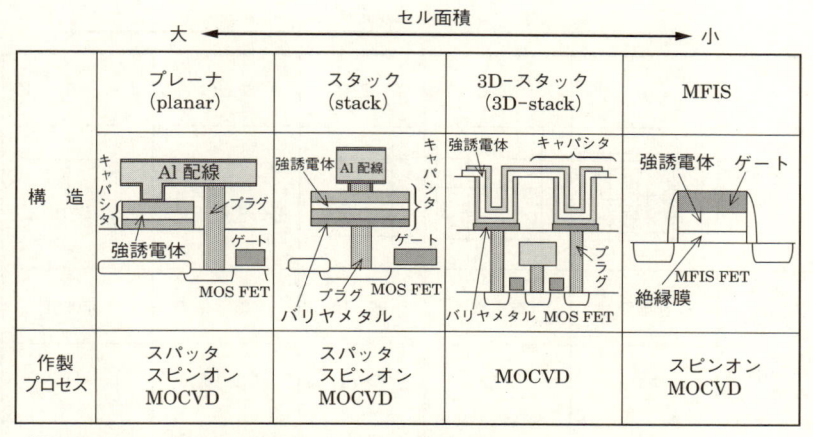

		セル面積		
	大 ←――――――――――――→ 小			
	プレーナ (planar)	スタック (stack)	3D-スタック (3D-stack)	MFIS
構造	キャパシタ／Al配線／プラグ／強誘電体／ゲート／MOS FET	強誘電体／Al配線／プラグ／ゲート／プラグ MOS FET／バリヤメタル	キャパシタ／強誘電体／プラグ／バリヤメタル MOS FET	強誘電体／ゲート／MFIS FET／絶縁膜
作製プロセス	スパッタ スピンオン MOCVD	スパッタ スピンオン MOCVD	MOCVD	スピンオン MOCVD

(注) MFIS：Metal Ferroelectric Insulator Semiconductor

図 4.22 FeRAM のキャパシタ

る[69],[70]．図 4.23 は各種のメモリセル回路である．DRAM と類似している 1T1C (1 Transistor 1 Capacitor) と読出しマージンが大きい 2T2C (2 Transistors 2 Capacitors) のメモリセルが一般的である．6T4C のメモリセルは 6T 形 SRAM に 4 個の強誘電体キャパシタを接続した構成になっており，SRAM と同様に高速の書込み／読出しが可能である[71]．電源がオフあるいはオンになるときのみ，強誘電体に対してデータの書込みあるいは読出しが行われる．通常の書込み及び読出しでは，強誘電体には一方向のみの電圧しか印加されない．強誘電体の分極が反転しないことから強誘電体薄膜の疲労は発生しない．したがって，6T4C-FeRAM は書換え／読出し回数が実質的に無制限となる．

MOS FET と強誘電体キャパシタのペアを直列に接続したチェイン FeRAM は，セル面積を大幅に低減することができ，大容量化が可能である[72]．

ゲート絶縁膜に強誘電体膜を用いた MFIS (Metal Ferroelectric Insulator Semiconductor) 構造の FET による 1T 形 (トランジスタ形ともいう) FeRAM は，微細化が可能であり，大容量 FeRAM を実現できる可能性がある[73]．1T 形 FeRAM も，強誘電体の分極方向でデータを記録するが，読出し方法が 1T1C や 2T2C と異なっている．分極方向でチャネルを制御し，ド

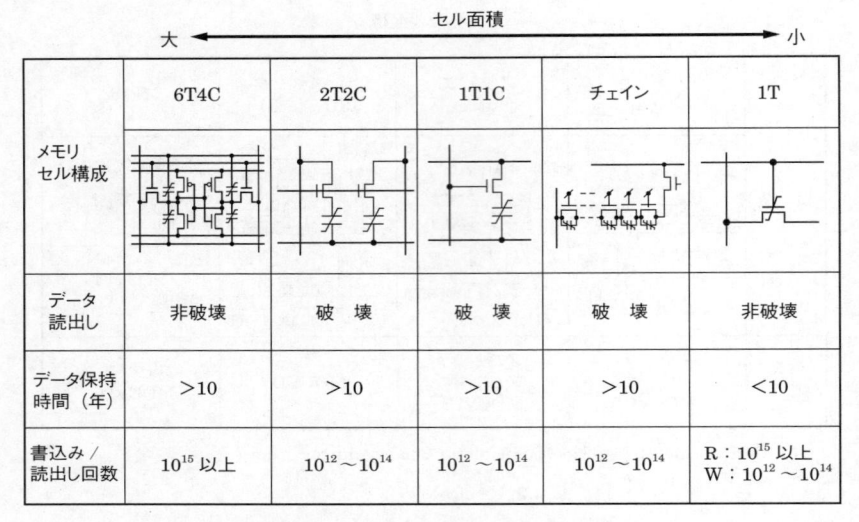

	6T4C	2T2C	1T1C	チェイン	1T
メモリ セル構成					
データ 読出し	非破壊	破壊	破壊	破壊	非破壊
データ保持 時間（年）	>10	>10	>10	>10	<10
書込み/ 読出し回数	10^{15} 以上	$10^{12}\sim10^{14}$	$10^{12}\sim10^{14}$	$10^{12}\sim10^{14}$	R：10^{15} 以上 W：$10^{12}\sim10^{14}$

セル面積　大 ← → 小

図 4.23　FeRAM の各種メモリセルと特徴

レーン電流の変化でデータを読み出す．このため，読出しごとにデータが破壊されるということはない．データ保持時間が短いという問題があったが改善されつつある[74]〜[76]．

① **データの読出し**：1T1C 形及び 2T2C 形 FeRAM のデータの読出しでは，強誘電体キャパシタに電圧を印加したときに分極が反転するか，しないかでデータが判定される．分極の反転・非反転はキャパシタのキャパシタンスの変化で知ることができる．図 4.19 の FeRAM のメモリセル回路において，プレート線に読出し電圧 V_{PL} を印加すると，V_{PL} はビット線のキャパシタンス強誘電体キャパシタのキャパシタンスで分圧される．図 4.24 に示すように，分極がデータ "1" の位置からデータ "0" の位置に変化したときとデータ "0" のままで変化しなかったときのビット線の電位差 V_{Sig} は以下の式で近似される．

$$V_{Sig} = V_{BL(1)} - V_{BL(0)}$$
$$= C_1 \times \frac{V_{PL}}{(C_1+C_{BL})} - C_0 \times \frac{V_{PL}}{(C_0+C_{BL})} \tag{4.13}$$

ここで，$V_{BL(1)}$ と C_1 はデータが "1" から "0" に変化したときのビット

第4章 ULSIデバイス構造

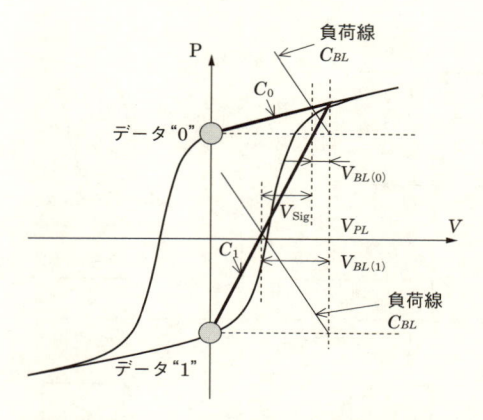

図4.24 データの読出し時のビット線の電位差

線電位とキャパシタンスである．$V_{BL(0)}$ と C_0 はデータが"0"のままで変化しなかったときのビット線電位とキャパシタンスである．V_{PL} はプレート線に印加した読出し電圧，C_{BL} はビット線のキャパシタンスである．それぞれの値は，十分な大きさのビット線電位差が得られるように設定される．また，ビット線の電位をグランドレベルに維持し，データの読出し能力の向上を図る方法も提案されている[77]．

2T2Cのメモリセルでは，二つのキャパシタに互いに逆のデータが書き込まれる．読出し時にはそれぞれのビット線の電位差でデータを判定するため，1T1Cのメモリセルよりもマージンが大きくなる．

1T1C形及び2T2C形FeRAMのデータの読出しでは，読出し時に分極が反転した場合，読出し前のデータが失われる．読出し時にデータを失うことから，破壊読出しと呼ばれる．ただし，分極が反転しない場合にはデータは破壊されない．FeRAMでは読出し時にデータが失われるかどうかに関係なく，読出し後にデータの再書込みが行われる．

図4.25はFeRAMのデータ読出しと再書込みのシーケンスである．
（ⅰ）ワード線をhighにしてトランジスタをオンにする．
（ⅱ）プレート線をhighにしてキャパシタに読出し電圧を印加する．
（ⅲ）ビット線の電位は，分極が反転したときはhigh，非反転のときはlowになる．

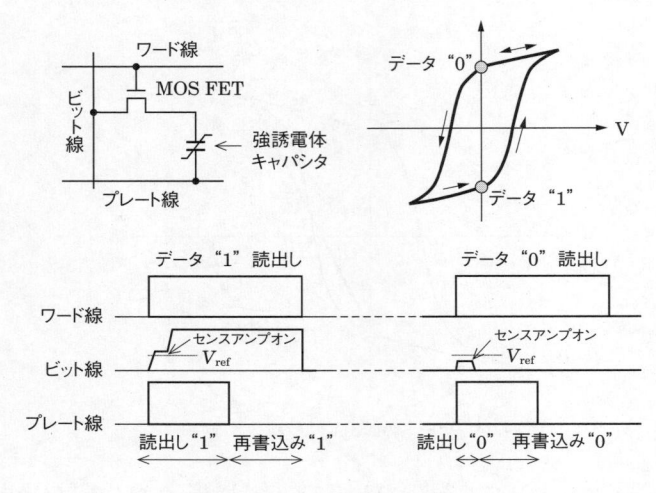

図 4.25 データ読出しと再書込み

(vi) プレート線とビット線の電位差でキャパシタにデータを再書込みする．

ビット線が high の場合は，プレート線が low でかつワード線が high のときにキャパシタに電圧が印加されて元のデータが書き込まれる（再書込み）．ビット線が low の場合は，プレート線とワード線の両方が high のときに元のデータが書き込まれる．

センスアンプの出力を利用して再書込みを行うのは DRAM と同じである．

② **データ書込み**：図 4.26 に示すようにビット線とプレート線の電位を制御して強誘電体キャパシタに正若しくは負の電圧を印加し，分極させる．

（ⅰ）ワード線を high にしてトランジスタをオンにする．
（ⅱ）ビット線の電位を書込みデータに応じて high 若しくは low にする．

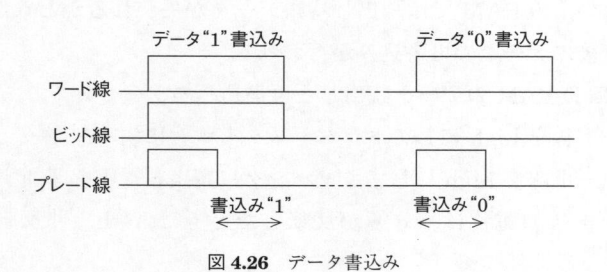

図 4.26 データ書込み

(iii) プレート線の電位を high にする．

(vi) プレート線の電位を low にした後，ワード線を low にする．

4.1.3 CMOS 集積回路の製造プロセス

CMOS LSI の集積度はメモリとロジックによって異なるが，何れも長期間にわたって増加を続けている．この集積度の向上は，3 年で約 0.7 倍のペースで進む微細加工技術，キャパシタやゲートの立体化技術，微細化に起因する不都合を回避するための材料技術，大規模な集積回路を実現する設計技術及び試験技術の向上によるところが大きい．CMOS 集積回路の製造プロセスは，性能向上とチップコスト低減を目指して今後も大きく変化していくことが予想される．ここでは**図 4.27** を用いて，最も基本的な製造プロセスを説明する．実際には，第 3 章で述べられているように様々な材料や構造が導入されている．

（a） Si ウェーハ表面に熱酸化膜及び Si 窒化膜を形成したあと，素子間分離用のシャロートレンチ（STI：Shallow Trench Isolation）を Si 表面に形成する[78]～[80]．

（a） シャロートレンチ形成

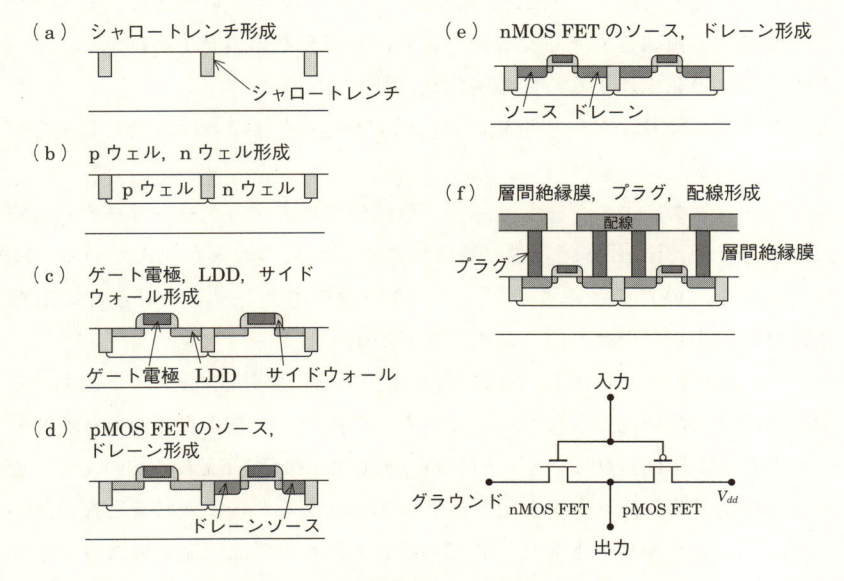

（b） p ウェル，n ウェル形成

（c） ゲート電極，LDD，サイドウォール形成

（d） pMOS FET のソース，ドレーン形成

（e） nMOS FET のソース，ドレーン形成

（f） 層間絶縁膜，プラグ，配線形成

図 4.27　CMOS LSI の製造プロセス

溝の内壁に熱酸化膜を形成した後，溝に Si 酸化膜などの絶縁物を埋め込み，CMP（Chemical Mechanical Polishing：化学機械研磨）で表面を平坦化する．

STI はソース及びドレーン領域と直接接触しており，チャネル領域に近接している．このため，応力起因のキャリヤ移動度の増減，しきい値の低下，リーク電流の増加など多くの問題を発生させる．これらの問題は，溝のコーナ部の形状や絶縁膜の最適化によって問題がないレベルに抑制されている．

(b) イオン注入でnウェル及びpウェルを形成する．このようなツインウェル構造では，nMOS FET と pMOS FET の形成領域の不純物濃度を調整することができる．片方のみにウェルを形成した場合はシングルウェル構造と呼ばれている．ほかに，p形基板上にn形のウェルを形成し，更にその上にp形のウェルを形成するトリプルウェル構造もある．アナログ回路をトリプルウェルに形成することにより，ディジタル回路からのノイズを軽減することができる．

(c) ゲート絶縁膜及びゲート電極を形成した後，LDD（Lightly Doped Drain）構造を形成する．LDD 構造は，ソース及びドレーンとチャネルの間に低濃度の領域を形成してドレーン近傍での高電界の発生を抑制し，ホットキャリヤの発生による特性の劣化を抑制している．

ゲート絶縁膜及びゲート電極の形成は CMOS 作製における最も重要なプロセスである．

スケーリングによるゲート絶縁膜の薄膜化で増大するゲートリーク電流を低減するため，high-k 絶縁膜（高誘電率絶縁膜）の導入が進んでいる．Hf系絶縁膜を用いることによって，リーク電流を増加させることなく，Si 酸化膜を薄膜化した場合と同じ効果を得ている．

ゲート電極には多結晶 Si が用いられていたが，多結晶 Si ゲートにおける空乏層の発生が無視できなくなっている．このため，空乏化しないメタルゲートの導入が進められている．nMOS FET と pMOS FET においてそれぞれ適切な仕事関数のメタルを用いるデュアルメタルゲートが必要となる．

デュアルメタルゲートを用いた CMOS プロセスでは，従来のようにゲート形成後にソース及びドレーンを形成するゲートファーストプロセスとゲー

トを後で形成するゲートラストプロセスがある．前者では，nMOS FET 用のメタルゲートとして TaSiN，pMOS FET 用のメタルゲートとして TiN，high-k ゲート絶縁膜として HfSiON などが用いられている．

ほかに，フルシリサイドゲートプロセス（FUSI：Fully-Silicided Gate Process）やチャネル領域の不純物濃度の影響が小さい完全空乏形 SOI-CMOS などが提案されている．

サイドウォール形成後，pMOS FET のソース及びドレーンを形成する．

(d) 同様に nMOS FET のソース及びドレーンを形成する．

(e) 表面に層間絶縁膜を堆積し，CMP で平坦化する．次にビアホールを形成し，バリヤ膜，プラグ電極を埋め込んだ後 CMP で平坦化する．表面にバリヤ膜を形成した後，配線を形成する．これらを繰り返して多層配線を形成した後，最後に BPSG（Boron Phosphor Silicate Glass）などのパッシベーション膜を堆積する．外部からの汚染をより強く防止するためには，Si 窒化膜をトップパッシベーション膜として用いる．

高速化のために低誘電率層間絶縁膜の導入が進んでいる．微細化とともに，配線材料が Al よりも低抵抗率の Cu に代わっている．これに伴って，配線やプラグ形成では CMP を用いたダマシン（damascene）プロセスが導入されている．プラグと配線を 1 回の CMP で形成するデュアルダマシン（dual damascene）プロセスも用いられている．

4.2　バイポーラデバイス

バイポーラトランジスタを用いたバイポーラデバイスは，初期の MOS デバイスよりも特性が優れていたこともあり，大形コンピュータや通信機器から家電機器に至るほとんど全ての電子機器で用いられた．一方，MOS FET が微細化によって性能と集積度が向上し，CMOS 構成によって消費電力が大幅に低減すると，バイポーラデバイスはしだいに MOS デバイスに置き換えられていった．また，高周波用途では GaAs などの化合物系の MES FET（Metal-Semiconductor Field Effect Transistor）デバイスが優勢になった．

バイポーラトランジスタは MOS FET と比較して電流駆動能力が高い．また，単体で比較すればバイポーラトランジスタは MOS FET を上回る性

能を有している．この特徴が有効な分野でバイポーラデバイスが用いられている．特に，CMOS の高集積・低消費電力とバイポーラトランジスタの高電流駆動力を組み合わせた BiCMOS（Bipolar Complementary Metal Oxide Semiconductor）デバイスは，高速・高性能の集積回路で用いられている．このような状況のなか，第 2 章で記述されているように，ヘテロ接合バイポーラトランジスタ（HBT：Heterojunction Bipolar Transistor）によって電流増幅率及び高周波特性が飛躍的に向上した．

ワイドギャップエミッタを採用したヘテロバイポーラトランジスタでは，Si エピタキシャルベースと SiC エミッタとの組合せが提案されている．比較的低温で成長できる立方晶 SiC のバンドギャップは，2.2 eV で，Si より 1.1 eV 大きい．Si と SiC の系では，結晶格子定数のミスマッチが大きいので Si 上に SiC の単結晶が成長するものの，界面の欠陥がキャリヤの再結合中心として働き，十分なエミッタ注入効率が得られない．しかし，エミッタ部としては必ずしも単結晶である必要はない．図 **4.28** に示すような構造で，多結晶 SiC にふっ素（F）をドーピングし，欠陥となるダングリングボンドを消滅させることによって，h_{FE} が大きいヘテロバイポーラトランジスタが実現されている[81]．

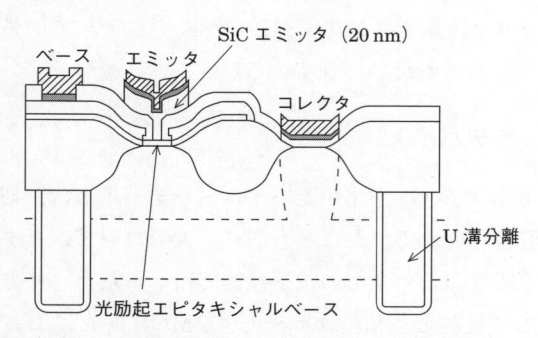

図 **4.28** 多結晶 SiC を用いたヘテロエミッタバイポーラトランジスタ

ナローギャップベースでは，SiGe 混晶を用いたヘテロバイポーラトランジスタが実現されている．SiGe HBT ではバンドギャップを成長方向に変化させ，あるいは濃度勾配を付けることによっていわゆるドリフトベース構造を実現できる．Ge のバンドギャップは 0.66 eV で Si の 1.1 eV よりも小さ

いだけでなく，Ge の添加比率によってバンドギャップを連続的に変化させることができる．また，Ge は Si に対して 100％固溶するため組成比もまた任意に変えることができる．

SiGe HBT では，ベース領域に炭素（C）をドープした SiGe：C HBT 及び SiGe：C HBT を混載した BiCMOS が実用化されている[82]〜[84]．ベース領域のほう素（B）の増速拡散（TED：Transient Enhanced Diffusion）を炭素（C）で抑制することによって，高濃度で急峻なプロファイルを有する薄い SiGe ベース領域（形成時の厚さが 10 nm 前後）を実現している．SiGe：C HBT では，f_T 及び f_{max} が 300 GHz を超える特性が報告されており，化合物半導体デバイスと競合するレベルに達している．図 4.29 に SiGe：C HBT の構造を示す．コレクタ電流を低減した低消費電力の高速 SiGe HBT も開発されている[85]．SiGe：C HBT 及び SiGe：C BiCMOS は，RF 通信用の基本デバイス（LNA，Up/Down Converter，Power Amp など）や光通信デバイス及び各種のアナログデバイスなど様々な用途で用いられている．

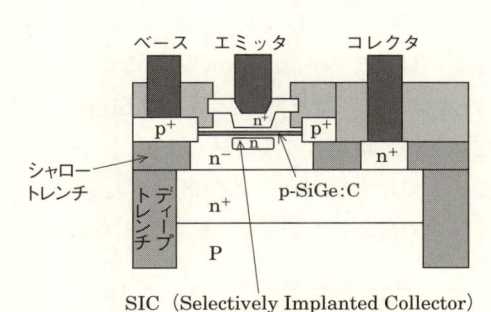

SIC（Selectively Implanted Collector）
図 4.29　SiGe：C HBT の構造

4.2.1　バイポーラロジック

論理機能をダイオードで構成した DTL（Diode Transistor Logic），トランジスタに論理機能を持たせた DCTL（Direct Coupled Transistor Logic），抵抗でノイズ耐性を高めた RTL（Resistor Transistor Logic）を経て，論理機能と増幅機能の両方にバイポーラトランジスタを用い，動作速度を向上させた TTL（Transistor Transistor Logic）に発展した．

更に，バイポーラトランジスタを用いた高速ロジックとして，ECL

(Emitter Coupled Logic) がある．ECL はバイポーラトランジスタの差動増幅回路を用いて実現した極めて高速の論理回路である．ほかに，高集積化が可能な IIL (Integrated Injection Logic) や超高速の NTL (Non-Threshold Logic) が開発されている[86],[87]．

（1） TTL

バイポーラトランジスタを用いた代表的な論理回路である．コンピュータはもちろん，家電機器，産業機器など各種の電子機器で用いられている．5V 単一電源で使いやすく，入出力インタフェースが統一されている．図 4.30 に 3 入力 TTL NAND ゲート回路を示す．DTL の入力ダイオードの代わりにバイポーラトランジスタのベース・エミッタ接合を用いている．Tr.1 のエミッタは入力数に合わせたマルチエミッタになっている．Tr.2 は出力を増幅している．Tr.3 及び Tr.4 は出力抵抗を下げるためのトーテムポール出力段である．全ての入力が high になると，Tr.1 はエミッタとコレクタが逆のモードで動作するため，Tr.1 から小さいコレクタ電流が Tr.2 のベースに流れ込む．これによって Tr.2 及び Tr.4 がオンになり，出力は low になる．いずれか一つの入力あるいは全ての入力が low になると，Tr.1 と Tr.3 がオンになる．Tr.2 及び Tr.4 はオフになるため，出力は high になる．TTL は，入出力が規格化されたことから汎用ロジックとして広く普及した．初期のコンピュータも汎用ロジックで作られたが，消費電力が大きいこと，高集積化が難しいことからしだいに CMOS ロジックに置き換えられた．

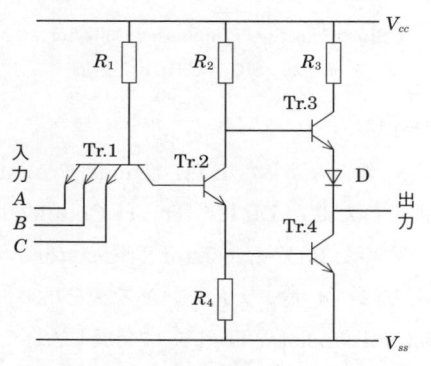

図 4.30　3 入力 TTL NAND ゲート回路

（2） ECL

図 **4.31** に ECL ゲート回路の例を示す．バイポーラトランジスタのエミッタ電流を制限することによって非飽和領域内で動作する．ベース領域内にキャリヤを蓄積させないため，極めて高速である．CML（Current Mode Logic）とも呼ばれる．ロジックだけでなく，高速 SRAM にも ECL が用いられている．ゲート遅延が小さく駆動能力も大きい反面，入出力電圧における high レベルと low レベルの差は約 0.8 V であり，TTL や CMOS ロジックと比較して大幅に小さい．ECL はオン状態とオフ状態で電流が余り変化しないため，スイッチングノイズが比較的小さいという特徴もある．最大の欠点は，電流が流れっぱなしであるため，消費電力が大きいことである．

ECL は高速動作が可能であることから，動作速度が優先される高性能コンピュータに使用された．消費電力が大きいことから CMOS に置き換えられたが，高速小規模回路や CMOS を混載した BiCMOS デバイスで用いられている．

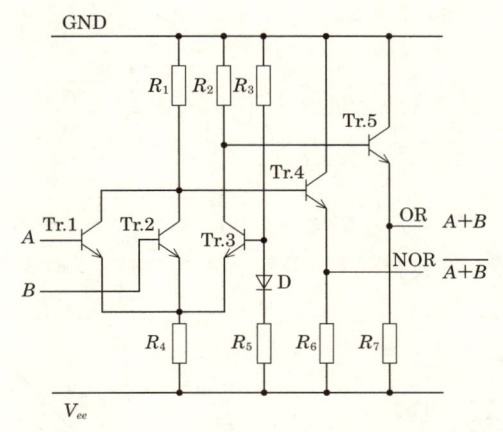

図 **4.31**　2 入力 ECL NOR/OR ゲート回路

（3）　SOI バイポーラデバイス

LSI プロセスに耐える接着強度と Si ウェーハなみの高品質 Si 層を有するウェーハ貼合わせ SOI 基板の出現によって，SOI バイポーラデバイスの作製が可能になった[88]．SOI バイポーラデバイスではソフトエラーが低減し，動作速度が向上する（消費電力が低減する）．図 **4.32** は，SOI バイポーラト

ランジスタの作製方法と断面構造である．まず，2.5μm の厚さの SOI 層にひ素（As）をイオン注入し，コレクタ埋込層を形成する．次にコレクタ層をエピタキシャル成長させた後，既存のプロセスでバイポーラトランジスタを作製する．図 4.33 (a) はスイッチング電流とゲート遅延時間である．図 4.33 (b) は，ECL-SRAM の耐放射線特性の比較であり，いずれも SOI バイポーラトランジスタの優位性が示されている．このほか，光励起エピタキシャル成長を用いた SOI エピタキシャルベーストランジスタ（図 4.34），SOI-ラテラル（横形）バイポーラトランジスタ[89]，SOI-SiGe ヘテロバイポーラトランジスタ[90]，SOI-SiGe BiCMOS[91] ほか多数の SOI バイポーラデバイスがある．

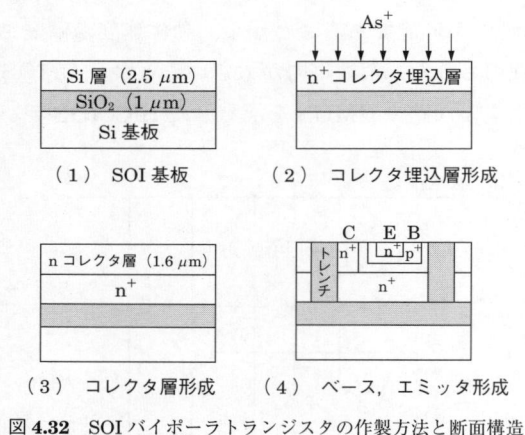

（1）SOI 基板　（2）コレクタ埋込層形成

（3）コレクタ層形成　（4）ベース，エミッタ形成

図 4.32　SOI バイポーラトランジスタの作製方法と断面構造

（a）スイッチング電流と遅延時間　（b）ソフトエラー

図 4.33　SOI バイポーラトランジスタのスイッチング電流と遅延時間及びソフトエラー

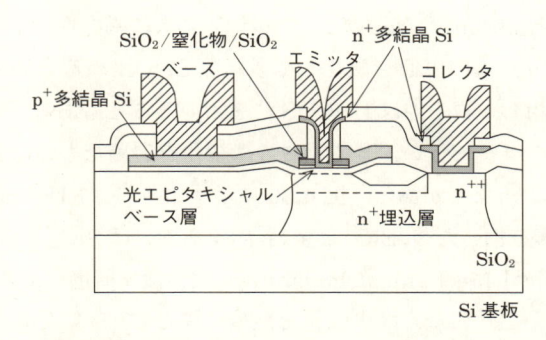

図 4.34 光励起エピタキシャル成長を用いた SOI エピタキシャル
ベースバイポーラトランジスタ

4.2.2 バイポーラ集積回路の製造プロセス
（1） 分離構造

トランジスタの微細化では，まず分離領域を縮小するため pn 接合分離から選択酸化による酸化膜分離に変えた[92]．これは，LOCOS[93]，Isoplanar[94]，OXIM（Oxide-Isolated Monolithic）[95]，Planox[96] などと呼ばれている．酸化膜分離を用いたバイポーラトランジスタでは，図 4.35 に示すウォールドエミッタ構造，ウォールドベース構造などが開発された．エミッタ及びベースは側面を酸化物で囲まれている．この構造は微細化に効果があり，次に述べるセルフアライン構造に進むまでの標準的な構造として広く使われてきた．p 形ベースとそれを囲む SiO_2 界面で弱い MOS 反転を引き起こしやすく，コレクタとエミッタ間のリークを発生させる問題がつきまとってきた．これは，p 形領域のほう素（B）が高温プロセスにおいて SiO_2 中に吸い込まれるため，界面でほう素（B）の濃度が下がることによる．酸化膜に加えて多結晶 Si を利用する分離技術にポリプレーナプロセス[97] や IOP（Isolation by

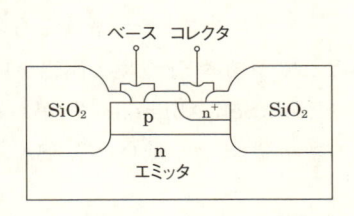

図 4.35 ウォールドエミッタ構造

Oxide and Polysilicon)[98] がある. これは Si 基板に異方性エッチングにより V字形溝を作り, 溝の表面を酸化して多結晶 Si で埋める方法である. 素子間の分離に利用し, 素子内は LOCOS 法を用いることもある. 溝掘りを異方性ドライエッチングで行い, 分離領域の微細化を進めたものに IOP-II[99] やディープトレンチなどがある. **図4.36** に示すように, RIE (Reactive Ion Etching) で溝を掘った後, SiO_2 と多結晶 Si あるいは SiO_2 のみを埋め込み, CMP (Chemical Mechanical Polishing: 化学機械研磨) あるいは RIE を用いて表面を平坦化する. 溝の内壁を熱酸化膜と CVD 窒化膜の多層膜で覆うこともある. 単純な LOCOS 分離に比べ, 素子領域を約 1/3 程度にできるが, 溝の形状や埋込材料によっては周辺に応力が発生し, 電気的特性に影響を与える場合がある.

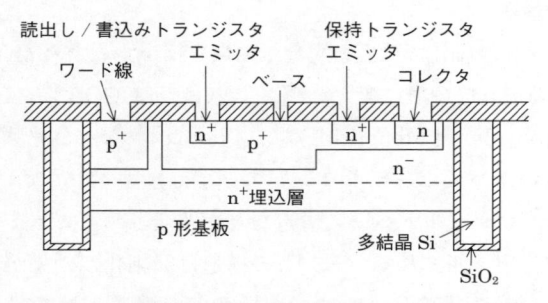

図4.36 IOP-II による 64 kbit RAM のメモリセルの断面

(2) セルフアラインメント構造

リソグラフィーの高精度化に頼らず微細化を進展させるセルフアライン技術は 1980 年頃から盛んに開発され始めた. BEST (Base Emitter Self-aligned Technology)[100] は, **図4.37** に示すように, 多結晶 Si 層からの拡散により内部ベースとベースコンタクトを形成するものである. ベースの直列抵抗が増大する対策として多結晶 Si 電極と配線を白金シリサイド化し低抵抗化した PSA (Polysilicon Self-Aligned)[101] がある. 更にベース引出しとエミッタ電極の 2 層の多結晶 Si 層を重ねた APSA (Advanced PSA)[102] がある.

更に進んだセルフアラインでコンタクトをとるものに SST (Super Self-

第4章 ULSI デバイス構造

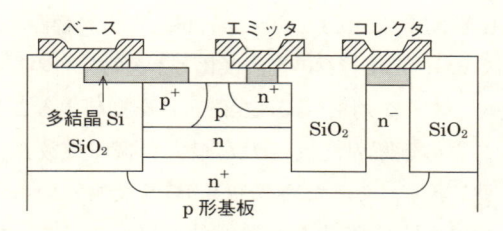

図 4.37 BEST プロセスの断面

aligned Technology)[103] がある．図 4.38 に示すように，酸化膜分離領域形成後，窒化膜，多結晶 Si を順次堆積し，ベース及びエミッタ領域の穴を開ける．多結晶 Si にほう素（B）をドープした後熱酸化し，窒化膜と酸化膜をアンダーカットエッチングする．更に，多結晶 Si を堆積し，アンダーカットされた部分に埋め込む．平坦部分の多結晶 Si をエッチングした後，熱酸化し，ベース形成用にほう素（B）をイオン注入する．酸化膜と多結晶 Si を堆積し，RIE でエミッタの窓開けを行い，エミッタ用多結晶 Si の堆積，イオン注入に続き，エミッタドライブイン拡散を行う．このように，1 枚のフォトマスクでエミッタ・ベース領域，ベース p^+ 多結晶 Si 電極部，エミッタとベースコンタクト部を形成できるので，微細化が図れる．その分だけトランジスタの高速動作を妨げるコレクタ・ベース接合キャパシタンスが低下する．更に，このプロセスはエミッタ直下のコレクタ領域にりん（P）をイオン注入

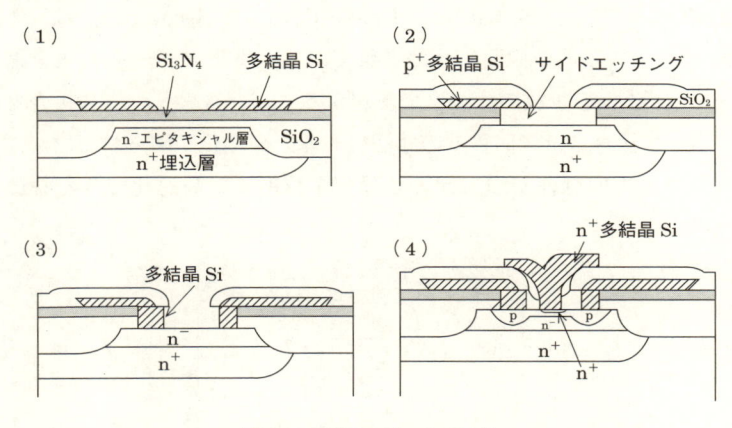

図 4.38 SST のプロセス工程

したSIC(Selectively Implanted Collector)構造との整合性が良い．SIC構造では，ベース領域における不純物の高濃度化と不純物分布の急峻化が可能である[104]~[106]．また，カーク効果(Kirk effect)を抑制することができ，バイポーラトランジスタの遮断周波数f_T及び最大発振周波数f_{max}を20～30%向上させることができる．このため，SiGe HBTでも用いられている．

サイドウォールの多結晶Siと酸化膜を使って，ベースのコンタクトとエミッタとベースの分離を行ったものがPOSET(POlysilicon Sidewall base-Electrode Transistor)[107]である．図4.39にサイドウォールを使わない2層多結晶SiプロセスESPER[108]との比較を示す．POSETは$0.1\mu m$幅のサイドウォールでベースコンタクトがとれているので，ベース面積は4分の1に縮小されている．この結果，遮断周波数38 GHz，ECLゲート遅延21.5 ps，スイッチング電流0.32 mA/ゲートが達成されている．

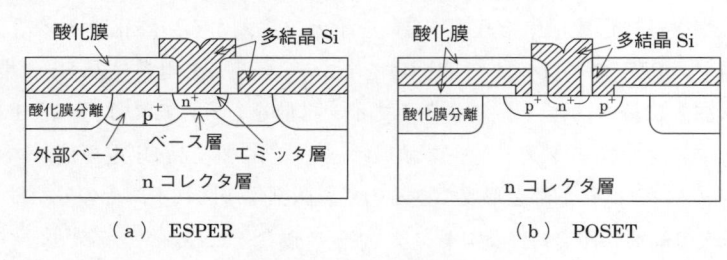

(a) ESPER (b) POSET

図**4.39** ESPERとPOSETの比較

図**4.40**に示すSICOS(SIdewall base COntact Structure)は，多結晶Si電極がベース領域の側面に接続されており，寄生のベース領域を縮小している[109]．これを1枚のマスクで実現する．コレクタ・ベース接合とエミッタ・ベース接合はほぼ同程度の寸法になる．高速化が図られるほか，トランジスタの逆方向動作が順方向の3分の1程度まで高速化できる特徴があ

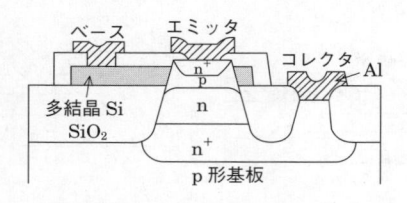

図**4.40** SICOSによるトランジスタ断面

る．IIL 回路など逆方向動作を使う応用に有効である．

(3) エピタキシャルベース構造

ベース層の厚さはパンチスルー耐圧とベース抵抗の増大により制限される．また，ベース抵抗を下げるために，高濃度に不純物をドーピングする必要がある．ベース不純物濃度の上限はエミッタ・ベース接合のトンネル電流制限により決まる．ベース層の形成はイオン注入法によるのが一般的であるが，注入エネルギーを下げても，ほう素（B）イオンのチャネリング現象のため数十 nm 以下のベース層を実現するのは難しい．このため，分子線成長や光励起などの低温エピタキシャル技術を使って，高濃度の薄いベース層を形成する技術が開発されている．図 4.41 はエピタキシャルベーストランジスタ構造の断面である．LOCOS 分離後，光励起エピタキシーによりエピタキシャルベース層をほう素（B）の熱拡散が抑えられる 600℃ 程度の低温度で形成する．同時に，酸化膜上には多結晶 Si の引出し電極が形成できる．この構造により，理論限界に近い 30 nm に縮小したベース幅で $10^{19}\,\mathrm{cm}^{-3}$ に高くしたベース不純物濃度を持つトランジスタが作られ，$f_T = 45\,\mathrm{GHz}$ が実現されている[110]．ベース濃度を更に上げると，いわゆるバンドギャップ縮小が顕著になり，エミッタ注入効率の低下はやや抑制されるようになる．しかし，ベース層の不純物散乱の増大によるキャリヤ移動度の低下が顕著になり，f_T が低下する．

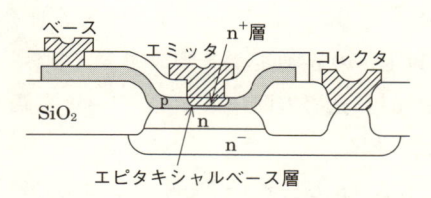

図 4.41　エピタキシャルベース構造

(4) バイポーラ LSI の作製工程

次に，図 4.42 を用いて npn バイポーラ LSI の基本的な作製工程を説明する．
バイポーラ LSI の作製では p 形 Si 基板が用いられる．p 形 Si 基板上に n 形のエピタキシャル層を堆積し，そのエピタキシャル層をコレクタ領域にして npn バイポーラトランジスタを形成する．n 形エピタキシャル層を酸化

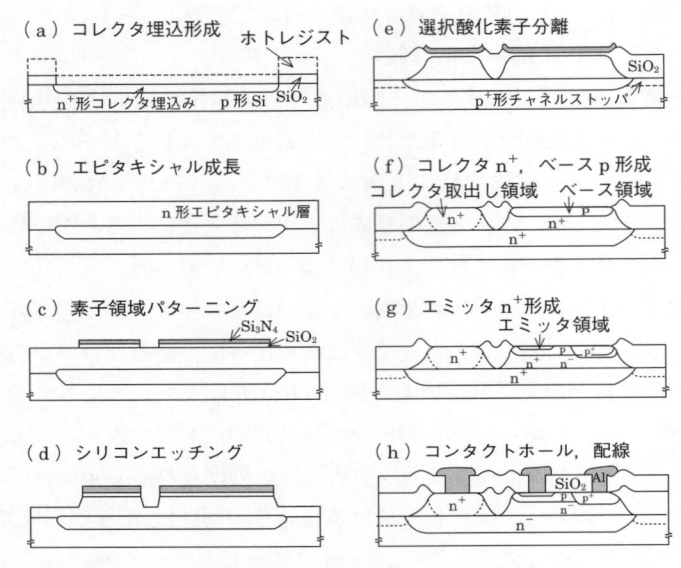

図 4.42 バイポーラトランジスタの作製工程

膜ほか各種の方法で分離することにより，各トランジスタを分離することができる．

　(a)　まず，熱酸化で Si 酸化膜を表面に形成する．次に，フォトエッチングでコレクタ埋込層の領域の Si 酸化膜を選択的に除去する．露出した Si 表面にアンチモン（Sb）やひ素（As）をイオン注入若しくは熱拡散で高不純物濃度（$10^{19}\,\mathrm{cm}^{-3}$ 以上）の n^+ 埋込層を形成する．なお，素子間の分離特性を向上させるために n^+ 埋込層の間にほう素（B）を高濃度に拡散した p^+ 埋込層を形成することもある．

　(b)　次に，表面の Si 酸化膜をすべて除去したあと，低濃度の n 形エピタキシャル層を成長させ，コレクタ領域を形成する．このとき，n^+ 埋込層からのオートドープをできる限り抑制することが重要である．

　(c)　素子間分離を行うため，表面に Si 酸化膜と Si 窒化膜を形成した後，分離領域の部分を選択的に除去する．

　(d)　露出した Si 表面をエッチングする．

　(e)　熱酸化で Si 酸化膜を形成する．これによって素子間分離が完了する．

(f) コレクタ取出し領域及びベース領域を形成する．前者はコレクタ埋込層とコレクタ電極を低抵抗でつなげるものでりん（P）などのn形不純物を高濃度イオン注入して形成する．後者はほう素（B）をイオン注入して形成する．

(g) エミッタ領域を形成する．ひ素（As）をイオン注入し，所定の不純物濃度と厚さのベース領域及びエミッタ領域を得る．図 4.43 にエミッタ及びベース領域の不純物プロファイルを示す．

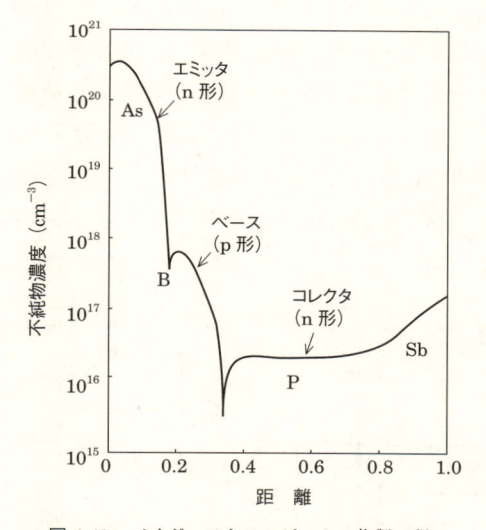

図 4.43 バイポーラトランジスタの作製工程

(h) CVDでSi酸化膜を堆積した後，コンタクトホールを形成する．次に電極を形成して基本的なバイポーラ製造プロセスが終了する．

4.3 BiCMOSデバイス

バイポーラトランジスタは，負荷のドライブ能力及び高周波特性が優れている．またCMOSは，低消費電力であるとともに高集積化が可能な特長を有している．バイポーラトランジスタとCMOSを1チップに混載したBiCMOSデバイスは，両者の優れたところを組み合わせて，より高性能な集積回路を実現することを目的としている[111]．

4.3.1 BiCMOSデバイスの特徴

CMOSの論理機能とバイポーラトランジスタの負荷駆動能力を組み合わせることによって高速のデバイスが実現できる[112]. メモリセル部分をCMOSで構成することにより大容量化し，周辺回路をバイポーラトランジスタで構成することにより高速化したECL-CMOS SRAMもある[113]. 図4.44 (a) にBiCMOSインバータの基本回路を示す. 図4.44 (b) は，オフ時の特性を向上させたBiCMOSインバータである. 図4.44 (b) において，入力がlowの場合, Tr.1とTr.3がオフに, Tr.2, Tr.4及びTr.5がオンになって出力はhighになる. 入力がhighの場合, Tr.2とTr.4がオフに, Tr.1, Tr.3及びTr.6がオンになって出力はlowになる. 負荷を充電する電流は, CMOSのドレーン電流のh_{fe}倍になるため立上りは大幅に高速化される. Tr.5とTr.6は，オフになったときの電流パスになる. BiCMOSインバータは，負荷が大きい場合にCMOSインバータよりも大幅に高速化することが可能である[111].

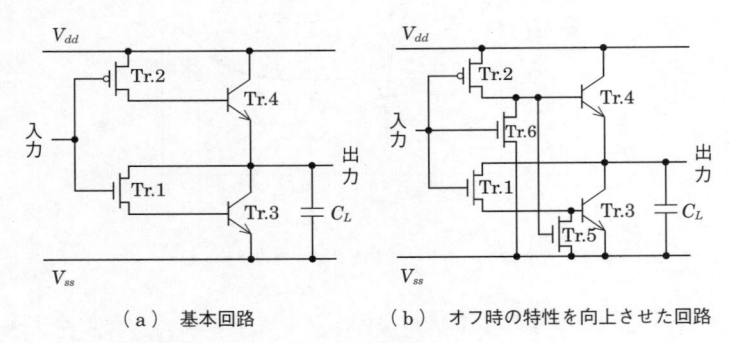

（a） 基本回路　　　（b） オフ時の特性を向上させた回路

図4.44　BiCMOSインバータ

BiCMOSプロセスはCMOSプロセスにバイポーラトランジスタの作製工程が追加されることから，チップコストの上昇は避けられない. したがってBiCMOSデバイスでは，バイポーラトランジスタの混載による性能向上とチップコストの上昇のバランスが重要となる. 微細化や新材料の導入によってCMOSデバイスの性能が向上すればBiCMOSデバイスの優位性が減少する. また，新材料の導入に伴ってCMOSプロセスとバイポーラプロセスの整合性が低下すればチップコストが更に上昇し，競争力が低下する

ことになる．一方，微細化や新材料の導入によってCMOSデバイスのコストが上昇すれば，安価なプロセスを組み合わせたBiCMOSが有利になる．BiCMOSデバイスでは混載するバイポーラトランジスタの高性能化，特に高周波特性の向上と微細CMOSプロセスとの整合性の確保によるチップコストの低減に重点が置かれている．

BiCMOSデバイスの利点を以下にまとめる．これらの利点は用途によって大きく変化する．これからのULSIでは，各機能領域において，最適のトランジスタ，電圧，回路方式，動作周波数などを選択していく．高性能通信機器の普及が更に進むことから，バイポーラトランジスタとCMOSの混載は今後も発展していくことが予想される．

・CMOSだけのデバイスよりも高速
・バイポーラトランジスタだけのデバイスよりも高集積で低消費電力
・対応可能な入出力インタフェースが豊富（TTL，CMOS，ECLなど）
・優れたアナログ特性
・高い負荷駆動能力

高速の無線通信や光通信が増加していることから，300 GHz以上のf_Tやf_{max}を有する高速SiGe:C HBTと微細CMOSを混載したSiGe:C BiCMOSが注目されている．消費電力が周波数に比例して増加するCMOSに対して，バイポーラトランジスタの消費電力の周波数依存性は小さいため，高周波になるほど両者の差は小さくなる．通信用SiGe:C BiCMOSでは，高抵抗率のSiウェーハを支持基板とするSOI基板を用いることによって高周波特性の向上を図っている[114]．

4.3.2 BiCMOS集積回路の製造プロセス

BiCMOSの製造プロセスには，性能優先あるいはコスト優先によって多くの種類がある．コスト優先ではCMOSプロセスとバイポーラトランジスタプロセスをできる限り共通化させる．性能優先ではそれぞれの熱処理の影響を考慮して，CMOSとバイポーラトランジスタの各要素を別々に形成する．また，高性能BiCMOSではトレンチによる素子間分離が用いられている．

図4.45はLOCOSによる素子間分離を用いたBiCMOS集積回路のプロセスフローの一例である．

(a) 埋込層形成
(b) エピタキシャル Si 層形成
(c) ウェル形成
(d) プラグ（コレクタ）形成
(e) ベース形成
(f) エミッタ形成
(g) ゲート，ソース，ドレーン（nMOS FET）形成
(h) ゲート，ソース，ドレーン（pMOS FET）形成
(i) BiCMOS 形成

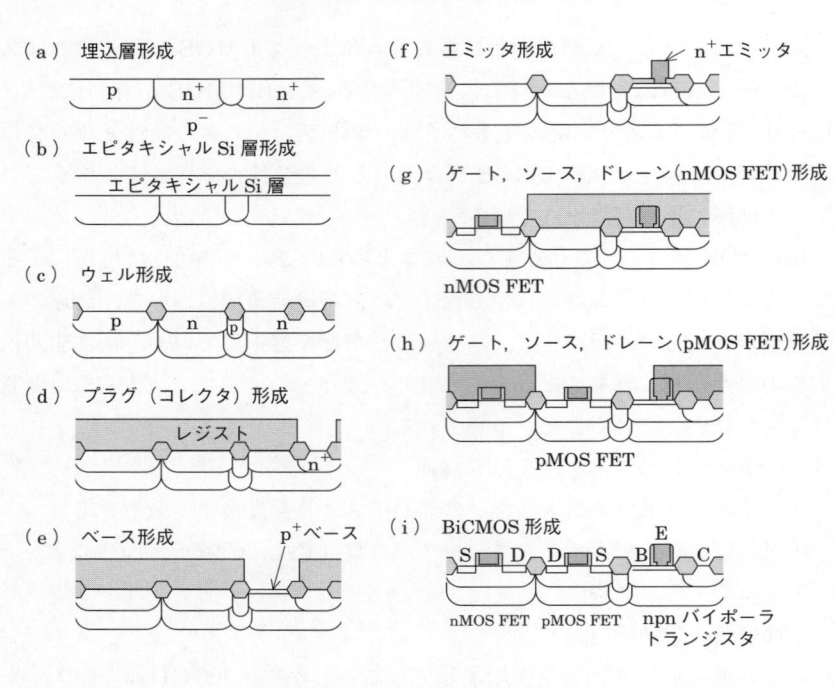

図 **4.45**　BiCMOS プロセスフロー

(a) p 形基板に n^+ 領域と p 領域をイオン注入で形成する．
(b) 全面にエピタキシャル Si 層を成長させる．
(c) n ウェル及び p ウェルを形成する．
(d) コレクタ埋込層を引き出すためのプラグを形成する．
(e) ベースを形成する．
(f) エミッタを形成する．
(g) nMOS FET を形成する．
(h) pMOS FET を形成する．

バイポーラトランジスタ作製時には MOS FET 部分を保護膜（レジスト）でカバーし，MOS FET 作製時にはバイポーラ領域を保護膜でカバーしている．

　CMOS を上回る性能が BiCMOS の第一の目的であることから以下に，最も高速である SiGe:C HBT と微細 CMOS を混載する BiCMOS デバイスの製造プロセスについて述べる．

SiGe:C BiCMOS プロセスでは，SiGe:C HBT と CMOS の作製時における熱処理によって不純物プロファイルが変化しないようにすることが重要となる．水素原子が存在するとほう素（B）の拡散が増速するため，十分な注意が必要である．SiGe:C HBT と CMOS においてプロセスを共有することが合理的であるが，CMOS プロセスでベース幅が増大するため，SiGe:C HBT の特性が大幅に低下する．このことから，高性能の SiGe:C HBT が必要な場合は，ゲート形成とベース形成のプロセスを分離し，それぞれのプロセスで SiGe:C HBT と CMOS の特性が劣化しないように設定している．

SiGe:C BiCMOS の作製では，ゲートのあとにベースを形成するプロセスフローと，ベースのあとにゲートを形成するプロセスフローの両方が用いられている．それぞれのプロセスでは，他方の領域を保護膜でカバーしてダメージを防止している．

図 4.46 に多結晶 Si ゲートを形成したあとベース/エミッタを形成し，そのあとでソース及びドレーンを形成する SiGe:C BiCMOS プロセスフロー

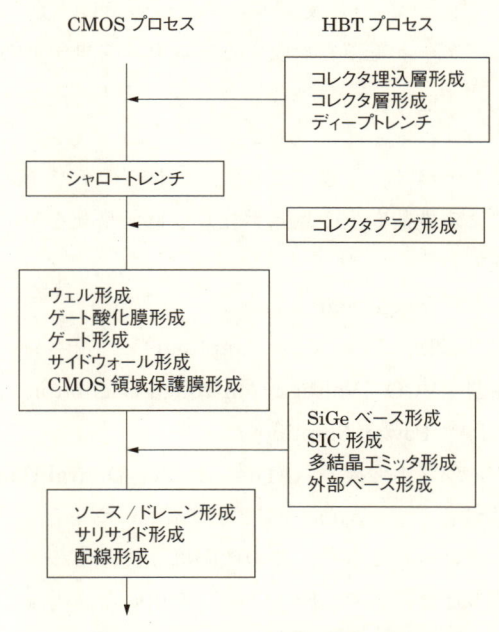

図 4.46　SiGe:C BiCMOS プロセスフロー

を示す[115]. まず，イオン注入で n^+ コレクタ埋込層を形成する．次いで，コレクタ層をエピタキシャル成長させた後バイポーラトランジスタを分離するためのディープトレンチを作る．CMOS 工程に移り，シャロートレンチとウェルを形成する．次に，ゲート酸化膜とその上に堆積した多結晶 Si をパターニングしてゲート電極を形成する．この後 CMOS 領域に保護膜を堆積した後バイポーラプロセスに移る．バイポーラ領域を露出させた後，SiGe:C ベースをエピタキシャル成長で形成する．次にエミッタ領域を露出させた後，SIC (Selectively Implanted Collector) を形成する．バイポーラ領域全体を露出させた後に SIC を形成する場合もある．更に多結晶 Si エミッタを堆積した後エミッタ及びベース領域をパターニングする．これでバイポーラトランジスタの主要工程を完了し再度，CMOS プロセスに移る．CMOS 領域の保護膜を除去した後，イオン注入でソース及びドレーンを形成する．次に，RTP (Rapid Thermal Process) によるスパイクアニールで活性化させる．最後に配線プロセスを行う．このほかに，ゲート酸化膜と多結晶 Si 膜を形成した後，ベース及びエミッタを形成し，その後で多結晶 Si をパターニングしてゲート電極を形成するプロセスフローもある[116].

4.4 アナログデバイス

基本的なアナログデバイスを以下に示す．これらのデバイスは，信号処理のディジタル化による性能向上や無調整化及び低価格化を目的として ULSI の中に取り込まれていく．

- ・イメージセンサ (Image Sensor)
- ・低雑音増幅器 (LNA：Low-Noise Amplifier)
- ・電圧制御発振器 (VCO：Voltage-Controlled Oscillator)
- ・電力増幅器 (PA：Power Amplifier)
- ・アナログ・ディジタル変換器 (ADC：Analog-Digital Converter)

使用する周波数に応じて，MOS FET，バイポーラトランジスタ，GaAs MES FET などが用いられてきた．この傾向は今後も変わらないが，市場の拡大と微細化技術の進展により，Si や SiGe を用いた高周波デバイスの開発が加速し，カバーできる周波数が拡大している．

その結果，要求される性能とコストに合わせて MOS FET，バイポーラトランジスタ，ヘテロ接合バイポーラトランジスタ，化合物半導体を用いた HEMT など各種のトランジスタが選択できるようになった．これらのトランジスタが CMOS ULSI と一体化することによってアナログデバイスの機能を更に向上させることが可能である．

4.4.1 イメージセンサ

可視光のイメージを対象とするカメラや各種の光学機器で多用されている CCD（Charge Coupled Device）イメージセンサと CMOS イメージセンサについて述べる[117], [118]．図 4.47 に示すように，いずれも光 - 電気変換にはフォトダイオードが用いられている．CCD イメージセンサでは，各画素で光が電気信号に変換され，各画素の信号が同時に垂直 CCD レジスタに転送される．すなわち，全画素が同時露光（グローバル露光）されるため，動く被写体でもひずみを発生しにくい．垂直 CCD レジスタに転送された信号は更に，水平 CCD レジスタを経て順番に出力される．

一方，CMOS イメージセンサでは各画素に内蔵された増幅器で信号を増幅する．そのあと，画素を選択するゲートスイッチを経て順次，読出し線に転送される．更にスイッチを経て水平走査回路に送られる．CMOS イメージセンサでは露光が順次行われる（ライン露光）ため，動きが早い被写体で

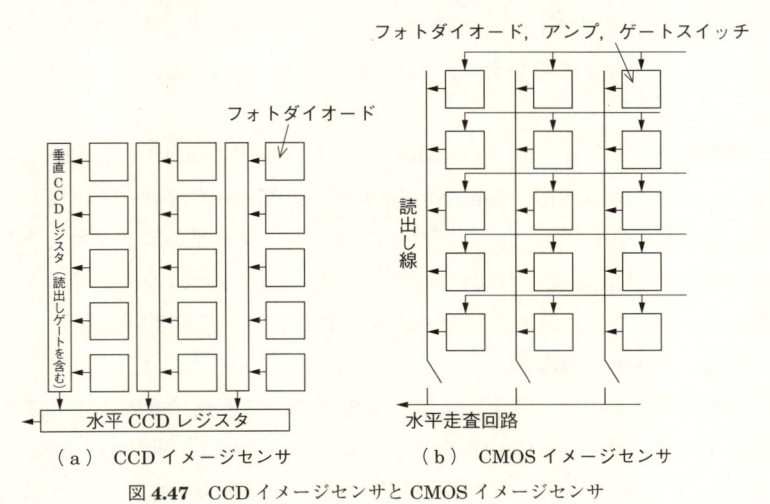

（a）CCD イメージセンサ　　　（b）CMOS イメージセンサ

図 4.47　CCD イメージセンサと CMOS イメージセンサ

はひずみを発生することがある．ただし，画素内に信号を蓄積しておくことによって同時露光が可能になる．

CMOS イメージセンサは CMOS LSI と同じプロセスで作製できるため，各種の信号処理回路や入出力回路を同じチップ内に形成することができる利点がある．また，CCD では垂直 CCD と水平 CCD を駆動するために正負合わせて数種類の電源が必要になるが，CMOS センサは周辺回路と同じ電源で動作する．

当初は，CCD イメージセンサは高性能，CMOS イメージセンサは低コストとされていたが，微細化，画素内増幅回路の採用及び信号処理回路の混載によって CMOS センサの性能が飛躍的に向上した．その結果，CCD イメージセンサの置換えが進み，多数の CMOS イメージセンサが使用されている．また，チップを薄くして，チップの背面から光を当てる背面照射形の CCD 及び CMOS イメージセンサが開発されており，感度が向上している．

4.4.2 低雑音増幅器

受信機において，低雑音増幅器はアンテナからの入力信号を増幅し，SN 比（信号対雑音比，Signal-Noise Ratio）を向上させる．携帯電話や GPS（Global Positioning System）など各種の無線通信機器で用いられており，LNA（Low-Noise Amplifier）とも呼ばれる[119],[120]．MOS FET を用いた LNA では抵抗終端形，ソース接地形，ゲート接地形，抵抗帰還形などがあり，入力インピーダンスの整合，SN 比，帯域，大きさ，消費電力などによって選択される[121]．

周波数が高くなるに従って CMOS の代わりに BiCMOS（Bipolar Complementary Metal Oxide Semiconductor），SiGe BiCMOS，HEMT（High Electron Mobility Transistor）など，バイポーラトランジスタや化合物半導体を用いた LNA が使われている[122]～[124]．LNA ではコンデンサやコイルを効率良くチップ上に混載するためのレイアウト設計が重要である．

4.4.3 電圧制御発振器

電圧制御発振器は，電圧によって発振周波数を変化させることができる発振器（VCO：Voltage-Controlled Oscillator）である．単独の発振器や PLL（Phase Locked Loop，位相同期回路）用の発振器として，携帯電話ほか各

種の無線通信機器で多用されている.

最初のモノリシック VCO は,GaAs MES FET で実現されたが,微細化による MOS FET の高性能化により nMOS FET,pMOS FET 及び CMOS FET による VCO が開発された(図 4.48).ほかにバイポーラトランジスタを用いた VCO もある.

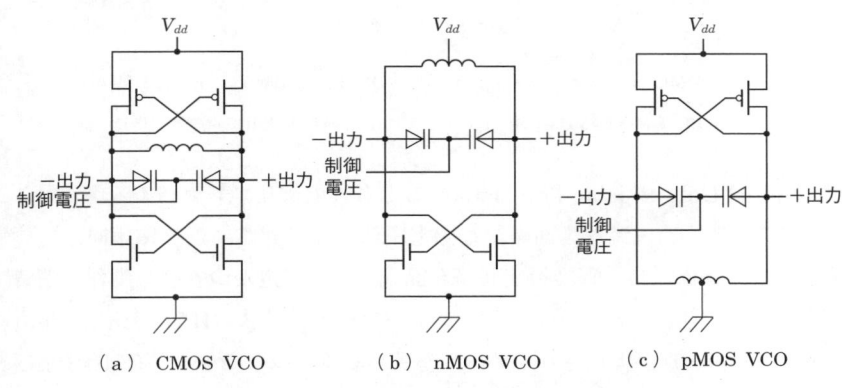

(a) CMOS VCO　　(b) nMOS VCO　　(c) pMOS VCO

図 4.48　各種のトランジスタを用いた VCO

数十 GHz の周波数において CMOS の VCO が開発されている[125].また,VCO,LNA,Mixer,IF アンプなど各種の周辺回路を集積したレシーバもある[126].

4.4.4　電力増幅器

過去には困難と思われていた高周波での電力増幅器でも CMOS が用いられている[127].小出力無線機器では,RF 回路と CMOS LSI が 1 チップに混載されている[128],[129].ただし,MOS FET を微細化すると耐圧が低下し,効率も低下するため,出力は小さい[130]~[132].電力増幅器用 MOS デバイスでは,高耐圧化が可能な DMOS (Double Diffused Metal Oxide Semiconductor) が用いられている.DMOS には図 4.49 に示すように,VDMOS (Vertical Diffused Metal Oxide Semiconductor),トレンチ VDMOS,LDMOS (Laterally Diffused Metal Oxide Semiconductor) がある.LDMOS は CMOS LSI と混載することが可能であり,各種の機能を持たせることができる.

電力制御では MOS FET,バイポーラトランジスタ,サイリスタ,IGBT

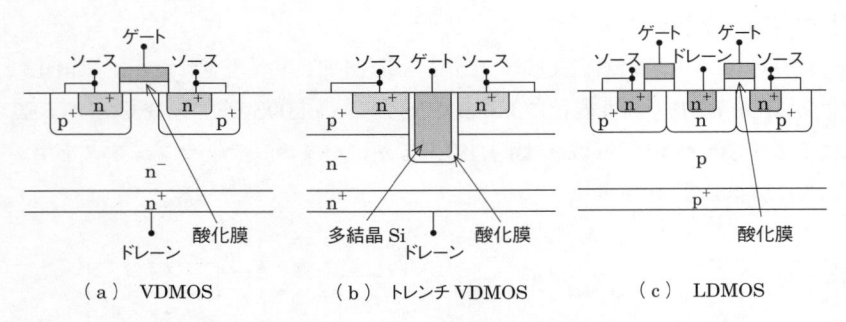

図 4.49 DMOS (VDMOS, トレンチ VDMOS 及び LDMOS) の断面構造

(Insulated Gate Bipolar Transistor) など各種のシリコンデバイスが多用されている[133]．過電流保護回路，電源電圧低下保護回路，過熱保護回路，診断回路など様々な自己保護機能回路を混載して，安定かつ安全な動作と消費電力低減を可能にしたインテリジェントパワーデバイス (IPD: Intelligent Power Device) が実現されている．バイポーラトランジスタ，CMOS 及び DMOS が混載されたデバイスは BCD (Bipolar-CMOS-DMOS) と呼ばれている[134],[135]．シリコン以外では，ワイドバンドギャップ化合物半導体である SiC や GaN を用いた各種デバイスが低損失パワーデバイスとして様々な分野での活用が見込まれている．

4.4.5 アナログ・ディジタル変換器

アナログ・ディジタル変換器とは，アナログ電気信号をディジタル電気信号に変換する回路であり，A-D コンバータ (ADC: Analog-Digital Converter) ともいう．逆に，ディジタル信号をアナログ信号に変換する回路をディジタル・アナログ変換器あるいは D-A コンバータ (DAC: Digital-Analog Converter) という．様々な種類の A-D 及び D-A コンバータが CMOS で実現され，無線通信機，センサ，計測器，オーディオ機器など多くの機器で用いられている．アナログ信号をできる限り早い段階でディジタル化し，ディジタル回路で必要な処理を行う傾向がある．また，アナログ部分を LSI チップ内に取り込もうとする傾向がある．このため，消費電力が小さくかつ高速で動作する A-D コンバータが求められている[136]~[138]．

4.5 配線形成技術

CMOSの集積度の向上や各種回路の混載が増加するに従ってULSIにおける配線形成技術の課題が増えている．微細配線の層数が増大すると同時にメモリとロジックなど，配線の粗密が大幅に異なる回路が混載され，表面の平坦化が大きな課題になってきた．

図4.50は，配線の基本モデルである[139]．CMOSのスケーリング則に合わせて配線の微細化が進められてきた．しかし，MOS FETと異なって配線は微細化しても特性が向上しない．

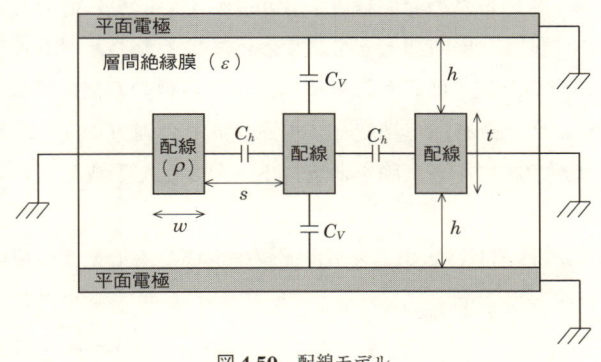

図4.50 配線モデル

CMOSでのゲート遅延時間と比較して，配線のRC遅延が十分に小さい頃は余り問題にならなかった．このため，配線金属ではAl，配線層間の絶縁膜ではSi酸化膜が長年にわたって用いられてきた．しかし，微細化とともにCMOSでのゲート遅延が減少することによって配線での遅延が無視できなくなった．これは，MOS FETを微細化しても配線での遅延によって動作速度が向上しなくなることを意味している．配線のRC遅延を小さくするためには配線材料の抵抗率を低減すること，絶縁膜の比誘電率を小さくすることが不可欠である．

4.5.1 表面平坦化技術

微細配線を形成するためには，表面の平坦化が不可欠である．様々な周期の凹凸がある表面の平坦化に対して，CMP (Chemical Mechanical

Polishing, 化学機械研磨) が導入されている[140],[141]. 図 **4.51** に CMP プロセスの様子を示す. 研磨布に研磨液を供給しながらウェーハを研磨布に押し付け, 回転させて表面を平坦化する. 凸部は凹部よりも強く研磨布に押し付けられることから, 研磨速度が凹部よりも大きくなる. これによって平坦化が進行する. ただし, 凸部間の距離が長くなると研磨布の変形によって凹部も研磨されることになり, 平坦化の進行が遅くなる. このため, CMP プロセスでは配線レイアウト, 研磨布, 研磨圧力, 研磨液, 回転数など各種の条件を最適化して, 研磨表面のディッシング (dishing) やシンニング (thinning) を抑制する必要がある. CMP プロセスでは, 加工表面が常に研磨布に接触しているため研磨終点が分かりにくい. 更に研磨布表面及びウェーハ表面の状態は研磨時間とともに変わっていくため, 研磨速度が常に変化する. このため, 光干渉式や振動検出式など各種の CMP モニタが開発されている[142],[143]. 研磨加工精度とスループットの両方を向上させるためには, 研磨速度が大幅に小さい膜を研磨ストッパとして形成しておくことが有効である[144].

層間膜の平坦化だけでなく, メタル配線の形成でも CMP が用いられてい

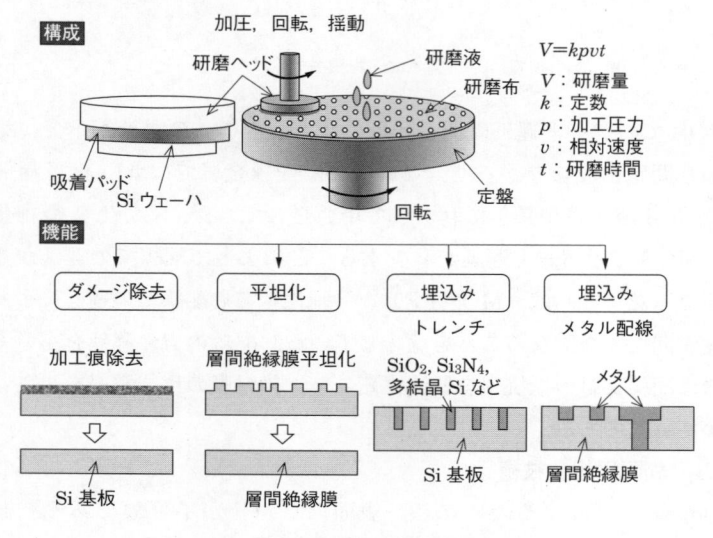

図 **4.51** CMP プロセス

る.縦方向配線(プラグ)を埋め込み平坦化するダマシン(damascene)プロセスに加えて,縦方向配線と横方向配線の両方を同時に埋め込み平坦化するデュアルダマシン(dual damascene)プロセスも用いられている.CMPプロセスは,ほかの方法と比較して優れた平坦化能力を有しているが,機械的強度が低い low-k 層間絶縁膜材料への対応が課題になっている.研磨加工表面へのダメージを低減するとともに,CMP 後のウェーハに砥粒(シリカ,アルミナ,セリアなど)が残らないように徹底した洗浄が必要である.研磨液が乾燥すると砥粒が飛散するとともに除去が難しくなる.更に研磨表面にダメージを与える可能性があるため,CMP 装置及び研磨後のウェーハを乾燥させない工夫が必要である.研磨後の洗浄が容易であるとともに,砥粒のリサイクルが可能な研磨液として,酸化マンガンを砥粒に用いた研磨液が開発されている[145].

4.5.2 配線抵抗の低減

抵抗率が $2.7\,\mu\Omega\cdot\mathrm{cm}$ のアルミニウム配線から抵抗率が $1.9\,\mu\Omega\cdot\mathrm{cm}$ の銅配線に変更された.銅はエッチングによる微細加工が容易ではないことから,CMP を用いたダマシンあるいはデュアルダマシンプロセスが銅配線に適用されている.後者ではまず,ビアと配線溝を形成した後,スパッタで Ta/TaN バリヤメタル及び Cu シード層を形成する.次に,電解めっき法で Cu を埋め込んだ後 CMP でビアと溝以外の Cu を取り除いて銅配線を形成する.一方,銅配線では Cu と絶縁膜(SiO_2)の間にバリヤメタル(TaN,TiN など)が必要である.バリヤメタルは Cu よりも大幅に抵抗率が高いため,配線を微細化すると相対的にバリヤメタルの割合が増え,配線の抵抗が増大する.微細化とともに,バリヤメタルを薄膜化していくことが必要である.また,配線幅や膜厚が電子の平均自由行程(Cu では 40 nm 前後)に近づくと,表面や界面における電子の散乱によって抵抗が増加する.この電子散乱効果は不可避であることから,影響を低減するための工夫が必要である.

4.5.3 配線キャパシタンスの低減

低比誘電率材料すなわち low-k 材料の開発が進められている[146],[147].比誘電率が 4.0 前後の SiO_2(CVD)よりも比誘電率が小さい SiOF(比誘電率 3.7 以下)から導入が始まった.続いて,比誘電率が 3.0 前後の low-k 材

料として，炭素添加の Si 酸化膜（SiOC）が採用されている．ポーラス化で更に比誘電率を 2.5 以下まで下げることが可能であるが，機械的強度が大幅に低下する．このため，配線プロセスとの整合性が悪くなる．low-k 材料では，加工性と機械的強度の確保が課題である[148]．特に後者では，パッケージからの応力で low-k 材料が破壊される CPI（Chip-Package Interaction）の克服が不可欠である．

このほかにも各種の low-k 材料の開発が進められているが，Cu 配線，微細加工及び実装プロセスとの整合性が重要である．

4.6 三次元実装技術

携帯電話や各種の携帯電子機器に搭載するチップ数を大幅に増加させる方法として，チップを積層してパッケージ化する三次元実装技術が用いられている[1]～[3]．チップ内におけるトランジスタ，キャパシタ，配線などが立体構造（三次元構造）になることによって集積度を向上させているのと同様に，チップ実装が立体構造になるのは当然の流れである．チップの三次元実装は今後，携帯電子機器以外の各種電子機器でも増加していくことが予想される．チップ積層化では，フラッシュメモリや DRAM が進んでおり，特に前者では 10 チップ以上を積層した大容量メモリが開発されている．各チップを $100\,\mu m$ 以下の厚さまで薄くした後，直接あるいはインタポーザ基板を介して接着する．積層した複数チップの配線はワイヤボンディングで行われている．また，異種チップの三次元実装も進んでおり，消費電力やノイズの低減など，三次元実装の新たなメリットを引き出している[149]．

ワイヤによるインダクタンスの増加，ボンディングのためのスペースの確保，接続配線数の制限などの問題を本質的に解決する方法として Si 貫通電極（TSV：Through-Si Via）や無線によるチップ間データ通信技術が開発されている[150]～[153]．前者を用いた積層チップは既に実用化されている．図 4.52 にワイヤボンディング及び TSV で接続した三次元実装（チップ積層）技術を示す．

TSV を形成する方法には，作製したチップにビア（Via）を形成するビアラスト方式と最初にビアを形成してからチップを作製するビアファースト方

第4章 ULSIデバイス構造

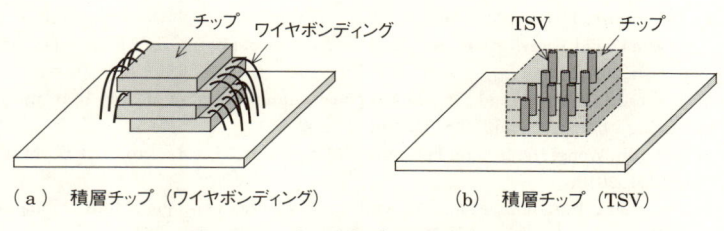

（a） 積層チップ（ワイヤボンディング）　　（b） 積層チップ（TSV）

図4.52 三次元実装（チップ積層）技術

式がある．低発熱（低消費電力）のメモリチップ，ロジックチップ，アナログチップなどの積層だけでなく，SiチップとGaAsチップなどの異種材料チップの積層も可能であり，三次元実装技術は今後，更に発展していくことが予想される[154]．

文　献

(1)　T. Sekiguchi, K. Ono, A. Kotabe, and Y. Yanagawa, "1-Tbyte/s 1-Gbit DRAM architecture using 3-D interconnect for high-throughput computing," IEEE J. Solid-State Circuits, vol. 46, no. 4, p. 828, 2011.
(2)　U. Kang, H.-J. Chung, et al., "8 Gb 3-D DDR3 DRAM using through-silicon-via technology," IEEE J. Solid-State Circuits, vol. 45, no. 1, p. 111, 2010.
(3)　M. Koyanagi, T. Fukushima, and T. Tanaka, "High-density through silicon vias for 3-D LSIs," Proc. IEEE, vol. 97, no. 1, p. 49, 2009.
(4)　吉見信，SOIデバイス技術-実践的基礎と応用，EDリサーチ社，2005.
(5)　K. Cheng, A. Khakifirooz, et al., "Extremely thin SOI (ETSOI) technology: Past, present, and future," 2010 IEEE Int. SOI Conf., p. 1, 2010.
(6)　榎本忠義，CMOS集積回路，培風館，1996.
(7)　K. Tsuchida, T. Inaba, et al., "A 64Mb MRAM with clamped-reference and adequate-reference schemes," IEEE ISSCC Tech. Papers, p. 258, 2010.
(8)　J. P. Kim, T. Kim, et al., "A 45 nm 1 Mb embedded STT-MRAM with design techniques to minimize read-disturbance," Symp. VLSI Circuits, p. 296, 2011.
(9)　T. Kishi, H. Yoda, et al., "Lower-current and fast switching of a perpendicular TMR for high speed and high density spin-transfer-torque MRAM," IEEE IEDM Tech. Dig., p. 1, 2008.
(10)　B. N. Engel, J. Åkerman, et al., "A 4-Mb toggle MRAM based on a novel bit and switching method," IEEE Trans. Magnetics, vol. 41, no. 1, p. 132, 2005.
(11)　D. C. Worledge, M. Gajek, et al., "Recent advances in spin torque MRAM," 2012 4th IEEE Int. Memory Workshop (IMW), p. 1, 2012.
(12)　H.-S. P. Wong, S. Raoux, et al., "Phase change memory," Proc. IEEE, vol. 98, no. 12, p. 2201, 2010.

(13) G. De Sandre, L. Bettini, et al., "A 90nm 4Mb embedded phase-change memory with 1.2V 12ns read access time and 1 MB/s write throughput," IEEE ISSCC Dig. Tech. Papers, p. 268, 2010.

(14) G. F. Close I, U. Frey, et al., "A 512 Mb phase-change memory (PCM) in 90 nm CMOS achieving 2 b/cell," Symp. VLSI Circuits, p. 202, 2011.

(15) H.-S. Philip Wong, Heng-Yuan Lee, et al., "Metal-oxide RRAM," Proc. IEEE, vol. 100, no. 6, p. 1951, 2012.

(16) A. Kawahara, R. Azuma, et al., "An 8 Mb multi-layered cross-point ReRAM macro with 443 MB/s write throughput," IEEE ISSCC Dig.Tech. Papers, p. 432, 2012.

(17) M.-F. Chang, C.-W. Wu, et al., "A 0.5 V 4 Mb logic-process compatible embedded resistive RAM (ReRAM) in 65 nm CMOS using low-voltage current-mode sensing scheme with 45 ns random read time," IEEE ISSCC Dig. Tech. Papers, p. 434, 2012.

(18) D. James, "Recent innovations in DRAM manufacturing," Advanced Semiconductor Manufacturing Conf. (ASMC), p. 264, 2010.

(19) H. Watanabe, N. Aoto, et al., "A new stacked capacitor structure using hemispherical-grain (HSG) poly-silicon electrodes," Extended Abstracts 22nd SSDM, p. 873, 1990.

(20) S.-G. Kim, C.-S. Hyun, et al., "Fully integrated 512 Mb DRAMs with HSG-merged-AHO cylinder capacitor," Solid-State Electron., vol. 50, p. 1030, 2006.

(21) D. James, "Recent innovations in DRAM manufacturing," Advanced Semiconductor Manufacturing Conference (ASMC), p. 264, 2010.

(22) R. Hori, K. Itoh, et al., "An experimental 1 Mbit DRAM based on high S/N design," IEEE J. Solid-State Circuits, vol. 19, no. 5, p. 634, 1984.

(23) 森江隆, 峰岸一茂, 他, "深い溝のキャパシタ形成の応用," 第43回応物秋季予稿集, 30p-Q-6, p. 434, 1982.

(24) M. Koyanagi, Y. Sakai, et al., "A 5-V only 16-kbit stacked-capacitor MOS RAM," IEEE J. Solid-State Circuits, vol. 15, no. 4, p. 661, 1980.

(25) S. Kimura, Y. Kawamoto, et al., "A new stacked capacitor DRAM cell characterized by a storage capacitor on a bit-line structure," IEEE IEDM Tech. Dig., p. 596, 1988.

(26) H. Watanabe, K. Kurosawa, and S. Sawada, "Stacked capacitor cells for high-density dynamic RAMs," IEEE IEDM Tech. Dig., p. 600, 1988.

(27) T. Kaga, T. Kure, et al., "Crown-shaped stacked-capacitor cell for 1.5-V operation 64-Mb DRAMs," IEEE Trans. Electron Devices, vol. 38, no. 2, p. 255, 1991.

(28) T. Ema, S. Kawanago, et al., "3-dimensional stacked capacitor cell for 16 M and 64 M DRAMS," IEEE IEDM Tech. Dig., p. 592, 1988.

(29) H. Watanabe, T. Tatsumi, et al., "A new cylindrical capacitor using hemispherical grained Si (HSG-Si) for 256 Mb DRAMs," IEEE IEDM Tech. Dig., p. 259, 1992.

(30) M. Sakao, N. Kasai, et al., "a capacitor-orer-bit-line (COB) cell with a hemispherical-grain storage node for 64 Mb DRAMS," IEEE IEDM Tech. Dig., p. 655, 1990.

(31) C. Cho, S. Song, et al., "A $6F^2$ DRAM technology in 60 nm era for gigabit densities," Dig. Tech. Papers, Symp. VLSI Technology, p. 36, 2005.

(32) Y. K. Park, S. H. Lee, et al., "Fully integrated 56 nm DRAM technology for 1 Gb DRAM," Dig. Tech. Papers, Symp. VLSI Technology, p. 190, 2007.

(33) H. Chung, H. Kim, et al., "Novel $4F^2$ DRAM cell with vertical Pillar Transistor (VPT)," 2011 Proc. Europ. Solid-State Device Res. Conf. (ESSDERC), p. 211, 2011.

(34) K.-W. Song, J.-Y. Kim, et al., "A 31 ns random cycle VCAT-Based $4F^2$ DRAM with

(35) H. Gotou, Y. Arimoto, et al., "Soft error rate of 64 K SOI-DRAM," IEEE IEDM Tech. Dig., p. 870, 1987.
(36) Y. Arimoto, H. Gotou, et al., "Pulse-field-assisted bonding for SOI devices," Device Research Conference, Boulder, IA-4, IEEE Trans. Electron Devices, vol. 35, no. 12, p. 2429, 1988.
(37) S. Matsumoto, Y. Hiraoka, et al., "Study on the device characteristics of the quasi-SOI-power MOSFETs formed by reverse silicon wafer direct bonding," IEEE Trans. Electron Devices, vol. 45, no. 9, p. 1940, 1998.
(38) H. Horie, S. Nakamura, et al., "Advanced SOI devices using CMP and wafer bonding," Ext. Abst. SSDM, p. 473, 1996.
(39) K. Inoh, T. Shino, et al., "FBC (floating body cell) for embedded DRAM on SOI," Dig. Tech. Papers, Symp. VLSI Technology, p. 63, 2003.
(40) S.Okhone, M.Nagoga, et al., "A SOI capacitor-less 1T-DRAM concept," 2001 IEEE Int. SOI Conf., p. 153, 2001.
(41) 田中真一，フラッシュメモリ，信学会知識ベース知識の森，08群2編4章，2011.
(42) W. S. Johnson, G. Perlegos, et al., "A 16 Kb electrically erasable nonvolatile memory," IEEE ISSCC Dig. Tech. Papers, p. 152, 1980.
(43) F. Masuoka, M. Asano, et al., "A new flash E2PROM cell using triple polysilicon technology," IEEE IEDM Tech. Dig., p. 464, 1984.
(44) C. Kim, J. Ryu, T. Lee, et al., "A 21 nm high performance 64 Gb MLC NAND flash memory With 400 MB/s asynchronous toggle DDR interface," IEEE J. Solid-State Circuits, vol. 47, no. 4, p. 981, 2012.
(45) K. Fukuda, Y. Watanabe, et al., "A 151-mm^2 64-Gb 2 Bit/cell NAND flash memory in 24-nm CMOS Technology," IEEE J. Solid-State Circuits, vol. 47, no. 1, p. 75, 2012.
(46) S. S. Rizvi and T.-S. Chung, "Flash SSD vs HDD: High performance oriented modern embedded and multimedia storage systems," 2nd Int. Conf. Computer Engineering and Technology (ICCET), vol. 7, p. 297, 2010.
(47) P. C. Y. Chen, "Threshold-alterable Si-gate MOS devices," IEEE Trans. Electron Devices, vol. 24, no. 5, p. 584, 1977.
(48) D. Frohman-Bentchkowsky and M. Lenzlinger, "Charge transport and storage in metal-nitride-oxide-silicon (MNOS) structures," J. Appl. Phys., vol. 40, no. 8, p. 3307, 1969.
(49) Kahng and S. M. Sze, "A floating gate and its application to memory devices," Bell Telephone Labs. Tech. J., vol. 46, p. 1288, 1967.
(50) H. A. R. Wegener, et al., "The variable threshold transistor, a new electrically-alterable, non-destructive read-only storage device," IEEE IEDM Tech. Dig., vol. 13, p. 70, 1967.
(51) K. W. Lee, S. K. Choi, et al., "A highly manufacturable integration technology of 20 nm generation 64 Gb multi-level NAND flash memory," Symp. VLSI Technology, p. 70, 2011.
(52) N. Shibata, H. Maejima, et al., "A 70nm 16 Gb 16-level-cell NAND flash memory," IEEE Symp. VLSI Circuits, p. 190, 2007.
(53) Y. Li, S. Lee, et al., "A 16 Gb 3-bit per cell (X3) NAND flash memory on 56 nm technology with 8 MB/s write rate," IEEE J. Solid-State Circuits, vol. 44, no. 1, p. 195, 2009.
(54) M. Bauer, R. Alexis, et al., "A multilevel-cell 32 Mb flash memory," IEEE IEDM Dig.

(55) T. Sugizaki, M. Kohayashi, et al., "Novel multi-bit SONOS type flash memory using a high-k charge trapping layer," Dig. Tech. Papers, Symp. VLSI Technology, p. 27, 2003.
(56) 石原宏,強誘電体メモリーの新展開,シーエムシー出版,2004.
(57) Y. Arimoto and H. Ishiwara, "Current status of ferroelectric random-access memory," MRS Bulletin, Nov. 2004, p. 823, 2004.
(58) T. Yamazaki, K. Inoue, et al., "Advanced 0.5 μm FRAM device technology with full compatibility of half-micron CMOS logic device," IEEE IEDM Dig. Tech. Papers, p. 613, 1997.
(59) Y. Horii, Y. Hikosaka, et al., "4 Mbit embedded FRAM for high performance System on Chip (SoC) with large switching charge, reliable retention and high imprint resistance," IEEE IEDM Dig. Tech. Papers, p. 539, 2002.
(60) S. H. Oh, S.-K. Hong, et al., "Noble FeRAM technologies with MTP cell structure and BLT ferroelectric capacitors," IEEE IEDM Dig. Tech. Papers, p. 835, 2003.
(61) J.-H. Kim, D. J. Jung, et al., "Manufacturing technologies for a highly reliable, 0.34 μm^2-Cell, 64 Mb, and 1T1C FRAM," IEEE IEDM Dig. Tech. Papers, p. 1, 2006.
(62) H. Nakamoto, D. Yamazaki, et al., "A Passive UHF RFID Tag LSI with 36.6% Efficiency CMOS-Only Rectifier and Current-Mode Demodulator in 0.35/spl mu/m FeRAM Technology," IEEE ISSCC Dig. Tech. Papers, p. 1201, 2006.
(63) K. Kotani and T. Ito, "Self-vth-cancellation high-efficiency CMOS rectifier circuit for UHF RFIDs, " IEICE Trans. Electron., vol. E92-C, no. 1, p. 153, 2009.
(64) S. Masui and T. Teramoto, "A 13.56 MHz CMOS RF identification passive tag LSI with ferroelectric random access memory," IEICE Trans. Electron., vol. E88-C, no. 4, p. 601, 2005.
(65) Y. Fujimori, H. Kimura, et al., "Current development status and future challenges of FeRAM," Ext. Abst. Int. Conf. SSDM, p. 1088, 2010.
(66) K. Yamaoka, S. Iwanari, et al., "A 0.9-V 1T1C SBT-based embedded nonvolatile FeRAM with a reference voltage scheme and multilayer shielded bit-line structure," IEEE J. Solid-State Circuits, vol. 40, no. 1, p. 286, 2005.
(67) T. Eshita, K. Nakamura, et al., "Fully functional 0.5-μm 64-kbit embedded SBT FeRAM using a new low temperature SBT deposition technique," Dig. Tech. Papers, Symp. VLSI Technology, p. 139, 1999.
(68) T. Tamura, Y. Arimoto, and H. Ishiwara, "A new circuit simulation model of ferroelectric capacitors," Jpn. J. Appl. Phys., vol. 41, no. 1, p. 2654, 2002.
(69) H. Takahisa, Y. Igarashi, et al., "A novel stack capacitor cell for high density FeRAM compatible with CMOS logic," IEEE IEDM Tech. Dig., p. 543, 2002.
(70) J.-M. Koo, B.-S. Seo, et al., "Fabrication of 3D trench PZT capacitors for 256 Mbit FRAM device application," Tech. Dig., IEEE IEDM Tech. Dig., p. 340, 2005.
(71) S. Masui, W. Yokozeki, et al., "Design and applications of ferroelectric nonvolatile SRAM and flip-flop with unlimited read/program cycles and stable recall," Proc. Custom Integrated Circuits Conference, p. 403, 2003.
(72) K. Hoya, D. Takashima, et al., "A 64 Mb Chain FeRAM with Quad-BL Architecture and 200 MB/s burst mode," IEEE ISSCC Dig. Tech. Papers, p. 459, 2006.
(73) X. Zhang, M. Takahashi, et al., "First 64 kb Ferroelectric-NAND flash memory array with 7.5 V Program, 10^8 endurance and long data retention," Ext. Abst. 2011 Int. Conf.

SSDM, p. 975, 2011.

(74) S. Sakai, M. Takahashi, and R. Ilangovan, "Long-retention ferroelectric-gate FET with a $(HfO_2)_x(Al_2O_3)_{1-x}$ Buffer-Insulating Layer for 1 T FeRAM," IEEE IEDM Tech. Dig., p. 915, 2004.

(75) H. Ishiwara, "Current status of ferroelectric-gate Si transistors and challenge to ferroelectric-gate CNT transistors," Current Appl. Phys, vol. 9, p. S2 , 2009.

(76) K. Takahashi, K. Aizawa, et al., "Thirty-day-long data retention in ferroelectric-gate field-effect transistors with HfO_2 buffer layers," Jpn. J. Appl. Phys., vol. 44, no. 8, p. 6218, 2005.

(77) S. Kawashima, T. Endo, et al., "Bitline GND sensing technique for low-voltage operation FeRAM," IEEE J. Solid-State Circuits, vol. 37, no. 5, p. 592, 2002.

(78) P. C. Fazan and V. K. Mathews, "A highly manufacturable trench isolation process for deep submicron DRAMs," IEEE IEDM Tech. Dig., p. 57, 1993.

(79) M. Nandakumar, A. Chatterjee, et al., "Shallow trench isolation for advanced ULSI CMOS technologies," IEEE IEDM Tech. Dig., p. 133, 1998.

(80) A. Bryant, W. Hansch, and T. Mii, "Characteristics of CMOS device isolation for the ULSI age," IEEE IEDM Tech. Dig., p. 671, 1994.

(81) T. Yamazaki, I. Namura, et al., "High-speed Si hetero-bipolar transistor with a SiC wide-gap emitter and an ultrathin heavily doped photoepitaxially grown base," Proc. IEEE BCTM, p. 71, 1991.

(82) H. J. Osten, D. Knoll, et al., "Carbon doped SiGe heterojunction bipolar transistors for high frequency applications," IEEE BCTM, vol. 7. 1, p. 109, 1999.

(83) S. Jouan, H. Baudry, et al., "Suppression of boron transient-enhanced diffusion in SiGe HBTs by a buried carbon layer," IEEE Trans. Electron Devices, vol. 48, no. 8, p. 1765, 2001.

(84) K. E. Ehwald, D. Knoll, et al., "Modular integration of high-performance SiGe:C HBTs in a deep submicron, epi-free CMOS process," IEEE IEDM Tech. Dig., p. 561, 1999.

(85) M. Miura, H. Shimamoto, et al., "Ultra-low-power SiGe HBT technology for wide-range microwave applications," IEEE BCTM, p. 129, 2008.

(86) K. Hart and A. Slob, " Integrated injection logic," IEEE J. Solid-State Circuits, vol. 7, no. 5, p. 346, 1972.

(87) M. Watanabe, H. Mukai, et al., "A distributed threshold low energy logic," Int. Conf. Syst. Theory, vol. C-11-3, p. 209, 1969.

(88) K. Ueno, Y. Arimoto, et al., "A fully functional 1 K ECL RAM on a bounded SOI wafer," IEEE IEDM Tech. Dig., p. 870, 1988.

(89) N. Higaki, T. Fukano, et al., "A thin-base lateral bipolar transistor fabricated on bonded SOI," Dig. Tech. Papers, Symp. VLSI Technology, p. 53, 1991.

(90) J. Cai, M. Kumar, et al., "Vertical SiGe-base bipolar transistors on CMOS-compatible SOI substrate," IEEE BCTM, p. 215, 2003.

(91) K. Washio, "SiGe HBT and BiCMOS technologies for optical transmission and wireless communication systems," IEEE Tran. Electron Devices, vol. 50, p. 656, 2003.

(92) W. J. Evans, A. R. Tretola, et al., "Oxide-isolated monolithic technology and applications," IEEE J. Solid-State Circuits, vol. 8, no. 5, p. 373, 1973.

(93) J. A. Appels, E. Kooi, et al., "Local oxidation of silicon and its application in semiconductor-device technology," Philips Research Reports, vol. 25, no. 2, p. 118, 1970.

(94) T. I. Kamins, "A new dielectric isolation technique for bipolar integrated circuits using thin single-crystal silicon films," Proc. IEEE, vol. 70, no. 7, p. 915, 1972.
(95) R. Edwards, "Oxide isolation technology featuring ion implantation and partially self-registered emitters," Electrochem. Soc. Meeting, p. 426, 1973.
(96) F. Morandi, "The MOS planox process," IEEE IEDM Tech. Dig., vol. 15, p. 126, 1969.
(97) T. J. Sanders, W. R. Morcom, and C. S. Kim, " An improved dielectric-junction combination isolation technique for integrated ciruits," IEEE IEDM Tech. Dig., vol. 19, p. 38, 1973.
(98) K. Kawarada, M. Suzuki, et al., "A fast 7.5 ns access 1k-bit RAM for cache-memory systems," IEEE J. Solid-State Circuits, vol. 13, no. 5, p. 656, 1978.
(99) H. Goto, T. Takada, et al., "An isolation technology for high performance bipolar memories — IOP-II," IEEE IEDM Tech. Dig., p. 58, 1982.
(100) M. Shimizu and H. Kitabayashi, "BEST (Base Emitter Self-aligned Technology) a new fabrication method for bipolar LSI," IEEE IEDM Tech. Dig., vol. 25, p. 332, 1979.
(101) K. Okada, K. Aomura, et al., "PSA—a new approach for bipolar LSI," IEEE J. Solid State Circuits, vol. SC-13, no. 5, p. 693, 1978.
(102) I. Ishida, K. Aomura, and T. Nakamura, "An advanced PSA process for high speed bipolar VLSI," IEEE IEDM Tech. Dig., vol. 25, p. 336, 1979.
(103) T. Sakai, Y. Kobayashi, et al., "High speed bipolar ICs using super self-aligned process technology," Proc. Ext. Abst. 12th Conf. SSDM, p. 155, 1980.
(104) 小中信典, 山本栄一, 他, "超高速シリコンバイポーラ IC 技術：SST-1B," 信学論(C-Ⅱ), vol. J72-C-Ⅱ, no. 5, p. 504, 1989.
(105) M. S. Peter, G. A. M. Hurkx, and C. E. Timmering, "Selectively-implanted collector profile optimisation for high-speed vertical bipolar transistors," Solid-State Device Research Conference, p. 308, 1997.
(106) F. K. Chai, J. Kirchgessner, et al., "Integration of selectively implanted collector (SIC) of SiGe：C HBT for optimized performance and manufacturability," IEEE BCTM, p. 115, 2003.
(107) S. Nakamura, T. Toyofuku, et al., "Bipolar technology for 0.5-micron-wide base transistor with an ECL gate delay of 21.5 picoseconds," IEEE IEDM Tech. Dig., p. 445, 1992.
(108) A. Tahara, K. Hashimoto, et al., "Low-power high-speed ECL circuit with 0.5-μm rule and 30-GHz f_T technology," Proc. IEEE BCTM, p. 169, 1989.
(109) T. Nakamura, K. Nakazato, et al., "290 psec I^2L circuits with five-fold self-alignment," IEEE IEDM Tech. Dig., p. 684, 1982.
(110) T. Sugii, T. Yamazaki, and T. Ito, "Process technologies for advanced Si bipolar devices," Ext. Abst. Int. Conf. SSDM, p. 817, 1990.
(111) 久保征治, BiCMOS 技術, 電子情報通信学会編, コロナ社, 1990.
(112) T. Nakamura, "Bipolar and BiCMOS Devices and Circuits for ULSI," Ext Abst. 183rd ECS Meeting, vol. 93-1, p. 967, 1993.
(113) H. Nambu, K. Kanetani, et al., "A 550-ps access 900-MHz 1-Mb ECL-CMOS SRAM," IEEE J. Solid-State Circuits, vol. 35, no. 8, p. 1159, 2000.
(114) K. Washio, "SiGe HBT and BiCMOS technologies for optical transmission and wireless communication systems," IEEE Trans. on Electron Devices, vol. 50, no. 3, p. 656, 2003.
(115) A. Joseph, L. Lanzerotti, et al., "Advances in SiGe HBT BiCMOS technology," 2004

Topical Meeting on Silicon Monolithic Integrated Circuits in RF Systems, p. 1, 2004.
(116) G. Avenier, M. Diop, et al., "0.13μm SiGe BiCMOS technology fully dedicated to mm-wave applications," IEEE J. Solid-State Circuits, vol. 44, no. 9, p. 2312, 2009.
(117) 塩野浩一,"CCDイメージ・センサの動作原理,"トランジスタ技術,2003年2月号,p. 140, 2003.
(118) 米本和也,"CMOSイメージ・センサの動作原理,"トランジスタ技術,2003年2月号,p. 128, 2003.
(119) A. Fonte, S. Saponara, et al., "60-GHz single-chip integrated antenna and low noise amplifier in 65-nm CMOS SOI technology for shortrange wireless Gbits/s applications," Int. Conf. Appl. Electron. (AE), p. 1, 2011.
(120) M. El-Nozahi, A. A. Helmy, et al., "An inductor-less noise-cancelling broadband low noise amplifier with composite transistor pair in 90 nm CMOS technology," IEEE J. Solid-State Circuits, vol. 46, no. 5, p. 1111, 2011.
(121) 浅田邦博,松澤昭,アナログRF CMOS集積回路設計(応用編),p. 165,培風館,2011.
(122) Z. Lu, X. P. Yu, et al., "A BiCMOS implementation of noise canceling low noise amplifier for wideband applications," Int. Conf. Electron Devices and Solid-State Circuits (EDSSC), p. 1, 2011.
(123) R. Lai, X. B. Mei, et al., "Sub 50 nm InP HEMT Device with Fmax Greater than 1 THz," IEEE IEDM Tech. Dig., p. 609, 2007.
(124) D. C. Howard, X. Li, and J. D. Cressler, "A low power 1.8-2.6 dB noise figure, SiGe HBT wideband LNA for multiband wireless applications," IEEE BCTM, p. 55, 2009.
(125) Y. Wachi, T. Nagasaku, and H. Kondoh, "A 28GHz Low-Phase-Noise CMOS VCO using an amplitude-redistribution technique," IEEE ISSCC Dig. Tech. Papers, p. 482, 2008.
(126) E. Laskin, M. Khanpour, et al., "A 95 GHz receiver with fundamental-frequency VCO and static frequency divider in 65 nm digital CMOS," IEEE ISSCC Dig. Tech. Papers, p. 180, 2008.
(127) A. Hajimiri, "Next-generation CMOS RF power amplifiers," IEEE Microwave Mag., vol. 12, no. 1, p. 38, 2011.
(128) M. Zargari, M. Terrovitis, et al., "A single-chip dual-band tri-mode CMOS transceiver for IEEE 802.11a/b/g wireless LAN," IEEE J. Solid-State Circuits, vol. 39, no. 12, p. 2239, 2004.
(129) L. Nathawad, M. Zargari, et al., "A dual-band CMOS MIMO radio SoC for IEEE 802.11n wireless LAN," IEEE ISSCC Dig. Tech. Papers, p. 358, 2008.
(130) T. Suzuki, Y. Kawano, et al., "60 and 77 GHz power amplifiers in standard 90 nm CMOS," IEEE ISSCC Dig. Tech. Papers, p. 562, 2008.
(131) K.-J. Kim, T. Lim, et al., "High gain and high efficiency CMOS power amplifier using multiple design techniques," Electron. Lett., vol. 47 no. 10, p. 601, 2011.
(132) C. Y Law and A.-V. Pham, "A high-gain 60 GHz power amplifier with 20 dBm output power in 90 nm CMOS," IEEE ISSCC Dig. Tech. Papers, p. 426, 2010.
(133) P. L. Hower, "Current status and future trends in silicon power devices," IEEE IEDM Tech. Dig., p. 308, 2010.
(134) I.-Y. Park, Y.-K. Choi, et al., "BCD (bipolar-CMOS-DMOS) technology trends for power management IC," IEEE 8th Int. Conf. Power Electron. and ECCE Asia (ICPE & ECCE), p. 318, 2011.
(135) H. Kitahara, T. Tsukihara, et al., "A deep trench isolation integrated in a 0.13μm BiCD

process technology for analog power ICs," IEEE BCTM, p. 206, 2009.
(136) M. Yoshioka, K. Ishikawa, et al., "A 10b 50 MS/s 820μW SAR ADC with on-chip digital calibration," IEEE ISSCC Dig. Tech. Papers, p. 384, 2010.
(137) L. Dörrer, F. Kuttner, et al., "A Continuous time $\Delta\Sigma$ADC for voice coding with 92 dB DR in 45 nm CMOS," IEEE ISSCC Dig. Tech. Papers, p. 502, 2008.
(138) M. Boulemnakher, E. Andre, et al., "A 1.2 V 4.5 mW 10b 100 MS/s Pipeline ADC in a 65 nm CMOS," IEEE ISSCC Dig. Tech. Papers, p. 250, 2008.
(139) "Interconnect", Int. Technology Roadmap for Semiconductors 2011, p. 74.
(140) 柏木正弘, CMPのサイエンス, サイエンスフォーラム, 1997.
(141) 土肥俊郎, 河西敏雄, 中川威雄, 半導体平坦化ＣＭＰ技術, 工業調査会, 1998.
(142) A. Fukuroda, K. Nakamura, and Y. Arimoto, "In situ CMP monitoring technique for multi-layer interconnection," IEEE IEDM Tech. Dig., p. 469, 1995.
(143) 山田洋平, "CMP終点検出技術," 半導体テクノロジー大全, 第4編, 第13章, 第7節, p. 482, 2009.
(144) A. Ito, M. Imai, and Y. Arimoto, "Photoresist chemical mechanical polishing for shallow trench isolation," Jpn. J. Appl. Phys., vol. 37, Part 1, no. 4A, p. 1697, 1998.
(145) 岸井貞浩, "スラリー回収再生技術," 半導体テクノロジー大全, 第4編, 第13章, 第9節, p. 493, 2009.
(146) 矢野映, 中田義弘, 中村友二, "無機高分子系多孔質 low-k 層間絶縁膜材料NCSの開発," ナノエレクトロニクスにおける絶縁超薄膜技術, p. 199, エヌ・ティー・エス, 2012.
(147) "Interconnect," Int Technology Roadmap for Semiconductors 2011, p. 25, 73.
(148) T. Nakamura and A. Nakashima, "Robust multilevel interconnects with a nano-clustering porous low-k ($k<2.3$)," Proc. IEEE 2004 Int. Interconnect Technol. Coinf., p. 175, 2004.
(149) 服部毅, "システムLSIの置換を狙うFPGA—先端製品では3D実装や光通信も," Electric J., 2012年7月号, p. 58, 2012.
(150) 原田享, 杉崎吉昭, 田窪知章, "高密度実装技術," 東芝レビュー, vol. 59, no. 8, p. 26, 2004.
(151) J.-S. Kim, C. S. Oh, et al., "A 1.2 V 12.8 GB/s 2 Gb mobile Wide-I/O DRAM with 4×128 I/Os using TSV-based stacking," IEEE ISSCC Dig. Tech. Papers, p. 496, 2011.
(152) H. Yoshikawa, A. Kawasaki, et al., "Chip Scale Camera Module (CSCM) using through-silicon-via (TSV)," IEEE ISSCC Dig. Tech. Papers, p. 476, 2009.
(153) M. Motoyoshi, "through-silicon via (TSV)," Proc. IEEE, vol. 97, no. 1, p. 43, 2009.
(154) M. Koyanagi, "3D integration technology and reliability," IEEE Int. Rel. Phys. Symp. (IRPS), p. 3F.1.1, q, 2011.

第5章

微細加工技術

5.1 リソグラフィー技術

5.1.1 はじめに

リソグラフィー技術は半導体デバイス製造において,パターン寸法,異なる層間の重ね合わせを決定する技術であり,デバイスの微細化,高集積化において主要な役割を果たしてきた.**図5.1** にデバイスの微細化動向を示す.これまで設計ルールは,3年でほぼ0.7倍に縮小しており,ITRS (International Technology Roadmap for Semiconductor) ロードマップによると2012年に32 nm hp(ハーフピッチ),2015年に22nm hp,2018年には16 nm hpに達すると予測されている[1].**図5.2** にリソグラフィー技術の課題を示した.

これまでのリソグラフィーの主流は紆余曲折があったものの光リソグラフィーであった.光源は水銀ランプのg線(436 nm),i線(365 nm),そしてKrFエキシマレーザ(248 nm),ArFエキシマレーザ(193 nm)と変遷してきた.その後,F_2エキシマレーザ露光(157 nm)[2]への転換が検討されたが,光学材料である蛍石の複屈折や雰囲気酸素によるF_2光吸収などにより断念され,代わりに投影光学系とウェーハ間を水で満たすArF液浸露光(水の屈折率1.44から等価波長134 nm)がクリティカル工程の露光手法として採用されている.このArF液浸シングル露光の解像限界は40 nmhp

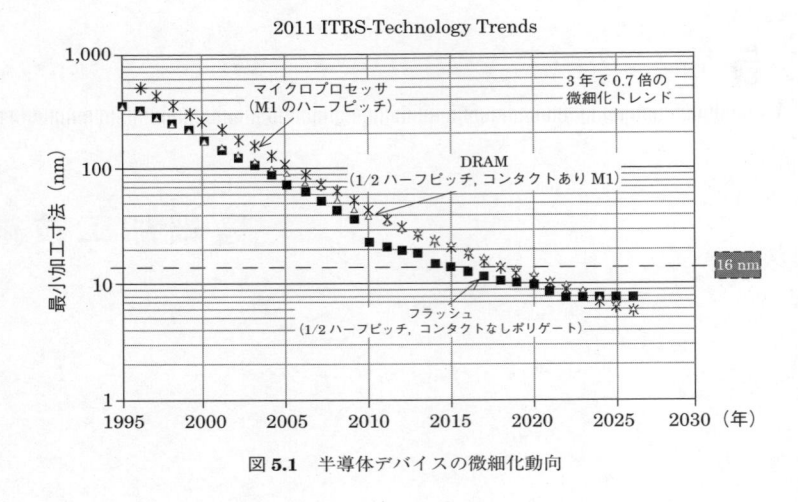

2011 ITRS-Technology Trends

図 5.1　半導体デバイスの微細化動向

- □ 微細化 ─── 解像度
  └ 焦点深度
- □ 高精度化 ─── 寸法制御
  └ 重ね合わせ精度
- □ 露光フィールド拡大 ─── 大面積チップ対応
- □ 自動化
- □ 高スループット
- □ 低コスト

図 5.2　リソグラフィー技術の課題

程度であり，更にその先を目指して水に代わる高屈折液浸材料[3]の探索も行われたが，高屈折率と透明性の両立が困難で頓挫している．

32 nm hp 以降の解像を目的として，EUV 露光（13.5 nm）の開発が進められている．しかし，EUV 光源や反射マスクの欠陥低減など課題が多く，そのデバイス適用が当初の見込みから遅れ気味である．そのため，ArF 液浸によるダブルパターニングが一部デバイスに適用されている．

またポスト光リソグラフィー（NGL：Next Generation Lithography と呼ばれる）として，マルチビーム電子線直接描画，ナノインプリント，そして DSA（Directed Self Assemby）の検討も行われている．しかしながら，まだそれぞれに課題があり，デバイスへの本格適用はなされていない．

本節では，光リソグラフィーを中心にして各露光手法の概要を述べ，次にレジストプロセス技術について言及する．光リソグラフィーには長い歴史があるが，ここでは現状の縮小投影露光手法についてのみ述べる．

5.1.2 露光技術の概要

各種リソグラフィー技術を体系化して表すと図 5.3 のようになる．GDS-II や OASIS データフォーマットで準備された設計パターンデータは，近接効果補正を施した後，電子線マスク描画装置へ送られ，電子線描画によりマスク（レチクル）が作製される．現在はレチクルパターンを 4:1 に縮小投影し，ウェーハとレチクルを同期スキャンするステップ&スキャン方式が主流となっている．等倍（1:1）マスク X 線露光[4] や電子線投影露光[5] は現在，行われていない．また 1:1 マスク（テンプレート）のナノインプリント技術やマルチ電子線直描技術（マスクレス）は NGL 技術として開発中である．

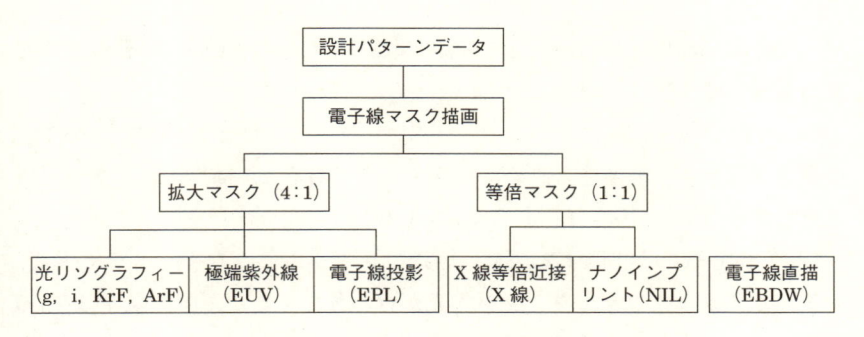

図 5.3 各リソグラフィー技術の体系

5.1.3 光露光技術

(1) 縮小投影露光装置

スキャン露光光学系の概略を図 5.4 に示す．光源，マイクロフライアイレンズによりレチクルを均一に照射する照明光学系，ウェーハにレチクルパターンを縮小投影（1/4）する投影光学系，高精度に同期スキャンするレチクル及びウェーハステージからなる．また，ウェーハ面を結像位置に設定するフォーカスレベリング制御系，アライメントを行うためのウェーハ観察顕微鏡やレーザ測長などの位置合わせ測定機能などを具備している．ここで，

図5.4 スキャン露光光学系

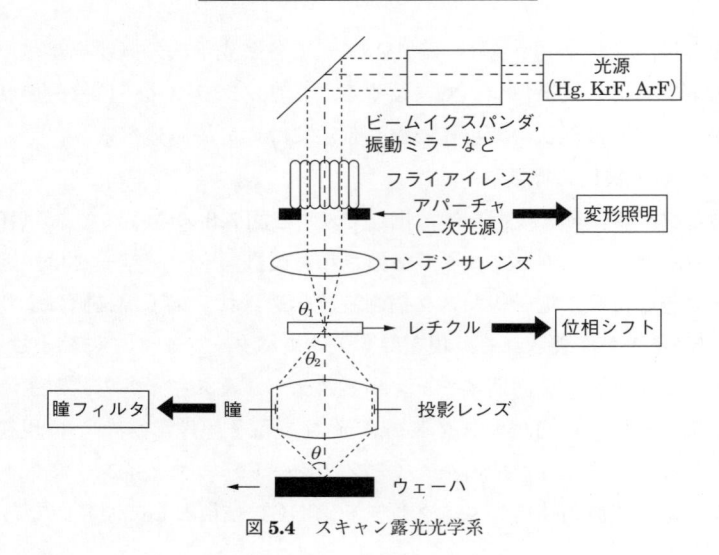

NA（Numerical Aperture, レンズ開口数）はウェーハ上の点に結像する光束の入射角度を$+/-\theta$としたとき

$$NA = n\sin\theta \tag{5.1}$$

で表される値で、解像性を決めるパラメータである。nはウェーハ側の屈折率を示す（空気では$n=1$, 水では$n=1.44$）．

1980年代までは等倍マスクを用いたコンタクト，プロキシミティ露光，あるいはミラープロジェクション露光が行われてきたが，解像限界は$2\mu m$程度が限界であった．そこで高解像化を目指し，高いNAを有する縮小投影光学系への移行が図られた．ただし，縮小投影光学系にすると，露光可能な領域が限られる．そこでウェーハ上を分割して露光するステップ&リピート方式が採用された．この方式の露光装置はステッパと呼ばれ，g線，i線，KrFエキシマ露光そしてArFエキシマ露光へと短波長化が進められ，また各世代の高NA化と相まって，長きにわたって露光装置の主流になってきた．

その後，更なる高NA化，露光面積拡大（大チップ対応）を求めて，スキャン露光手法が開発された（ステッパの露光面積が$22\times22\,mm^2$程度に対してスキャンでは$26\times33\,mm^2$）．これは，露光領域をスリット状にして，これをウェーハとレチクルを同期走査して露光を行う手法である．両ステー

第5章 微細加工技術

ジの高精度同期走査が要求されるが，露光領域が小さな光学系で済むため（**図 5.5**），高 NA 化による光学系の巨大化，高コスト化を避けられる．更に，光学収差低減，収差のスキャン動作による平均化，ウェーハ段差補正の高精度化も利点として挙げられる．スキャン露光により NA は $0.92 \sim 0.93$ と，ほぼ限界まで向上している．

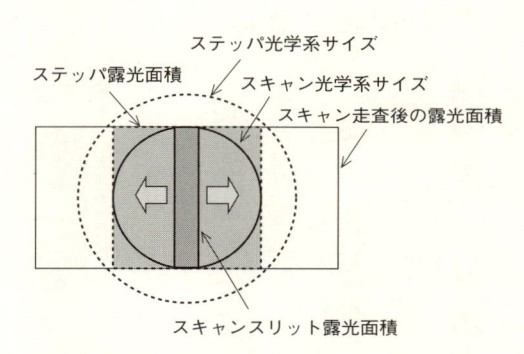

図 5.5　ステッパとスキャンの露光フィールド比較

ArF エキシマ露光の後継として，F_2 エキシマ露光が検討されたが，上述のように晶材である蛍石の複屈折などの課題により開発は中断され，ArF 液浸露光が開発された[6],[7]．**図 5.6** に示したようにレジストとレンズ間を水（屈折率 1.44）を満たし，従来のドライ露光ではレンズ最下面やレジスト表面で全反射してしまう入射角度の大きい回折光（微細パターンに相当）でもレジスト内部へ入射できるようにした．また投影光学系とウェーハの間

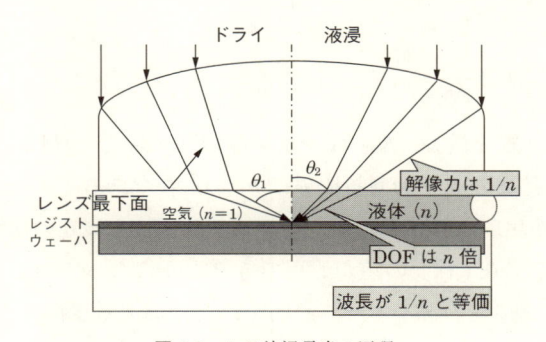

図 5.6　ArF 液浸露光の原理

のみに純水を供給する方式(Local Fill 方式)で安定な高速スキャン動作が実現されている.液浸化により NA は水の限界といわれる 1.35 に達している.なお,液浸露光以前の投影光学系は多数の合成石英レンズを組み合わせた屈折光学系であったが,液浸露光では,高 NA 化 (= 1.35)に伴う光学系の巨大化を抑制するためミラーを組み込んだカタジオプトリック(Catadioptric)光学系となっている.その設計例を図 5.7 に示す[8],[9].

屈折光学系
(従来)

反射屈折光学系
(カタジオプトリック光学系)

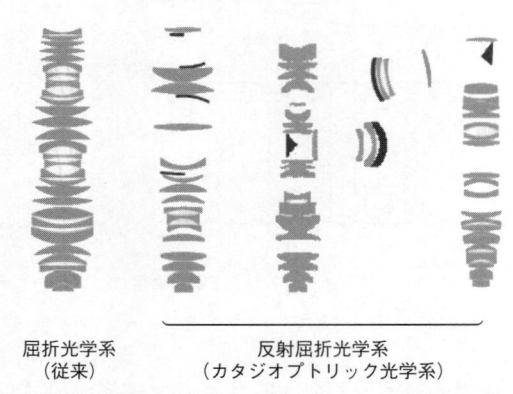

図 5.7　ArF 液浸露光装置のカタジオプトリック投影光学系

(2) 解像性

一般に光学系の解像度 R 及び焦点深度 DOF(Depth of Focus)は Rayleigh の式[10]で与えられる.

$$R = k_1 \cdot \frac{\lambda}{NA} \tag{5.2}$$

$$\mathrm{DOF} = k_2 \cdot \frac{\lambda}{(NA)^2} \tag{5.3}$$

ここで,λ は露光波長,NA はレンズ開口数,k_1 と k_2 はレジストプロセス定数を示す.また光学的回折限界は $k_1 = 0.25$ である.従来,k_1 は 0.5〜0.6 程度の値が用いられてきたが,レジスト解像性や後述の超解像技術の適用により,0.5〜0.4 程度の値が適用できるようになっている.更に,強力な超解像手法(後述のダイポール照明や,空間周波数変調(Alternating)位相シフトマスク)を適用すると,単純な L&S パターンでは回折限界に

近い解像が得られる．またk_2としては$+/-0.5$が一応の目安と考えられる（この値は波面収差$<+/-\lambda/4$の焦点ずれで定義）．式から解像力向上には短波長化，高NA化が有効である．一方，焦点深度はNAの2乗で低下する．従来，高解像を目指して高NA化が図られてきたが，実用焦点深度の確保が懸念された時期があった．しかしながら，CMP（Chemical Mechanical Polishing）技術による基板平坦化，そして，小露光面積のスリットスキャン露光とフォーカスレベリング精度の向上により，焦点深度の許容度は大幅に改善された（先端デバイスではDOFレンジ値は150～200 nm程度）．

図 **5.8** に示した回折現象により，Rayleighの式の物理的背景を説明する．図 5.8(a)，(b) はピッチpのL&Sパターンに垂直に光が入射した場合を示す．nを屈折率，mを回折光の次数とすると，回折角θ_mは以下の式で与えられる．

$$p\sin\theta_m = m\left(\frac{\lambda}{n}\right) \tag{5.4}$$

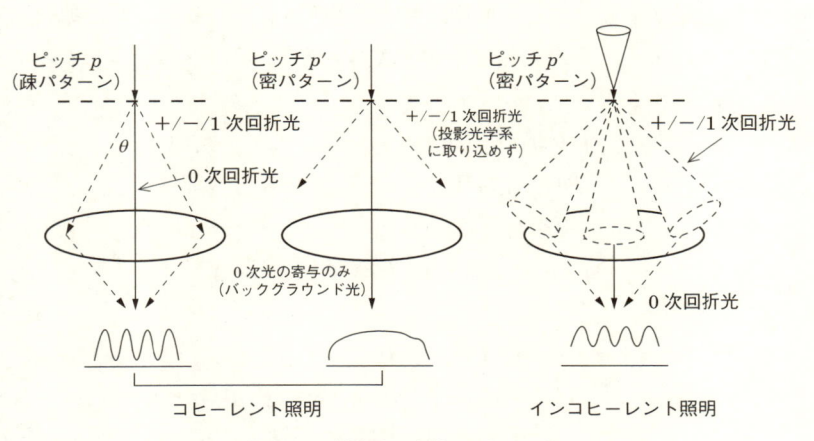

図 **5.8** 回折格子の光学コントラスト

L&Sパターンが結像するためには，少なくとも0次光と$+/-1$次光の干渉が必要となる．またピッチが小さくなるにつれて回折角度は増大する．したがって，微細L&Sになると，0次光と$+/-1$次光を取り込むため大きな投影光学系が必要となる．投影光学系を通過した0次及び$+/-1$次光はウェーハ上の1点に集光される．この回折角がNAに相当する．

レチクル入射側のレンズ開口数 ($NA_1 = \sin\theta_1$) とレチクル出射側のレンズ開口数 ($NA_2 = \sin\theta_2$) の比をコヒーレンスファクタ σ と定義する ($\sigma = NA_1/NA_2$, ただし, $NA_2/NA = 1/4$ (マスク縮小率), 図5.4参照). 垂直0次光のみの場合($\sigma=0$)をコヒーレント照明, 斜入射0次光を含む場合($\sigma>0$)をインコヒーレント照明と呼ぶ (図5.8 (c)). 通常は露光量の確保のため $\sigma \sim 0.8$ 程度になっている. 更に, 斜め入射成分がある場合, 細かいピッチでも0次光と+/1次光のいずれかが投影光学系に入射すれば光学コントラストが得られる. この光学コントラストがレジスト解像に十分 (通常は0.5程度) であれば, レジスト像が得られることになる.

(3) 超解像手法

超解像手法は通常露光では解像困難な微細寸法パターンの光学コントラストを向上させる手法である. 特定パターンの解像を目的とするので, その他のパターンに対してはむしろコントラストは低下する場合があるが, 全体のプロセス余裕度を考慮して, 超解像手法が選択されている. 一般に投影露光装置によるウェーハ上の光強度分布 $I(X, Y)$ をフーリエ係数 f, g で表すと次式で与えられる[11].

$$I(X, Y) = \iiiint df_1 dg_1 df_2 dg_2$$
$$* F(f_1, g_1) F(f_2, g_2)$$
$$* T(f_1, g_1 ; f_2, g_2)$$
$$* \exp[-2\pi i\{(f_1-f_2)X + (g_1-g_2)Y\}] \qquad (5.5)$$

ただし

$$T(f_1, g_1 ; f_2, g_2) = \iint df dg J(f, g)$$
$$* K(f-f_1, g-g_1) K*(f-f_2, g-g_2)$$
$$* \exp \pi i [\{(f+f_1)^2 - (f+f_2)^2 + (g+g_1)^2 - (g+g_2)^2\}Z] \qquad (5.6)$$

ここで, F はレチクル振幅透過率のフーリエ関数を表す. また T は透過クロス関数で有効光源の光強度関数 J と瞳関数 K から求められる. ただし, X, Y は $\lambda/(NA)$ で, Z は $\lambda/(NA)^2$ で規格化されている ($x = X*\lambda/(NA)$, $z = Z*\lambda/(NA)^2$).

式 (5.5) より光強度分布は有効光源の光強度関数 J, レチクル振幅透過率

F 及び瞳関数 K で決定される．超解像手法もこれに対応して，図 5.4 に示すように，照明光の斜入射成分を用いる変形照明（または斜入射照明）[12],[13]，マスクの位相を反転させる位相シフトマスク[14],[15]，投影光学系の瞳面の光透過領域を制限する瞳フィルタ[16]，及びそれらの組合せがある[17]．瞳フィルタは投影光学系内部の変更が必要となるため実際は適用されていない．ここでは変形照明と位相シフトについて解説する．

（a）　変形照明（斜入射照明）　　変形照明は，0 次光を斜入射光のみに限定して，大きな回折角度の +/-1 次回折光を投影光学系に取り込むことで微細パターンを解像する手法である（**図 5.9**）．図 5.9 は照明光学系として，レチクル上の照度を均一にするためフライアイレンズを用いた例を示している．個々のフライアイレンズの出射面はレチクル面と結像関係にあり，レチクル全面を照明する．全てのフライアイレンズがレチクル全面を照射するため，フライアイレンズに入射する照度分布が不均一であっても，レチクル面では均一な照度分布が得られることになる．均一性を更に向上させるためフライアイレンズを 2 段にしている場合もある．

フライアイレンズの出射面は照明光学系の瞳面で，投影光学系の瞳面と共役になっている．この瞳面において**図 5.10** のように，中心部を遮光（$\sigma \sim 0$，すなわち直入射成分を除去）することにより，特定微細ピッチ（開口部の距

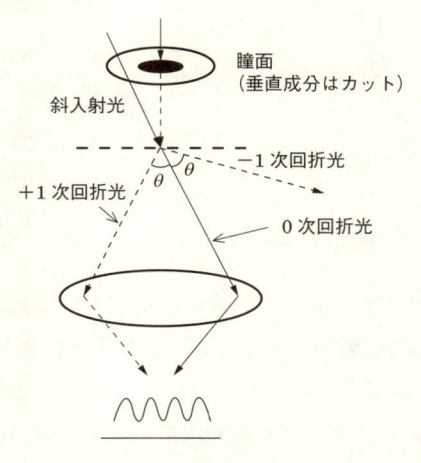

図 5.9　変形照明の回折コントラスト

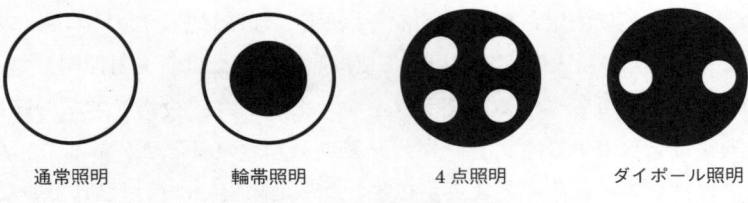

図 5.10　各種変形照明の瞳面像

離が回折角度，すなわちピッチに相当）の光学コントラストを向上できる．輪帯照明は任意の方向，4点照明は X, Y 方向，2点（ダイポール）照明は X 方向のみに有効な照明方法であり，方向を限定するほど余分なバックグラウンド光が遮光されるので，光学コントラストが向上する．図 5.11 に変形照明を適用した際の光学コントラストの寸法依存性を示す．変形照明を用いることで，特定ピッチのコントラストが向上することが分かる．変形照明は瞳面に適当な開口アパーチャを挿入するのみの簡便な手法であり，解像限界付近でのパターニングに多用されている．

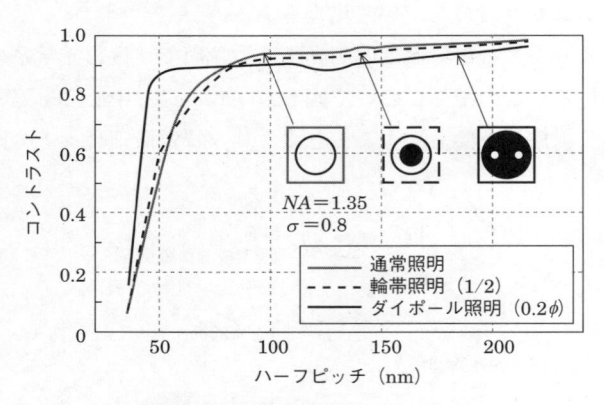

図 5.11　変形照明の光学コントラスト

現在は，多数のマイクロミラー（個々に反射方向を制御可能）を用いて，必要なフライアイのみに露光光を集めることにより，光強度の劣化のない変形照明が実現されている[18]．

（b）位相シフトマスク　　光露光技術のレチクルは図 5.12（a）に示すように，石英基板上に Cr 遮光膜と酸化 Cr などの反射防止膜を成膜したマ

第5章 微細加工技術

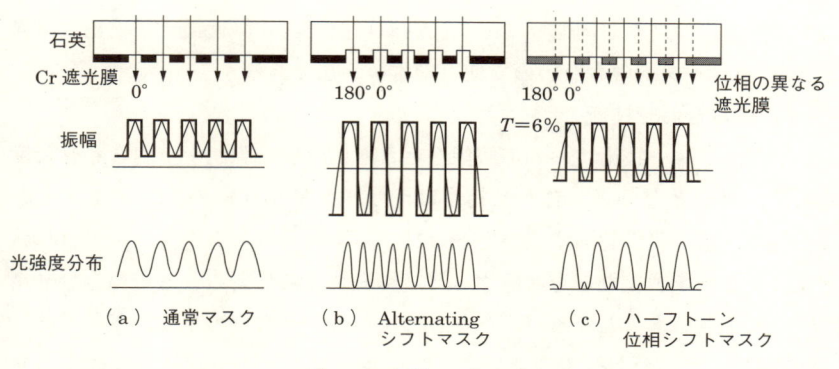

図 5.12 位相シフトマスク

(a) 通常マスク
(b) Alternating シフトマスク
(c) ハーフトーン位相シフトマスク

スクブランクスに，電子線描画によってウェーハ上の4倍のCrパターンを形成したものである．ウェーハ上のパターン形成の原版となるものであり，高い寸法精度と無欠陥，パーティクルフリーの清浄性が求められる．通常の光マスクにおいては，パーティクルの堆積を防止するため有機薄膜からなるペリクル膜で保護されている．ペリクル膜上にパーティクルが堆積しても，焦点がぼけるため結像特性への影響を緩和できる．位相シフトマスクは，このマスク構造を変更して，露光光の位相と振幅透過率を変化させることにより，光学コントラストを向上させる手法である．図 5.12 (b) は空間周波数変調位相シフトマスク，あるいは渋谷，レベンソン位相シフトマスクと呼ばれる手法である[14],[15]．隣接するマスク開口部の露光光の位相を180°反転させることによって0次光を消滅させ，高い光学コントラストが得られる．位相反転は，石英基板のエッチングや位相反転膜の塗布によって実現できる．交互に開口部を位相反転しなければならないので，二次元パターンでは配置困難な箇所が出やすく，そのパターン配置には工夫が必要となる．

光学コントラストの向上効果は小さいものの，汎用性が高いのがハーフトーン，あるいは減衰位相シフトマスクである（図 5.12 (c)）[19],[20]．図に示すようにCr遮光膜の代わりに，透過率数%で180°位相の異なる遮光膜を用いることによって，開口周辺で必ず光強度が0になる点が得られる．ハーフトーンマスクの遮光膜としては MoSiO（透過率と位相の調整）や TaSiO（位相調整）/Ta（透過率調整）などが用いられている．ハーフトーン位相マ

スクは，通常マスクと同じパターン設計が可能であり（近接効果補正量は異なる），パターン制限もないので使いやすい手法である．

（4）重ね合わせ技術

リソグラフィー技術において解像性とともに重要な課題が重ね合わせ精度である．目標となる重ね合わせ精度はデザイン最小寸法の 1/3 〜 1/4 とされており，前工程に起因するパターンひずみや局所位置シフト，マーク形状劣化による測定誤差などを考慮すると，露光装置に与えられる重ね合わせ精度は更に小さいものとなる（トータルの重ね合わせ精度の半分以下）．

図 **5.13** に重ね合わせ手法を分類した．現在はステージ位置決め精度（レーザ干渉計に加えて，エンコーダを採用）が進歩したため，グローバルアライメント，オフアキシス，そして白色光の画像処理による明視野検出が一般的になっている[21]．

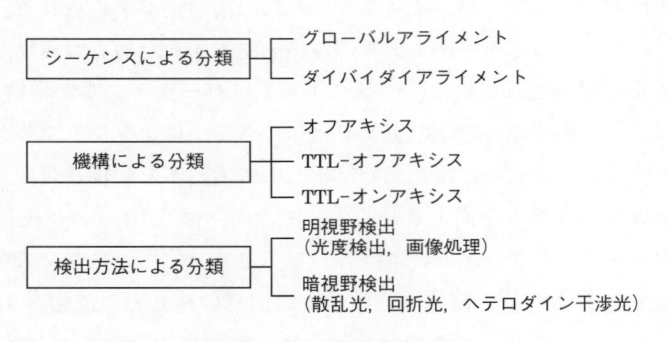

```
                        ┌─ グローバルアライメント
    シーケンスによる分類 ─┤
                        └─ ダイバイダイアライメント

                        ┌─ オフアキシス
    機構による分類 ──────┼─ TTL-オフアキシス
                        └─ TTL-オンアキシス

                        ┌─ 明視野検出
                        │   （光度検出，画像処理）
    検出方法による分類 ─┤
                        └─ 暗視野検出
                            （散乱光，回折光，ヘテロダイン干渉光）
```

図 **5.13**　重ね合わせ手法の分類

グローバルアライメントは内蔵された基準顕微鏡を用いて，複数ショットのアライメントマーク測定値から，ショット間の X, Y シフト，回転，倍率，直交度，更にショット内の倍率，回転，直交度を求め，そのデータより全ショットを一括して位置補正するものである．一方，ダイバイダイアライメントはショットごとにずれを検出して補正する手法である．高い精度が期待されるものの，実際は処理時間が長いこと，必ずしもグローバルアライメントに比べて精度が向上していない場合が多いこと，チップごとに精度にばらつきが大きいことから，適用頻度は少ない．

白色光の画像処理はマークの段差や膜構造の影響を受けにくく，安定した位置測定を行えるという特徴がある．一方，レーザと回折格子マークによる暗視野検出は波長依存性やマーク構造依存性が大きく，良好なコントラストが得られる条件をプロセスごとに決めておく必要がある[22]．

（5） DFM（Design for Manufacturing）技術

微細化とともに寸法精度も厳しくなっている．一般にトランジスタの特性ばらつきの低減するためゲート寸法は，＋/－10％以下にすることが要求される．寸法精度は露光装置（収差，照度均一性，スキャン同期精度），レチクル（製造ばらつき），レジスト（解像性，焦点深度，露光量依存性）の性能に依存するとともに，光近接効果（パターン密度に依存して生じる寸法変動）が無視できない．この近接効果を補正する技術がOPC（Optical Proximity Effect Correction）である[23]．これは図5.14に示すように，マスクパターンを微小な領域に区切り，露光後に所望の寸法になるように，それぞれの位置をシフトするものである．シフト量は模擬パターンを作成して露光実験によって求めるルールベースOPCと，所望の精度が得られるまで露光シミュレーションを繰り返してOPCパターンを決定するモデルベースOPCがある．簡単なパターンではルールベースOPCが適用されるが，二次元パターンや精度向上を求める場合はモデルベースOPCが適用されることが多くなっている．

DFM技術における課題は，デバイスの大規模化と寸法精度追求（OPC適用）により，データ量が急激に増大し，マスクデータ処理に要する時間とコストが急激に増大していることである．また，近年は解像限界付近のプロセ

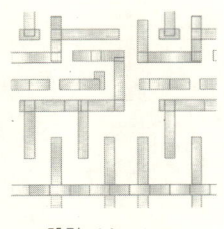

設計パターン　　　モデルOPC処理後　　　露光結果

図 **5.14**　OPC手法

スマージンを向上するため，マスクパターンに最適な照明手法を選択する手法（SMO：Source Mask Optimization）も提唱され，更に複雑なデータ処理が求められる[24],[25]．このようなデータ量の増大に対処するため，パターンレイアウトを制約（ピッチ，方向あるいは寸法の制限）する，いわゆる，リソグラフィーフレンドリな設計も模索されている．

（6） レジストプロセス技術

通常の単層光リソグラフィーのプロセスフローを図5.15に示す．塗布前処理は疎水性のレジストの密着性を高めるため基板表面を疎水性に改質する工程で，シランカップリング剤のHMDS（Hexa-Methyl-Di-Siazane）蒸気が通常使われている．レジスト塗布方法としてはスピンコートが一般的で，カップは温湿調整されている．膜厚はレジスト倒れのないアスペクト比＜3の膜厚で塗布される（数百nm～数μm）．最近はレジスト塗布前に反射防止膜（後述）を成膜する場合が多い．塗布後，プリベークによってレジスト中の溶媒が除去される．次に露光によってレジスト膜内に潜像が形成され，アルカリ現像液，通常はTMAH（Tetra-Methyl-Ammonium-Hydrooxide）を用いた現像処理によってパターンが形成される．現像処理の前に，定在波効果によるレジスト側面の凹凸やレジストスカムの発生を低減するためPEB（Post Exposure Bake）処理を行うことが普通である．また，KrFエキシマ露光以降，化学増幅系レジストが使用されているが，そこではレジスト高感度化のため露光により発生した酸の触媒作用を利用している．このため酸拡散のためのPEB処理は必須と工程となっている．現像後，ドライエッチング耐性，基板密着性向上のためにポストベーク処理を行う．エッチン

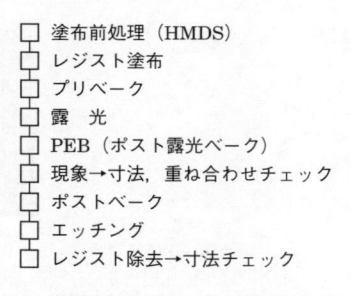

- 塗布前処理（HMDS）
- レジスト塗布
- プリベーク
- 露　光
- PEB（ポスト露光ベーク）
- 現像→寸法，重ね合わせチェック
- ポストベーク
- エッチング
- レジスト除去→寸法チェック

図5.15　単層光リソグラフィーのプロセスフロー

グ後，レジストは酸素プラズマアッシングと有機あるいは酸系のウェット剥離を併用して剥離される．

　反射防止膜（ARC：Anti-Reflective Coating）にはレジスト上層に形成される Top ARC（ARCOR：Anti-Reflective Coating on Resist）[26] と下層に形成される BARC（Bottom Anti-Reflective Coating）とがある[27],[28]．ARCOR は屈折率と膜厚を最適化することにより，レジスト/基板界面からの反射と ARCOR/レジスト界面及び ARCOR/空気界面からの反射とがお互いに相殺して打ち消す合うようにする手法である．膜構造に敏感で，下地からのハレーションに効果がないことから余り適用されていない．それに対して，BARC はハレーション防止効果があり，また CMP による段差低減により比較的安定な成膜が可能になったため，多用されている．スピン塗布される有機材料と CVD（Chemical Vapor Deposition）によりコンフォーマルに成膜できるアモルファスカーボン，SiON などが知られている．

　また，微細化が進むと，高解像性とパターン倒れ防止のためレジストは薄膜化せざるを得ない（例えば 20 nm パターンになるとレジスト膜厚は 40〜50 nm）．するとレジスト解像性と耐ドライエッチング性の両立は困難となる．そこでは **図 5.16** に示すような多層レジストプロセスの適用が有効であ

（a）三層レジスト　　（b）Si 含有二層レジスト

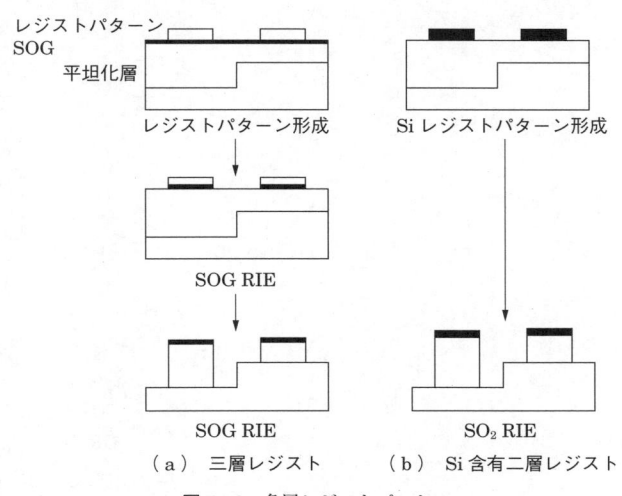

図 **5.16**　多層レジストプロセス

る[29],[30]．SOGなどの耐プラズマ性の材料を中間層として，上層の薄膜レジストで微細パターン形成を行い，それを中間層を介して厚い下地有機膜にパターン転写する（SOG膜はフッ素系ガスでプラズマエッチング，下地有機膜はSOGをマスクとして酸素プラズマエッチングを行う）．Si含有二層レジストはレジスト中にSiを含有することで，プロセスを短縮する手法である．

5.1.4 レジスト材料
（1） ノボラック系レジスト

g及びi線用レジストとして広く使用されているのがクレゾールノボラック樹脂-ナフトキノンジアジド（NQD）感光剤系ポジレジストである（図5.17）．NQDは疎水性であるためアルカリ可溶ノボラック樹脂がアルカリ現像液に溶解するのを抑制する．このNQDが感光するとインデンケテンを生じ，更にこのインデンケテンはレジスト中の水と反応してインデンカルボン酸に変化する．すなわち，NQDを15〜25重量％混入したノボラックレジストを光照射することにより露光部の溶解性が増大しポジ像を与える．これまでノボラック樹脂については分子量分布，クレゾール分子のメタ/パラ比，メチレン結合位置[31]及び非クレゾール分子の導入が，NQDについてはバラスト分子の選択，エステル化率[32]などに詳細な検討が加えられ，吸

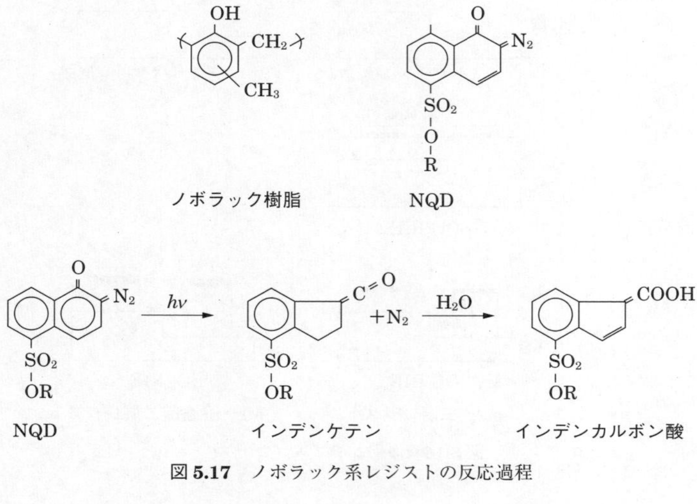

図 **5.17** ノボラック系レジストの反応過程

収及び溶解特性の著しい改良が図られている[33].

(2) 化学増幅系レジスト

KrFエキシマ露光以降，微細パターン形成を担ってきたのが化学増幅系レジストである[34]．g及びi線用のノボラック樹脂ではKrFエキシマレーザ光の大きな吸収が起こり垂直なレジスト形状が得られない．そのため樹脂の透明性を上げ，更に弱い露光光源でも高い感度を有するレジスト系として提案されたのが化学増幅系レジストである．この系の特徴は露光により発生した酸の触媒作用を利用しているために非常に高感度（数～ 30 mJ/cm^2）であることである．その結果，樹脂の選択にも幅が生まれ，より透明性の高い材料を選択することが可能となった．

酸発生剤としては各種オニウム塩，トリクロロメチルトリアジンなどのハロゲン化合物，ニトロベンジルエステル系が報告されている（**図 5.18**）[35]．これらの化合物は光照射により酸を発生する．この酸が PEB 処理中に樹脂の極性変化や架橋反応の触媒として働く．極性変化は本来アルカリ可溶性樹脂の溶解を抑えている保護基を脱離させる反応でポジ像を与える．この極性変化型に用いられる樹脂と反応例を **図 5.19** に示す．KrFエキシマ露光用のレジスト樹脂として，波長 248 nm の透明性の高いポリフェノール樹脂が主

[各種オニウム塩]

ベンゼン
ジアゾニウム塩

ジフェニル
ヨードニウム塩

M＝As，Sb，P
トリフェニル
スルフォニウム塩

[有機系酸発生剤]

2,4-ジトリクロロ
メチルトリアジン
誘導体

2,6-ジニトロベン
ジルトシレート

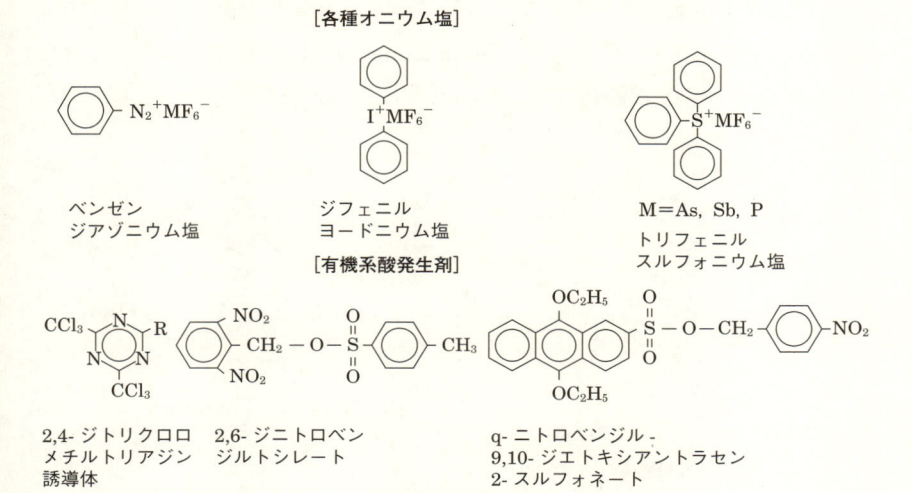

q-ニトロベンジル-
9,10-ジエトキシアントラセン
2-スルフォネート

図 5.18　代表的な酸発生剤

[極性変化型レジストに適用される樹脂]

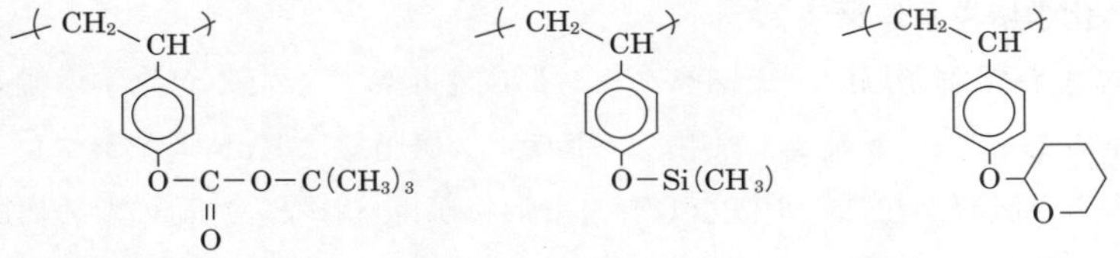

ポリ(p-ブトキシカルボニル
オキシスチレン)　　　　　　　ポリ(p-トリメチルシリル
オキシスチレン)　　　　　　　ポリ(p-テトラヒドロピラニル
オキシスチレン)

[ポリ(p-ブトキシカルボニルオキシスチレン)の酸触媒反応]

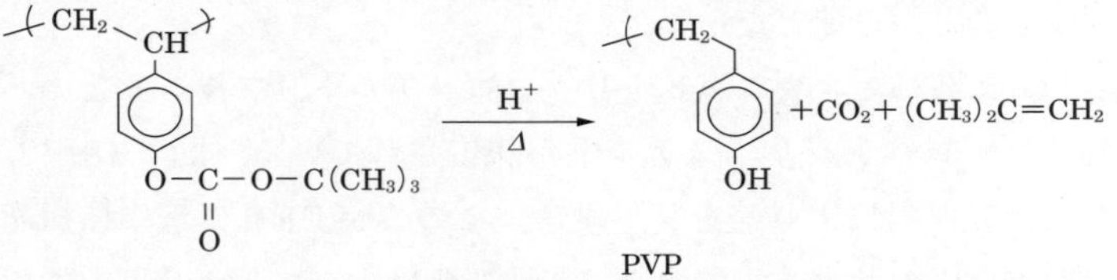

$\xrightarrow{H^+, \Delta}$ PVP $+ CO_2 + (CH_3)_2C=CH_2$

図 **5.19** 極性変化型ポジレジストに適用される樹脂とその酸触媒反応

要材料として使用されている．架橋型はネガ像を与えるレジスト系で，その触媒反応の代表例を**図 5.20**に示す[36]．ここでは樹脂，酸発生剤にその他メラニン誘導体が架橋剤として導入されている．発生した酸1分子当りの触媒反応の回数（CCL：Catalytic Chain Length）は PEB 条件によって異なるが，数百～1,000，拡散長にして 50 nm 程度と報告されている[37]．ただし，

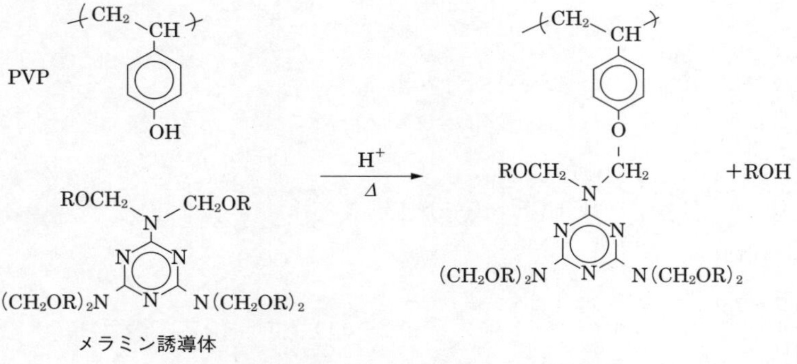

PVP　　メラミン誘導体　$\xrightarrow{H^+, \Delta}$　　　+ROH

図 **5.20** 架橋型ネガレジストの酸触媒反応

第5章　微細加工技術

微細化とともに，高解像度のため拡散長を減少させる必要があり，感度とトレードオフの関係となる．

更に短波長（193 nm）の ArF エキシマ露光になると，ベンゼン環を有するポリフェノール樹脂の吸収が高くなり使用できない．またベンゼン環は耐ドライエッチング性の膜としての役割も担っていた．したがって，透明性と耐ドライエッチング性を両立する樹脂を新たに準備する必要があった．ArF エキシマ用樹脂の例を図 5.21 に示した[38]．樹脂のカルボン酸をアダマンチル脂環基（二重結合を持たず，環状の炭素-炭素の一重結合を持った基）で保護してアルカリ現像液不溶としている．アダマンチル脂環基は二重結合がないため透明性が高く（π結合の吸収がない），また三次元の架橋構造を持つため耐ドライエッチング性も優れている．酸触媒反応により，脱保護が起こりアルカリ現像液に可溶となる．かさ高い脂環基は疎水性が強く密着性に難がある．そのためラクトンやアルコール性水酸基などの導入により密着性を改善している．図 5.21 では耐ドライエッチング性も考慮し，環環ラクトンを導入した例を示した[39]．

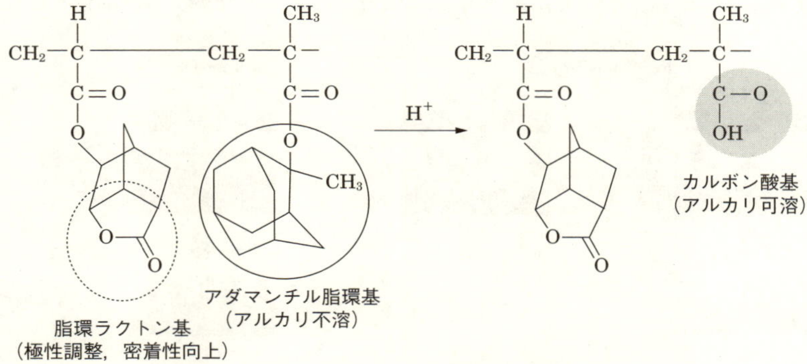

図 5.21　ArF エキシマ露光用樹脂の例

液浸 ArF 露光では，レジスト膜への水浸入やレジスト膜からの各種成分の染み出しに起因するレジスト形状劣化，汚染やパーティクル発生が懸念される．またステージ動作により投影光学系に追随せずレジスト上に水滴が残留すると，ウォータマークと呼ばれる大きな欠陥となる．これらの課題に対処するため疎水性のバリヤコート（あるいはトップコートとも呼ばれる）が適

用されている[40]．このバリヤコートは現像時にアルカリ現像液で除去される．更に，レジスト材料の改良により，酸発生剤などの溶出を抑え，レジスト表面の疎水性を改善し動的接触角のReceding Angel（滑落法による接触角測定で求められる後退角）が80°以上にすると，欠陥が大幅に減少することが報告され[41]，トップコートレスの液浸用レジストも実用化されている[42]．

5.1.5 ダブル露光技術

ArF液浸露光の後継としてEUV露光（13.5 nm）の開発が進められているが，光源や反射マスクの欠陥低減などの開発が遅延しており，そのデバイス適用が遅れている．そのため，ArF液浸によるダブル露光技術（DPT：Double Patterning Technology）が検討されている．図5.22にそのプロセスを示す．Pitch Split-DPT法は，密ピッチを2分割し，分割パターンをリソグラフィーとエッチングを2回繰り返して個別形成する手法（LELE：Litho-Etch-Litho-Etch）で，Spacer-DPT法はレジストパターンにコンフォーマルCVDを行い，エッチバックにより，サイドウォールを残す手法である．いずれも現行のArF液浸露光プロセスを用いて実行可能である．またLELEプロセスにおいて，最初の形成したレジストを熱，表面化学処理あ

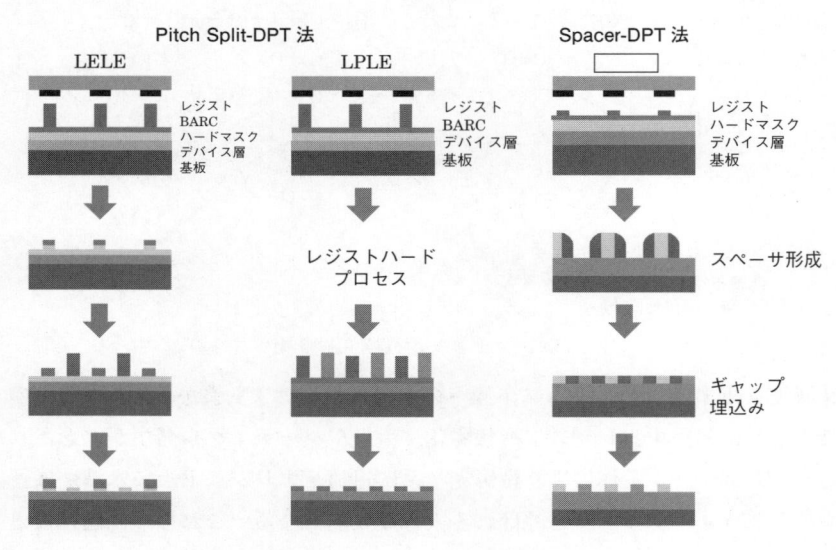

図5.22　ダブルパターニングプロセス

るいは UV 照射で現像液不溶にしてエッチング工程を減らす LPLE（Litho-Process-Litho-Etch）も検討されている[43]．Spacer-DPT は微細化が最も加速している NAND フラッシュのゲートパターン形成に実際に使用されている．更に Spacer-DPT を 2 回繰返し 11 nm hp の L&S パターン形成が報告されている[44]．しかしながら，DPT にも多くの課題がある．Pitch-Splitting-DPT では特に分割パターンの位置精度確保が厳しく，また二次元パターンではパターン分割とつなぎを考慮する必要がある．一方，Spacer-DPT はパターン制限が大きく（基本的に L&S のみ），工程数，マスク枚数（不要パターン除去のためのトリミングマスク，周辺回路用マスクなどが追加）が増大する．いずれの DPT 手法も工程数が増加し，コスト増大を招く．

5.1.6 EUV 露光技術

（1） EUV 露光装置

EUV 露光（Extreme Ultraviolet Lithography，極端紫外線露光）は 13.5 nm 軟 X 線を露光光とするリソグラフィー技術で，22 nm hp 以降の主要露光手法として期待されている[45]．図 **5.23** に露光装置の構成を示す．露光光学系は 13.5 nm 光に透明な光学材料がないため屈折系は採用できず，MoSi 多層膜ミラーからなる反射投影光学系になる．また容易に空気に吸収されるため真空チャンバ内に光学系が格納されている．MoSi 多層膜の EUV 光反射率は 70% 以下であり，できるだけ少ないミラー数で光学系を設計しなければならない（投影光学系のミラー数は 6 枚）．そのため低波面収差の非球面加工，及び低フレアのための表面粗さ低減に対する要求が厳しい．また，マスクも MoSi 多層膜ミラー上に 4 倍吸収体パターンを形成した反射マスク構造になっている．

既に β 露光装置（ASML 製，$NA = 0.25$，$\sigma = 0.8$）が複数台，デバイスメーカへ導入されており，デバイス試作検討が行われている[46],[47]．通常照明により 27 nm L&S，27 nm C/H が，ダイポール照明により 22 nm L&S が解像されている．多層膜ミラーの研磨技術も向上し，フレアも 5% 前後へ改善され，波面収差も 0.7 nm・rms と良好と報告されている．

EUV 露光の課題として，高出力 EUV 光源，マスク欠陥の低減と欠陥検査装置，高解像 EUV レジストが挙げられる．以下に概要を述べる．

図 5.23 EUV露光装置の構成

照明光学系
・ミラー枚数の少ない設計
・照明均一性確保
 （フライアイミラーなど）
・Out of Band 対策（SPF）

投影光学系
・高精度非球面ミラー光学系
・研磨製造技術（低フレア）
・計測技術
・コンタミ制御

マスク
・超低欠陥反射ブランクス
・超低欠陥マスク
・欠陥検査／修正
・ペリクルレス搬送

多層膜鏡の反射率は70%以下
レンズ光学系が使えない
透過型マスクが使えない

EUV光源
・高パワー
・低デブリ
・低エタンデュ
・高繰返し
・高安定性
13.5 nm プラズマ光源

露光システム
・真空内高速移動ステージ
・チャック
・温度制御
・超精密アライメント
真空中での露光

レジスト
・RLS トレードオフ改善
 （解像性，LER，感度）
・アウトガス制御
薄膜レジスト

装置・光源・マスクの低コスト化

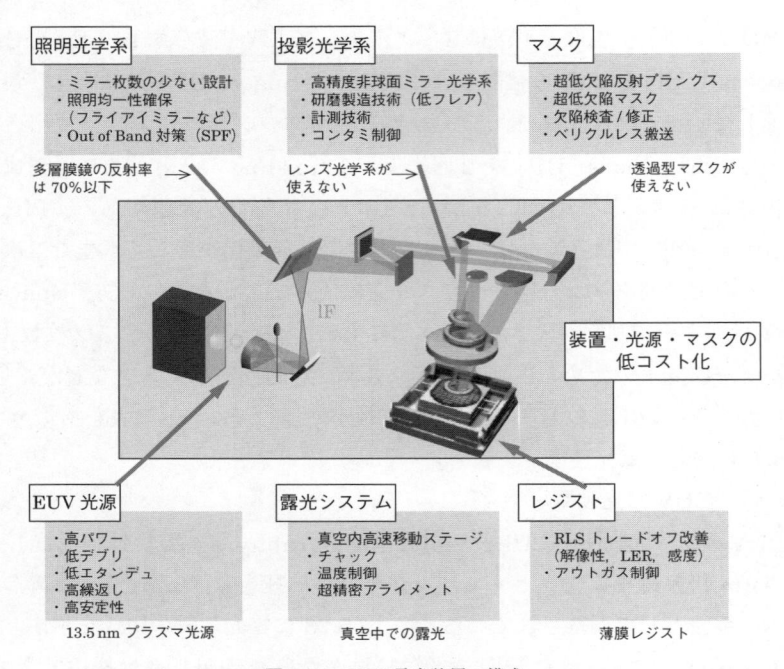

図 5.23　EUV 露光装置の構成

（2） EUV 光源

EUV 光源は Sn プラズマからの 13.5 nm 発光を利用しており，プラズマ発生の異なる 2 種の方式が検討されている（**図 5.24**）．図の IF 点（Intermediate Focus，中間集光点）で EUV 光は一旦集光されて露光装置

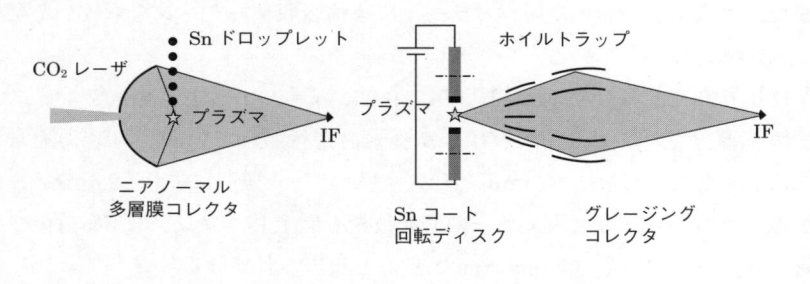

（a） LPP 光源 — CO_2 レーザ，Sn ドロップレット，プラズマ，ニアノーマル多層膜コレクタ，IF

（b） LDP 光源 — ホイルトラップ，プラズマ，Sn コート回転ディスク，グレージングコレクタ，IF

図 5.24　EUV 光源

へと導かれる.

LPP (Laser Produced Plasma) 光源は高繰返し (50〜100 kHz) CO_2 ドライバレーザを Sn ドロップレット (直径 $30\,\mu m\phi$ 程度) に照射し, そこで得られたプラズマからの EUV 光を大口径の直入射 Mo/Si 多層膜コレクタで IF 点に集光する[48],[49]. LPP 光源の高出力化は CO_2 レーザの高出力化とプリパルスプロセスによって進められている. ここでプリパルスプロセスとは, ファイバレーザなどのレーザ照射により Sn ドロップレットを細かな Sn 粒子に破砕してから, メインの CO_2 レーザを照射する手法である. LPP 光源の主な課題には CO_2 レーザ照射と小径 Sn ドロップレットの同期精度, 小径 Sn ドロップレットのオンデマンド安定吐出, CO_2 レーザの高出力化と連続発振の両立, 大口径直入射コレクタのデブリ対策, CO_2 レーザ散乱光の除去がある.

一方, LDP (Laser assisted Discharge produced Plasma) 光源は回転ディスクを Sn 熱浴に浸して Sn 薄膜をディスク上に形成し, それにトリガレーザを照射してプラズマ放電 (ピンチ放電) を発生させ (10〜30 kHz), そこで生じた EUV 光を多数枚シェルからなる斜入射コレクタで集光する方法である[50]. 回転ディスク上の Sn 膜のみが, 電極としてプラズマ生成に関与するため, 従来の固定電極の摩耗の問題は解消される. また LPP 光源と異なり直接プラズマを発生させるため, 電力消費が LPP 光源に比べて小さい. LDP 光源の高出力化は, 繰返し周波数の増大とトリガレーザの最適化によって行われている. LDP 光源の課題としては, プラズマ付近に回転ディスクがあるため, 空間制限があり集光効率が低いこと, 回転ディスク発熱に対する冷却の強化が必要であることが挙げられる. また, 高出力化に伴う放電プラズマの広がりを抑えるためトリガレーザの最適化が検討されている.

本格量産に必要な EUV 強度は 200〜250 W @ IF 点とされており, 今後 10〜20 倍の強度向上が求められている.

(3) EUV マスク

EUV マスクの基本構造を図 5.25 に示す. 低熱膨張材料の基板に Mo/Si 多層膜ミラーを設け, その上に低反射吸収体パターンが形成されている. 吸収体としては Cr, TaN, TaBN などが用いられている. また吸収体と MoSi

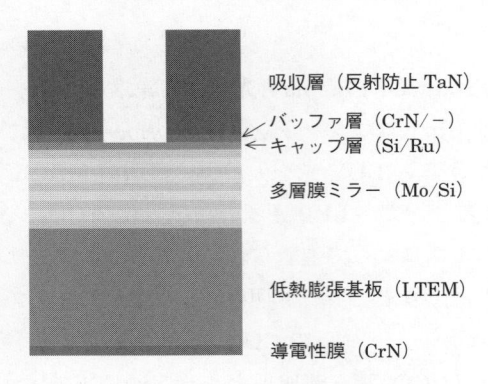

図中ラベル:
吸収層(反射防止 TaN)
バッファ層(CrN/−)
キャップ層(Si/Ru)
多層膜ミラー(Mo/Si)
低熱膨張基板(LTEM)
導電性膜(CrN)

図 5.25　EUVマスク構造

多層膜間に，ドライエッチングやマスク修正時の Mo/Si 多層膜の保護膜として SiO_2，CrN，Ru などのバッファ層，そして Mo/Si 多層膜の欠陥低減のため，EUV 光の透過性の高いキャッピング層（Ru や Si 層）が適宜，形成されている[51]．

EUV マスクの課題は基板平坦性の確保と欠陥低減である．EUV 光はマスク面に斜めに入射（6°）するため，マスク凹凸により位置シフトを生じる．22 nm 世代では 30 nm の平坦性が要求されている．更に図に示したように EUV マスクは複雑な多層構造をしているため多様な欠陥が生じ，それが欠陥検出，修正を困難なものにしている．特に，Mo/Si 多層膜に生じる欠陥（低膨張率基板の異物，ピットやバンプに起因して起こる多層膜構造の乱れなど）は位相欠陥となり，従来の DUV を用いる欠陥検査では検出できない．EUV 光を用いたブランクス欠陥検査装置の開発が進められている[52]．また，マスク表面の吸収体パターン欠陥や異物による振幅欠陥に対しては，従来の DUV 検査の改善で対応できる可能性があるものの，次第に検出することが難しくなっている．そのためパターン欠陥や欠陥修正後の検証にも EUV 光を用いた検査装置が必要と考えられている[53]．

また EUV 露光では EUV 光に透過性の高いペリクル膜材料がないため，異物欠陥を生じないように厳密なマスク搬送，保管を行う必要がある．

（4） EUV レジストプロセス

EUV レジストの感光機構は従来の光露光と異なり，軟 X 線の 13.5 nm 光（= 93 eV）を用いるため，樹脂による "吸収"→"二次電子発生"→"二次電子拡散と酸発生剤と反応"による酸生成がメインとなる[54]．したがって，EUV 露光に適したレジスト材料設計が必要になる．例として酸発生剤の均一分布と長距離拡散抑制のため酸発生剤と樹脂の化学結合したレジスト（Polymer Bound PAG），感度向上のための F や Hf 原子の導入が検討されている．また，HfO_2 や ZrO_2 を核とする無機レジストも提案されている[55]．更に真空露光系の汚染を防止するため，レジストアウトガス対策が求められる．

EUV レジストの課題は RLS トレードオフである（**図 5.26**）[56], [57]．ここで R は Resolution（解像性），L は LER（Line Edge Roughness：パターンエッジのラフネス），そして S は Sensitivity（感度）を表している．22 nm 世代の目標性能は解像性＜22 nm，LER＜1.5 nm，そして感度＜10 mJ/cm² であるが，解像性や感度は目標に近い値が得られつつあるものの，LER の低減は難しい．そのため，レジスト材料の改善（樹脂の低分子量化，単分散化，前述の Polymer Bound PAG による PAG の均一分布，高濃度 PAG 導入など）のみでなく，リソグラフィー前後の処理（下層膜選択，リンス処理，プラズマ処理など）も評価されている．また，レジスト倒れに対しては，適正レジスト膜厚選択（アスペクト比＜2），下地膜による密着

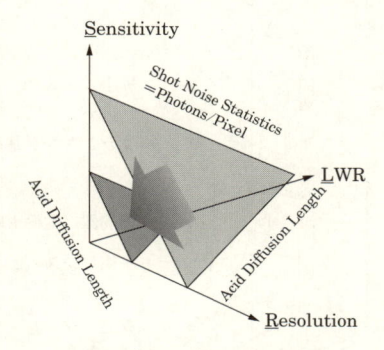

(解像性)³・LER²・(感度) ～定数

図 5.26 EUV レジストの RLS トレードオフ

性改善，現像液のレジスト膨潤防止などが検討されている[58]．

5.1.7 NGL（Next Generation Lithography）技術
（1） 電子線直描技術

電子線露光の用途としてはマスク作製とウェーハ直描があり，前者に関しては既に一般的になっている．後者のウェーハ描画はマスク製作が不要で，パターン変更も容易という特徴から少量多品種ロジックへの適用が期待されたが，スループットの遅さゆえに，ウェーハプロセスに本格適用されることはなかった．図5.27に可変成形描画装置の電子光学系を示す．第1及び第2成形絞りの共通開口領域で，矩形ビーム形状が決まる．またスループット向上のため，第2成形絞りに繰返しパターンを配置し描画ショット数を減らす手法が部分一括描画法として開発されている[59], [60]．しかしながらデバイス微細化の進捗もあり，スループットは数ウェーハ/時間にとどまって

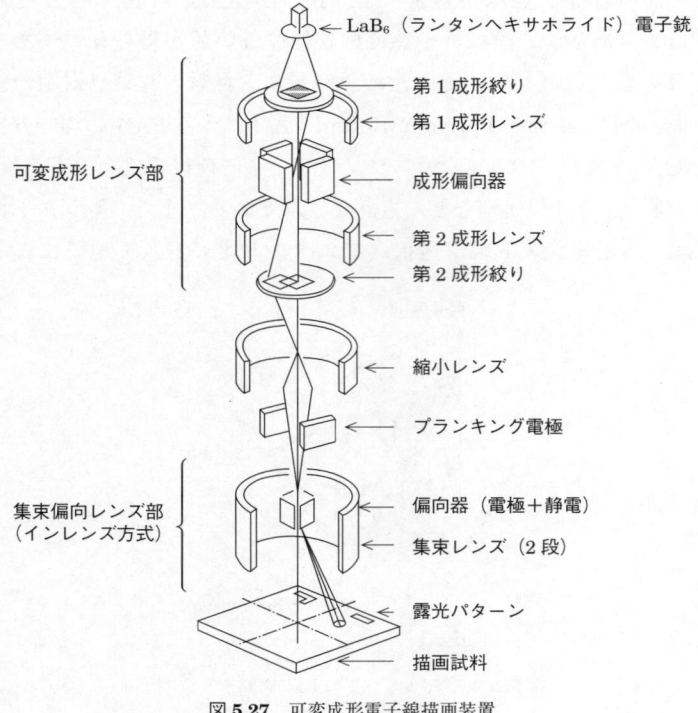

図5.27 可変成形電子線描画装置

いる.

更なるスループット向上を目指して,マルチカラム方式やマルチビーム方式が検討されている.マルチカラムは複数のカラムをコンパクトにまとめ,それぞれを独立で動作させる手法である[61].一方,マルチビーム方式はBAA(Blanking Aperture Array)と呼ばれる手法を用いる[62],[63].これは1本の電子ビームを10,000〜1,000,000本のビームに分割し,そのビーム束でウェーハ上をステップ&スキャン描画する.スキャン描画中にそれぞれのビームはアパーチャ開口を通過するときにブランキングプレートによってオンオフされる.これまで110本のビームでの基本性能評価が報告されている(BAA方式のMapper描画装置).

(2) ナノインプリント技術

ナノインプリント技術は等倍マスク(テンプレート)を樹脂液を塗付したウェーハ基板に押し当て,その結果,形成された凹凸樹脂パターンを硬化,そして酸素プラズマでエッチバック処理することにより(凹部樹脂の除去),レジストパターンを残す手法である.レジスト材料を硬化する方法としては,熱(熱可塑性樹脂)と光(光硬化性樹脂)を用いる手法があるが,熱硬

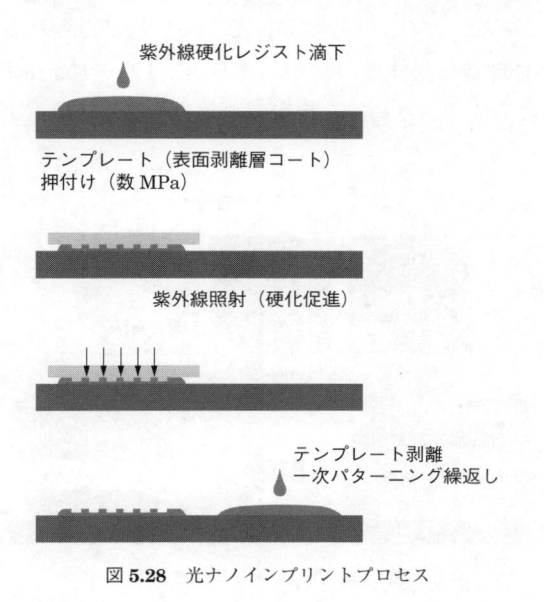

図 **5.28** 光ナノインプリントプロセス

化は基板やマスクの熱ひずみが懸念され,常温処理である光硬化が半導体プロセス用として主流になっている[64].また光硬化では石英などの透明マスク材料が用いられるため,重ね合わせにも有利である.図 5.28 に光インプリントのプロセスを示す.解像性能はマスクの出来によって決まり,LER の小さい 10 nm レベルのパターン形成が報告されている.インプリント装置,樹脂,マスク作製など実際のデバイス適用に向けて準備が進んでいる[65].課題としては,コンタクトパターニングに起因する欠陥発生,等倍マスクの作製精度,重ね合わせ精度(等倍マスクの機械的圧縮で倍率補正),そして低スループットが挙げられる.特に欠陥密度の目標値は $< 0.01 \sim 0.1$ cm^{-2} とされており,2〜3 桁の向上が必要である.

(3) DSA (Direct Self Assembly) 技術

DSA 技術は自己整合形パターン形成手法であり,従来リソグラフィーが全てトップダウン技術であるのに対して,初のボトムアップ技術とみなされる[66],[67].図 5.29 に示すような性質の異なるポリマーの共重合体がミクロ層分離すると,分子量などのミクロなポリマー構造差から図のような異なる繰返し構造が自立的に形成される.これを半導体プロセスのパターニングに利用するのが DSA 技術である.どのような構造,そして寸法が得られるかは共重合ポリマーのミクロ構造で決まる(最小パターン,12〜15 nm 程度).それを決まった位置に形成するため,基板表面の改質,あるいはパターン形成周辺

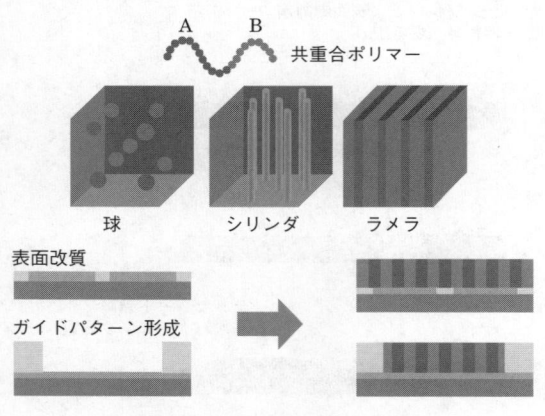

図 5.29 DSA パターニング技術

にガイドパターンを形成する手法が試みられており,欠陥,パターン位置安定性の評価が本格化している.今後,DSA技術で形成される繰返しパターンをいかに半導体プロセスに取り入れるのかが課題である.

5.2 エッチング技術

5.2.1 序論

プラズマエッチングの高精度化のためには,表面反応制御技術及びダメージ制御技術の高精度化が必要不可欠である.エッチング表面反応には,活性種(イオン,ラジカル)及び光(フォトン)の種類とエネルギー分布などや基板温度のモニタリング及び制御が必要である.更に,最近ではこれら活性種やフォトンが照射されることで表面に発生する損傷に関するモニタリング及び制御技術の早急な開発が望まれている.特に,32 nm ノード以降のデバイスではデバイス構造の微細化,薄膜化,三次元化が極めて促進され,従来では問題にならなかった,あるいは新たに発生したプラズマ照射損傷の制御が極めて重要な課題になってきている(**図 5.30**).具体的には微細な溝や孔の中で寸法に依存して発生するミクロな電荷蓄積(電子シェーディング効

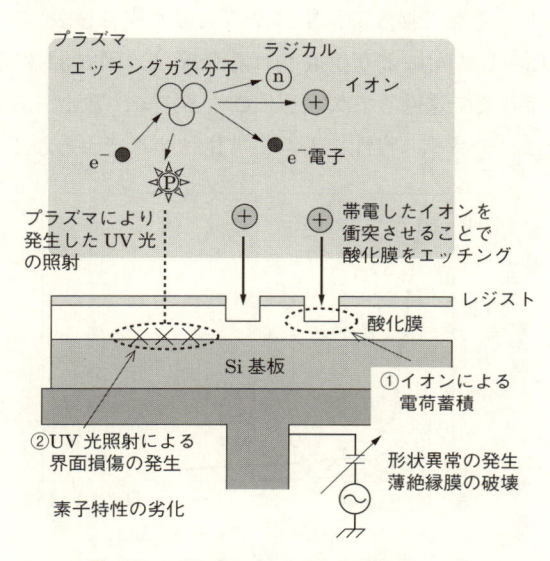

図 5.30 プラズマプロセスにおけるダメージ

果)[68]~[70]によるダメージや高温アニールの難しい層間絶縁膜・配線形成工程でプラズマから放射されデバイスの界面まで到達する紫外線照射ダメージ[71]~[73]が大きな問題となっている．これらのダメージを抑制するためには，基板表面での電荷蓄積や紫外線照射を抑制制御できるエッチング技術が必要不可欠である．

このような背景から，本質的にプラズマにおける電荷蓄積や紫外線照射損傷を完全に抑制し，超低損傷プロセスが実現する試みとしてとして中性粒子ビームプロセスが注目を浴びている．本節では現状のプラズマエッチングプロセスの課題と最新エッチング技術動向として中性粒子ビームエッチング技術に関して説明する．

5.2.2 プラズマプロセスの課題

超 LSI における配線が 50 nm を切る時代になり，プラズマから放射される電荷（イオン，電子）や光（紫外線）が加工特性やデバイス特性を大きく劣化させることが問題となっている．イオン打込みや電子ビーム描画に比べて，プラズマプロセスは入射粒子のエネルギーは比較的小さいが，照射量は $10^{19} \mathrm{cm}^{-2}$ と著しく大きいのが特徴である．このため，基板表面に多量の損傷が発生する．イオンの物理的衝撃による欠陥生成は極表面に限られるが，UV 光あるいは VUV 光により生成される欠陥は，図 **5.31** に示すように数十 nm 以上の深さまで透過して欠陥を生成するので，数十 nm 以下の先端ナノデバイスでは，デバイス特性を大きく劣化させる原因となる．また，ArF

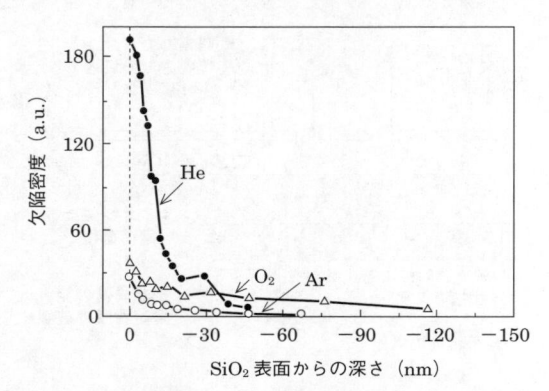

図 **5.31** プラズマ照射により SiO_2 膜中に発生する欠陥密度分布

レジストのエッチング低選択性や Line-Edge-Roughness (LER) の発生にも，エッチング中にプラズマから照射される紫外線が特定の結合を切断することが大きく寄与していることも分かっている[74]. 図 5.32 に，プラズマから UV が照射されている場合と照射されていない場合の表面のラフネスの違いを示す．UV 光が照射されている場合には，ArF レジスト中のラクトン構造中の C = O 結合が選択的に切断されるために局所的なエッチングが進み，ラフネスが大きくなることが分かっている[75]. 今後数十 nm 以下の先端ナノデバイスでは，数 nm レベルのレジストラフネスによる加工寸法揺らぎは電子の散乱などを引き起こし，配線抵抗の増大や電子移動度の劣化などの大きな問題を引き起こす．

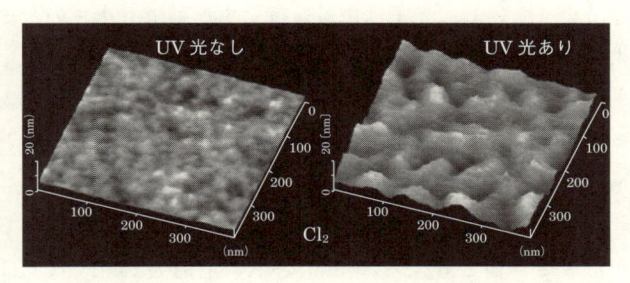

図 5.32 プラズマ照射による ArF レジスト表面ラフネス（UV 光の有無による違い）

一方，基板表面の微細パターンに蓄積する電荷は，パターン内へのイオンの入射を妨げてエッチング精度を劣化させ，また，ゲート絶縁膜の破壊などデバイス特性を大幅に低下させている．図 5.33 にそのメカニズムを示す．基板表面には，電子が先に到達することによって生成される負電位を持ったイオンシースが存在し，このイオンシース中では正イオンは加速され異方性がある．一方，電子は減速されて熱運動となるため，電子はアスペクト比の高いパターン底部に到達することは難しい．そのため，パターン内では荷電分離が生じ，底部に多量の正電荷蓄積が起こる．その結果として，下地ゲート絶縁膜が破壊される．また，その正電荷により入射するイオンの起動が曲げられ，エッチングが途中で止まったり（エッチングストップ），寸法シフトの大きなエッチングになるなどの問題が指摘されている．

プラズマから放射される紫外光も絶縁膜中や界面に欠陥を生じさせるため

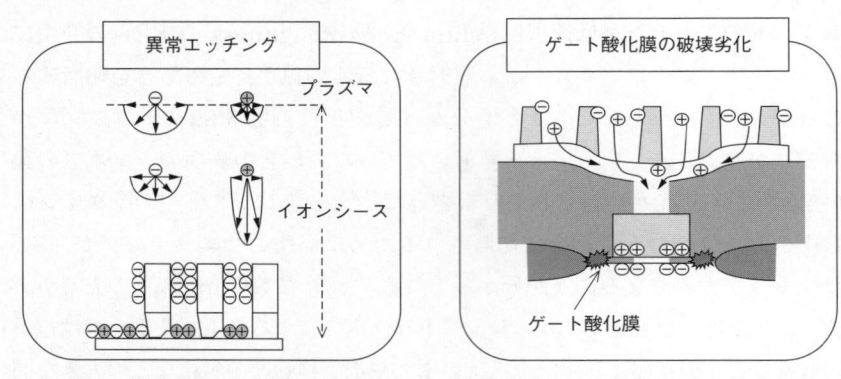

図 5.33 微細パターン内での電荷蓄積現象による異常エッチング及びゲート絶縁膜破壊

大きな問題になっている．光子は電荷を持たず運動量も小さいため純粋なエネルギー供給粒子と考えられる．紫外線光子のエネルギーが SiO_2 バンドギャップエネルギーより大きくなると，SiO_2/Si 界面に正電荷が形成されることが分かっている．その形成率は $10^{-3} \sim 10^{-2}$ の程度である．紫外光によって界面に正電荷が形成される機構は，紫外光の吸収によって SiO_2 内に電子・正孔対が形成され，再結合を免れた正孔が SiO_2/Si 界面に到達して捕獲されて正電荷が形成されると考えられる．実際に固体撮像素子（CCD，CMOS イメージセンサ）では，紫外光照射による界面準位上昇が画像劣化を引き起こし大きな問題となっている．また，これら紫外光は表面に欠陥を作ることで表面反応にも大きく寄与していることが予想される．そのため，原子層レベルの加工や表面処理を行う場合には，その抑制制御が極めて重要である．更に，紫外光照射に弱い生体超分子や有機分子，カーボンナノチューブなどの新しい物質を用いたデバイスにおける加工・堆積にも放射光の制御が重要である．

このように，今後の革新的先端デバイスで求められる原子層レベルの加工・堆積プロセスには電荷や光の影響を抑制できるエッチング技術が極めて重要な技術になってくると考えられる．

5.2.3 超低損傷中性粒子ビームプロセス

電荷蓄積や紫外線照射損傷を抑制して，材料やデバイス本来の特性を引き出す中性粒子ビームプロセスについて述べる．プラズマ中の負イオンは正イ

オンに比べると弱いエネルギーで電子を離脱させることが可能であり，低エネルギーで高効率な中性粒子ビーム生成を実現できる．図 5.34 に寒川らが開発した負イオンを用いた中性粒子ビーム生成装置の概要を示す[76]～[78]．基本的に通常の誘導結合プラズマ源であり，その石英チェンバの上下にイオン加速用のカーボン電極が設置されている．

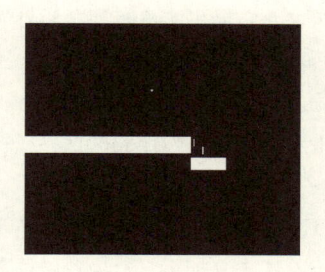

図 5.34 負イオンを用いた中性粒子ビーム源

この平行平板電極に印加する直流電圧の極性により，正イオンあるいは負イオンを加速することができる．プラズマ放電としては連続放電及びパルス変調放電を用いることができるが，本装置では主に負イオンを用いて中性粒子ビームを生成させるためにマイクロ秒オーダパルス変調プラズマを用いた．ガスは上部電極からシャワー状に導入され，プラズマから加速されたイオンは下部電極に形成された径 1 mm で厚さ 10 mm のアパーチャを通過する過程で中性化される．このとき，負イオンを用いると 100% 近い中性化率で数 eV という低加速エネルギーの中性粒子ビームが得られる．

（1） 32 nm 世代以降のトランジスタにおけるダメージフリーエッチングの必要性

2015 年以降に実用化されることが期待されている 22 nm ノードの集積回路に関して中性粒子ビームを適用した結果を示す[79],[80]．通常のプレーナ形バルク MOS トランジスタでは，動作オフ時のリーク電流を完全に遮断することが極めて難しくなるため，超高集積化に限界があるとされる．そこで，起立したチャネルを持った，フィン形ダブルゲート MOS トランジスタのような三次元構造の素子が有望視され，世界的規模で開発が行われている．しかし，三次元構造を有する起立チャネルは加工時のダメージや加工形状異常

を受けやすく，加工面が荒れるなどで，極微細化に大きな障害を抱えていた．このような背景の下，極微細加工の課題を解決することが強く求められている．そこで，ダメージを完全に抑制できる中性粒子ビームを起立チャネル加工に適用し，そのトランジスタ特性の改善について検討を行った．従来のプラズマエッチングでは，この極微細なフィン構造部を高エネルギーのプラズマが傷付けたり，プラズマから発生する有害な紫外光照射が傷付ける，あるいは ArF レジストの表面ラフネスが大きくなるなどで，極微細かつ高性能なフィントランジスタを実現できなかった．今回，中性粒子ビーム技術を，フィン形ダブルゲートトランジスタの作製に世界で初めて適用し，トランジスタの動作に成功した．

図 5.35 は試作した FIN 型トランジスタのチャネル部分の断面の TEM 写真である．中性粒子ビームにより加工した場合には電子が通るチャネルが原子レベル（黒い丸がシリコン原子）で平坦になっていることが分かる．

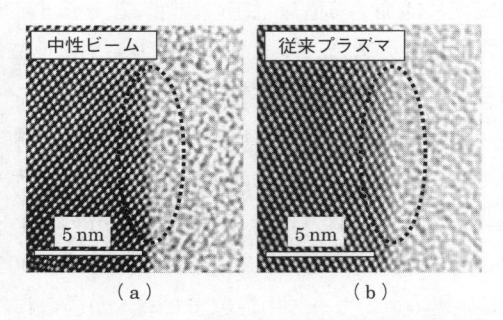

図 5.35 シリコン FIN 構造エッチング後の側壁 TEM 像

このとき，中性粒子ビームにて試作したトランジスタは従来のトランジスタに比べて，電子移動度が約 30％向上しており，電子移動度の理想値にほぼ近い値を達成できていることが分かった[81]．すなわちこれは，実現が難しいとされていた 32 nm ノードのデバイス作製に立ちはだかる壁を打ち壊すことを意味し，超高集積化に解決の糸口が見えたことを意味している．

（2） low-k 材料に対するダメージの抑制

デバイスの微細化とともにデバイス特性の向上のために新しい材料の導入が必要不可欠になっている．特に配線における信号遅延を解決するために，

層間絶縁膜として SiO_2 から Si-O にカーボン（CH_3 基）を導入した低誘電率膜（SiOCH 膜）が用いられるようになってきた．今後，デバイス微細化に伴って更なる低誘電率化（高 CH_3 化）が必要となる．このとき，SiO_2 膜に比べてプラズマ耐性が大幅に低いことによるエッチング側壁の損傷（CH_3 基の離脱）が大きな問題になっている．低誘電率膜を使っているにもかかわらず，誘電率が局所的に上昇し，信号遅延を引き起こすためである．この CH_3 基の離脱は Si-O より結合解離エネルギーの小さい Si-CH_3 が UV 光の照射により切断されるためであることを明らかにした（図 5.36）．図 5.37 にプラズマエッチング及び中性粒子ビームエッチング後の SiOCH 膜表面の CH_3 基含有量を FT-IR で測定した結果を示す．この結果から，条件として UV 光の放射がない中性粒子ビームエッチング後ではほとんど CH_3 基の離脱がないことが分かる．一方，プラズマエッチングでは大幅に CH_3 基の

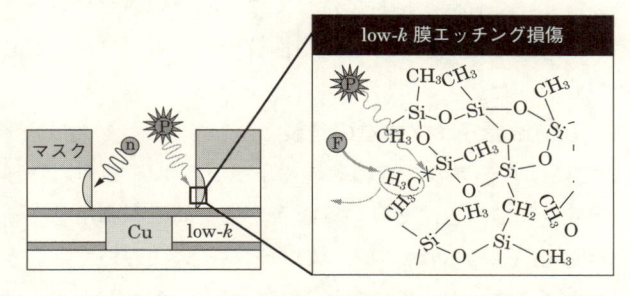

図 5.36　プラズマエッチング中の低誘電率膜に対するダメージ機構

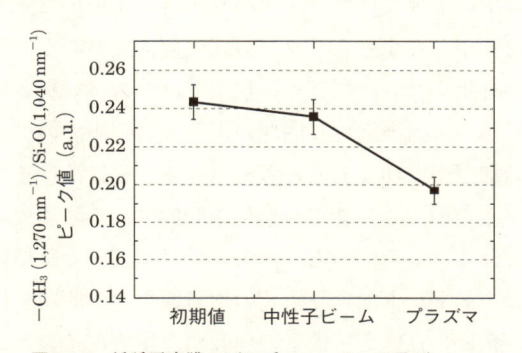

図 5.37　低誘電率膜のプラズマエッチング及び
　　　　　中性粒子ビームエッチング後の膜表面 CH_3 濃度

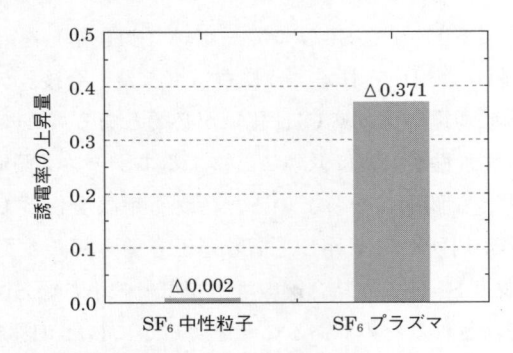

図 5.38 低誘電率膜のプラズマエッチング及び
中性粒子ビームエッチング後の誘電率の変化

離脱が起こり，図 5.38 に示すように誘電率の大幅な上昇が観察されている．このように，プラズマからの UV 光の照射は，今後ますます半導体表面材料として用いられていく有機系材料に対して致命的な損傷を与えることが分かり，将来デバイス・材料プロセスには中性粒子ビームプロセスが必要不可欠であることが分かった．

（3） サブ 10 nm 量子ナノ構造の作製

2020 年までにはムーアの法則の破綻やトランジスタ動作の物理的限界に到達すると指摘されている．そういうなかで量子効果を利用した新しい原理のデバイスの開発が進められている．このデバイスにおいてはいかに精度良く損傷がなくナノ構造（ドット，ワイヤ）を形成するかが大きな鍵になっている．ナノドットの形成にはプラズマエッチングを用いたトップダウン方式と自己組織化を利用したボトムアップ方式の両面で検討が行われている．しかし，プラズマを用いたトップダウン加工ではマスク材料との選択性やイオンなどの活性粒子の入射方向性に問題があり，現在までの結果ではせいぜい数十 nm 程度の加工が限界であると考えられる．更に，量子サイズのデバイスではプラズマからのイオン衝撃や紫外光照射による結晶欠陥などダメージが大きな問題となっている．一方，ボトムアップ方式では損傷などの問題は少ないものの，ナノドット配列や構造の均一性などの問題を抱えている．いずれにしても，精度の良いナノ構造の作製が今後のポイントとなる．

そこで，寒川らは低エネルギーダメージフリープロセスが実現できる中性

粒子ビームを用いたトップダウン加工による 10 nm 以下のナノドットの形成を検討した．数 nm ドットの加工マスクとしては，山下らが提案しているバイオナノプロセス[82] を用いた．

図 5.39 に示すように生体超分子（タンパク質）であるフェリティンは直径 12 nm で内部が 7 nm の空洞となっている．この空洞内部は負の電荷を帯びており，鉄イオンが溶けた溶液中にフェリティンを入れると鉄イオンがフェリティン内部に吸収され鉄コアを作る．この鉄コアの直径は 7 nm である．この鉄内包のフェリティンをシリコン基板上に二次元配列した上で UV オゾン処理でタンパク質を除去し，鉄コアだけを基板上に残してエッチングマスクとするプロセスである（図 5.39）[83],[84]．このプロセスを用いて量子ナノディスク構造を使った量子効果デバイスの開発を行っている[85],[86]．ナノディスクとは，高さ（厚さ）が直径よりも小さいシリコンナノカラムを，SiO_2 上に作製したものである．そのサイズと形状から，量子デバイスへの

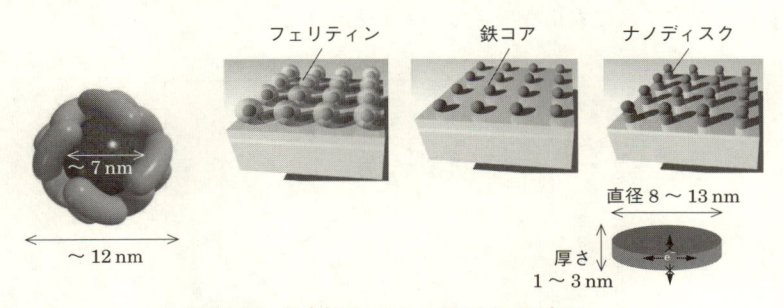

図 5.39　鉄内包フェリティンによるナノ加工

図 5.40　バイオナノプロセスにより作製された二次元ナノディスクアレー構造

応用が考えられる．本研究では，〈酸化膜/poly-Si/酸化膜/Si 基板〉構造のサンプルを作製し，フェリチン鉄コアをマスクにエッチングすることで，ナノディスク構造の作製を検討した．最適化された条件を用いて作製した二次元ナノディスクアレー構造の SEM 画像を図 **5.40** に示す．直径 10 nm，間隔 2 nm で 10^{12} cm^{-2} の高密度に配置され，シリコン量子超格子構造が実現されている．

この高密度・均一二次元シリコンナノディスクアレー構造を用いて光吸収特性からバンドギャップエネルギーを算出した結果を図 **5.41** に示す．ナノディスク膜厚を変化させることで，量子サイズ効果によりバンドギャップエネルギーを 2.2 ～ 1.3 eV まで制御できることが分かった[85],[86]．この二次元シリコンナノディスクアレー構造は無欠陥で均一高密度なナノ構造集合体であり，直径，厚さ及び間隔という構造パラメータにより光学特性を極めて高精度に制御できるという画期的なものであり，量子ドット太陽電池などの量子効果デバイスに有用な構造であることが分かった．

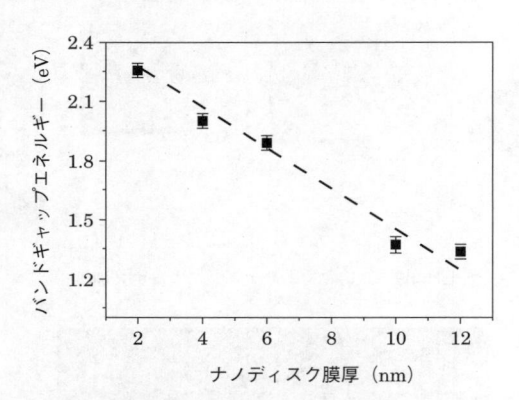

図 **5.41** 高密度均一二次元シリコンナノディスクアレー構造における膜厚とバンドギャップエネルギーとの関係

5.2.4 まとめ

以上，プラズマプロセスにおけるダメージを完全に抑制できる，及び超低損傷中性粒子ビーム加工に関して主に述べた．プラズマプロセスは簡易に大面積に活性な状態を作ることができるため，世の中で広く用いられている．しかしながら，最先端ナノデバイスでは，電荷蓄積や紫外線照射損傷が極め

て深刻な問題となっており，プラズマの本質的な問題である電荷と紫外線の制御が重要である．更にはデバイス・材料の本質的特性を引き出すために，加工表面に誘起される損傷を抑制できる手法の開発が重要であり，中性粒子ビームは，それを実現できる有望なプロセスである．

文　献

(1)　ITRS 2011 Edition, Lithography 2011 Tables.
(2)　T. M. Bloomstein, M. W. Hom, M. Rothschiil, et al., "Lithography with 157 nm lasers," J. Vac. Sci. Technol., vol., B15, p. 2112, 1997.
(3)　J. H. Burnett, " High-index materials for 193 nm immersion lithography," 2nd Int. Symp. Lithography, 2005.
(4)　D. L. Spears and H. I. Smith, "High resolution pattern replication using soft X-rays," Electron Lett., vol. 8, p. 102, 1972.
(5)　H. C. Pfeiffer, "Projection exposure with variable axis immersion lenses：A high throughput electron beam approach to "suboptical" lithography," Jpn. J. Appl. Phys., vol. 34, p. 6658, 1995.
(6)　B. J. Lin, "Semiconductor foundry, lithography, and partners," Proc. SPIE, vol. 4688, p. 11, 2002.
(7)　S. Owa and H. Nagasaka, "Immersion lithography: Its potential performance and issues," Proc. SPIE, vol. 5040, p. 724, 2003.
(8)　H. Jasper, T. Moddeman, M. van de Kerkhof, et al., "Immersion lithography with an ultrahigh-NA in-line catadioptric lens and a high-transmission flexible polarization illumination system," Proc. SPIE, vol. 6154, p. 61541W, 2006.
(9)　T. Matsuyama, Y. Ohmura, D. Williamson, et al., "The lithographic lens：Its history and evolution," Proc. SPIE, vol. 6154, p. 615403, 2006.
(10)　例えば，久保田広，波動光学，岩波書店，1971.
(11)　M. Born and E. Wolf, Principles of Optics, Pergamon Press, 1959.
(12)　K. Kamon, T. Miyamoto, Y. Myoi, et al., "Photolithography system using annular illumination," Jpn. J. Appl. Phys., vol. 30, p. 3021, 1991.
(13)　K. Tounai, K. Tanabe, H. Nozue and K. Kasama, "Resolution improvement with the annular illumination," Proc. SPIE, vol. 1674, p. 753, 1992.
(14)　渋谷真人，"投影露光装置"，特許広報　昭和 62-50811, 1982.
(15)　M. D. Levenson, N. S. Viswanathan, and R. A. Simpson, "Improving resolution in photolithography with a phase-shifting mask," IEEE Trans. Electron Devices, vol. ED-29, p. 1828, 1982.
(16)　H. Fukuda, T. Terasawa, and S. Okazaki, "Spatial filtering for depth of focus and resolution enhancement in optical lithography," J. Vac. Sci. Technol., vol. B9, p. 3133, 1991.
(17)　T. Horiuch, Y. Takeuchi, S. Matsuo and K. Harada, "Resolution enhancement by oblique illumination optical lithography using a pupil filter," IEDM Tech. Dig., p. 657, 1993.
(18)　M. Mulder, A. Engelen, O. Noordman, et al., "Performance of flexray; a fully programmable illumination system for generation of freeform source on high NA

immersion systems," Proc. SPIE, vol. 7846, p. 76401P, 2010.
(19) T. Terasawa, N. Hasegawa, H. Fukuda, and S. Katagiri, "Imaging characteristics of multi-phase-shifting and halftone phase-shifting masks," J. J. Appl. Phys., vol. 30, p. 2991, 1991.
(20) N. Yoshioka, J. Miyazaki, H. Kusunose, et al., "Practical attenuated phase-shifting mask with a single-layer absorptive shifter of MoSiO and MoSiON for ULSI fabrication," IEDM Tech. Dig., p. 653, 1993.
(21) Y. Shibazaki, H. Kohno, and M. Hamatani, "An innovative platform for high-throughput, high-accuracy lithography using a single wafer stage," Proc. SPIE, vol. 7274, p. 72741I, 2009.
(22) M. Miyasaka, H. Saito, and T. Tamura, "The application of SMASH alignment system for 65-55 nm logic devices," Proc. SPIE, vol. 6518, p. 65180H, 2007.
(23) M. Rieger and J. Stirniman, "Mask fabrication rules for proximity corrected patterns," Proc. SPIE, vol. 2884, p. 323, 1996.
(24) A. E. Rosenbluth, D. Melville, K. Tian, et al., "Intensive optimization of masks and sources for 22 nm lithography," Proc. SPIE, vol. 7274, p. 727409, 2009.
(25) S. Nagahara, K. Yoshimochi, Y. Yamazaki, et al., "SMO for 28nm logic device and beyond : Impact of source and mask complexity on lithography performance," Proc. SPIE, vol. 7640, p. 76401H, 2010.
(26) T. Tanaka, N. Hasegawa, H. Shiraishi and S. Ozaki, "A new photolithography technique with antireflective coating on resist : ARCOR," J. Electrochem. Soc., vol. 137, p. 3900, 1990.
(27) D. D. Dunn, J. A. Bruce, and M. S. Hibbs, "DUV photolithography linewidth variation from reflective substrates," Proc. SPIE, vol. 1463, p. 8, 1991.
(28) Y. Suda, T. Motoyama, H. Harada, and M. Kanazawa, "A new anti-reflective layer for deep UV lithography," Proc. SPIE, vol. 1674, p. 350, 1992.
(29) J. M. Moran, "High resolution, steep profile resist patterns," J. Vac. Sci. Technol., vol. 16, p. 1620, 1979.
(30) S. A. MacDonald, R. D. Allen, M. J. Clecak, et al., "A 2-layer resist system derived from trimethylsilystrene," Proc. SPIE, vol. 631, p. 28, 1989.
(31) M. Hanabata, A. Furuta, and Y. Uemura, "Novolak design for high resolution positive photoresists II, stone wall model for positive photoresist development," Proc. SPIE, vol. 920, p. 349, 1988.
(32) P. Trefonas III and B. K. Daniels, "New principle for image enhancement in positive photoresist," Proc. SPIE, vol. 771, p. 194, 1987.
(33) K. Ito, K. Yamanaka, H. Nozue, and K. Kasama, "Dissolution kinetics of high resolution novolac resists," Proc. SPIE, vol. 1466, p. 485, 1991.
(34) H. Ito and C. G. Wilson, "Application of photoinitiators to the design of resist for semiconductor manufacturing," ACS Symp. Ser., vol. 242, p. 11, 1984.
(35) H. Ito, "Aqueous-base developable deep-UV resist system based on novel monomeric and polymeric dissolution inhibitors," Proc. SPIE, vol. 920, p. 33, 1988.
(36) A. Bruns, "A study of catalytically transformed negative X-ray resists based on aqueous base developable resin, An acid generator and crosslinker," Microelectronic Eng., vol. 6, p. 467, 1987.
(37) T. X. Neenan, F. M. Houlihan, and F. M. Reichmanis, "Chemically amplified resists : A

lithographic comparison of acid generations species," Proc. SPIE, vol. 1086, p. 2, 1989.
(38) S. Takechi, Y. Kaimoto, K. Nozaki, and N. Abe, "Impact of 2-methyl-2-adamantyl group used for 193 nm single-layer resist," J. Photopolm. Sci. Technol., vol. 9, p. 475, 1996.
(39) S. Iwasa, K. Maeda, K. Nakano, and E. Hasegawa, "Chemically amplified negative resists based on alicyclic acrylate polymers for 193nm lithography," J. Photopolm. Sci. Technol., vol. 12, p. 487, 1998.
(40) T. Nakata, T. Kodama, M. Kamon, et al., "Evaluation of Immersion lithography process for 55nm node logic devices," Proc. SPIE, vol. 6519, p. 65190I, 2007.
(41) K. Nakano, S. Nagaoka, and M. Yoshida, "Immersion defectivity study with volume production immersion lithography tool for 45 nm node and below," Proc. SPIE, vol. 6924, p. 692418, 2008.
(42) N. Shirota, Y. Takeba, et al., "Development of non-topcoat resist polymers for 193 nm immersion lithography," Proc. SPIE, vol. 6519, p. 651905, 2007.
(43) M. Hori, T. Nagai, A. Nakamura, et al., "Sub-40nm half-pitch double patterning with resist freezing process," Proc. SPIE, vol. 6923, p. 69230H, 2008.
(44) H. Yaegashi, K. Oyama, S. Yamauchi, et al., "Sustainability of double patterning process for lithographic scaling," 2011 Int. Symp. on Lithography Extensions, 2011.
(45) H. Kinoshita, Y. Ishii, and Y. Torii, "Soft X-ray reduction lithography using multilayer mirrors," J. Vac. Sci. Technol., vol. B7, p. 1648, 1989.
(46) R. Peeters, "EUV lithography：NXE：3100 is in use at customer sites and building of NXE：3300B has started," 2011 Int. Symp. Extreme Ultraviolet Lithography, 2011.
(47) E. Hendrickx, J. Hermans, G. Lorusso, et al., "From ASML alpha demo tool to ASML NXE：3100 at IMEC," 2011 Int. Symp. Extreme Ultraviolet Lithography, 2011.
(48) D. C. Brandt, I. V. Formenkov, M. J. Lercel, et al., "LPP EUV source production for HVM," 2011 Int. Symp. Extreme Ultraviolet Lithography, 2011.
(49) J. Fujimoto, T. Suzuki, H. Nakarai, et al., "Development of LPP-EUV source for HVM EUVL," 2011 Int. Symp. Extreme Ultraviolet Lithography, 2011.
(50) M. Corthout, "EUV light source—The path to HVM, scalability in practice," 2011 Int. Symp. Extreme Ultraviolet Lithography, 2011.
(51) T. Shoki, M. Mitsui, M. Sakamoto, et al., "Improvement of total quality on EUV mask blanks toward volume production," Proc. SPIE, vol. 7636, p. 76360U, 2010.
(52) T. Terasawa, Y. Yamane, T. Tanaka, et al., "Actinic phase defect detection and printability analysis for patterned EUVL mask," Proc. SPIE, vol. 7536, p. 763602, 2010.
(53) M. Goldstein, D. Vhen, A. Ma, et al., "Update from the SEMATECH EUV mask infrastructure initiative," 2011 Int. Symp. Extreme Ultraviolet Lithography, 2011.
(54) T. Kozawa and S. Tagawa, "Radiation chemistry in chemically amplified resists," Jpn. J. Appl. Phys., vol. 49, p. 30001, 2010.
(55) J. K. Stoers, A. Telecky, M. Kocsis, et al., "Directly patterned inorganic hardmask for EUV lithography," Proc. SPIE, vol. 7969, p. 796915, 2011.
(56) G. M. Gallatin, P. Naulleau, D. Niakoula, et al., "Resolution, LER and sensitivity limitation of photoresist," Proc. SPIE, vol. . 6921, p. 69211E, 2008.
(57) T. Wallow, C. Higgins, R. Brainard, et al., "Evaluation of EUV resist materials for use at the 32 nm half-pitch node," Proc. SPIE, vol. 6921, p. 69211F, 2008.
(58) K. Matsunaga, G. Shiraishi, J. J. Santilhan, et al., "Development status of EUV resist material and process at selete," Proc SPIE, vol. 7969, p. 796505, 2011.

(59) Y. Nakayama, S. Okazaki, and N. Saitou, "Electron-beam cell projection lithography : A new high-throughput electronbeam direct-writing technology using a specially tailored si aparture," J. Vac. Sci. Technol., vol. B8, p. 1836, 1990.

(60) A. Yamada, K. Sakamoto, S. Yamazaki, et al., "Repetitive one-tenth micron pattern fabrication using An EB block exposure system," Jpn. J. Appl. Phys., vol. 33, p. 6959, 1994.

(61) M. Takizawa, H. Konami, M. Kurokawa, and A. Yamada, "Position accuracy evaluation of multi-column e-beam exposure system," Proc. SPIE, vol. 7970, p. 79700B, 2011.

(62) C. van den Berg, G. de Boer, S. Boshker, et al., "Scanning exposures with a MAPPER multibeam system," Proc. SPIE, vol. 7970, p. 79700D, 2011.

(63) C. Klein, E. Platzgummer, H. Loeschner, et al., "Projection maskless lithography (PML2) : Proof-of-concept setup and first experimental results," Proc. SPIE, vol. 6921, p. 69211O, 2008.

(64) S. Y. Chou, P. P. Kraus, and P. J. Renstorm, "Nanoimprint lithography," J. Vac. Sci. Technol., vol. B14, p. 4129, 1996.

(65) T. Higashiki, T. Nakasugi, and I. Yooneda, "Nanoimprint lithography for semiconductor devices and future patterning innovation," Proc. SPIE, vol. 7970, p. 797003, 2011.

(66) J. Y. Cheng, C. T. Rettner, D. P. Sanders, et al., "Dense self-assembly on sparse chemical patterns : Rectifying and multiplying lithographic patterns using block copolymers," Advanced Materials, vol. 20, no. 3, p. 3155, 2008.

(67) C. Bencher, J. Smith, L. Miao, et al., "Self-assembly patterning for sub-15 nm half-pitch : A transition from Lab to Fab," Proc. SPIE, vol. 7970, p. 79700F, 2011.

(68) A. A. Ayon, S. Nagle, et al., "Tailoring etch directionality in a deep reactive ion etching tool," J. Vac. Sci. Technol. B, vol. 18, p. 1412, 2000

(69) J. Saussac, J. Margot, and M. Chaker, "Profile evolution simulator for sputtering and ion-enhanced chemical etching," J. Vac. Sci. Technol. A, vol. 27, p. 130, 2009.

(70) K. Hashimoto, "New phenomena of charging damage in plasma etching: Heavy damage only through dense-line antenna," Jpn. J. Appl. Phys., vol. 32, p. 6109, 1993.

(71) T. Yunogami, T. Mizutani, et al., "Radiation damage in SiO_2/Si induced by VUV photons," Jpn. J. Appl. Phys., Part 1 28, p. 2172, 1989.

(72) T. Tatsumi, S. Fukuda, and S. Kadomura, "Etch rate acceleration of SiO_2 during wet treatment after gate etching," Jpn. J. Appl. Phys., Part 1 32, p. 6114, 1993.

(73) T. Tatsumi, S. Fukuda, and S. Kadomura, "Radiation damage of SiO_2 surface induced by vacuum ultraviolet photons of high-density plasma," Jpn. J. Appl. Phys., Part 1 33, p. 2175, 1994.

(74) H. Ohtake, S. Fukuda, et al., "Prediction of abnormal etching profile in high-aspect-ratio via/hole etching using on-wafer monitoring system," Jpn. J. Appl. Phys., vol. 49, p. 04DB14, 2010.

(75) B. Jinnai, S. Fukuda, et al., "Prediction of UV spectra and UV-radiation damage in actual plasma etching processes using on-wafer monitoring technique," J. Appl. Phys., vol. 107, p. 043302, 2010.

(76) F. Shimokawa, "High-power fast-atom beam source and its application to dry etching," J. Vac. Sci. Technol. A, vol. 10, p. 1352, 1992.

(77) S. Samukawa, K. Sakamoto, and K. Ichiki, "Generating high-efficiency neutral beams by using negative ions in an inductively coupled plasma source," J. Vac. Sci. Technol. A,

vol. 20, no. 5, p. 1566, 2002.
(78) S. Noda, H. Nishimori, et al., "Neutral beam etching for damage-free 50nm gate electrode patterning," Ext. Abst. Int. Conf. on Solid State Devices and Materials, p. 472, 2003.
(79) S. Samukawa, Y. Ishikawa, et al., "Prediction of abnormal etching profile in high-aspect-ratio via/hole etching using on-wafer monitoring system," Jpn. J. Appl. Phys., vol. 40, p. L1346, 2001.
(80) K. Endo, S. Noda, et al., "Damage-free fabrication of FinFETs using a neutral beam etching," 6th Int. Conf. on Reactive Plasmas and 23rd Symp. on Plasma Processing, P-2A-36, 2006.
(81) K. Endo, S. Noda, et al., "Damage-free neutral beam etching technology for high mobility FinFETs," IEDM Dig. of Tech. Papers, p.840, 2005.
(82) 山下一郎, "バイオナノテクノロジーの展望," 応用物理, vol. 71, no. 8, p. 1014, 2002.
(83) T. Kubota, T. Baba, et al., "A 7 nm-nanocolum structure fabricated by using a ferritin iron-core mask and low energy Cl neutral beams," Appl. Phys. Lett., vol. 84, no. 9, p. 1555, 2004.
(84) T. Kubota, T. Baba, et al., "Study of neutral-beam etching conditions for the fabrication of 7-nm-diameter nanocolumn structures using ferritin iron-core masks," J. Vac. Sci. Technol. B, vol. B23, p. 534, 2005.
(85) C. H. Huang, X. Y. Wang, et al., "Optical absorption characteristic of highly ordered and dense two-dimensional array of silicon nanodisks," Nanotechnology, vol. 22, p. 105301, 2011.
(86) X. Y. Wang, C. H. Huang, et al., "Damage-free top-down processes for fabricating two-dimensional arrays of 7 nm GaAs nanodiscs using bio-templates and neutral beam etching," Nanotechnology, vol. 22, p. 365301, 2011.

第 6 章

材料プロセス技術

6.1 シリコンウェーハ

6.1.1 結晶成長

大形の高純度単結晶が他の半導体に比べ容易に製造できるシリコン（Si）は LSI の基幹材料であり，ウェーハの大口径化と高品質化によって LSI の発展を支えてきた．Si 結晶の製造方法には，引上げ法（Czochralski 法，略して CZ 法）と浮遊帯法（Floating Zone 法，略して FZ 法）がある．LSI 用 Si には主に CZ 法が用いられるが，その理由は高純度で機械的強度に優れた大口径の無転位結晶が製造でき，結晶の電気的特性制御が比較的容易であることによる．CZ 法の Si 結晶成長装置は**図 6.1** に示すような装置[1]を用いる．石英るつぼに精製した多結晶 Si を入れ，グラファイト発熱体に電流を流して Si を融点（1,417℃）以上の温度に加熱する．溶融した Si に結晶方位を規定した Si 種結晶リボンを浸し，回転しながら引き上げる．引上げ速度によって Si 結晶の直径を制御する．Si と石英るつぼの反応で発生する SiO を溶融表面から速やかに除去するため，成長雰囲気に Ar を満たし減圧する．**図 6.2** に成長した Si インゴットとウェーハの写真を示す．

CZ 法により成長させた Si 結晶中には酸素が混入する．その濃度は融点における固溶度に達するので，冷却過程では過飽和（10 ppm 程度）になる．過飽和の酸素原子は転位の移動を妨げるため結晶強度を大きくするが，熱処

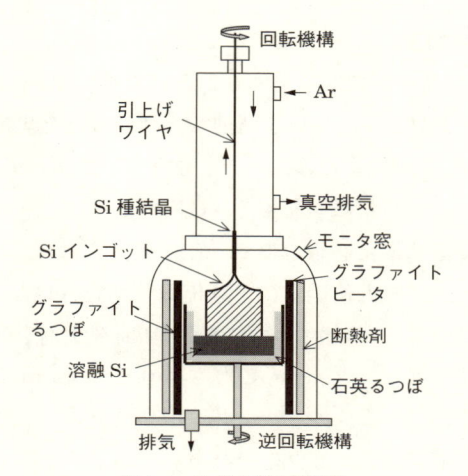

図 **6.1** Si 結晶引上げ装置

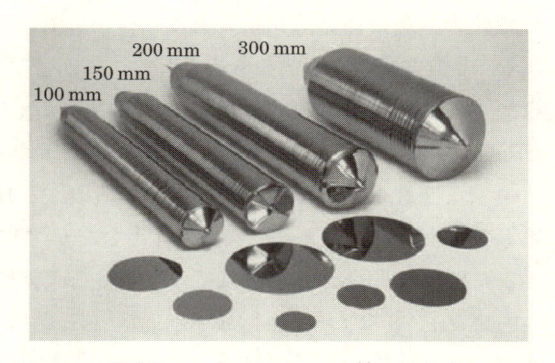

図 **6.2** Si 単結晶インゴットとウェーハ[1]．（出典：SUMCO）

理によって酸素析出物となり，周囲には圧縮応力を発生させ結晶強度を低下させる．酸素に次いで多い不純物は炭素である．炭素は主にグラファイト発熱体から発生した CO_2 や CO が Si 融液に混入することによる．成長雰囲気の制御によりデバイス特性に影響しない 100 ppb 以下にする．このほか，濃度ははるかに低いが Fe, Ni, Ti などの重金属が混入不純物として問題になることがある．これらの金属は Si に深い準位をつくり，キャリヤのトラップ，再結合中心，発生中心として働き，汚染濃度によってはデバイス特性に影響を及ぼす．

6.1.2 ウェーハ加工

成長させた Si 結晶インゴットを図 6.2 に示すようなウェーハに加工する．目標の外径までインゴットの外周を研削し，結晶方位を規定するオリエンテーションフラット（OF）またはノッチを加工し，高速回転させたダイヤモンドブレードでウェーハ状に切断する．OF あるいはノッチは回路パターンマスク合わせの位置基準に必須である．LSI 製造には（100）面ウェーハが多く使われるため，X 線方位測定により位置基準を（110）に決めるのが一般的である．次に，ラッピングにより表面の切断ひずみを除去した後，ウェーハ周辺の面取りを行う．ウェーハの厚さは 0.5～1 mm であり，業界団体によって標準化されている．エッチング，ポリッシング，精密洗浄，クリーンな梱包を経て，ポリッシュトウェーハあるいはプライムウェーハとして出荷する．

デバイスの微細化の進展に伴い，シリコンウェーハに対する品質要求も厳しくなっている．品質要求の中心的なものとして，欠陥密度や表面平坦度がある．代表的な欠陥として結晶成長時に結晶内に生成する COP（Crystal Originated Particle）がある．COP は結晶欠陥の一つで，単結晶の格子点に Si 原子の欠落からなる空孔が集まった微細な欠陥である．COP はゲート酸化膜の耐圧に悪影響を及ぼす．ウェーハ表面に露出した COP を消滅あるいはサイズを小さくする方法として H_2 雰囲気での高温熱処理などが行われる．

Si の真性降伏応力，すなわち無転位結晶が塑性変形する応力は 7,000 MPa と大きいが，現実の結晶ではそれより 1～2 桁小さい応力で転位が発生する．これは結晶内部の欠陥や不純物付近に応力が集中するためである．ウェーハを大口径化すると高温工程においてウェーハ面内に温度差が発生しやすいため，転位が発生したりスリップ欠陥や反りが入りやすくなる．これらはデバイスの電気的特性に影響を与える．

Si 中に混入した金属不純物を不活性化する目的で，ゲッタリングが広く使われている．Si 中に過飽和に存在する酸素をウェーハ内部に析出させゲッタリングサイトとし，デバイスを形成する表面付近の酸素を外方に拡散させ活性層には欠陥を含まないように H_2 あるいは Ar 雰囲気で熱処理したものがアニールドウェーハである．過飽和酸素の析出は 500～800℃の温

度で行い，1,200℃の高温熱処理で析出物をウェーハ内部に成長させるとともに，表面近傍に無欠陥層（Denuded Zone：DZ層）を形成する．実際にはDZ層にも微小欠陥が存在するので，ウェーハ製造メーカーではそれぞれの最適な条件下で熱処理している[2]．LSIパターン形成のために光リソグラフィー技術が主に用いられるが，解像度を向上させるために開口率の大きな光学系を用いることや光源の短波長化はパターンの焦点深度を浅くする．このため，微細化の進展に伴い露光領域におけるウェーハの表面平坦性が重要になってくる．実際は，微細領域のマイクロラフネスも含めてプロセス中に作り込まれる表面凹凸が問題になる．ウェーハの裏面を基準にしたウェーハ表面の平坦性はTTV（Total Thickness Variation）あるいはチップレベルのLTV（Local Thickness Variation）で定義される．通常ウェーハのTTVは$1\mu m$近くが実現されているが，それ以下にすることは難しくなっている．このため，両面ポリッシュすることによりLTVを$0.5\mu m$以下にすることも行われる．

6.1.3 エピタキシャルウェーハ

単結晶基板上に同じ結晶方位を持ったSi結晶層を成長させたエピタキシャルウェーハも広く採用されるようになってきた．エピタキシャル層には原理的にCOPは発生しないので，特にCOPを避ける必要のあるデバイス製造に有用である．エピタキシャルウェーハのコストはポリッシュウェーハの1.5倍から2倍になるので，LSI量産に用いるウェーハの選択はプロセスコストとデバイス性能との兼合いで決められることが多い．また，エピタキシャル成長技術を用いればSi基板に急峻なプロファイルで高不純物濃度の埋込層を形成できるため，これをコレクタ層に用いるバイポーラLSI製造においてはエピタキシャルウェーハが必須になっている．

Siエピタキシャルウェーハの製造は，H_2雰囲気で1,000℃以上に加熱したSi基板にSiを含んだ化合物ガスを送り，基板上で熱分解あるいは還元反応させる．化合物ガスとしては，テトラクロロシラン（$SiCl_4$）やジクロロシラン（SiH_2Cl_2）が用いられる．

$$SiCl_4 + 2H_2 \longrightarrow Si + 4HCl \tag{6.1}$$

モノシラン（SiH_4）などの熱分解によれば，Si基板に自然酸化膜がなく

十分清浄であれば800℃以下の温度でもSiエピタキシャル成長は可能である．Si層のエピタキシャル成長速度は（110）面が最も速く，次いで（100），（111）の順になる．

$$SiH_4 \rightarrow Si + 2H_2 \tag{6.2}$$

エピタキシャル層には成長中に不純物をドーピングできる．ドーパントガスとして，n形の場合はホスフィン（PH_3）やアルシン（AsH_3）を混入する．p形の場合はジボラン（B_2H_6）などを用いる．ドーピング可能な不純物濃度は$10^{15} \sim 10^{20} cm^{-3}$の範囲にわたり，高濃度の場合はSi成長速度に影響を与える．ウェーハの大口径化あるいは多数枚処理，更にはエピタキシャル層の微細化の要求によってエピタキシャル成長ガスとドーパントガスの均一な流れの制御が重要になる．

エピタキシャル層の代表的な結晶欠陥としては，酸化誘起積層欠陥OSF（Oxidation induced Stacking Fault）がある．これは（111）面に沿って発生する積層欠陥で，酸化処理によって顕在化する．OSFの発生はFe，Cr，Cuなどの微量の重金属の混入に起因するので，成長雰囲気の金属汚染は極力避けばならない．また，浅い皿状の欠陥はシャローピットと呼ばれるもので，成長雰囲気の水分やアルカリ金属が原因と考えられている．また，熱ひずみなどによりSi基板に応力がかかり，その値が臨界値を超えると転位が発生する．

6.1.4 SOIウェーハ

絶縁基板にSi単結晶層を形成したSOI（Silicon On Insulator）ウェーハを使うと，素子の完全分離ができ，素子と基板間の寄生容量が低減されるためLSIの高速動作が可能になる．SOIデバイスは，CMOSの固有の問題であるラッチアップ現象あるいはアルファ（α）線や宇宙線など各種放射線照射に耐性があることが知られている．更に，超薄膜化したSi層を完全に空乏化して使用するFDSOI（Fully Depleted SOI）は短チャネル効果を抑制するデバイスとして有用であり，微細化に向けて重要性が高まっている．

実用的なSOIウェーハ製造方法は，SIMOX（Separation by IMplanted OXygen）法とウェーハ貼合わせ法である．SIMOX法は図**6.3**に示すように，Si基板に酸素イオンを高濃度（例えば，イオン注入エネルギー180 keV，

第6章 材料プロセス技術

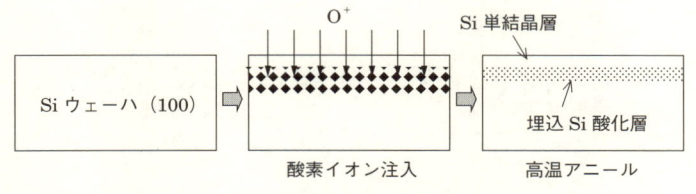

(a) SIMOX ウェーハ作成方法

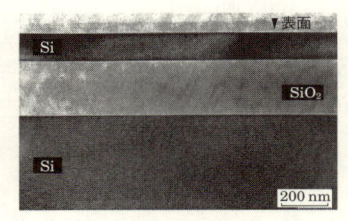

(b) 断面写真

図 6.3

ドーズ量 $2 \times 10^{18} \mathrm{cm}^{-2}$) で注入し，その後 1,350℃の高温で熱処理する[3]．酸素原子は Si 表面から 200〜300 nm の深さに分布するが，熱処理により Si と反応し SiO_2 として凝集して 200 nm 程度の厚さの絶縁層を形成する．SiO_2 層の上には 100〜200 nm の単結晶 Si 層が比較的均一に形成できるが，イオン注入に付随する積層欠陥の発生が問題になることがある．

貼合わせ法は，2 枚のポリッシュウェーハを Si 酸化膜を介して圧着し，約 1,100℃の高温熱処理により貼り合わせ，一方の Si ウェーハを薄層化し活性層とする．絶縁層の厚さを任意に設定でき，Si 層の結晶性もバルクの状態が使える特徴があるが，Si 層の均一な薄膜化が必須である．

貼合わせ法の発展形として薄膜化を可能にするスマートカット法が提案された[4],[5]．この方法は，**図 6.4** に示すように，Si 基板に $1 \times 10^{17} \mathrm{cm}^{-2}$ 程度の水素イオンを注入し，注入面と熱酸化し薬品で親水処理した基板用 Si ウェーハとを室温で接合する．接合したウェーハを 600℃程度の温度で熱処理し，水素イオン注入した Si ウェーハから数 μm の表層を剥離する．その後，1,000℃の温度で熱処理してから剥離した Si 層の表面を研磨し，SOI ウェーハにする．この方法では剥離用 Si ウェーハを繰り返し利用できるため材料コストを削減できる．剥離する Si 層の厚さは水素イオンのエネルギーで

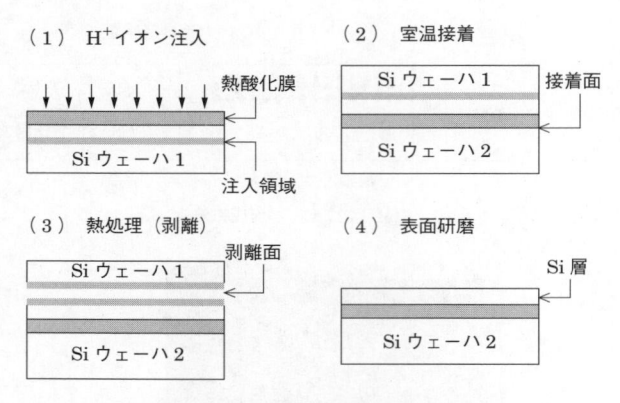

図 6.4 ウェーハ貼合わせによる SOI 工程

制御する．例えば，65 keV の加速エネルギーでは 200 nm の，1 MeV では 10 μm の Si 層を剥離できる．研磨で破断領域を除去すれば Si 層としてバルクの結晶性をほぼ維持できる．

6.1.5 ウェーハの大口径化

ウェーハの面積を大きくして 1 枚のウェーハからとれる LSI チップ数が増えるとチップ当りのコストを下げられる．これは，パターン微細化によってチップサイズを小さくするのと同様の効果である．例えば，良品の生産歩留りを 100% と仮定すると，チップ面積が 1 cm^2 の場合 200 mm 径ウェーハでは有効チップ数は 230 個程度であるのに対し，300 mm 径ウェーハを使うと 600 個になり生産性が上がる．ウェーハの大口径化によって製造装置や材料費すなわち製造プロセスコストは上昇するが，チップ当りのコストが低減できることになる．ウェーハの直径は断続的にではあるが LSI の発展とともに大きくなり，200 mm から 300 mm へ移行し，更に 450 mm への移行が計画されている．ウェーハの大口径化は，シリコン結晶技術だけでなく，プロセス技術，製造装置技術，材料技術などの変革を必要とし，開発コストが膨大になる．近年は業界団体でそれらの標準化を進め，開発費の削減を図っている．

Si ウェーハの平坦化や厚みについても標準化が図られ，200 mm ウェーハでは厚さ 0.725 mm，300 mm では 0.775 mm と決められているが，その

科学的な根拠は明確ではない．ウェーハが薄すぎると自重によるたわみ，あるいは熱工程で反りが発生し，熱変形，スリップ発生，割れを引き起こすなど機械的強度の問題が顕在化する．ウェーハ搬送時における支持方法にも課題がある．一方，厚くなると材料が増えウェーハコストの上昇を招くことになる．

6.2 ゲート絶縁膜

シリコンを熱酸化することで絶縁性の優れた非晶質の SiO_2 膜と清浄な Si/SiO_2 界面が得られることから，MOS トランジスタのゲート絶縁膜生成法として Si 熱酸化が用いられる．更に，Si 熱酸化膜は素子分離層や不純物拡散マスクなどとして LSI 製造に多用されている．デバイスの微細化に伴いゲート絶縁膜の薄膜化が図られ，高性能 MOSLSI においてはその膜厚は既に 1 nm 程度が使われている．今後も，大口径ウェーハに均一に形成でき，しかも長期信頼性評価に耐え得る高品質な SiO_2 膜の生成技術が不可欠である．そのためには，原子レベルで平坦な Si ウェーハ表面と不純物汚染のない高清浄な酸化雰囲気が必要となる．SiO_2 膜を一層緻密にし，不純物拡散阻止能力を上げ，電気的なストレス耐性を上げるためには窒素原子の導入が有効である．SiO_2 膜及び Si の熱窒化技術が開発されている．1 nm 程度にまで薄膜化した SiO_2 膜はゲートリーク電流が無視できなくなるため，高誘電率（high-k）のゲート絶縁膜への転換が進められている．

6.2.1 Si 酸化技術

Si の熱酸化法には，乾燥酸素を用いるドライ酸化，不活性ガスに酸素を混入させた希釈酸化，水素を燃焼させる加湿酸化，オゾンあるいは発生期の酸素を用いるラジカル酸化などがある．一般的な Si ウェーハ縦形熱酸化炉を図 6.5 に示す．Si ウェーハをバッチ処理ホルダに乗せ，所定の温度に加熱された石英反応管内に搬送して酸素などの反応ガスを流す．酸化膜の成長は，Deal-Grove のモデル[6]に従うことがよく知られている．これは，①酸化種が酸化膜表面に吸着，②酸化種が酸化膜中を拡散，③シリコンと酸化膜界面で新しい Si-O 結合を作る，という過程である．酸素の同位体（$^{18}O_2$）を使った研究でも $^{18}O_2$ の拡散によって界面近傍で Si-O 結合が生成されることが調べられている[7]．

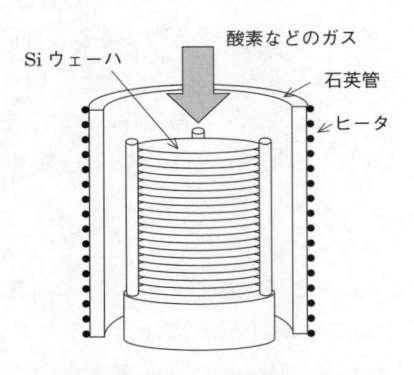

図 6.5　縦形 Si 熱酸化装置の内部

ドライ酸化による Si 酸化膜の成長を**図 6.6** に示す[8]．Si 酸化膜が比較的厚いときは膜の成長は酸化種の拡散で律速されるので，成長する膜厚は時間の平方根に比例する．また，Si 酸化膜が比較的薄いときは界面の反応が律速するので，膜厚は時間に比例する．膜厚が 1 nm 程度になるとこのモデルで説明することは難しくなり，金属の酸化理論として知られる Mott-Cabrera のモデルなどが適用される．これは，酸化膜に吸着した酸化種が帯電し発生する電界によって内部にドリフトするモデルである．このほか，非常に薄い酸化膜には微小チャネルが存在し，酸化種の拡散を加速するといったモデルもある．

酸素に代えオゾンあるいは酸素ラジカルを用いると反応性が増し，処理温度

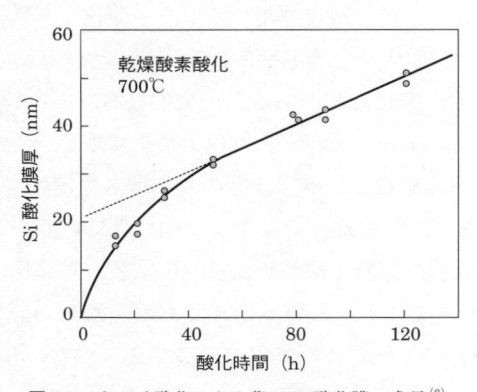

図 6.6　ドライ酸化による薄い Si 酸化膜の成長[8]

を低くできることに加え,界面の遷移層が薄くなることが確認されている[9].しかし,オゾンの場合400℃以上の温度では酸素による酸化と比べ有意差は見られない.これは,オゾンが気中で分解し酸素分子が生成されシリコンの熱酸化と同様の反応になるためと考えられる.

6.2.2 Si 酸化膜の構造

Si 熱酸化膜の構造は化学量論組成の SiO_2 に極めて近い非晶質である.Si から SiO_2 への遷移も極めて急峻であるが,界面には狭い遷移層が存在する.界面遷移層における SiO_2 から外れた組成はサブオキサイドと呼ばれる.サブオキサイドは,Si^+,Si^{2+},Si^{3+} として光電子スペクトルで観察される.熱酸化膜の場合,その量は1〜2分子程度で極めてわずかである[10].熱酸化の過程で界面には応力が発生するので,これを緩和するため遷移層にはひずみが発生する.そこでは,Si-O の結合角が非晶質 Si-O-Si 側とバルク側で異なる.また,Si 基板表面にもひずみが発生し Si-Si 結合角が変異する.また,ダングリングボンドも発生し,界面準位あるいは界面固定電荷の起源になる.このほか,Si 表面ではステップと呼ばれる原子レベルの段差が発生すると Si 酸化膜の電気的特性にも影響を与える.ステップはウェーハ洗浄及び酸化条件の影響を受けることが明らかになっている.

6.2.3 絶縁破壊特性

比較的厚い Si 酸化膜の欠陥密度は図 6.7 に示すような MOS キャパシタの絶縁破壊ヒストグラムで評価される.典型的なヒストグラムは低電界(A

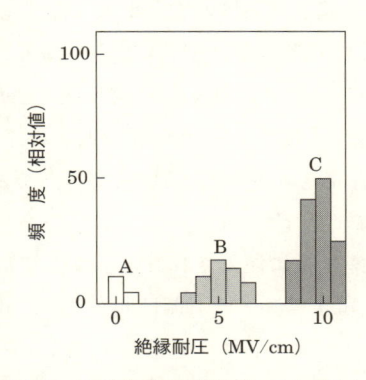

図 6.7 Si 酸化膜の絶縁特性ヒストグラム

領域：1 MV/cm 以下）において短絡するピンホールなどによる初期絶縁破壊領域，中電界（B 領域：1～8 MV/cm 程度）における Si 酸化膜のウィークスポットに起因する絶縁破壊領域，そして高電界（C 領域：8 MV/cm 以上）の真性絶縁破壊に近い領域に分けられる．中電界の絶縁破壊は Si 基板の酸素析出物にも依存する．酸素析出物の周りにはひずみが発生し，汚染不純物を取り込みやすく，膜厚の低下や絶縁耐圧の劣化をもたらす．ULSI の製造に必要な 20 nm 以下の膜厚の Si 酸化膜では，低電界領域及び中電界領域の欠陥は非常に少なくなっている．これは，高品質 Si ウェーハの使用及びウェーハの洗浄や酸化雰囲気の超クリーン化技術の進展による．高電界領域ではヒストグラムに低電界テールが見られる．これは，微量の金属原子汚染や Si 表面の原子レベルの凹凸によると見られる．テール領域の絶縁破壊の原因は次に述べる高電界ストレス劣化と密接に関係する．Si 酸化膜厚が薄くなると，上記のような完全破壊モードに加えて，破壊時にわずかな電流増加が観測されるだけの擬似破壊（SBD：Soft Break Down）モードが現れる．

6.2.4 Si 酸化膜の信頼性

Si 酸化膜に一定の電界を印加し続けると永久絶縁破壊に至る．この特性を TDDB（Time Dependent Dielectric Breakdown）と呼ぶ．信頼性を評価する基本特性の一つである．TDDB は印加電界と測定温度に依存する．TDDB データから対数正規分布あるいはワイブル分布関数で表すことで故障率を求めることができる．図 6.8 は，50％累積故障に要する時間と印加電界の関係である[11]．電界ストレスによる破壊の加速現象は特性直線の傾きで表される．Si 酸化膜の膜厚が薄くなると傾きは小さくなり，電界による加速効果は低下する．すなわち，電界ストレスに強くなり信頼性が上がる．4 nm 以下の Si 酸化膜では電界の逆数に比例するモデルが報告されている[12]．一般に，温度特性から得られる活性化エネルギーは 1 eV 程度であるが，Na などの汚染があると 0.3 eV にまで低下する．

電界ストレスで Si 酸化膜に注入された電子は衝突電離によって電子・正孔対を作り，このうち電子はアノード側に向かうが，正孔は移動度が小さいので Si 酸化膜のカソード側にトラップされやすく，エネルギーバリヤを低下させ，更なる電子の注入を加速し，永久破壊をもたらす．このメカニズム

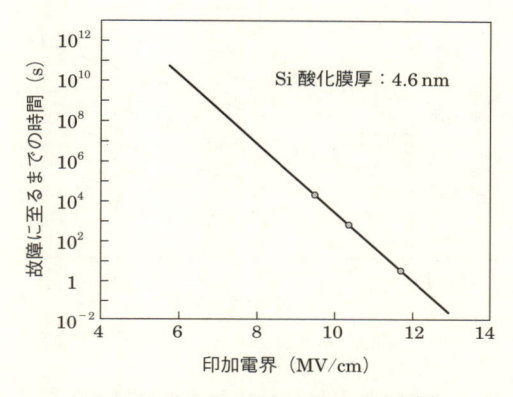

図 **6.8** 累積故障時間と印加電界依存性[11]

で説明される TDDB は膜厚が低下するほど起こりにくい，すなわち薄膜化すると信頼性が向上するが，薄膜化した Si 酸化膜は Si 表面の凹凸や金属汚染の影響を受けやすく，これら局所的要因が絡んでいるので薄膜化すると信頼性が向上するとは限らない．実際，Si 酸化膜の薄膜化に伴ってストレス誘起リーク電流（SILC：Stress Induced Leakage Current）が顕著になる．SILC は，電流を長時間流すことで局所的な発熱を起こし，発生した Si 酸化膜欠陥を介したトンネル電流と考えられる[13]．また，これらの欠陥はトラップや界面準位として働き，MOS FET のしきい値の変動をもたらす．特性不安定性は，NBTI（Negative Bias Temperature Instability）あるいは PBTI（Positive Bias Temperature Instability）として評価される．

6.2.5 Si 窒化技術

アンモニアあるいは窒素ラジカルを使って Si を直接窒化すると，Si 窒化膜（Si_3N_4）が生成される[14],[15]．Si-O-N 系の熱平衡状態を図 **6.9** に示す[16]．1,300℃の高温においても窒素分圧が極めて低い状態でのみ Si_3N_4 が得られ，微量な酸素がある状態では Si_2N_2O が安定組成として存在する．熱窒化の過程は，酸化と同じように表面反応とそれに続く反応種の拡散と考えられるが，窒素の自己拡散係数は酸素に比べ数桁小さく，拡散律速領域での熱窒化膜の成長は極めて遅いので，数 nm 以上の均一な膜厚を得ることは困難である．そのため，単層でゲート絶縁膜としての応用は限られるが，DRAM のキャ

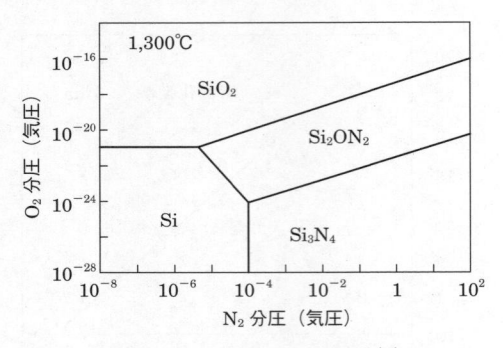

図 6.9 Si-O-N 系の熱平衡状態[16]

パシタ誘電膜や高誘電率膜と重ね合わせたバリヤ膜として使われている．成長モデルとしては Ritche-Hunt の理論で定性的に説明される[17]．

6.2.6 Si 酸化窒化技術

窒化プロセスを使って，窒素原子を Si 酸化膜に導入することにより膜の緻密化が図れる．ボロン（B，ほう素）などの不純物あるいは Na イオン拡散バリヤ，金属電極との反応防止，電気的ストレスあるいは放射線照射耐性の向上の効果が確認されている．形成される Si 窒化酸化膜あるいは Si 酸化窒化膜は初めに EEPROM（Electrically Erasable Programable Read Only Memory）のトンネル絶縁膜に使われた．極薄ゲート絶縁膜の信頼性確保に有用である．窒素に換えて，HN_3，N_2H_4，N_2O，NO ガス，あるいは窒素ラジカルなどを用いることにより低温においても SiO_2 中に窒素を導入できる．図 6.10 に Si 酸化窒化膜の断面 TEM 写真を示す．導入される窒素原子は特に Si 界面付近に安定状態として存在する[18]．窒化酸化膜と Si 基板の界面には僅かに正の電荷が発生する．このため，SiO_2 膜の表面付近に窒素を選択的に導入することにより，正電荷によるクーロン散乱の影響による電子移動度の劣化を避けることが行われている．高電界印加状態では Si 窒化酸化ゲート膜の方が Si 酸化ゲート膜より電子移動度が高くなることが観察されている．界面の平坦性は Si 熱酸化膜の場合より平坦であることが確認されており，ラフネス散乱が低減できるためと考えられる．図 6.11 に，B を含むポリ Si 電極からの B の拡散阻止効果を示す．Si 酸化膜の場合は，B が Si 酸化膜を突き抜け Si 基板に拡散しているが，それより薄い Si 窒化酸

第6章 材料プロセス技術

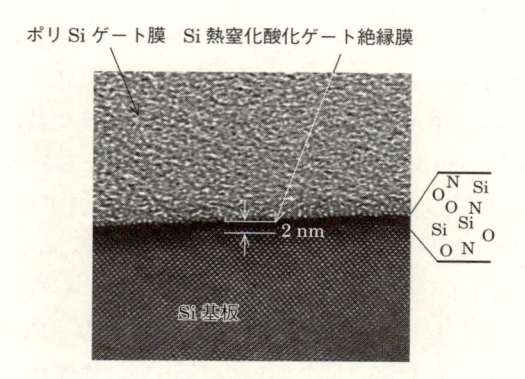

図6.10 Si熱窒化酸化膜の断面TEM写真

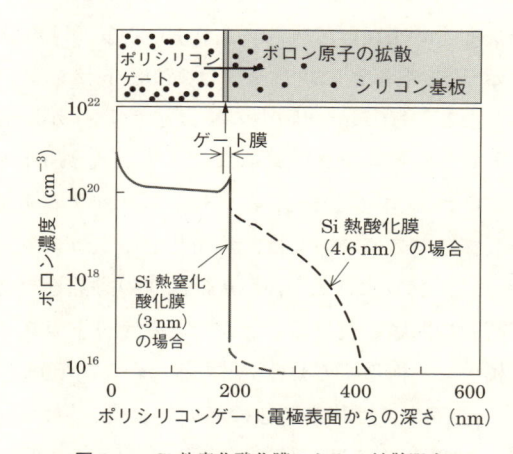

図6.11 Si熱窒化酸化膜によるB拡散阻止

化膜でも完全に突き抜けを阻止している．

6.2.7 high-kゲート絶縁膜技術

MOSトランジスタの微細化に伴いゲート絶縁膜の一層の薄膜化が要求されると，Si酸化膜更にはSi窒化酸化膜を採用してもトンネル電流によるリーク電流を抑制することが困難になる．絶縁性に優れた誘電率の大きな材料に置き換えればリーク電流は抑制される．ゲート絶縁膜としてはSi界面準位を作らず，トラップ・固定電荷・可動イオンなどを含まない，電気的ストレスに対して安定であり，ULSI製造の熱工程に耐えることなどが要求

される. これまでに, Ta_2O_5, ZrO_2, HfO_2, HfSiO, HfSiNO, La_2O_3 など様々な材料が検討されたが, 今のところ Hf 系酸化膜に収束しつつある[19]. HfO_2 は比誘電率は 20 程度であり, 600℃ 以上の温度で結晶化する. Y_2O_3 などの異種材料をドープして高温安定相の立方晶になると 30 程度に増加する. La, Mg, Al など様々な材料のドーピングにより Hf 系酸化膜の改良がなされている[20]. しかし, Hf 系酸化膜では Si との界面に界面層と呼ばれる制御されない Si 酸化膜の介在が避けられない[21]. その結果, Hf 系酸化膜と Si 酸化膜との二層構造となり, Si 酸化膜換算膜厚 (EOT：Equivalent Oxide Thickness) を十分に下げることが難しい. 極薄 Si 窒化酸化膜を界面層としてあらかじめ形成することで界面を制御する方法が採用されている. 界面層を形成しない high-k 材料により EOT を下げる試みも続けられている. 更に, ポリ Si 電極との組合せでは MOS トランジスタのしきい値電圧制御が困難となる. Hf 系酸化物中の酸素とポリ Si が反応し, 酸素欠損を生じ, フェルミレベルピニングの原因になる[22]. 金属電極と high-k 絶縁膜との複合技術すなわち Metal/high-k ゲートスタックの開発が不可欠である. デバイス作製プロセスについては, 集積化と製造コスト面で優位な従来形のゲートファーストプロセスと high-k 絶縁膜の耐熱性や MOS トランジスタのしきい値制御の問題を避けることができるゲートラストの工程が開発されている. 金属ゲート構造で CMOS 化する場合, nMOS には仕事関数の低い遷移金属を, pMOS には仕事関数の高い貴金属を用いる必要があるが, ゲートファーストプロセスでは 2 種類の金属を同時に微細加工するのは非常に難しく, 様々な工夫がなされている[23]. 一方, ゲートラストプロセスではこれらの制約はないが, ダミーゲートの除去や後処理更にアスペクトの大きな溝に複数の金属を埋め込むことが難しくなる.

図 6.12 に high-k 膜を採用した MOS FET の断面写真を示す[24]. high-k 膜としては Hf 系酸化物を採用した, ゲートラストプロセスで製造したものである. MOS FET のゲートリーク電流について 65 nm 世代の Si 窒化酸化 (SiON) 膜との比較を図 6.13 に示す[24]. 2 桁以上のリーク電流が抑制された. high-k 膜としては今後更に新しい材料が開発される可能性がある.

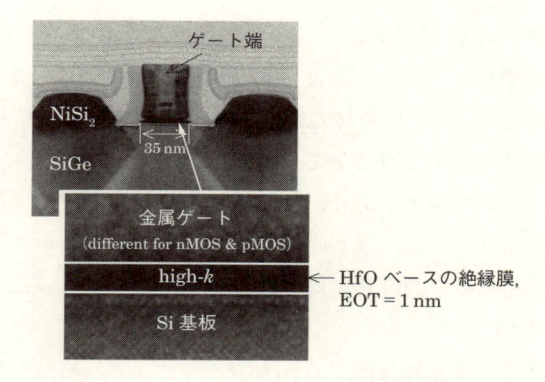

図 **6.12** high-k ゲート膜を採用した MOS FET の断面構造[24]

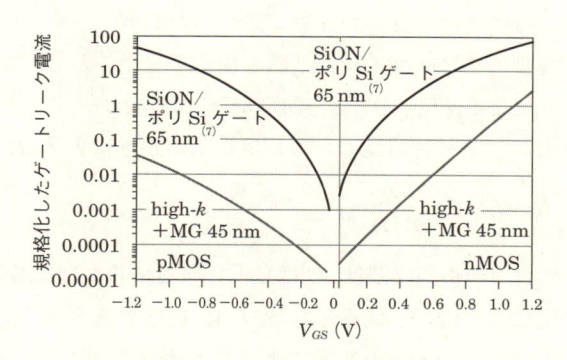

図 **6.13** ゲートリーク電流の比較[24]

6.3 不純物拡散・イオン注入

　デバイスの微細化が進むにつれて不純物プロファイルの制御にも一層の精密さが要求される．加工寸法が比較的大きいときには拡散炉を用いた熱拡散技術が多用されたが，ULSI における浅い接合形成あるいは不純物濃度の精密制御のためにはイオン注入が不可欠である．更に，高エネルギーと低エネルギーを組み合わせたイオン注入によれば，表面から深い位置の高濃度不純物層を持つような熱拡散技術では実現が難しい不純物プロファイルを形成できる．また，条件によっては過飽和状態の不純物を含む領域を形成できる．一方，イオン注入では注入した不純物の電気的活性化と Si 結晶欠陥の回復

のための熱処理が不可欠である．この熱処理工程における不純物の不必要な再拡散を防止するために，高温度で短時間のランプアニール技術[25]やレーザアニール技術[26]が開発されている．マイクロ波による結晶内部からのアニールの可能性も研究されている[27],[28]．イオン注入固有の問題として，イオンのチャネリング現象があり，特にボロンなどの軽いイオンの注入で浅い接合を形成するときには注意が必要である．イオンチャネリングの影響を低減するために結晶軸を数度程度傾けた Si ウェーハを用いることが多い．

6.3.1 熱拡散法

不純物がシリコン結晶に拡散するメカニズムとして，結晶の空格子を介する，格子間を通る，シリコン原子と置換しながら拡散する場合に分けられる．いずれにしろ，マクスウェル分布に基づいたポテンシャルの安定状態に配置する．不純物のプロファイルは拡散方程式を解くことで，フィックの第2法則を満たす次式で表現される．表面の不純物濃度が一定の場合は，距離：x，時間：t として，不純物濃度 $C(x, t)$ は以下のように表せる．

$$C(x, t) = C_s \cdot \mathrm{erfc} \frac{x}{2\sqrt{Dt}} \tag{6.3}$$

ここで，C_s は表面の不純物濃度，D は拡散係数である．LSI 製造工程では，表面濃度を一定にした後，不純物を結晶内部に拡散するドライブインが一般に行われる．この場合，拡散の進行に伴い C_s は徐々に減少していく．

不純物の熱拡散は**図 6.14** に示すような開放形の横形炉が使われてきたが，ウェーハの大口径化に伴い熱ひずみの少ない図 6.5 に示した熱酸化炉と同様の縦形アニール炉が多く使われるようになっている．Si ウェーハと不純物源を石英管に封じ込め，拡散炉で加熱することで気化した不純物をウェーハ

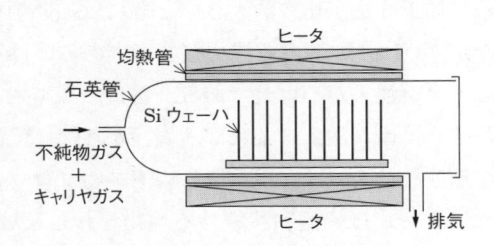

図 **6.14** 横形不純物拡散炉

表面に付着させる封管法も使われたこともある．固体不純物ソースとしては固形のひ素，AsH_3，BCl_3，PH_3 などが使われる．液体のソースでは $POCl_3$ などを窒素ガスでバブリングして炉に導入する．不純物が十分あれば，不純物の種類と温度によって決まる濃度（固溶度）まで不純物が入る．いずれも原理は同じで，石英反応管の一方から不純物ガスをアルゴンなどのキャリヤガスとともに導入する．不純物ガスの比率はマスフローコントローラを用いたガス混合器で精密に制御する．BCl_3 を用いるボロン拡散の場合のようにわずかに酸素を混合させることもある．ボロンを含む酸化皮膜をシリコン表面に形成し，それを 1,000℃ 程度の高温で液状にすることでシリコン表面をボロンの固溶度限界にし，内部に拡散する．温度の管理法としては，一定の温度で所定の時間処理する方法と，昇温過程と降温過程の温度を制御して処理するランピング法がある．ウェーハの大口径化に伴う結晶欠陥の発生を抑制するため及び拡散層の浅層化の要求に伴い後者が重要になっている．不純物の熱拡散はシリコン結晶面方位に依存性するが，横方向拡散を防ぐことは難しい．極薄不純物層の形成には瞬時アニール法が使われる．

　固体を不純物源とする固体拡散法もある．p 形層のボロン拡散の場合は，焼結した BN ウェーハがよく用いられる．拡散炉の中で BN 拡散源の表面を酸素と反応させ B_2O_3 を形成し，隣接したシリコンウェーハに蒸発した不純物を拡散させる．B_2O_3 自体を固体拡散源とする方法もある．固体拡散法はガスの流れの影響を受けにくく，比較的均一に不純物拡散層を形成できる．

　不純物元素を含むシリコン酸化膜あるいは多結晶シリコン膜をシリコンウェーハ表面に堆積し，これらを不純物源とするドープドオキサイド法あるいはドープドポリシリコン法もよく使われる．ドープドオキサイド法の代表例として，SiH_4 と酸素の反応系に PH_3 を混入させ，数％のりんを含むりんガラス膜を形成し，熱処理によってりんを拡散し n 形層を形成する方法がよく使われる．りんガラスの膜厚とりん濃度，熱処理条件によってりん拡散プロファイルを制御する．浅い n 形層形成にはひ素ガラスも使われている．ドープドポリシリコン法はバイポーラトランジスタの浅いエミッタ形成に有効である．ドープドポリシリコン層はそのまま配線の一部として利用できる．

　簡易な方法としてスピン塗布法がある．不純物を有機溶媒に溶かし，スピ

ナーを使ってウェーハに塗布し，熱処理によって拡散させる．塗布による不純物濃度及び膜厚管理が重要である．各種の熱拡散に用いられる不純物原料を**表 6.1** に示す．

表 6.1　各種の不純物拡散原料

ガスソース	PH_3, B_2H_6, AsH_3
液体ソース	$PoCl_3$, BBr_3, PBr_3
固体ソース	As_2O_3, B_2O_3, P_2O_5
スピン塗布膜	PSG, ASG, BSG

　Si ウェーハの特定の場所に選択的に不純物を拡散させる場合は拡散マスクを用いる．拡散マスクとしては Si 熱酸化膜が用いられる．Si 熱酸化膜は網目構造の非晶質であり，不純物拡散係数が Si 結晶に比べ 2〜3 桁小さく，微細加工しやすいため，拡散マスクとして有用である．Si 熱酸化膜中の不純物拡散は一般に水素や水蒸気の存在によって加速される．これは，Si 熱酸化膜の網目構造が水素や水酸基によって切断されるためである．Si と Si 酸化膜との界面では不純物の偏析が起こる．B などの p 形不純物は Si 酸化膜に取り込まれやすいため Si 側で欠乏する．反対に P などの n 形不純物は Si 側に押し出される[29]．また，拡散温度で決まる固溶限界を超えて拡散した不純物は Si と化合物を形成したり，クラスタ状に析出したりする．各種の不純物元素の Si 及び Si 熱酸化膜中での拡散係数を**図 6.15** に示す[30]．

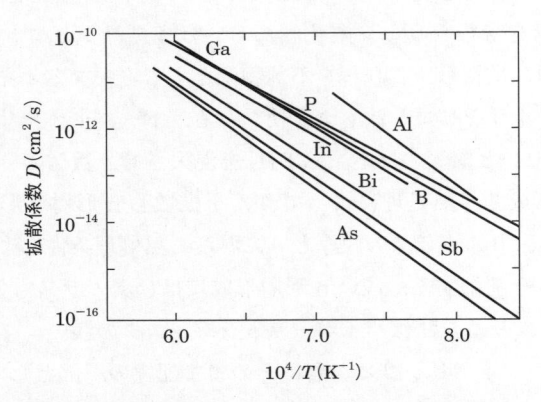

図 6.15　各種不純物原子の Si 中の拡散係数の温度依存性

6.3.2 イオン注入法

イオン注入による不純物の導入は，質量分析の手法により不純物イオンを特定し，加速エネルギーと時間によりその濃度及びプロファイルを正確に制御でき，フォトレジストをマスクにして限定した領域のみに不純物を導入できる特徴がある．ウェーハ面内及びウェーハ間の均一性及び再現性に優れた方法であり，LSI 製造の基幹技術として不可欠になっている．一方，イオン照射によるシリコン結晶損傷の回復及びイオン注入後の活性化のための熱処理工程が必要である．これらを一貫した工程として取り扱う必要がある．

注入されたイオンは，Si 結晶中で Si 価電子との相互作用を繰り返す電子阻止及び Si 原子核と衝突する核阻止で運動エネルギーを失って静止する．

イオンの飛程に関しては，LSS 理論による積分方程式で表現される[31]．イオンの平均射影距離：R_p，その標準偏差：ΔR_p，ドーズ量：N_D，距離：x を用いると不純物プロファイルは次のガウス分布で表される．

$$C(x) = \frac{N_D}{\sqrt{2\pi} \cdot \Delta R_p} \exp\left[-\frac{(x-R_p)^2}{2\Delta R_p^2}\right] \tag{6.4}$$

しかし，実際には不純物イオンと Si 原子の質量差及び発生するひずみなどの影響によりガウス分布から偏ったプロファイルとなる．また，基板構成原子の一部はイオンの衝撃によって得たエネルギーによって表面からスパッタリング離脱する．特に，注入エネルギーが小さいときに顕著になる．上記は注入される Si 基板が非晶質の場合を仮定したものであるが，結晶の場合は Si 原子配列に沿った方向にイオンが曲げられるチャネリング現象が起こ

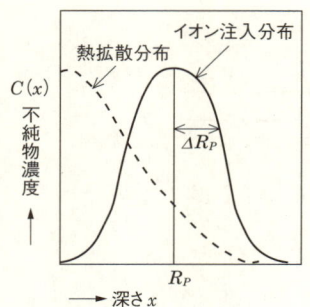

元素		イオン注入エネルギー (keV)				
		20	40	80	100	200
B	R_P (Å)	714	1,423	2,695	3,275	5,588
	ΔR_P (Å)	276	443	653	726	1,004
P	R_P (Å)	255	488	976	1,228	2,514
	ΔR_P (Å)	90	161	291	350	603
Sb	R_P (Å)	132	221	376	448	797
	ΔR_P (Å)	22	36	60	71	122

図 6.16　イオン注入エネルギーと元素の飛程分布

り，非晶質に比べイオンの阻止力が低下したプロファイルとなる．イオンの注入方向が面密度の低い結晶方位に整合するとチャネリングイオンの射影距離は数倍にもなる．イオンチャネリングによる不純物プロファイルの広がりを抑制するため，（100）面を使うULSI製造の場合は4°または7°オフウェーハを用いることが多い．図 6.16 に B，P，Sb のイオン注入エネルギーと元素の飛程分布を示す[30]．

（1） MOS デバイスへの応用

イオン注入技術の MOS デバイスへの応用を図 6.17 に，そのイオン注入量と注入エネルギーの条件を図 6.18 に示す．イオン注入によって MOS トランジスタのしきい値制御が可能になったことにより均一性に優れた MOS デバイスの高集積化が可能になった．現在では製造されている MOS LSI の不純物導入のほぼ全ての工程でイオン注入が採用されている．イオン注入による素子分離領域のチャネルカットはフィールド選択酸化領域との整合がとれ，微細化に有効である．更に，MOS トランジスタのソース及びドレーン拡散領域をゲート電極とのセルフアライメントによって，浅くまた急峻に形成できる．この工程は同時にポリシリコンゲート電極を低抵抗化する不純物ドーピングにもなる．MOS トランジスタの微細化によりソースとドレーン間の耐圧が低下し，またホットキャリヤの発生によりデバイスの信頼性劣化の問題が発生する．これらを避けるために，ソースとドレーンのイオン注入

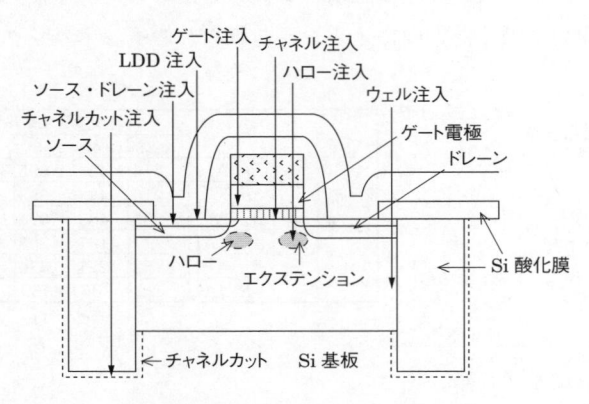

図 6.17 MOS デバイスのイオン注入工程

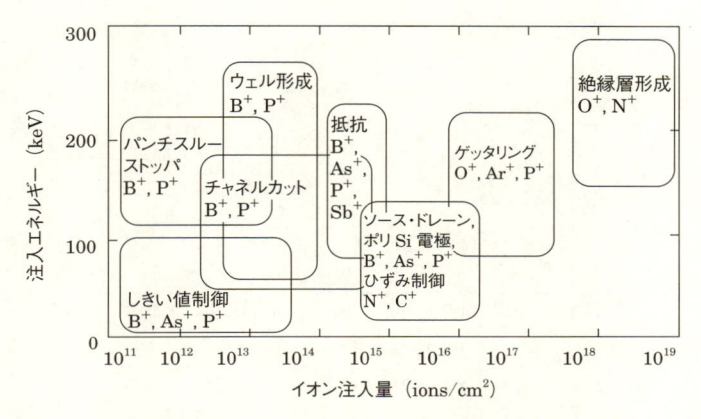

図 6.18 MOS デバイスにおけるイオン注入量と注入エネルギー

を高ドーズと低ドーズの 2 回に分けて行い，不純物分布を緩やかにして電界を緩和する低濃度エクステンション領域を設ける LDD（Lightly Doped Drain）構造が採用されている．短チャネル効果を抑制するためにはエクステンション領域の下部に反対の導電形のハロー領域を形成し，エクステンション領域の不純物濃度を上げ，LDD 構造に伴うソース・ドレーンの高抵抗化を防ぐことも行われる．更なる MOS デバイスの微細化に向けて，ソース・ドレーン領域のイオンチャネリングを防ぐための Ar イオン注入などによる非晶質化イオン注入の併用，チャネル領域の歪を制御する Ge イオンあるいは C イオン注入などの併用にも関心が集まっている．

（2） バイポーラデバイスへの応用

バイポーラデバイスのイオン注入工程を図 6.19 に，イオン注入量と注入エネルギーの条件を図 6.20 に示す．バイポーラトランジスタは縦方向に電

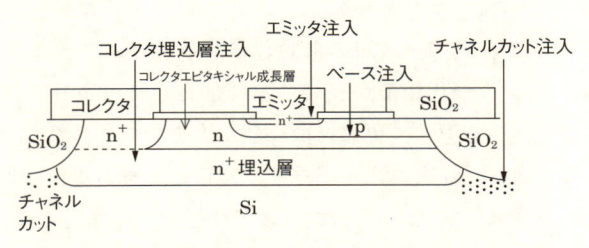

図 6.19 バイポーラデバイスのイオン注入工程

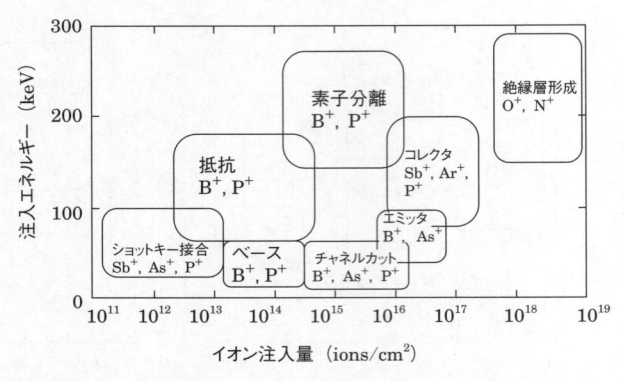

図 6.20 バイポーラデバイスにおけるイオン注入量と注入エネルギー

流を流す構造となっており，最下層のコレクタ埋込み層及びその引出し領域の形成にイオン注入が使われる．ベース層の厚さとその不純物濃度プロファイルはトランジスタの動作速度と電流利得に大きく影響する．浅いベース領域を形成するためには低エネルギー注入が必要である．更に，コレクタのキャリヤ走行速度を改善するためにその不純物濃度プロファイルの制御も重要である．従来，エミッタはイオン注入で直接形成する工程が使われてきたが，ポリシリコン電極へイオン注入した不純物を熱拡散させる工程により，トランジスタの高速動作に適した浅い不純物プロファイルが形成できる．このほか，MOS デバイスと同様のトレンチ形素子分離工程や配線工程，あるいはショットキー接合形成にもイオン注入が使われる．

（3） 浅い接合形成

浅い n 形層の形成には比較的重い As イオン注入が使われており，短時間アニールの併用によって $0.1\mu m$ 以下の接合が形成できるが，p 形層形成用の B は軽いため浅い接合形成には課題がある．そのため，npn バイポーラトランジスタの p 形ベース層の薄膜化にも限界がある．低エネルギーにおいても B イオンの飛程距離が長いことに加え，チャネリングによってプロファイルにテールを引き，更に拡散係数が大きいため活性化アニールで再拡散するためである．注入エネルギーを下げるとビーム電流が低下し，スループットが低下する．また，チャネリングは起こりやすくなる．軽い B^+ の代わりに重い BF_2^+ が用いられるが効果は限定的である．

加速エネルギーを下げずに，デカボラン（$B_{10}H_{14}$）などの質量の大きいクラスタイオンを用いる試みもある[32]．この場合は，加速エネルギーがそれほど高くないため空間電荷相互作用の影響を受けることが少なく，ビーム散乱が抑制され，ビーム電流を高くとれる利点がある．また，1価に帯電させた複数の原子からなるクラスタを用いるため同じビーム電流でもスループットを大きく改善できる．

Si基板にあらかじめGe^+などのイオンを注入し表面を非晶質化させることによって，B^+イオンのチャネリングを防ぐことができる．しかし，同時に多量の結晶欠陥が導入されるため導入された点欠陥とSiより共有結合半径の小さなB原子がペアとなって増速拡散（TED：Transient Enhanced Diffusion）を引き起こす問題がある．B^+とF^+を同時に注入し，アニールによりF原子を外部に拡散させることにより結晶欠陥が低減できる報告[33]がある．Cを含む領域でもBの拡散は抑制されるが[34]，CがSi中でクラスタ化するとBの活性化率を下げることになるので注意が必要である[35]．

（4） 斜めイオン注入

微細化が進みマスクのアスペクト比が大きくなると，イオン注入角度によってはシャドー効果によりイオンが注入されない端部の影響が大きくなる．これはデバイス特性のばらつきを生ずる．特に，先に述べたLDD構造のMOSトランジスタではソースとドレーンのゲート端部の不純物濃度に差を生じ，非対称な特性になる問題が発生する．ウェーハを回転させ，斜めイオン注入を採用することにより端部にも均一に不純物を導入できる．イオン注入角度を15°程度傾けることによって非対象のMOSトランジスタ特性が改善される．アスペクト比の大きなDRAMのキャパシタあるいは素子分離に用いられるトレンチ側壁へのイオン注入では，注入角度が極めて浅くなることから前方散乱量が増加し，対抗壁面へのイオンの回り込みが加わるためイオン注入量の補正が必要になる．

（5） 高エネルギー注入

高エネルギーのイオン注入によれば，Si基板の内部に不純物濃度ピークを持つレトログレードプロファイルを実現できる．高エネルギーを得る加速電圧は，装置あるいはマスクとなるレジスト膜厚の制約上3MeV程度にと

どまる．注入量も $10^{14} \mathrm{cm}^{-2}$ 以下の比較的低ドーズである．

CMOS では寄生的に形成される pnp 及び npn トランジスタからなるサイリスタ構造により発生するラッチアップ現象を避ける必要がある．それらの寄生バイポーラトランジスタのゲインを下げる必要があり，高エネルギーイオン注入によりベース層に相当するウェルの底部に高濃度の不純物層を形成し，レトログレードとすることが有効である．

DRAM では，高エネルギー注入によって Si 基板内に高濃度不純物層による埋込みバリヤを設けることでアルファ線によって誘起されたキャリヤがデバイス動作領域へ拡散するのを抑制し，誤動作を防止できる．

MOS トランジスタのしきい値電圧調整のためのチャネルイオン注入は，通常，ゲート電極形成前に行うが，高エネルギー注入を用いればゲート電極，層間絶縁膜，あるいは第1層配線の上からも可能になる．ROM の書込みに応用すれば，出荷期間の大幅な短縮になる．ただし，これらの工程を採用するためにはアニール条件の制約がある．

(6) イオン注入装置の課題

イオン注入装置の構成を図 **6.21** に示す．主なパラメータとしては，イオンソース，加速電圧，ビーム電流，ドーズ量，真空度などがある．ウェーハの口径と自動化がこれらに加わり，スループットすなわち生産性が決まる．安全性すなわち有毒ガスソースや放射線漏えいあるいは高電圧に対する対策がなされていることは言うまでもない．

一方，デバイス性能の面から見ると，ウェーハ面内の均一性，再現性確保が重要である．イオン注入に伴うチャージアップ対策には電子シャワーが用

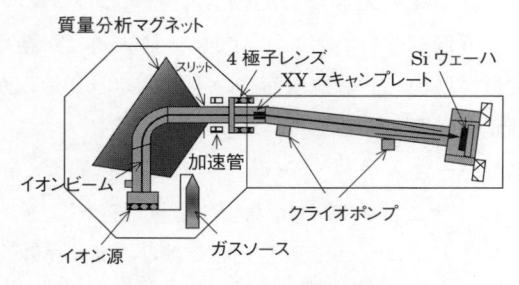

図 **6.21** イオン注入装置の主要部

いられるが，ウェーハ表面の電荷が完全に中和されるわけではない．電気的にフローティング状態のゲート電極がチャージアップにより極薄ゲート絶縁膜の絶縁破壊や劣化を引き起こす．そのため精密な中和機構が必要となる．イオン注入チャンバ内では，イオンによる壁面のスパッタリングによって金属などのパーティクルが発生するとウェーハが汚染される．また，レジストの脱ガスやハイドロカーボン汚染など様々なクロスコンタミネーションの可能性がある．これらの対策に加え，チャンバ内の残留ガスとイオンの衝突によるエネルギーコンタミネーションにも注意が必要である．

6.4 薄膜堆積

ULSIの製造における薄膜堆積の役割は，ゲート電極，素子分離，配線層間絶縁，金属配線，抵抗，キャパシタ，パッシベーションなど多岐にわたる．更に，high-kゲート絶縁膜形成にも必須である．現在使われている量産性のある堆積方法は化学気相成長（CVD：Chemical Vapor Deposition）とスパッタリングが大方を占めるが，真空蒸着やレーザアブレーションなどの方法も一部では使われている．薄膜材料は，従来からSi酸化膜，Si窒化（酸化）膜，Al及びその合金膜があるが，W，Mo，Ti，Coなどの高融点金属及びそれらのシリサイド膜，配線用Cu膜，更には各種のhigh-kゲート絶縁膜などと多様化している．

6.4.1 Si酸化膜

MOSトランジスタのゲート側壁カバー，トレンチ素子分離の埋込み，層間絶縁膜などとしてSi酸化膜及びそれにPやBを添加したシリカガラス膜は有用である．薄膜堆積はCVDにより，600℃以上の高温反応法とそれ以下の低温反応法がある．高温堆積には減圧CVD炉が使われ，表面ステップカバレッジを良くするため表面反応律速を利用する．原料にはジクロロシランと一酸化窒素を用いる．PH_3ガスを数％添加するとりんガラス（PSG：Phospho-Silicate Glass）となり，900～1,000℃でリフローすることによって平坦な表面となる．更に，ボロンを加えたBPSG膜ではリフロー温度を100℃程度下げられる．

$$SiH_2Cl_2 + 2N_2O \rightarrow SiO_2 + 2HCl + 2N_2 \quad (700 \sim 850℃) \qquad (6.5)$$

一方，SiH_4 を用いる低温 CVD は酸素と爆発的に反応するので，気中での反応を完全に抑制するのは難しい．このため，SiH_4 と酸素を分離して反応チャンバに供給する．インライン形あるいは葉様式の装置が使われる．反応ガスの供給律速によるためステップカバレッジが低下し，高温堆積膜に比べ密度が低い．

$$SiH_4 + 2O_2 \longrightarrow SiO_2 + 2H_2O \quad (300 \sim 500℃) \qquad (6.6)$$

低温 Si 酸化膜は配線の層間膜あるいはパッシベーション膜として使われることが多く，SiH_4 に代えて表面被覆性に優れた有機シラン（TEOS：Tetraetoxysilane あるいは Tetraethylorthosilicate）のオゾン酸化反応も使われている．この場合も，有機ソースを添加することによって各種のドープトオキサイドが形成されている．シリコン基板に堆積したドープトオキサイド膜は不純物拡散の固相拡散源としても使われる．

$$Si(OC_2H_5)_4 + 8O_3 \longrightarrow SiO_2 + 8CO_2 + 10H_2O \quad (250 \sim 450℃) \qquad (6.7)$$

図 **6.22** に，オゾン/TEOS = 5，基板温度 370℃ で堆積させた Si 酸化膜の段差被覆性を示す[36]．コンフォーマルなカバレッジが確認できる．

ガスを励起したプラズマ CVD によれば堆積温度を低下できる．プラズマの発生方法には，直流，高周波，マイクロ波などが使われる．反応チャンバは，100 〜 1 Pa 程度の減圧である．Si 酸化膜堆積には，SiH_4 と N_2O あるいは NO の反応がよく用いられる．また，TEOS も利用される．プラズマ

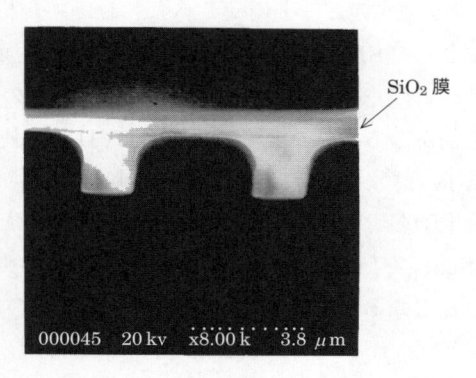

図 **6.22** TEOS/オゾンによる Si 酸化膜の段差被覆性[36]

CVD によれば，100℃以下の基板温度でも Si 酸化膜の堆積は可能になるが，基板温度の低下に伴い一般に膜の緻密性が低下し，未反応成分が混入する．N_2O ガスに紫外線照射し，発生期の酸素ラジカルを発生させ SiH_4 と反応させる光 CVD 法も開発されている．プラズマ CVD に近い反応であるが，荷電粒子の衝撃を避けられる特徴がある．

また，有機シラン液をスピン塗布し，400℃程度の温度で熱硬化させることによって SiO_2 に近い無機絶縁皮膜を堆積できる．比較的平坦な表面を実現できるが，混入不純物が避けられないことに加え安定した界面の電気特性を得ることは難しいので表面保護膜などに限定して使われる．

6.4.2 Si 窒化膜

Si 窒化膜の用途は，選択酸化マスク，不純物拡散マスク，不揮発性メモリの電荷蓄積用トラップ形成ゲート膜，DRAM のキャパシタ膜，パッシベーション膜など広い．Si 窒化膜は Si 酸化膜に比べ，緻密性に優れ高誘電率であることによる．薄膜堆積法は主に CVD 及びプラズマ CVD である．

700℃以上の高温 CVD には，ジクロロシラン（SiH_2Cl_2）とアンモニア（NH_3）を用いる．

$$3SiH_2Cl_2 + 4NH_3 \longrightarrow Si_3N_4 + 6H_2 + 6HCl \quad (700 \sim 800℃) \tag{6.8}$$

NH_3 と SiH_2Cl_2 のガス流量比を 10 以上にすることによって，化学量論的組成の Si_3N_4 に近い組成の膜が堆積できるが，流量比が下がると未反応の Si や NH が膜中に取り込まれ，組成が Si_3N_4 からずれる．リーク電流が増加するなど電気的特性も劣化する．SiH_4 を用いると反応温度は低下するが，膜厚の均一性が低下し，パーティクルの発生が顕著になる．

低温堆積のために最も一般的な方法は 13.56 MHz の高周波プラズマを利用する平行平板形装置である．Si 窒化膜の堆積の場合，マイクロ波励起のプラズマを使うことにより窒素の反応活性化率を上げられるので，水素含有の少ない膜を堆積できる．図 6.23 は，マイクロ波励起のプラズマ CVD 装置である[37]．原料のアンモニアガスはプラズマ解離され，N，NH，NH_2 などの中性のラジカルを生じ，基板上でモノシランと反応する．基板はある程度のイオン衝撃を受ける．また，数％以下の水素が混入するため組成を完

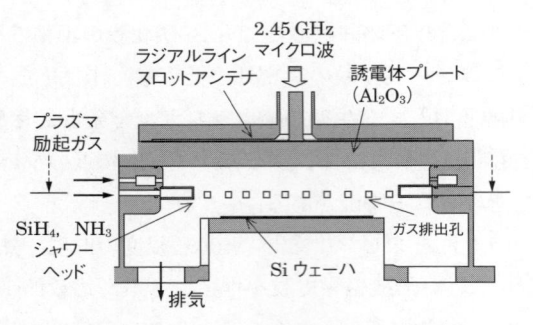

図 6.23 マイクロ波励起プラズマ CVD 装置[37]

全に Si_3N_4 に制御することは難しい．水素は Si-H あるいは N-H の形で存在し，また中間反応生成物も取り込まれやすい．更に，酸素を導入すると Si 窒化酸化（SiN_xO_y）膜になる．酸素を加え堆積した Si 窒化酸化膜は水素の混入量が少なくなる．更に，膜中の酸素量によって内部応力が変化するので MOS トランジスタを被覆することによってチャネルのひずみ制御に利用される．プラズマ CVD による Si 窒化膜あるいは Si 窒化酸化膜は比較的低温堆積が可能であり，下地の急峻な段差被覆性に優れており，耐クラック性も良好であることから層間絶縁膜や耐湿パッシベーション膜としても有用である．このほか，Si ターゲットを用いた窒素雰囲気の反応性スパッタ法でも Si 窒化膜を堆積できる．

6.4.3 多結晶シリコン膜

Si ゲート MOS トランジスタに不可欠の多結晶 Si 膜は減圧 CVD によって堆積される．装置は拡散炉と同様のホットウォール形である．Si ウェーハの大口径化に伴い縦形炉が主流になっているが，枚葉式も使われている．モノシラン（SiH_4）を原料として，630℃程度の基板表面での熱分解を利用する．

$$SiH_4 \longrightarrow Si + 2H_2 \quad (600 \sim 700℃) \tag{6.9}$$

この反応は表面反応律速であるので，表面被覆性の優れた薄膜を堆積できる．アスペクト比の大きなバイポーラトランジスタのエミッタ電極やトレンチ素子分離の溝埋込み材料としても有用である．堆積膜の Si 結晶粒の大きさは堆積温度に依存し，一般的な堆積温度の 630℃ では 20 nm 程度である．

1,000℃の熱処理で 100～200 nm に増大する．結晶粒の増大は粒界を介しての Si 原子の自己拡散が律速すると考えられる．熱処理による結晶粒の増大は P, As, B などの不純物の高濃度添加によって促進される[38]．結晶粒が増大すると下地の Si 酸化膜に応力がかかり絶縁性を劣化させることがある．結晶粒が小さい場合はその配向はランダムであるが，堆積温度が高くなり粒径が増大すると（110）面が優勢な基板に垂直な繊維状構造になる．更に堆積温度が 1,000℃以上に上昇すると（100）面が支配的になる[39]．

微細加工のためには結晶粒は小さい方が望ましい．ジシラン（Si_2H_6）を採用すると堆積温度を 550℃程度に約 50℃低下できるので粒径は小さくなる．多結晶 Si 膜への不純物ドーピングは，イオン注入あるいは熱拡散で行う．ドープした B, P や As などの不純物は，高濃度領域では活性化率はほぼ 100%を示すが，低濃度領域では著しく低下する．この現象は，不純物原子がある割合で結晶粒界に析出するためとも考えられるが，粒界がキャリヤトラップとして働き，実効的なキャリヤ数が低下することによると考える方が妥当である[40]．それとともに，キャリヤはランダムな結晶方位を持つ粒界のエネルギー障壁で散乱されるため移動度の低下を招く．

6.4.4 シリサイド膜

金属と Si の相互作用によって金属シリサイドができる．相互作用は，金属の d バンドとシリコンの $3p$ バンドのエネルギー差が小さいほど起こりやすい[41]．どのような金属がシリサイド化が可能なのか，その生成エネルギーと n 形 Si とのバリヤ高さをともに**図 6.24** に示す[42]．d バンド電子の少ない Mo, Ti, Zr などは生成エネルギーが小さく，シリサイド化しやすい．また，反結合軌道に電子が満たされないので，n-Si との間に大きなポテンシャルを形成しない．このため，安定なシリサイドとして ULSI プロセスに使われている．

シリサイド薄膜の形成方法として，シリサイド堆積法と金属と Si の直接反応法がある．堆積法では金属と Si を同時堆積して基板上で合金化する方法，シリサイドターゲットを用いてスパッタする方法，CVD 法などがある．スパッタ法は，加速されたイオンを金属ターゲットに照射し，イオンの運動エネルギーを得て蒸発した金属原子を対抗して置かれた基板に堆積させるも

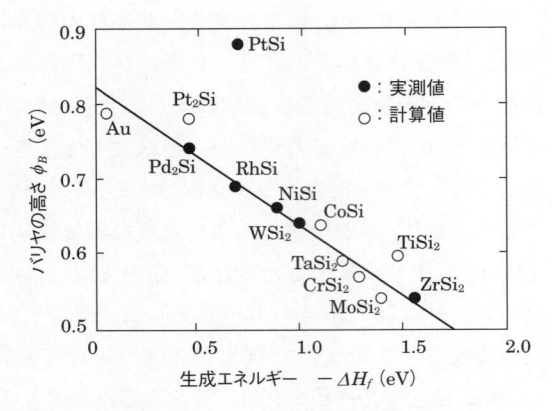

図 6.24　各種シリサイドのバリヤ高さと生成エネルギー[42]

のである．ターゲット金属の d バンド電子が満たされるにつれスパッタ効率が高くなる傾向がある．有機金属を原料とする MOCVD（Metal-Organic Chemical Vapor Deposition）法も開発されている．

　直接反応法は，不純物混入の少ない選択的な形成が可能であり，ULSI プロセスとして整合しやすいことから最も一般的に使われている．Si 基板上に堆積した金属薄膜は，図 6.25 に示すように，初めに界面で反応を起こしニュークリエーション相のシリサイドを形成する．更なる熱処理により全金

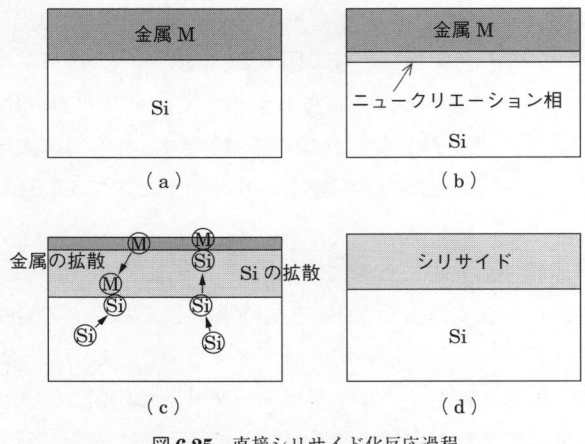

図 6.25　直接シリサイド化反応過程

属が反応するまでシリサイド化が進行する.その成長機構は,Si側からSiがシリサイドに進入する場合と,金属側から金属がシリサイドに進入する場合に分けられる.それぞれの原子の拡散速度の大きさによる.例えば,Ti,Zr,Hfでは前者型,V,Co,Ni,Ptでは後者型になる.

ULSI用シリサイドとしては,$TiSi_2$,$CoSi_2$,NiSi,PtSiなどがある.当初は,抵抗率が低い$TiSi_2$がよく使われたが,微細化すると凝集して抵抗が高くなる細線効果が顕著になる問題がある.$TiSi_2$に代えて熱的に比較的安定している$CoSi_2$が使われるようになった.Coは約400℃でCo_2Siを形成し,450～500℃でCoSiになる.600℃以上では$CoSi_2$で安定する.パターン化したSi上でこの反応を起こし,未反応のCoをエッチングで選択除去すればパターンにセルフアラインした$CoSi_2$膜ができる.Coは非常に酸化されやすく,シリサイドに酸素が混入すると高抵抗になる.Co膜上にTiNをスパッタ堆積させてからシリサイド化すると$0.1\mu m$以下の寸法においても細線効果は抑制される[43],[44].65 nm以下の微細化に向けては,より抵抗率の小さいNiSiが使われている.NiSiでは$CoSi_2$に比べSiの消費量が少ないため,浅い接合への対応が可能である[45].

多結晶Siゲート及び不純物を導入したソース・ドレーン領域に金属を堆積させシリサイド化することによって,自己整合的にそれらの領域を低抵抗化できる.このプロセスをサリサイド(Salicide:Self-aligned silicidation)と呼んでいる.

6.4.5 金属膜

金属薄膜はULSIの配線や電極として不可欠である.その堆積方法としては,真空蒸着法,スパッタ法,CVD法,イオンプレーティング法,めっき法などがあり,微細化の進展に伴い材料の変遷とともに,それらの特徴を生かした方法が主流になってきた.従来,配線としてAl及びその合金が使われてきたが,抵抗の低いCuに置き換わるとともに,スパッタ法からめっき法に代わった.バリヤ膜としてはTi/TiN,Ta/TaNなどが使われている.このほか,MoやWなどの高融点金属膜も有用である.

(1) Al膜

Alは融点が660℃と比較的低く真空蒸着法により容易に薄膜が堆積でき

るが,蒸発源の発熱体と合金を作りそれが蒸発して堆積膜の純度を劣化させる.これを防ぎ,更にCuなどとのAl合金の蒸着を可能にするためには電子ビーム加熱が使われる.LSIの量産のためにはスループットの大きな高周波スパッタ法が使われる.また,直交電磁界配置のスパッタ装置はマグネトロンスパッタと呼ばれ,低いガス圧での高密度放電が可能になる.スパッタ法では飛翔するAl粒子の入射角が大きいので,微細なスルーホールにAl膜を堆積しようとするとスルーホールの側壁と底部の膜厚が低下し,十分なコンタクトが形成できない.スパッタ装置の両電極間にバイアスを印加することにより,ステップカバレッジが改善され,微細なコンタクトホールへのAl埋込みが可能になる.Al膜の堆積は3塩化アルミニウム($AlCl_3$)やトリメチルアルミニウム($Al(CH_3)_3$)の水素還元法によるCVD法でも可能であるが,Alが非常に酸化されやすいため微量の酸素や水分の混入によって白濁する.プラズマCVDによれば結晶粒の小さな鏡面膜が得られる[46].

Al膜を熱処理すると200℃程度でも構造変化し,更に高温では結晶核が成長する.薄膜の内部応力はこのとき緩和されるが,Alは熱膨張係数が基板のSiより大きいため冷却すると再び圧縮応力が作用する.このため,ヒロックと呼ばれる突起が発生したり,結晶粒界に空隙(ボイド)が発生したりする.これらは配線としての信頼性を劣化させる.Cuを添加することによりヒロック発生は抑制され,エレクトロマイグレーション耐性が大幅に改善される[47].

(2) Cu膜

ULSI配線材料としてAl膜に代えてCu膜が使われている.Cu膜はスパッタ法などで絶縁膜上に直接堆積すると密着性やスループットに問題があり実用化が難しかった.めっき法によれば,バリヤ層やシード層が必要であるが,微細孔への充填が可能で,数μmの厚さを比較的短時間に堆積できる.一般に,硫酸銅を主体とする電解めっき液には抑止剤や平滑剤などの添加剤が含まれており,混入する添加剤濃度が結晶粒径,埋込み形状,残留応力,更にはCu配線の信頼性に影響するため厳密な管理が必要である.絶縁膜への浸透を防止するバリヤ層としてはTaN/Taなどが,シード層としては純Cuあるいはその合金が使われ,それらはスパッタ法で堆積される.

CuはAlと違ってハロゲン化物の蒸気圧が極めて低いため,ドライエッ

チングによる微細加工が困難である．そこで開発されたのがダマシン法である[48],[49]．ダマシン法は下地の絶縁膜に溝を形成し，そこにCuをめっき法で堆積させ，凸部の余分なCuをCMP（Chemical Mechanical Polishing）という研磨法で除き，表面を平坦化する方法である．図6.26にCMP装置の概略を示す．Siウェーハをキャリヤと呼ばれる治具に密着保持させ，研磨パッドを張った平坦なプラテンに押し付けて，微細砥粒を含んだスラリーを流しながら，ディスクとキャリヤを自公転させることで研磨を行う．研磨パッドには発泡ウレタンや不織布などが使われる．スラリーの砥粒としてはSiO_2，Al_2O_3，CeO_2などが使われる．スラリーには被研磨膜を改質する酸・アルカリなどの成分，砥粒の分散剤，界面活性剤などが含まれ，Cu研磨の場合にはキレート剤や防食剤なども含まれる．図6.27にめっき法とCMPによるスルーホールのCu埋込み配線の断面写真を示す．上下配線のビアと横方向の配線パターンを同時に形成する方法をデュアルダマシン法と呼ぶ．

Cuの有機金属錯体を原料にするCu-CVD法も開発されている．原料の

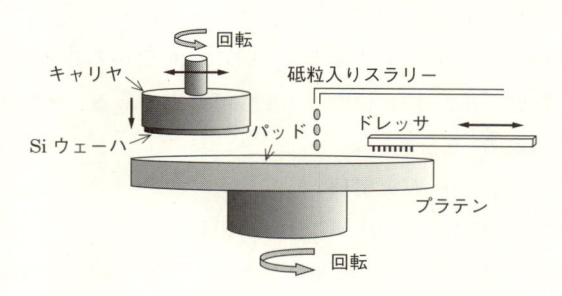

図 6.26　CMP装置の概略

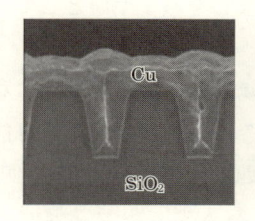

（a）Cuめっきによるスルーホールの埋込み　　（b）CMP後の断面

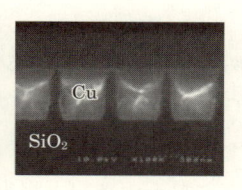

図 6.27

蒸気圧を高めるためにFを添加したヘキサフルオロアセチルアセトネート (hfac：hexafluoroacetylacetonate) と，1価の$Cu^{(I)}$の場合は，ルイス基にトリメチルビニルシラン (tmvs：trimethylvinylsilane) を用いたCu(hfac)tmvsが良く用いられる．ルイス基はCuの$3d$，$4s$軌道との電子の授受による弱い結合で結ばれている．初めに，Cu(hfac)tmvsからtmvsの解離反応が主に気相中で生じ，次いで不安定な$Cu^{(I)}$(hfac)により，200℃程度の低温度で二分子不均化反応が生じて金属Cuが堆積される[50]．面内均一性の向上させるために表面反応律速となるように成膜条件を制御する．

$$Cu^{(I)}(hfac)tmvs \longrightarrow Cu^{(I)}(hfac) + tmvs \qquad (6.10)$$
$$2Cu^{(I)}(hfac) \longrightarrow Cu + Cu^{(II)}(hfac)_2 \qquad (6.11)$$

（3） 高融点金属膜

高融点金属にはIV-A族のTi，Zr，Hf，V-A族のV，Nb，Ta，IV-A族のCr，Mo，Wなどがある．薬品耐性や加工容易性からLSIに使われる材料は限定される．それらの薄膜の堆積としてはスパッタ法が一般的であるが，ULSI用によく用いられるW膜の堆積法としてはCVD法がある．原料として扱いやすい六ふっ化タングステン(WF_6)を用いることにより，300〜400℃の基板温度で表面被覆性の良い堆積が可能である．水素あるいはシラン還元法が使われる．

$$WF_6 + 3H_2 \longrightarrow W + 6HF \qquad (6.12)$$
$$2WF_6 + 3SiH_4 \longrightarrow 2W + 3SiF_4 + 6H_2 \qquad (6.13)$$

この反応は発生期のふっ素を発生させSiやSiO_2を腐食させるので，それに伴ってWの拡散が起こる．更に，W膜と下地SiO_2との密着性を改善するため，TaN，TiN，TaSiN，WN膜などをバリヤ層として介在させる必要がある[51]．

温度が高いあるいは原料供給が多い場合は一様な膜堆積になるが，低温低圧になるとSiO_2には堆積せずSi上のみの選択的な堆積が可能になる．コンタクトホールへのWの選択成長で問題となるのは，SiO_2側壁に沿ってWが侵入するエンクローチメント現象である[52]．シラン還元法の場合は下地のSiを消費しない条件でWの堆積が可能であるが膜中にSiを取り込みやすく，抵抗率が高くなる．更にシラン量を増やすことによってWシリサイ

ド（WSi_2）の堆積となる．

6.4.6 強誘電体膜

強誘電体の持つ残留分極特性を記憶保持に利用する不揮発性メモリが FeRAM（Ferroelectric Random Access Memory）としてICカードやRFID（Radio Frequency IDentification）に使われている．強誘電材料は立方晶のABO_3構造を持つPZT（チタン酸ジルコン酸鉛：$Pb(Zr_xTi_{1-x})O_3$）などが使われる．Aサイトには鉛，Bサイトにはチタンあるいはジルコニウム，Oサイトには酸素が位置する．PZT膜堆積法としては，スパッタ法，イオンプレーティング法，レーザアブレーション法，CVD法，ゾル-ゲル法などがある．いずれの方法によっても膜堆積後に500〜800℃の結晶化熱処理によって強誘電相であるペロブスカイトにする必要がある．結晶化には下地の結晶性が関係するので，下地電極には整合性の良いPtやIrO_2などが使われる．上部電極にもPtが使われる．PZT膜の膜厚低下に伴いリーク電流が増加し，残留分極が低下する傾向がある．FeRAMセルとしては残留分極は$10\mu C/cm^2$以上必要であるので100 nm以上の膜厚が使われる．**図6.28**にICカードに使われるFeRAMセルの断面写真を示す[53]．PZT膜を用いた強誘電キャパシタ電極にPtを用いており，ドライエッチングが難しいことから断面は台形となっている．これが微細化を妨げている一因であり，今後の課題である．

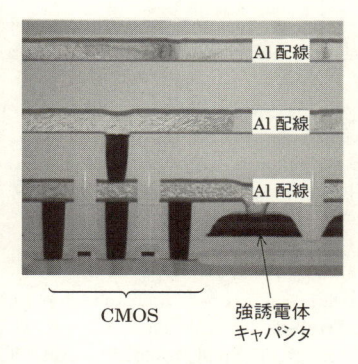

図 **6.28** FeRAMの断面写真[53]

文　献

(1) 日本半導体製造装置協会編，半導体製造装置　用語辞典　第5版，p. 114, 日刊工業新聞社, 2000.
(2) S. Kishino, T. Aoshima, et al., "A defect control technique for the intrinsic gettering in silicon device processing," Jpn. J. Appl. Phys., vol. L9, p. 23, 1984.
(3) K. Izumi, M. Doken, and H. Ariyoshi, "Buried SiO_2 layers formed by oxygen-ion ($^{14}O^+$) implantation into silicon," Electron. Lett., vol. 14, p. 593, 1978.
(4) M. Bruel, "Application of hydrogen ion beams to silicon on insulator material technology," Nuclear Instru. and Meth., in Phys. Res. B, vol. 108, p. 313, 1996.
(5) T. Hochbauer, A. Misra, M. Nastasi, K. Henttinen, T. Suni, I. Suni, S. S. Lau, and W. Ensinger, "Comparison of thermally and mechanically induced Si layer transfer in hydrogen-implanted Si wafers," Nuclear Instru. and Meth., in Phys. Res. B, vol. 216, p. 257, 2004.
(6) B. E. Deal and A. S. Grove, "General relationship for the thermal oxidation of silicon," J. Appl. Phys., vol. 36, p. 3770, 1965.
(7) E. P. Guev, H. C. Lu, et al., "Growth mechanism of thin silicon oxide films on Si(100) studied by medium-energy ion scattering," Phys. Rev. B, vol. 52, p. 1759, 1995.
(8) R. M. Burger and R. P. Donovan, eds., 菅野卓雄監訳，シリコン集積素子技術の基礎，地人書館, 1970.
(9) N. Awaji, S. Okubo, et al., "High-density layer at the SiO_2/Si interface observed by difference X-ray reflectivity," Jpn. J. Appl. Phys., vol. 35, p. L67, 1996.
(10) T. Suzuki, T. Muto, et al., "Depth profiling of Si-SiO_2 interface structures," Jpn. J. Appl. Phys., vol. 25, p. 544, 1986.
(11) J. S. Suehle, P. Chaparala, et al., "Field and temperature acceleration of time-dependent dielectric breakdown in intrinsic thin SiO_2," Proc. IEEE IRPS, p. 120, 1994.
(12) J. W. McPherson, R. B. Khamankar, and A. Shanware, "A complementary molecular-model (including field and current) for TDDB in SiO_2 dielectrics," Microele. Reliability, vol. 40, p. 1591, 2000.
(13) S. Takagi, N. Yasuda, and A. Toriumi, "A new I-V model for stress-induced leakage current including inelastic tunneling," IEEE Trans. Electron Devices, vol. 46, p. 348, 1999.
(14) T. Ito, S. Hijiya, et al., "Very thin Silicon nitride films grown by direct reaction with nitrogen," J. Electrochem. Soc., vol. 125, p. 448, 1979.
(15) T. Ito, T. Nozaki, and H. Ishikawa, "Direct thermal nitridation of silicon dioxide films in ammonia gas," J. Electrochem. Soc., vol. 127, p. 2053, 1980.
(16) 木島弌倫，金属・無機材料，p. 403, 科学技術広報財団, 1978.
(17) O. L. Krivanek and H. Mazur, "The structure of ultrathin oxide on silicon," Appl. Phys. Lett., vol. 37, no. 4, p. 392, 1980.
(18) C. Kaneta, T. Yamasaki, and Y. Kosaka, "Nano-scale simulation for advanced gate dielectrics," Fujitsu Sci. Tech. J., vol. 39, no. 1, p. 106, 2003.
(19) M. T. Bohr, R. S. Chau, et al., "The high-k solution," IEEE Spectrum, vol. 44, p. 29, 2007.
(20) R. Hegde, D. H. Triyoso, et al., "Hafnium zirconate gate dielectric for advanced gate stack applications," J. Appl. Phys., vol. 101, p. 074113, 2007.
(21) Z. M. Rittersma, M. Vertregt, et al., "Characterization of mixed-signal properties of

MOSFETs with high-k (SiON/HfSiON/TaN) gate stacks," IEEE Tran. Electron Devices, vol. 53, no. 5, p. 1216, 2006.
(22) C. Hobbs, L. Fonseca, et al., "Fermi level pinning at the polySi/metal oxide interface," VLSI Symp. Tech. Dig., p. 9, 2003.
(23) S. Kesapragada, R. Wang, et al., "High-k/metal gate stacks in gate first and replacement gate schemes," IEEE ASMC, p. 256, 2010.
(24) K. Mistry, C. Allen, et al., "A 45 nm logic technology with high-k+metal gate transistors, strained silicon, 9 Cu interconnect layers, 193 nm dry patterning, and 100% Pb-free packaging," IEEE IEDM Dig. Tech. Papers, p. 247, 2007.
(25) S. Shishiguchi, A. Mineji, et al., "Boron implanted shallow junction formation by high-temperature/short-time/high-ramping-rate(400℃/sec) RTA," Symp. VLSI Tech., p. 89, 1997.
(26) I. Boyd and J. Wilson, "Laser annealing for semiconductor devices," Nature, vol. 287, p. 278, 1980.
(27) T. Fukano, T. Ito, and H. Ishikawa, "Microwave annealing for low temperature VLSI processing," IEDM, Tech. Dig. p. 224, 1985.
(28) K. Hara, Y. Tanushi, et al., "Ion-implanted boron activation in a preamorphized Si layer by microwave annealing," Ext. Abst. Int. Conf. on Solid State Devices and Materials, P-1-20, p. 330, 2009.
(29) A. S. Grove, O. Leistiko, and C. T. Sah, "Redistribution of acceptor and donor impurities during thermal oxidation of silicon," J. Appl. Phys., vol. 35, p. 2695, 1964.
(30) 谷口研二, 他, "シリコン結晶とドーピング," 丸善, p. 156, 1986.
(31) J. Lindhard, M. Scharff, and H. E. Schiott, "Range concepts and heavy ion ranges," Mat. Fys. Medd. Don. Vid. Selsk, vol. 33, p. 14, 1963.
(32) K. Goto, J. Matsuo, et al., "A high performance 50 nm PMOSFET using decaborane ($B_{10}H_{14}$) ion implantation and 2-step activation annealing process," IEDM Tech. Dig., p. 471, 1997.
(33) S. P. Jeng, T. P. Ma, et al., "Anomalous diffusion of fluorine in silicon," Appl. Phys. Lett., vol. 61, p. 1310, 1992.
(34) G. M. Lopez, V. Fiorentini, et al., "Fluorine in Si: Native-defect complexes and the suppression of impurity diffusion," Phys. Rev. B, vol. 72, p. 045219, 2005.
(35) S. Mirabella, A. Coati, et al., "Interstitial trapping and C clustering mechanism : Interaction between self-interstitials and substitutional C in silicon," Phys. Rev. B, vol. 65, p. 045209, 2002.
(36) I. A. Shareef, G. W. Rubloff, et al., "Subatmospheric chemical vapor deposition ozone/TEOS process for SiO_2 trench filling," J. Vac. Sci. Technol. B, vol. 13, no. 4, p. 1888, 1995.
(37) T. Goto, M. Hirayama, et al., "A new microwave-excited plasma etching equipment for separating plasma excited region from etching process region," Jpn. J. Appl. Phys., vol. 42, p. 1887, 2003.
(38) Y. Wada and S. Nishimatsu, "Grain growth mechanism of heavily phosphorus-implanted polycrystalline silicon," J. Electrochem. Soc., vol. 125, p. 1499, 1978.
(39) T. I. Kamins, "Structure and properties of LPCVD silicon films," J. Electrochem. Soc., 127, p. 686, 1980.
(40) G. Baccarani and B. Rico, "Transport properties of polycrystalline silicon films," J. Appl. Phys., vol. 49, p. 5565, 1978.

(41) S. P. Murarka, Silicide for VLSI Applications, Academic Press, New York, 1983.
(42) J. M. Andrews and J. C. Philips, "Chemical bonding and structure of metal-semiconductor interfaces," Phys. Rev. Lett., vol. 35, p. 56, 1975.
(43) T. Yamazaki, K. Goto, et al., "21 psec Switching 0.13 μm-CMOS at room temperature using high performance Co salicide process," IEDM Tech. Dig., p. 906, 1993.
(44) K. Goto, A. Fushida, et al., "Leakage mechanism and optimized conditions of Co salicide process for deep-submicron CMOS devices," IEDM Tech. Dig., p. 449, 1995.
(45) T. Morimoto, T. Ohguro, et al., "Self-aligned nickel-mono-silicide technology for high-speed deep submicrometer logic CMOS ULSI," IEEE Trans. Electron Devices, vol. 42, no. 5, p. 915, 1995.
(46) T. Ito, T. Sugii, and T. Nakamura, "Aluminum plasma CVD for VLSI circuit interconnections," Symp. on VLSI Tech., Dig. Tech. Papers, p. 20, 1982.
(47) P. B. Ghate, "Electromigration-induced failures in VLSI interconnects," Solid State Technol., vol. 26, p. 113, 1983.
(48) C. W. Kaanta, et al., "Dual damascene: A ULSI wiring technolog," IEEE VLSI Multilevel Interconnection Conf., p. 144, 1991.
(49) D. Edelstein, et al., "Full copper wiring in a sub-0.25 μm-CMOS ULSI technology," IEEE IEDM Tech. Dig., p. 773, 1997.
(50) Y. K. Chae, Y. Shimogaki, and H. Komiyama, "The role of gas-phase reactions during chemical vapor deposition of copper from (hfac) Cu (tmvs)," J. Electrochem. Soc., vol. 145, no. 12, p. 4226, 1998.
(51) I. Suni, M. Mäenpä, et al., "Thermal stability of hafnium and titanium nitride diffusion barriers in multilayer contacts to silicon," J. Electrochem. Soc., 130, p. 1215, 1983.
(52) M. L. Green, Y. S. Ali, et al., "The formation and structure of CVD W films produced by the Si reduction of WF_6," J. Electrochem. Soc., vol. 139, p. 2285, 1987.
(53) Y. Horii and T. Eshita, "Fujitsu's fabrication technology for 0.5 μm and 0.35 μm FRAM," Fujitsu, vol.53, no.2, p.105, 2002.

第7章

信頼性と検査技術

7.1 はじめに

　LSI の微細化は限界に近づきつつあるといわれながら，現在も"4 年で 3 倍集積度が向上する"というムーアの法則が継続して達成されており，LSI の高密度化・高性能化の進展は著しい．一方，LSI の高集積化が進んでも LSI へ要求される信頼度は数十 FIT（1 FIT = 10^{-9} h^{-1}）とほとんど変わらず，LSI を構成する単体トランジスタや配線などの要素レベルの信頼度には大幅な向上が要求されている[1]．大規模化，高機能化に伴い信頼性は低下するのが一般的と考えられるが，実際には，LSI の大規模化が進んでも信頼性の低下はなく，LSI として高信頼性が維持されている．これは，多くの故障要因の究明と，それに基づく設計や製造プロセスの改善，品質管理や信頼性保証技術の進歩と蓄積に負うところが大きい．

　一般に，半導体デバイスの故障率は使用時間とともに変化し，図 7.1 に示すような時間依存性を示す[1]～[3]．この曲線は，浴槽に類似していることから，バスタブ曲線と呼ばれている．使用期間の初期には，製造時の欠陥などのため故障率は高く，初期故障期と呼ばれる．続いて，初期故障はなくなり，故障率がほぼ一定の時期に入る．この期間では故障は偶発的に起こるので偶発故障期と呼ばれる．更に使用期間が長くなると故障率が急激に増大する．この時期は摩耗故障期と呼ばれ，LSI の寿命に相当する．通常使用における

```
主要故障モード
・酸化膜欠陥    ・ソフトエラー   ・TDDB, ホットキャリヤ
・微少粒子      ・静電気破壊    ・NBTI
・汚染          ・ラッチアップ  ・SM, EM
```

初期故障期 / 偶発故障期 / 摩耗故障期（真性寿命）

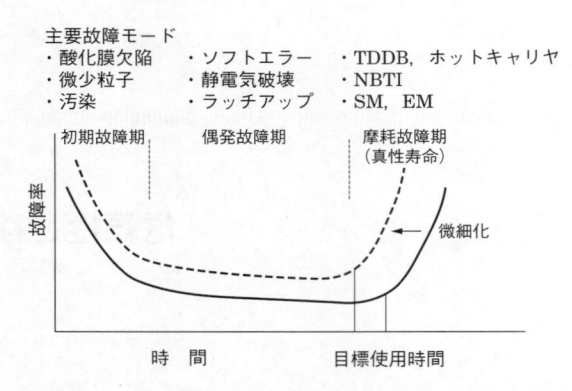

故障率 / 時間 / 目標使用時間 / 微細化

図 7.1 半導体デバイスの故障率曲線（バスタブ曲線）と主要故障モード

LSI の摩耗故障期は，一般的には半永久的であり，10 年程度の LSI の使用では，摩耗故障は全く問題にならない．しかし，極限に近い微細加工技術が適用されつつある近年の ULSI では，従来技術に比べ摩耗故障期が短くなり，ULSI 開発時に摩耗故障に対するマージンを十分に考慮した信頼性設計が重要になっている．そのためには，ULSI の各種故障機構に対する深い理解が重要である．

以下に，信頼性評価の基本の加速試験法，故障率の推定法，LSI の主要な故障モード，故障機構について解説する．

7.2 信頼性の概念と加速試験法

7.2.1 信頼性の概念と統計的取扱い

信頼性（信頼度）は「アイテム（部品，構成品，デバイス，装置，機能ユニット，機器，サブシステム，システムなどの総称またはいずれか）が与えられた条件のもとで，与えられた期間，要求機能を遂行できる能力（確率）」と JIS で定義されている[4]．信頼性を数学的に表す基本関数として，信頼度関数 $R(t)$，故障分布関数または不信頼度関数 $F(t)$，故障確率密度関数 $f(t)$，故障率 $\lambda(t)$ の 4 種類がある[1]~[4]．信頼度関数 $R(t)$ は，時間 t までに故障せず生き残る確率を表し，故障分布関数 $F(t)$ は時間 t までに故障する確率を表す．確率密度関数 $f(t)$ は，故障分布関数 $F(t)$ の微分であり，単位時間当りの故障確率を表す．そして，故障率 $\lambda(t)$ は，ある時点まで動作し

たアイテムが引き続く単位時間内に故障を起こす確率を表す．故障率の単位はFIT（$= 10^{-9} \mathrm{h}^{-1}$）や%/1,000 h が用いられる．これらの関数には相互関係があり，いずれか一つの関数が与えられれば，他の三つの関数が全て求められる．

半導体デバイスでよく用いられる確率密度関数は，指数分布，対数正規分布，ワイブル分布である．指数分布は，一定の故障率を示し，偶発故障期をよく表すもので，最も基礎的な分布である．対数正規分布は，時間の対数をとった $\ln t$ が正規分布に従う分布である．この分布は，繰返しストレスにより劣化の積み重ねが起こり，劣化量がある値に達した場合に故障となるような劣化モデルの統計的取扱いに基づいている．後述するエレクトロマイグレーション故障がこの分布によく当てはまる．

ワイブル分布では，故障率は時間のべき乗で変化し，故障率と故障分布関数は

$$\lambda(t) = \frac{m}{\eta^m} t^{m-1} \tag{7.1}$$

$$F(t) = 1 - \exp\left\{-\left(\frac{t}{\eta}\right)^m\right\} \tag{7.2}$$

と表される．ここで，m と η は定数であり，m は形状パラメータ，η は尺度パラメータと呼ばれる．式（7.2）を変形すると以下の式が得られる．

$$\ln \ln \frac{1}{1-F(t)} = m \ln t - m \ln \eta \tag{7.3}$$

これは，$y = \ln \ln \{1/(1-F)\}$，$x = \ln t$ とする $y = mx +$ 定数の一次式である．

図7.2に，$\eta = 1$ の場合の各種 m について $F(t)$ と $\lambda(t)$ の形状を示す．$F(t)$ では，$\ln t$ と $\ln \ln \{1/(1-F)\}$ の関係を示している．これはワイブルプロットと呼ばれる．信頼性試験で得られる試験時間と累積故障%をワイブルプロットし，フィッティングした直線の傾きから m が，$\ln \ln \{1/(1-F)\} = 0$（$F = 63.2$%に相当する）となる t から η が求められる．$m < 1$ の場合は，故障率は時間とともに減少する初期故障形を表し，$m > 1$ の場合は，故障率は時間とともに増加する摩耗故障形を表す．また $m = 1$ の場合は，故障率は一定の偶発故障形を表し，指数分布に対応する．ワイブル分布は，信頼性試験結果

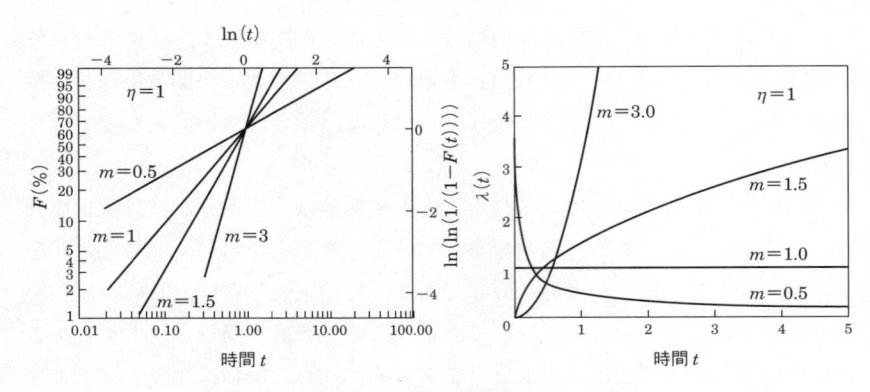

図 7.2 ワイブル分布の故障分布関数($F(t)$)と故障率$\lambda(t)$. $F(t)$はワイブルプロットにより示す

をワイブルプロットし,mを求めることにより,故障の形が明確になるので,故障現象の解明に有効であり,よく用いられている.この分布は,同一強度の母集団の環から構成される鎖に引張応力が印加された場合,最も弱い環から切断されるような故障の統計モデルである(最弱リンクモデル).後述する経時的絶縁破壊故障(TDDB)がこの分布によく当てはまる.

7.2.2 加速試験法

LSI の信頼性を統計的に保証する場合,大量個の試料を用い,長時間の試験を実施する必要がある.例えば 100 FIT を信頼水準 90％で保証する場合,2,303 個で 1 万時間の通常使用条件で試験を行い,故障 0 を確認しなければならない[5].このように,信頼性を保証するには,常に,個数と時間の壁が存在する.試料数の削減,試験時間の短縮のため,ストレスを厳しくし,劣化要因を物理的・化学的に加速し,短時間で LSI の使用状態での寿命や故障率を推定するための試験が加速試験である.半導体デバイスの故障要因を加速する基本のストレスは,温度・電圧・電流・湿度・温度サイクルの 5 種類である.これらのストレスは,実際の使用環境を考慮して選定されている.特に,温度・電圧・電流が LSI チップそのものの故障要因を加速するストレスとしてよく用いられる.

LSI の故障要因の多くは,拡散,酸化,物質移動(マイグレーション),析出,相形成などの物理的や化学的な反応に基づくものであり,これらの反応を反

応速度論的に捉え,加速試験の基本原理としている.劣化量を x とし,この時間的変化を支配するものを反応速度 K とすると

$$\frac{dx}{dt} = K$$

$$K = K_0 S^n \exp\left(-\frac{E_a}{kT}\right) \tag{7.4}$$

と表される[1]~[3].ここで,K_0 は定数,S は電圧,電流などの温度以外のストレス,n は定数,E_a は活性化エネルギー,k はボルツマン定数,T は絶対温度である.劣化量がある一定量に達するとLSIが故障すると仮定し,故障までの時間(故障時間)を t_F とすれば

$$t_F = \frac{C}{K} = CS^{-n} \exp\left(\frac{E_a}{kT}\right) \tag{7.5}$$

あるいは

$$\ln t_F = \ln C - n \ln S + \frac{E_a}{kT} \tag{7.6}$$

となる.ここで,C は定数である.この式より,S を固定し,t_F と T の関係に着目し,片対数グラフ上に故障時間 t_F と絶対温度の逆数($1/T$)との関係をプロットすれば,傾き E_a/k の直線になる.この関係は19世紀の化学者アレニウスの名に因んで,アレニウス式と呼ばれている.一方,T を固定し,t_F と S の関係に着目し,両対数グラフ上に故障時間とストレス S の関係をプロットすれば,傾き $-n$ の直線が得られる.

以上の反応速度論モデルが実際に成立するかどうかは,S,T のストレスそれぞれ3水準以上の組合せで試験を行い,故障発生状況をワイブルプロットや対数正規プロットし,故障モード,故障分布がストレス条件によらず同一かどうかを確認する.これが確認できたら,$\ln t_F - 1/T$ の関係,$\ln t_F - \ln S$ の関係をプロットし,その直線の傾きより,E_a,n の値を決定する.この決定された値を用い,実使用温度や使用ストレス条件に外挿することにより,実使用状態での故障時間(寿命)が推定できる.

7.3 故障機構

信頼性向上のためには，完成 LSI の信頼性評価とともに，LSI 開発段階での故障予防策，いわゆる信頼性作り込みが重要である．そのためには，予測される故障モードに適した専用 TEG (Test Element Group，試験専用チップ) を用い加速試験と解析を行い，故障メカニズムを解明し，故障モデルを確立する必要がある．そして，その加速モデルを用いて，該当する故障モードの寿命と故障率の推定を行う．この作業を各種故障モードに対し行い，摩耗故障に対し想定使用期間内で信頼性問題のないことを確認する．**図 7.3** に CMOS 断面構造略図と主要故障モードを，**表 7.1** に各種故障モード，故障機構，加速要因についてまとめて示す[6]〜[10]．ここでは，デバイス・プロセス開発上特に重要で現在問題視されている配線のストレスマイグレーション，エレクトロマイグレーション，酸化膜の経時的絶縁破壊故障，MOS FET のホットキャリヤ不安定性，MOS FET の負バイアス温度不安定性の 5 種の故障モードについて，故障機構と加速試験法について議論する．

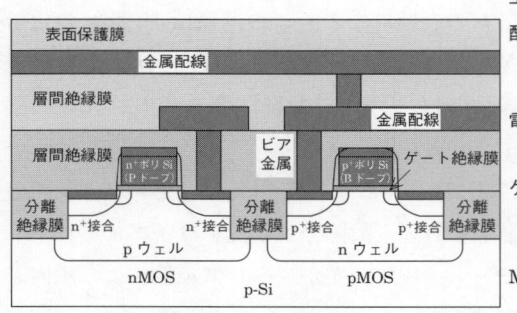

主要な故障モード
配線
・ストレスマイグレーション(SM)
・エレクトロマイグレーション(EM)
・配線間リーク電流増加
電極 (接合コンタクト)
・エレクトロマイグレーション(EM)
・アロイスパイク
ゲート絶縁膜
・経時的絶縁破壊(TDDB)
・負バイアス温度不安定性(NBTI)
・可動イオン(Na)汚染
MOS FET
・ホットキャリヤ不安定性(HCI)

図 **7.3** CMOS LSI の断面構造略図と主要な故障モード

7.3.1 配線のストレスマイグレーション故障

ストレスマイグレーション (SM : Stress Migration) とは，配線に電流を流さなくとも，高温保管試験や使用中に断線する故障であり，Al 配線で 1984 年に初めて報告された[11],[12]．この故障機構は，Al 配線に加わる引張

表 7.1 LSI の各種故障モード，故障機構，及び加速式

故障モード		故障機構（故障内容）	故障加速要因	加速式と係数（代表例）
配線	ストレスマイグレーション	配線（Al, Cu）と保護膜との熱膨張係数差により発生する残留引張応力による金属の移動（開放）	T, 保護膜応力 (σ)	$t_F \propto (T_d - T)^{-n} \exp(E_a/(kT))$ Al の場合： $n = 5 \sim 8$, $E_a = 0.35 \sim 0.65$ eV Cu の場合： $n \simeq 3$, $E_a \simeq 0.74$ eV
	エレクトロマイグレーション	電子流により引き起こされる金属（Al, Cu）の移動（開放，層間あるいは線間短絡）	J, T, 膜質（粒径や配向性）	$t_F \propto J^{-n} \exp(E_a/(kT))$ Al の場合： $n \simeq 2$, $E_a = 0.5 \sim 0.6$ eV Cu の場合： $n \simeq 1$, $E_a \simeq 1.0$ eV
	配線間リーク電流増大（配線層間膜TDDB）	Cu 配線間の低誘電率層間絶縁膜劣化（Cu イオンドリフト）による線間リーク電流増大（線間短絡）	V, T	$t_F \propto \exp(-\beta\sqrt{E})$ $\beta \simeq 25.2\sqrt{\text{cm/MV}}$ $E_a = 0.8 \sim 1.0$ eV
電極（コンタクト）	エレクトロマイグレーション	電子流により引き起こされる Si イオンの Al 中の移動（短絡(−側)，抵抗増大(+側)）	I, T	$t_F \propto I^{-n} \exp(E_a/(kT))$ $n = 2 \sim 10$ $E_a = 0.8 \sim 0.9$ eV
	アロイスパイク	Al と Si 相互拡散による接合短絡（短絡）	T, 単層 Al 電極	$t_F \propto \exp(E_a/(kT))$ $E_a \simeq 0.8$ eV
酸化膜	経時的絶縁破壊（TDDB）	電子注入による電子トラップ発生．電子トラップ密度が臨界量を超えると降伏に至る（V_G モデル）（漏れ電流増大，短絡）	$E(V_G)$, T	$t_{BD} \propto V_G^{-n} \exp(E_a/(kT))$ $n = 40 \sim 50$ $E_a = 0.3 \sim 1.0$ eV
	NBTI（−BT）	負バイアス・温度下での Si/SiO$_2$ 界面に正電荷と界面準位発生（特性劣化）	E, T	$\Delta V_T(t) \propto V_G^\alpha \exp(E_a/(kT)) t^n$ $\alpha = 3 \sim 4$ $E_a = 0.4 \sim 0.65$ eV $n = 0.15 \sim 0.25$
	PBTI（+BT）	正バイアス・温度下で絶縁膜内に負電荷発生（特性劣化）．high-k 膜で問題	E, T	$\Delta V_T(t) = \Delta V_{\max}(1 - \exp(-(t/\tau_0)^\alpha))$ $\alpha \simeq 1$ τ_0：パラメータ（温度依存）
	可動イオン汚染	Na イオンの SiO$_2$ 中移動による電荷蓄積（特性劣化）	E, T	$t_F \propto \exp(E_a/(kT))$ $E_a = 0.6 \sim 1.2$ eV
MOS デバイス	ホットキャリヤ不安定性（HCI）	チャネル電界により加速された電子の電離衝突で発生した電子・正孔の SiO$_2$ への注入による Si/SiO$_2$ 界面特性劣化（特性劣化）	E, T	$t_F \propto I_{\text{sub}}^{-n} \exp(E_a/(kT))$ $n = 2.8 \sim 3.5$ $E_a = -0.2 \sim 0.4$ eV

(注)　T：温度，$E(V)$：電界強度（電圧），$J(I)$：電流密度（電流）

応力（ストレス）により引き起こされるAl原子の移動（マイグレーション）現象であるので，ストレスマイグレーションと呼ばれている．SM故障はAl配線幅が$2\mu m$程度以下に微細化された配線で顕著になり，Al配線の微細化限界の一要因となっていた．現在は，各種SM対策が開発・適用され問題は軽減されている．最近の先端LSIでは，抵抗低減のためにCu配線が使用されている．このCu配線でも，Al配線と同様にSM故障が発生することが明らかになった．この場合も各種SM対策が開発され適用されている．

　Al配線のSM発生の最も支配的要因は，配線に生じる引張応力である[13]〜[15]．LSIの配線は，層間絶縁膜（BPSG膜など）と表面保護膜（プラズマ窒化膜など）の絶縁膜で周囲を被覆されている．これらの絶縁膜の熱膨張係数は，Alに比べ約1桁小さいので，絶縁膜を温度T_d（通常300〜400℃）でAl上に堆積後，基板温度をTに下げると，Al配線は絶縁膜と密着しているので，温度Tでの孤立したAlの体積まで収縮できず，Alに引張応力が発生する．この引張応力が常に加わっていると，Alの塑性変形量（ひずみ）が時間とともに増加し，ついには破断（断線）に至る．この現象はクリープと呼ばれ，材料力学ではよく知られている現象である．断線の起こしやすい場所は，Alの移動が起こりやすい結晶粒界のある場所で，更にその結晶粒界が配線幅方向に竹の節状に横切っている竹状（バンブー）粒界である．この故障では，その典型例を図7.4に示すように，スリット状に断線し，破断面がシャープである．なお，SMモードには，完全な断線故障までは至らなくとも，Al配線にくさび状のボイドが発生し，配線欠けが生じる場合

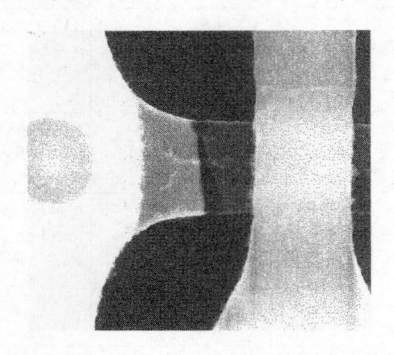

図7.4　Al（Si）配線のSMによる断線故障例

もあり，むしろこのモードの方が多く観察される．

SM 発生機構モデルとして，次のようなクリープモデルが提案されている[13]．定常クリープでの塑性変形ひずみ速度 $\dot{\xi}_{pl}$（ひずみの時間変化 $d\xi_{pl}/dt$ でクリープひずみ速度とも呼ばれる）は，以下の式で表される．

$$\dot{\xi}_{pl} = C_2 (T_d - T)^n \exp\left(-\frac{E_a}{kT}\right) \tag{7.7}$$

ここで，第1項は Al と絶縁膜との線熱膨張係数差に起因する応力項で，絶縁膜堆積温度 T_d と温度 T の差の関数である．応力の実測値は，ウェーハの反りや X 線回折法により調べられており，保護膜の構成や堆積方法にも依存するが，200℃程度の温度では，100 MPa（= 10^9 dyne/cm^2）以上であり，室温付近では 400 MPa にも達する大きな引張応力である．第2項が，Al 原子移動の拡散のしやすさを表し，E_a は拡散の活性化エネルギーとしたアレニウス形式である．

SM による断線故障率がクリープひずみ速度に比例する（ひずみがある量に達したときに故障すると仮定すると，断線寿命はクリープひずみ速度の逆数に比例する）と仮定すると，図 7.5 に示すように，クリープひずみ速度は T が大きくなると減少する応力項と，増加する Al 原子（空孔）移動項との積であるので，ある温度 T_p でピークを持つようになる．このクリープモデルでは，SM 寿命の温度依存性にピークが生じ，単純な温度加速が成立しないこと，また寿命が応力の n 乗（$n \geq 1$）に反比例することが特徴である．実

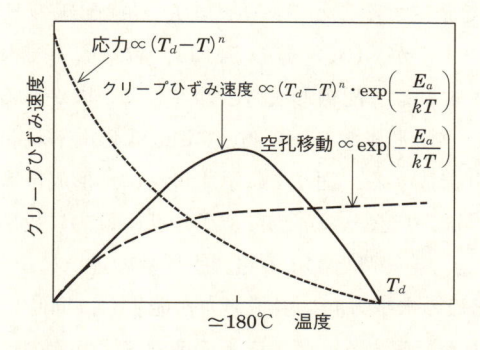

図 7.5 クリープモデルによるクリープひずみ速度（断線故障率に対応）の定性的な温度依存性

験結果では，$n = 2.3^{(13)}$, $5 \sim 8^{(14)}$ が報告されている．

SM故障を加速するストレスは温度であり，信頼性試験として高温保管試験が用いられる．SM寿命の温度依存性に関しては，以上のように単純な温度加速性は成り立たず，ある温度（約180℃）で寿命が最も短くなる$^{(11)\sim(13)}$．活性化エネルギーは，温度加速性が成り立つ180℃以下で, Si入りAl (Al (Si))配線の場合 $0.35 \sim 0.64$ eV であり，Alの粒界拡散が支配的な移動機構と考えられている$^{(11)\sim(13)}$．SMは配線幅の縮小とともに，SM寿命が短くなることが報告されており，微細化が進むLSIでは深刻な問題であった．ただし，現在は，各種SM対策が開発され，Al配線のSM問題は解決されている．その対策は，Al (Si) 配線にCu (0.1 wt%以上) やPdを添加する材料上の対策と，Al配線と他の高融点金属（TiN, W, TiWなど）との積層構造にする構造上の対策があり実際に採用されている$^{(15)}$．

最近のLSIには配線の低抵抗化のためCu配線が用いられている．Cuの熱膨張係数はAlより約0.7倍と小さく，Cu原子の自己拡散係数がAl原子より小さく，Cu原子が移動しにくいことを考慮すると，Cu配線のSMは問題ないと考えられていた．しかし，3μm程度の太い配線に接続したビア接続構造の150℃，100時間程度の高温保管試験で，図7.6に模式図を示すように，ビア接続直下にボイドが発生し，Cu配線でもSM故障が起こることが見いだされた$^{(16)}$．これは当初の予想を覆す結果であり大きな衝撃を与えた．Cu配線のSMの特徴は，Al配線と異なりライン状の配線では発生せず，ビア接続部で発生することである．また，Al配線のSMは，配線幅が狭いほど発生しやすいが，Cu配線のSMは，幅が広い配線上のビア接続部で発生しやすい．これは，配線形成方法の違いに一因がある．AlはSiO_2系層間膜上にスパッタで形成する．一方，Cuは低誘電率層間膜上に，室温で電界めっきにより形成する．図7.7に示すように，形成後の層間絶縁膜形成の熱工程で，結晶粒が成長し粒界内の原子空孔が粒内に放出され，過飽和状態となる$^{(16)}$．また，絶縁膜とCuの熱膨張係数の違いによりAl配線の場合と同様に，Cu配線の水平方向に引張応力が発生し，同時にビア直下にも垂直方向に引張応力が発生する．ビア直下の応力によりこの過剰な原子空孔がビア直下に集まりボイドを作り，コンタクト抵抗増加，最終的には断線故障

第7章 信頼性と検査技術

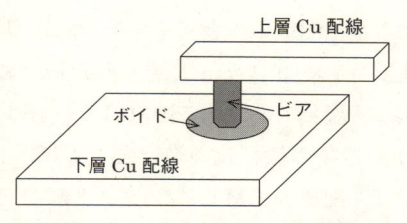

図 7.6 Cu 配線ビア接続部での SM 発生箇所

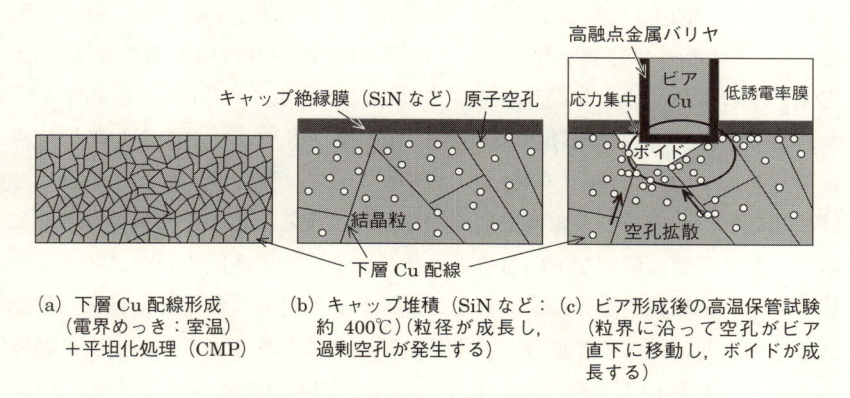

(a) 下層 Cu 配線形成
（電界めっき：室温）
＋平坦化処理（CMP）

(b) キャップ堆積（SiN など：約 400℃）(粒径が成長し，過剰空孔が発生する)

(c) ビア形成後の高温保管試験（粒界に沿って空孔がビア直下に移動し，ボイドが成長する）

図 7.7 Cu 配線ビア接続部での SM 発生機構モデル

に結び付く．原子空孔の移動は，結晶粒界に沿って移動しやすく，結晶粒界がビア下にある場合に原子空孔が集まりやすく，また原子空孔が多量に存在する幅が広い配線に SM が発生しやすいと解釈されている．

Cu 配線の場合は，配線ビア接続部で SM が発生するが，ビア直下の応力により誘発される Cu 移動（空孔の移動）であるので，Al の場合の加速式（7.7）が成立する．すなわち，単純な温度加速性が成立せず，加速が最大となる温度があり，Cu の場合は，190℃付近にある[16]．

Cu の SM 対策としては，工程上では，応力低減のための熱処理工程の最適化やビア形状の工夫など[17]，レイアウト上では，危険度の高い部位に 2 個以上のビアをレイアウトし冗長化する[18]などの対策が有効とされ，適用されている．

7.3.2 配線のエレクトロマイグレーション故障

エレクトロマイグレーション（EM：Electromigration）とは，電子流に

よって引き起こされる金属配線中の金属イオンの輸送現象であり，配線やコンタクト部に大電流（$>1\times10^5\,\mathrm{A/cm^2}$）を流した場合に配線が断線したり，接合の短絡故障を起こす現象である．この故障モードは古くからよく知られている現象であるが，近年の微細化の進展とともに，より現実的な問題となっている．LSIでは，配線のEMとコンタクト部のEMが問題となるが，配線EMがより重要であるので，以下に配線のEM故障について述べる．

Al配線に大電流を流した場合，高密度の電子流とAl原子との衝突・散乱によりAl原子の移動が起こる．この際Al配線中での局部的な温度分布，電流密度のばらつき，結晶粒径のばらつきなどによりAlイオン流の不均一が起こる．Alイオンの不足する場所には空隙（ボイド）が発生し断線故障に至り，Alの蓄積の起こる場所では，ヒロック（突起物）やウィスカ（ひげ状突起物）が成長し，線間や層間短絡故障に至る．この故障例を図 7.8 に示す．金属薄膜は微細な単結晶の集合体である．金属薄膜中の金属イオンの移動では，結晶粒中を移動する格子拡散より結晶粒界に沿っての拡散（粒界拡散）や表面に沿っての拡散（表面拡散）が起こりやすく，EMは結晶粒界拡散や表面拡散により起こる．したがって，EMの起こりやすさは，Alの結晶性（結晶粒径や均一性）や表面保護膜の有無や膜質に大きく依存する．

EM寿命 t_F の電流密度 J と配線温度 T との関係は，経験的に以下の式で表される．この式は提案者の名前にちなんでBlackの式として知られている[19]．

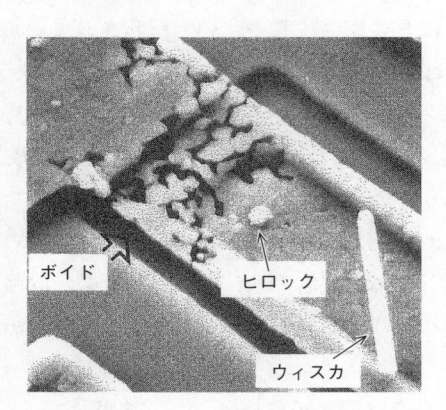

図 7.8 Al配線のエレクトロマイグレーションによる断線故障例
（ボイド，ヒロック，ウィスカ発生例）

$$t_F = AJ^{-n}\exp\left(-\frac{E_a}{kT}\right) \tag{7.8}$$

ここに，A：プロセス依存の定数，n：Jに依存する定数，E_a：活性化エネルギーである．

E_aは配線の膜質や構造，保護膜の有無，膜質などに大きく依存し，Alの場合 0.3 ～ 1.3 eV と広い範囲の値が報告されている．これは，Al 移動機構としていずれの機構が支配的であるかに依存し，粒界拡散や表面拡散が支配的な場合は低いエネルギーが，格子拡散が支配的な場合は高いエネルギー（単結晶中の拡散の活性化エネルギーは 1.48 eV）が観測されることになる．通常よく観測される値は Al（Si）配線で，0.5 ～ 0.6 eV であり，粒界拡散が支配的な移動機構の場合である[19]．電流密度依存性を表すパラメータ n も種々の値が報告されており，試験電流密度の増大とともに，増加する傾向にある．試験温度 150℃ 程度で電流密度 $10^6 \mathrm{A/cm^2}$ 程度の試験では，$n=2$ の値が観測され，通常よく用いられる[20]．

EM に対する長寿命化としては，故障機構に Al の移動現象という類似性があるので，SM の長寿命化対策と同様に，Al（Si）に Cu や Ti を添加する方法や高融点金属との積層化による対策が採られている．EM の加速試験では，短い配線長（mm ～ cm）の TEG を用い，高温状態で連続的に通電する試験が実施される．この試験での注意すべきことは，通電試験中に，一度断線しても再接続し正常に戻り，断線と再接続を繰り返しながら最後に完全な断線に至る場合があることである．完全な断線状態を EM 寿命とすると，実際の EM 寿命より長く見積もり，信頼度を見誤ることになる．したがって，実際の試験では，常に配線の接続状態を監視し，最初に断線した時間を EM 寿命と記録することが必要である．また，積層配線構造では，試験時間とともに抵抗値の増大や抵抗値の振動が起こるので，EM 寿命時間として，ある設定した抵抗増加に達した時間と定義する必要がある[21]．

最新の先端 ULSI では，Al に代わり Cu 配線が使用される．Cu の融点（1,083℃）は Al（660℃）よりも高く，Cu の自己拡散係数も Al に比べ低いことから，EM 耐性は Al 配線よりも Cu 配線の方が高いと考えられた．実際に，同じ配線形状と同じ電流密度で比較した場合，Cu 配線は，積層 Al

(Cu) 配線に比べ 2 桁程度寿命が延びると報告されている[22]. 一方, Cu 配線では, SM 故障と同様に, 配線部よりもビア接続部での EM が問題視されている. ビア接続部は, 図 7.7 に示したように下層 Cu 配線とビア Cu との間に高融点金属バリヤ層が入るので, Cu 移動がバリヤ層で阻止され, SM と同様に Cu ビア部でボイドが発生し, 抵抗増大や断線故障に至る.

Cu 配線は, EM 故障に対し, Al 配線に比べ優位であり, 実使用時の許容電流密度も Al の場合の $2 \sim 3 \times 10^5 \mathrm{A/cm^2}$ に対し 1 桁以上高い電流密度が許容されている. しかし, 微細化配線では, 図 7.9 に示すように, 微細化とともに寿命が低下する[23]ので, ビア径や配線幅と EM 寿命を明確にした上での回路設計が重要となる. Cu 配線の EM 対策としては, Cu 配線上部に最適なキャップ層を成膜すること[24]や Cu に他金属を添加すること[25]などにより Cu 移動を抑制する対策が有効である.

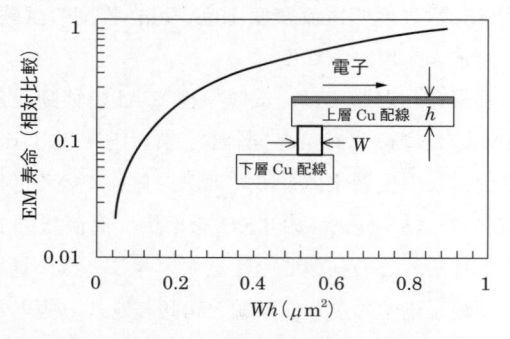

図 7.9　Cu 配線ビア接続部の EM 故障の模式図と微細化による EM 寿命低下

7.3.3　酸化膜の経時的絶縁破壊故障

酸化膜の経時的絶縁破壊故障 (TDDB: Time Dependent Dielectric Breakdown) は, 酸化膜の絶縁破壊強度 (約 10 MV/cm) よりも低い実使用電界強度で長時間使用により絶縁破壊が起こる現象である[26], [27]. TDDB が注目され始めた 1970 年代後半は, ゲート酸化膜厚が 60 〜 100 nm 時代であり, 本来の酸化膜の有する真性耐圧 (60 〜 100 V) は実使用電圧 (12 〜 15 V) に比べ非常に高いので, 正常に製造されていれば特に問題となるものではなかった. しかし, 製造時の酸化膜欠陥 (ピンホールや局所的に膜厚の薄い欠

陥）に起因する酸化膜耐圧が低い領域で短時間で故障する TDDB 故障が問題となった[28]．すなわち，外因性の TDDB 破壊モードが問題視されていた．最近の最先端デバイスでは，ゲート酸化膜厚は 2～3 nm となり，物理的限界に近づいている．この薄層化に伴い，TDDB は，重要な真性故障モードとして問題視されている．

　TDDB 特性を評価し寿命を予測する方法を図 **7.10** に例示する[29]．ゲート電極（通常はポリ Si)-酸化膜-Si 基板構造の MOS キャパシタや MOS FET からなる小ゲート面積の TEG を用い，温度を上げた状態で高電圧を印加した加速条件で，破壊するまでの時間を測定し，その結果を故障時間と累積故障％の関係としてプロットする．ついで，加速性を考慮し実使用電圧・温度条件に外挿する．更に，小ゲート面積の TEG の結果を，実際の LSI のゲート面積への換算を行う．最後に，実験で得られる高い故障％での故障分布を，目標故障率である低故障％へ外挿し，寿命予測を行う．この寿命予測では，故障分布，電圧・温度加速性，面積換算法を知る必要がある．TDDB の故障分布は，最弱リンクモデルに基づくワイブル分布がよく当てはまる．ワイブル分布の面積換算方法は簡単で，実際の LSI のゲート面積を A_chip，TEG の面積を A_TEG とし，ワイブル分布の形状パラメータを m とするとその寿命比は，$(A_\mathrm{chip}/A_\mathrm{TEG})^{-1/m}$ に比例することが知られている．電圧・温度加速性のモデルは，種々提案されている．その中の主要なモデルが 3 種あり，表 **7.2**

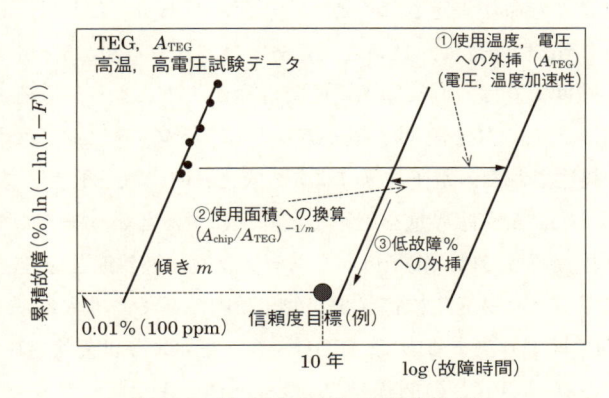

図 **7.10**　TEG を用いた加速試験結果から実 LSI の寿命（故障率）推定方法

表 7.2 TDDB の物理モデルと電界依存性

TDDB物理モデル	破壊メカニズム	寿命の電界依存性	備 考
E モデル（熱化学モデル）[30]	古典的な熱化学モデルで，誘電破壊（Si-O-Si ボンドの切断）の実効的活性化エネルギーが電界に比例して減少する．	$t_{BD} \propto \exp(-\gamma E)$ （γ：定数）	
$1/E$ モデル（アノード正孔注入モデル）[31]	陰極（カソード）から電子が FN トンネル注入され，酸化膜を通り抜けて陽極（アノード）に到達し，そのエネルギーで電子・正孔対が生成される．生成した正孔が陽極から注入され，捕獲される．捕獲された正孔により，実効的な電位障壁が低下し，より電流注入が加速され，正帰還が起こる．捕獲正孔密度が臨界量を超えると降伏に至る．	$t_{BD} \propto \exp(B/E)$ （FN 電子注入の電界依存，B は定数）	FN トンネル注入が起こる比較的厚い酸化膜（>〜5 nm），高電界
V_G モデル（電子トラップ発生モデル）[32]	陰極から注入される電子が酸化膜/ポリSi電極界面で水素を解放し，水素が酸化膜中へ移動することにより，あるいは電子エネルギーそのものにより，電子トラップが発生する．電子トラップ密度が臨界量を超えると降伏に至る．	$t_{BD} \propto \exp(-AV_G)$ $t_{BD} \propto V_G^{-n}$ （最新モデル）[33] （A, n は定数）	極薄ゲート酸化膜の TDDB モデルの主流

（注）t_{BD}：TDDB 故障時間，E：酸化膜へ印加される電界強度，
V_G：酸化膜へ印加されるゲート電圧

にまとめて示す．古くは E モデル[30]，ついで $1/E$ モデル[31]，最近の極薄ゲート酸化膜では，V_G モデルが有力視されている[32]．なお，TDDB は，温度加速より電圧加速が非常に強く，電圧加速性が主に議論されている．

E モデルまたは $1/E$ モデルは，膜厚によらず，ゲート酸化膜に印加される電界強度により寿命が決定されるというモデルである．これは，比較的膜厚が厚い（>5 nm）場合は，良い近似であった．ところが，5 nm より薄くなると，電界強度よりは，直接印加電圧で寿命が決まるようになることが明らかになってきた．これを説明するモデルとして，V_G モデル（電子トラップモデル）が提案された．電子注入により，酸化膜内に電子トラップが発生し，その電子トラップ量が臨界量を超えると降伏に至るというモデルである．極薄ゲート酸化膜領域では，電子はバリスティック伝導状態となり，TDDB に影響する電子トラップ発生に寄与する酸化膜内の電子のエネルギーは直接印加電圧（V_G）により決まるので，TDDB は，電界よりは直接電圧に依存し，故障時間（t_{BD}）と V_G との関係に，$t_{BD} \propto \exp(-AV_G)$ が成り立つ．更に，最近の実験結果では，広範囲のゲート電圧領域では，$t_{BD} \propto V_G^{-n}$（n：定数）

のべき乗則が成り立つことが明らかになり[29]，このモデルが支持されている．

この電子トラップ発生モデルをより直感的にしたモデルがパーコレーションモデルである．これは，電子トラップ（欠陥）をある大きさを持つと仮定し，それらが重なり合い，電極間でつながりができたときに電流が流れると考えるモデルである．欠陥の大きさ（直径）は $0.9 \sim 3\,\text{nm}$ [33],[34]と見積もられている．すなわち，図 7.11 に模式図を示すように，ストレス印加により電子トラップの発生が増大すると，トラップの重なる確率が増え，電流パスが形成され，電流が流れるようになる．トラップのつながり具合により，電流の大きさ（コンダクタンス）が異なり，完全に破壊されずリーク電流が増大するソフトブレークダウンや，完全に破壊され導通状態となるハードブレークダウンになったりする．なお，パーコレーションとは浸透という意味で，パーコレーションモデルは物理の基本的モデルとして広く用いられている．欠陥（電子トラップ）が酸化膜内に浸透し，電流パスを形成するため，ここでも有効なモデルとして働いている．

電子注入による電子トラップ発生は，ランダムに起こる．上記の電子トラップの大きさを考慮すると，$2 \sim 3\,\text{nm}$ の極薄ゲート酸化膜では，トラップ $1 \sim 2$ 個発生で，TDDB 故障に結び付く．すなわち，TDDB 故障はランダム故障に近づき，ワイブル分布の傾きを示す形状パラメータ m が 1（偶発

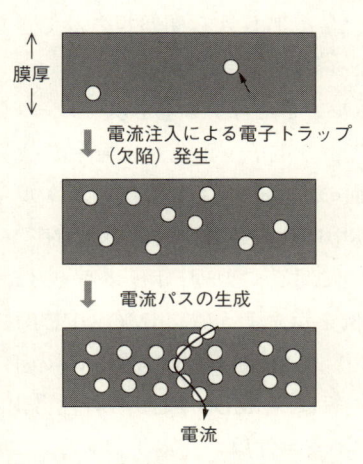

図 7.11　TDDB 発生機構を説明するパーコレーションモデル

故障モード)に近づくと推定される.この推定が正しいことが実験的に確かめられている[33],[34].このように,極薄ゲート酸化膜のTDDB故障は,偶発故障モードに近づき,真性故障モードと初期故障モードの区別が困難となる.これは,微細化CMOS LSIでは,高電圧印加試験により短寿命の初期故障品を故障させ取り除く従来のスクリーニング技法が適用できなくなることを示唆している.

SiO_2系酸化膜は,薄層化限界に近づき,最先端のLSIでは,高誘電率ゲート絶縁膜(high-k膜)/メタルゲート構造が使用されつつある.現在主流のhigh-k膜は,比誘電率が約20のHfO_2系で,NやSiを添加したHfON膜やHfSiON膜が用いられている.high-k膜そのものの絶縁耐圧は,SiO_2膜に比べ低下する.ただし,SiO_2と同等の容量を得るのにHfO_2膜では約5倍膜厚を厚くできるので,high-k膜全体としての絶縁耐圧の低下はなく,TDDB特性の劣化もほとんどない[35].

7.3.4 MOS FETのホットキャリヤ不安定性

MOSLSIの高機能化,高集積化は比例縮小則を基本原理とする素子寸法の縮小により達成されてきている.しかし,外部電源電圧との調整から,理想的な電界一定の比例縮小則に沿って縮小するのは困難であり,素子内部の電界が増加する傾向にあり,ホットキャリヤ注入による素子特性劣化が起こる.この特性劣化は,$2\mu m$時代から問題視されてきたが,微細化の進展とともに深刻な問題となっている[27].

MOS FETのチャネル中を走行する電子がドレーン近傍の強い電界により加速され,衝突電離により電子・正孔対を発生させる.発生した電子と正孔の中でSi/SiO_2界面の電位障壁よりも高いエネルギーを持ったホットキャリヤがゲート酸化膜中に注入され,しきい値電圧V_Tの変動やコンダクタンスg_mの劣化を引き起こす.これが,ホットキャリヤ不安定性現象である.図7.12に特性劣化の例を示すように,nMOS FETでは,V_Tの正方向の変動とg_mの劣化が起こり,pMOS FETでは,V_Tの正方向の変動とg_mの増加が観測される[26].一般に,nMOS FETの特性劣化はpMOS FETより大きく,ホットキャリヤ不安定性はより重要である.これは,pMOS FETのチャネルを走行するキャリヤが正孔であり,正孔の電離衝突による電子・正

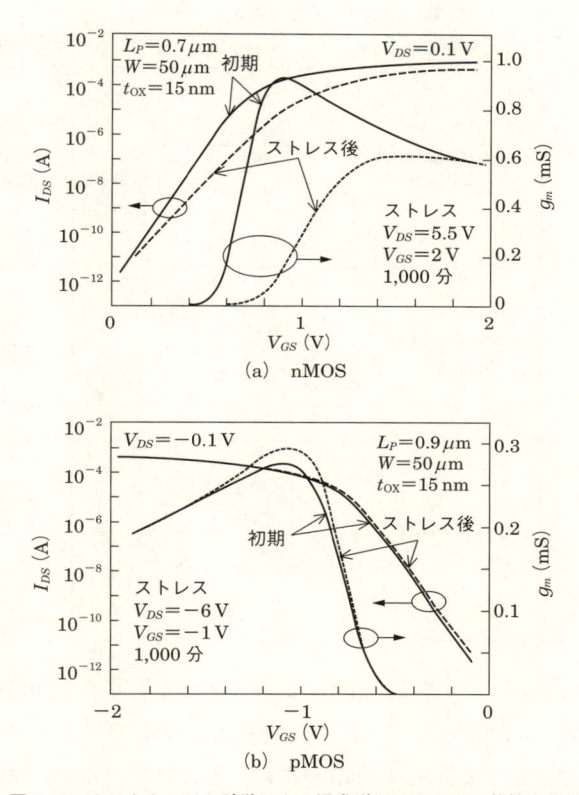

図 7.12 ホットキャリヤ試験による通常形 MOS FET の特性劣化例

孔対発生効率が電子と比べ著しく低く,また正孔に対する SiO_2 の電位障壁が約 4.5 eV と電子に対する障壁の約 3.2 eV に比べ高く,正孔の SiO_2 への注入が起きにくいのが原因である.

nMOS FET でのホットキャリヤの注入は,ゲート電圧とドレーン電圧の印加状態で様子が異なる.表 7.3 に示すように,ゲート電極とドレーン電極とほぼ同じ電圧の $V_{GS} \approx V_{DS}$ 領域では,電界の向きから,チャネル領域で加速された電子が酸化膜に注入されやすい条件となる.この状態は,チャネルホットエレクトロン注入と呼ばれる.一方,基板電流最大となる条件($V_{GS} \approx V_{DS}/2$),すなわちホットキャリヤ発生最大となる条件では,ドレーン近傍でアバランシェ降伏が起きるので,ドレーンアバランシェキャリヤ注入と

表 7.3 ホットキャリヤ注入と劣化機構

チャネル形	ストレス電圧条件	主要注入キャリヤ	主要発生電荷
nMOS	基板電流最大 ($V_{GS} \simeq V_{DS}/2$)	$V_{GS} \simeq V_{DS}/2$ （ⓔ 電子, ⓗ 正孔／n$^+$ソース→p基板→n$^+$ドレーン構造図）	界面準位 電子捕獲 （負電荷）
nMOS	ゲート電流最大 ($V_{GS} \simeq V_{DS}$)	$V_{GS} \simeq V_{DS}$ （n$^+$ソース→p基板→n$^+$ドレーン構造図）	電子捕獲 （負電荷）
pMOS	ゲート電流最大 ($V_{GS} \simeq -1\,\mathrm{V}$)	$V_{GS} \simeq -1\,\mathrm{V}$ （p$^+$ソース→n基板→p$^+$ドレーン構造図）	電子捕獲 （負電荷）

呼ばれる．この電圧条件では，電界の向きから電子と正孔が同時に注入されやすく，界面準位が発生し，特性劣化が最大となる[36], [37]．一方，pMOS FET の場合は，電子と正孔の役割が逆になるだけで，nMOS FET の場合と同様である．ただし，前述のように正孔の電離衝突による電子・正孔対発生効率が著しく低く，正孔の SiO$_2$ への注入が起きにくいので，劣化量はnMOS に比べ非常に小さい．その中で，最も劣化が大きいバイアス条件が，ゲート電圧がしきい値電圧（〜-1V）とほぼ同じ条件である．このバイアス条件では，ドレーン近傍で電離衝突により発生した電子がゲート酸化膜へ注入される．ドレーン近傍の SiO$_2$ 中への電子捕獲により，負電荷を生成し，正方向の V_T 変動が生じる．また，生成した負電荷によりドレーン近傍のチャネル部に形成される空乏層がドレーンのように働くので，実効的にチャネル長が減少したように作用し，g_m 増加が観測されることになる[38]．

次に，ホットキャリヤによる素子寿命を予測するための加速試験方法を，劣化の大きい nMOS FET について説明する．ホットキャリヤによる劣化は，

基板電流最大となるバイアス条件で最も大きいので,各種ドレーン電圧で,基板電流最大となるゲート電圧を選定しストレス試験を実施し,特性劣化量がある値(10%のg_m劣化や10 mVのV_T変動が用いられる)に達する時間(t_F)を測定する.t_Fと基板電流(I_{SUB})との関係は次式で表されることが,ラッキーエレクトロンモデルより導き出され,実験的にも確かめられている[39].なお,ラッキーエレクトロンモデルとは,ドレーン空乏層内で電界により加速された電子が電離衝突を起こし発生した電子のうちで,空乏層内で格子と衝突しないラッキーな電子のみがエネルギー損失がないので高エネルギーを得て,酸化膜に注入されるというモデルである.

$$t_F = AI_{SUB}^{-n} \tag{7.9}$$

ここに,Aとnはプロセス依存の定数である.nは通常2.8〜3.5の値である.$t_F \propto I_{SUB}^{-n}$の関係を実験的に求め,この直線を実使用バイアス条件での基板電流値に外挿することにより,実使用条件での寿命が推定できる.なお,温度加速性については,酸化膜の電子捕獲が低温ほど起こりやすいので,低温ほど劣化は加速され,負の活性化エネルギー(約〜−0.04 eV)が報告されている[40].ただし,界面準位発生が主な劣化機構となる場合は,高温の方が加速され,正の活性化エネルギー(約0.33 eV)が得られるという報告もある[41].

ホットキャリヤ不安定性を引き起こす基本原因は短チャネル化に伴いドレーン電界強度が高くなることである.そこで,電界緩和方法として,低濃度のn⁻層と高濃度のn⁺層の二重のドレーン構造を持つLDD(Lightly Doped Drain)が考察され,1.2 μm時代から実際に使われている[42].

最近の0.25 μm以下のディープサブミクロンMOS FETでは,電源電圧が3 V以下になるので,全体としてホットキャリヤ劣化量は減少する.ただし,実験事実としてドレーン電圧が1.5 V程度になっても,ホットキャリヤ劣化は起こる.上述の劣化モデルでは,電子注入が起こるには電子の持つエネルギーがSi/SiO₂界面の電位障壁を超えるために3.2 V以上の高エネルギーが必要であるので,3 V以下の低電圧におけるホットキャリヤ劣化は,従来のラッキーエレクトロンモデルでは説明がつかない.新たなモデルとして,電子-電子散乱モデル(E-E散乱モデル:Electron-Electron scattering)が提

案されている[43]．このモデルは，ドレーン近傍の空乏層内の電子と電子との衝突（クーロン散乱）により二つの電子間でエネルギーの移動が起こり，最大で，ドレーン電圧の2倍のエネルギーを持つ電子が存在する確率がある．すなわち，ドレーン電圧が1.5Vでも実効的に3Vのエネルギーを持つ電子の存在確率があり，この電子がゲート酸化膜に注入され，劣化を引き起こす．

最新のSoC（System on a Chip）技術では，コア系とI/O系やアナログ系で異なる構造と電源を有するMOS FETを同一チップに集積化する．これらのSoC構造では，同一基板を用い同一プロセスで製造するので，高電圧で動作するI/O系やアナログ系のMOS FETの接合が浅くなり，従来の設計に比べホットキャリヤ耐性が低下する傾向にあり，トランジスタ構造の最適化が課題となっている．

7.3.5　負バイアス温度不安定性（NBTI）

MOS FETに負ゲート電圧を印加し温度を上げる試験で，Si/SiO_2界面近傍に正電荷と界面準位が生成する現象は，1960年代のMOS技術開発当初から知られていた．この劣化現象は，図7.13に示すように，pMOSのしきい値電圧（V_T）の負方向の変動をもたらす．この現象はスロートラッピング不安定性，または負バイアス温度不安定性（NBTI：Negative Bias Temperature Instability）と呼ばれていた[44],[45]．NBTIは2000年頃から再び注目され始め，最近の微細化デバイスで最も重要な故障モードの一つで

(a)　電荷発生状況　　　(b)　pMOSのI-V特性変動

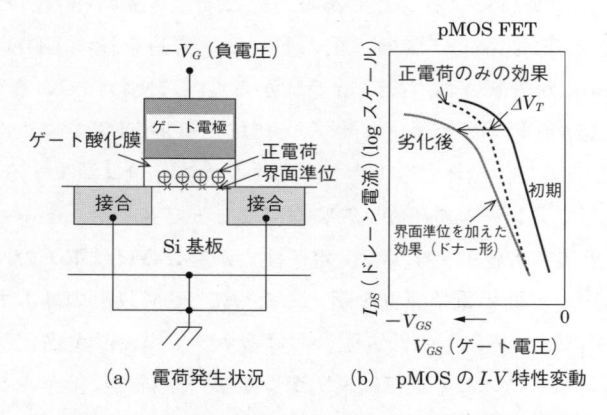

図7.13　NBTIによる電荷発生とpMOSのI-V特性変動の模式図

第7章 信頼性と検査技術

ある．これは，最近発見された非常に短時間に劣化が起こること，最近の微細化デバイスでは，ゲート酸化膜に印加される電界強度が5〜6 MV/cmと高電界強度での使用となり劣化が加速されること，また，V_Tの低下と電源電圧の低下により，V_T変動の許容マージンが低下していることなどによる．

NBTI劣化現象における最近の新しい発見は，V_T変動がバイアス印加後非常に早い時間で起こる（μ秒レベル）ことと，バイアス切断後に早い時間で回復することである[46],[47]．ただし，これまで知られていたV_T変動成分もあり，これは遅い変動成分として，早い変動成分と区別される．図7.14に，ストレス印加-測定-ストレス印加の繰返しにおいて，高速（50μ秒）で測定した場合と従来のDC測定（測定に数秒必要）の場合のV_T変動例を示す[48]．高速測定の方が，V_T変動がかなり大きく，また，バイアス切断後に急速に回復する．これは，NBTI現象には，速いV_T変動と回復があることを示しており，従来のDC測定では見過ごされていた現象である．また，バイアス切断後の1,000秒のアニール後でも完全に初期のV_Tには戻らず，残存しているV_T変動がある．これが従来評価されていた遅いV_T変動であり速いV_T変動成分と区別される．なお，高速測定は，ゲート電圧パルスの立下りまたは立上りのスロープを利用してI-V特性を測定する高速I-V法である[48]．

V_T変動の時間依存性は，$\Delta V_T \propto t^n$とべき乗で近似され，その傾きnは約1/4と報告されていた[49],[50]．しかし，最近の高速測定により，時間依存性はより緩やかとなり，傾きnは約1/6になることが明らかになってきた[51]．

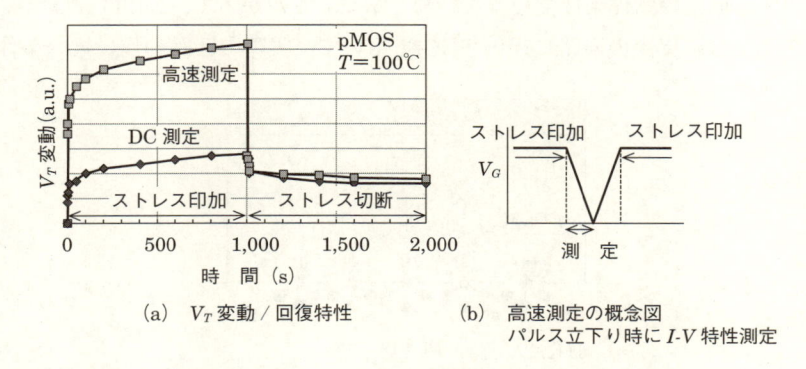

(a) V_T変動／回復特性　　　(b) 高速測定の概念図
　　　　　　　　　　　　　　　パルス立下り時にI-V特性測定

図7.14　NBTIによるV_T変動と回復の高速測定とDC測定による違い[48]

n の 1/4 の値は，バイアス切断後の速い回復現象終了後の遅い V_T 変動成分の時間依存性を示しており，1/6 の値は速い回復の起こる前の速い成分と遅い成分の V_T 変動を含めた時間依存性を示していると解釈されている．

従来より広く受け入れられている NBTI 劣化モデルは，反応-拡散（R-D：Reaction-Diffusion）モデルによる界面準位の生成である．**図 7.15** にモデル図を示すように，Si/SiO_2 界面に存在する $Si \equiv Si\text{-}H$ の水素（H）が，ゲートに加えた負の電圧と温度ストレスにより解離（反応）して界面準位が生成される．解離した H は H_2 となって酸化膜中に拡散する．解離の速度は，初期は SiH のボンドの切断反応が律速過程であるが，ある程度の解離が進むと界面の H 濃度が高くなっていき，界面から酸化膜内部への H の拡散が律速過程となるので，反応-拡散モデルといわれる．このモデルに基づくモデル計算により拡散の時間依存性は $t^{1/6}$ となり，実験結果の $\Delta V_T \propto t^{1/6}$ が説明できる[51]．Si-H の切断のメカニズムとしては，負バイアス時に基板から Si/SiO_2 界面に注入される正孔が Si-H 結合の解離を促進すると考えられている．更に，最近発見された μ 秒レベルの速い変動と回復現象を説明する最新モデルでは，Si 基板から注入された正孔の，Si/SiO_2 界面近傍に存在する正孔トラップセンタ（SiO_2 膜内の Si-O-Si 結合で，O がない欠陥（O 空位欠陥）で E' センタとして知られている）への捕獲と放出が関係するモデルが提案されている[52]．

実際の回路への NBTI の影響は，早い V_T 変動と回復現象があることから，使用する回路の動作条件で複雑な挙動を示す．したがって，NBTI による寿命予測では，実際の回路に近い TEG を用いて，実際の回路動作に近い条件

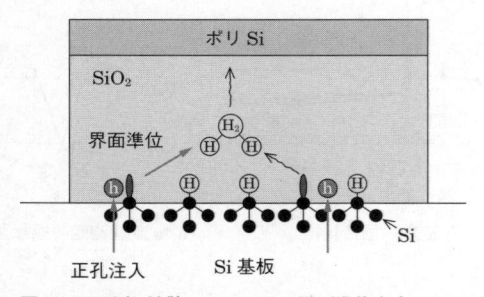

図 7.15 反応-拡散モデルによる界面準位生成モデル

で評価すべきである．ただし，単体 MOS FET を用いた早い測定による V_T 変動の実測とその結果の外挿で求められ V_T 変動は，回復のない DC 条件での V_T 変動であり，最悪の V_T 変動とみなされる．

最先端 LSI で採用されつつある high-k 膜の NBTI は，一般に SiO_2 膜に比べ劣化量が大きいが，プロセスの改良によりほぼ同じ劣化量に抑えることができる[53]．むしろ，high-k 膜の問題は，high-k 膜内に多量の電子トラップセンターが存在することで，ゲート電極に正電圧を印加し温度を上げる正バイアス温度試験で，Si 基板から注入される電子を捕獲し，正方向の V_T 変動が起こることで，PBTI（Positive Bias Temperature Instability）が問題となる[54]．HfO_2 膜に Si や N を添加し，HfSiO や Hf-SiON 膜とし，膜内の O-Si 結合を増やし，電子トラップ発生の原因である酸素空孔を生成しやすい Hf-O 結合比率を減らす対策がとられ，実用化されている[55]．

7.4 ま と め

近年の ULSI は，素子寸法縮小を基本原理として微細化と多層化により達成されており，製造プロセスは従来にも増して複雑となり，素子内部の電界強度や配線を流れる電流密度も増大している．これらは，信頼性を低下させる方向であるが，一方では一層の高歩留りや高信頼性も要求されている．したがって，新しい ULSI 開発における各種技術選択では，性能，加工性，生産性と信頼性とのトレードオフが必要となり，開発する技術に関係する各種故障モードの分析と正確な寿命予測が重要となっている．そのためには，故障を有効に抽出するための TEG 設計，効果的な加速試験法，精度の高い寿命（信頼性）予測法，故障した LSI の故障解析法など多くの信頼性評価・検査技術の技術力を高め，新しい ULSI 開発に対応していくことが要求されており，信頼性技術はますます重要となっている．

文　　献

(1)　二川清編著，LSI の信頼性，日科技連，2010．
(2)　藤木正也，塩見弘，エレクトロニクスにおける信頼性，電子通信学会編，1978．
(3)　安食恒雄監修，半導体デバイスの信頼性技術，日科技連，1988．
(4)　JIS Z 8115，ディペンダビリティ用語，日本規格協会，2000．
(5)　JIS C 5003，電子部品の故障率試験方法通則，日本規格協会，1974．
(6)　JEP 122F, Failure Mechanisms and Models for Semiconductor Devices, JEDEC, 2010.
(7)　J. W. McPherson, "Basics of reliability physics," Tutorial #141, Int. Reliab. Phys. Symp., 2011.
(8)　J. Wood, "Reliability and degradation of silicon devices and integrated circuits," in M. J. Howes, and D. V. Morgan, eds., Reliability and Degradation, Wiley, New York, 1981.
(9)　M. H. Woods, "MOS VLSI reliability and yield trends," Proc. IEEE, vol. 74, pp. 1715-1729, 1986.
(10)　A. G. Sabnis, "VLSI reliability," VLSI Electron. Microstruct. Sci., vol. 22, Academic Press, New York, 1990.
(11)　J. Klema, R. E. Pyle, and E. Domangue, "Reliability implications of nitrogen contamination during deposition of sputtered aluminum/silicon metal films," Proc. Int. Reliab. Phys. Symp., pp. 1-5, 1984.
(12)　J. Curry, G. Fitzgibbon, et al., "New failure mechanisms in sputtered aluminum-silicon films," Proc. Int. Reliab. Phys. Symp., pp. 6-8, 1984.
(13)　J. W. McPherson and C. F. Dunn, "A model for stress-induced metal notching and voiding in VLSI Al-Si metallization," J. Vac. Sci. Technol. B, vol. 5, pp. 1321-1325, 1987.
(14)　K. Hinode, I. Asano, et al., "A study on stress-induced migration in aluminum metallization based on direct stress measurements," J. Vac. Sci. Technol. B, vol. 8, pp. 495-498, 1990.
(15)　岡林秀和，"LSI Al 配線のストレスマイグレーション，"応用物理，vol. 59, pp. 1461-1473, 1990.
(16)　E. T. Ogawa, J. W. McPherson, et al., "Stress-induced voiding under vias connected to wide Cu metal leads," Proc. Int. Reliab. Phys. Symp., pp. 312-321, 2002.
(17)　A.H. Fischer, O. Aubel, et al., "Reliability challenges in copper metallizations arising with the PVD resputter liner engineering for 65 nm and beyond," Proc. Int. Reliab. Phys. Symp., pp. 511-515, 2007.
(18)　K. Yoshida, T. Fujimaki, et al., "Stress-induced voiding phenomena for an actual CMOS LSI interconnects," Int. Electron Devices Meeting, pp. 753-756, 2002.
(19)　J. R. Black, "Electromigration – A brief survey and some recent results," IEEE Trans. Electron. Dev., vol. ED-16, pp. 338-347, 1969.
(20)　P. B.Ghate, "Electromigration-induced failures in VLSI interconnects," Proc. Int. Reliab. Phys. Symp., pp. 292-299, 1982.
(21)　J. C. Ondrusek, A. Nishimura, et al., " Effective kinetic variations with stress duration for multilayered metallization," Proc. Int. Reliab. Phys. Symp., pp. 179-184, 1988.
(22)　D. Edelstein, J. Heidenreich, et al., "Full copper wiring in a sub-0.25 pm CMOS ULSI technology," IEDM Tech. Dig., pp. 773-776, 1997.
(23)　C. K. Hu, D. Canaperi, et al., "Effects of overlayers on electromigration reliability improvement for Cu/low K interconnects," Proc. Int. Reliab. Phys. Symp., p. 222-228, 2004.
(24)　L. Gossett, S. Chhun, et al., "Self aligned barrier approach : Overview on process, module

integration and interconnect performance improvement challenges," Int. Interconnect Tech. Conf., pp. 84-86, 2006.
(25) S. Yokogawa, H. Tsuchiya., et al., "Analysis of Al doping effects on resistivity and electromigration of copper interconnects," IEEE Trans. Device, Mater. Reliab., vol. 8, pp. 216-221, 2008.
(26) 塩野登, "薄いシリコン酸化膜の信頼性," 西澤潤一編, 半導体研究, vol. 28, pp. 181-221, 工業調査会, 1988.
(27) 小柳光正, サブミクロンデバイスⅡ, 丸善, 1988.
(28) D. L. Crook, "Method of determing reliability screens for time dependent dielectric breakdown," Proc. Int. Reliab. Phys. Symp., pp. 1-9, 1979.
(29) E. Y. Wu, "Challenges for accurate reliability projections in the ultra-thin oxide regime," Proc. Int. Reliab. Phys. Symp., pp. 57-65, 1999.
(30) J. M. McPherson and D. A. Baglee, "Acceleration factors for thin gate oxide stressing," Proc. Int. Reliab. Phys. Symp., pp. 1-5, 1985.
(31) K. F. Schuegraf and C. Hu, "Hole injection SiO_2 breakdown model for very low voltage lifetime extrapolation," IEEE Trans. Electron Dev., vol. ED-41, pp. 761-767, 1994.
(32) J. H. Stathis and D. J. DiMaria, "Reliability projection for ultra-thin oxides at low voltage," Int. Electron Devices Meeting, pp. 167-170, 1998.
(33) R. Degraeve, G. Groeseneken, et al., "New insights in the relation between electron trap generation and the statistical properties of oxide breakdown," IEEE Trans. Electron Devices, vol. ED-45, pp. 904-941, 1998.
(34) J. H. Stathis, "Physical and predictive models of ultra thin oxide reliability in CMOS devices and circuits," Proc. Int. Reliab. Phys. Symp., pp. 132-149, 2001.
(35) X. Garros, C. Leroux, et al., "Reliability assessment of ultra-thin HfO_2 oxides with TiN Gate and Polysilicon-N^+ Gate," Proc. Int. Reliab. Phys. Symp., pp. 176-180, 2004.
(36) E. Takeda, "Hot-carrier Effects in submicrometre MOSVLSIs," IEE Proc., vol. 131, pp. 153-162, 1984.
(37) K. R. Hofmann, C. Werner, et al., "Hot-electron and Hole-emission effects in short n-channel MOS FETs," IEEE Trans. Electron Devices, vol. ED-32, pp. 691-699, 1985.
(38) M. Koyanagi, A. G. Lewis, et al., "Hot-electron-induced punch through effects in submicrometer PMOS FETs," IEEE Trans. Electron Devices, vol. ED-34, pp. 839-844, 1987.
(39) C. Hu, S. C. Tam, et al., "Hot-electron-induced MOS FET degradation-mode1, monitor, and improvement," IEEE Trans. Electron Devices, vol. ED-32, pp. 375-385, 1985.
(40) J. J. Tzuo, C. C. Yao, et al., "Hot-electron-induced MOS FET degradation at low temperatures," IEEE Electron Device. Lett., vol. EDL-6, pp. 450-452, 1985.
(41) 鳴屋正一, 下山展弘, 塩野登, "MOS FETのホットキャリヤ耐性の熱処理条件依存性および加速試験法," 電気化学, vol. 58, pp. 638-643, 1990.
(42) S. Ogura, P. J. Tsang, et al., "Design and characteristics of the lightly doped drain-source (LDD) insulated gate field-effect transistor," IEEE Trans. Electron Devices, vol. ED-27, pp. 1359-1367, 1980.
(43) S. E. Rauch Ⅲ, F. J. Guarin, et al., "Impact of E-E scattering to the hot carrier degradation of deep submicron NMOS FET's," IEEE Electron Device Lett., vol. EDL-19, pp. 463-465, 1998.
(44) Y. Miura and Y. Matukura, "Investigation of silicon-silicon dioxide interface using MOS structure," Jpn. J. Appl. Phys., vol. 5, p. 180, 1966.

(45) B. E. Deal, M. Sklar, et al., "Characteristics of the surface state charge (Qss) of thermally oxidized silicon," J. Electrochem. Soc., vol. 114, pp. 266-274, 1967.

(46) G. Chen, K. Y. Chuah, et al., "Dynamic NBTI of PMOS transistors and its impact on MOS FET lifeline," Proc. Int. Reliab. Phys. Symp., pp. 196-202, 2003.

(47) T. Grasser, B. Kaczer, et al., "Simultaneous extraction of recoverable and permanent components contributing to bias-temperature instability," IEDM Tech. Dig., pp. 801-804, 2007.

(48) C. Shen. M. F. Li, et al., "Negative U traps in HfO_2 gate dielectrics and frequency dependence of dynamic BTI in MOS FETs," IEDM Tech. Dig., pp. 733-736, 2004.

(49) K. O. Jeppson and C. M. Svensson, "Negative bias stress of MOS devices at high electric fields and degradation of MOS devices," J. Appl. Phys., vol. 48, pp. 2004-2014, 1977.

(50) S. Ogawa, M. Shimaya, et al., "Interface-trap generation at ultrathin SiO_2 (4 - 6 nm)-Si interfaces during negative-bias temperature aging," J. Appl. Phys., vol. 77, pp. 1137-1148, 1995.

(51) A. E. Islam, H. Kufluoglu, et al., "Recent issues in negative-bias temperature instability : Initial degradation, field dependence of interface trap generation, hole trapping effects, and relaxation," IEEE Trans. Electron Devices, vol. 54, pp. 2143-2154, 2007.

(52) T. Grasser, B. Kaczer, et al., "A two-stage model for negative bias temperature instability," Proc. Int. Reliab. Phys. Symp., pp. 33-44, 2009.

(53) S. Zafer, Y. H. Kim, et al., "A comparative study of NBTI and PBTI (charge trapping) in SiO_2/HfO_2 stacks with FUSI, TiN, Re Gates," 2006 Symp. VLSI Technol., pp. 23-24, 2006.

(54) A. Kerber, E. Cartier, et al., "Characterization of the V_T-instability in SiO_2/HfO_2 gate dielectrics," Proc. Int. Reliab. Phys. Symp., pp. 41-45, 2003.

(55) A. Shanware, M. R. Visokay, et al., "Characterization and comparison of the charge trapping in HfSiON and HfO_2 gate dielectrics," Int. Electron Devices Meeting, pp. 939-942, 2003.

第 8 章

ULSI の新展開

　ULSI デバイスは CMOS を基本として発展してきた．CMOS はスイッチング時以外に電力を消費しない理想的な構成であり，現在のところこれを超える実用的なデバイス概念は見当たらない．Si は CMOS プロセスに適した半導体であり，材料の転換や構造の立体化によって一層の高性能化と高集積化が図れる可能性がある．MOS トランジスタのチャネルを化合物半導体に置き換え，更にひずみを加えることによりキャリヤ移動度の向上が見込まれる．グラフェンやカーボンナノチューブの採用は飛躍的な高キャリヤ移動度実現の可能性がある．また，有機半導体材料による CMOS は高速回路には向かなくても，低コスト化に期待が持てるため ULSI の応用分野を大きく広げるかもしれない．

　CMOS ロジック以外の異種技術を集積化することにより，これまでにない機能を持った ULSI が製造される可能性がある．機械的要素部品や各種センサといった MEMS（Micro Electro Mechanical Systems）あるいは光導波路やバイオ技術をハイブリッド化することによって小形で高機能なシステムができると期待される．CMOS の延長を More Moore と呼ぶのに対して，これらの微細化以外の技術は More than Moore といわれる．未来社会に要求される健康・医療機器，食品安全，ロボット，ユビキタス家電，更にはエネルギーや輸送機器などの応用を視野に入れた研究が展開されている．

　CMOS の類似機能を他の物理現象で置き換えた技術を Beyond CMOS と

呼ぶ．スピン，位相，量子状態，分子，DNA など電荷以外の状態変数を用いた情報処理，フォノンやフォトンによる電磁気によらない情報伝達，セルフアセンブリによるナノ構造の創出，ブール関数以外によるデバイス動作などの可能性が模索されている．

一方，ULSI メモリについては，理想とする不揮発性でランダムアクセス書換え・読出しが劣化なしに行える構造を目指して，既に様々な提案がなされ研究が展開されている．CMOS 回路と整合性に優れ，既存の DRAM やフラッシュメモリの置換えが可能なデバイスから実用化が始まると思われる．更に，メモリハイアラーキにおいて特徴が顕著なメモリ特性が得られれば，新たな応用市場が開拓できるだろう．

8.1 三次元構造デバイス

MOS トランジスタのゲートをチャネル層の両側に設けるダブルゲート構造が三次元化の始まりである[1]．薄膜 SOI のような薄い Si チャネルを両面から駆動するので電流の立上りが急峻になり，短チャネル効果の抑制と相互コンダクタンスが約 2 倍になることが実証されている[2]．Si 層の膜厚制御とセルフアラインによるボトムゲートをいかに作成するかが課題である．チャネル層とゲートを更に積層することによって駆動力を高めた図 8.1 に示す多層チャネル MOS トランジスタの製作が可能である．Si 層をナノワイヤ状にして多層化する 3D ナノワイヤ FET（図 8.2）も報告されている[3]．

他のアプローチは Si チャネル層を魚の背びれのような構造にするフィン FET（図 8.3）である[4]．フィン FET の電流駆動力はフィンの高さで決まる．原理的には前述のダブルゲート構造と同じであり，多層フィン構造が可能である．図 8.4 に示すようなフィンの上部面も含めて 3 面をチャネルとして使うトライゲート FET[5]，オメガ FET[6]，更に下地 Si バルク面をも活用す

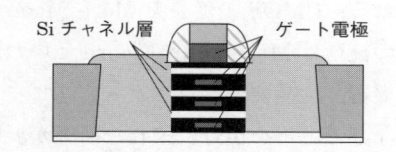

図 8.1 多層チャネル MOS トランジスタ

第 8 章　ULSI の新展開

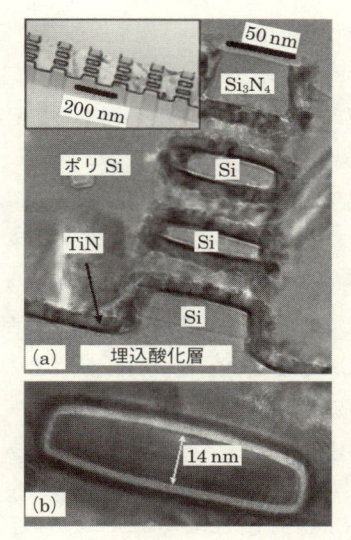

図 8.2　三次元構造 Si ナノワイヤ FET[3]

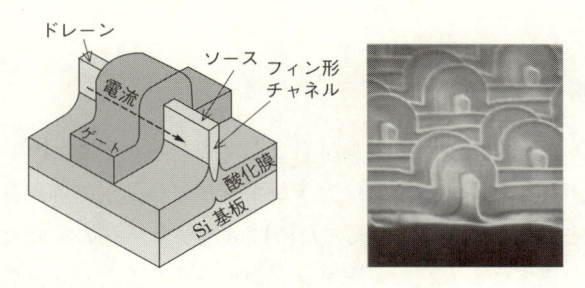

図 8.3　フィン構造チャネルの MOS トランジスタ[4]

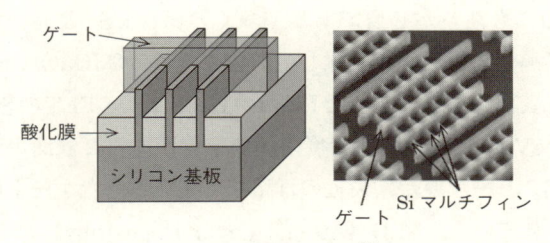

図 8.4　Tri-gate FET[5]

るナノグレーティング FET 構造[7] も提案されている．Si フィンの形成は SOI 基板を使うことが多いが，Si ウェーハを加工して形成するものはバルクフィン FET と呼ばれる．フィン FET の原形は DELTA（Fully Depleted Lean Channel Transistor）[8] である．

　これらの三次元構造デバイスの共通の課題としては，Si チャネル層薄膜を結晶損傷なく制御性良く形成することが不可欠である．n チャネルと p チャネルでそれぞれ最適な Si 結晶面を使うことができなくなる問題がある．更に，それらのチャネルに生ずるひずみを積極的に活用しキャリヤ移動度を高くするためにも，三次元的なひずみの制御が問題になる．チャネル層が狭くなるとチャネル層の延長で構成するソースとドレーンの抵抗が増大するため外部の電流駆動力を増加できない問題もある．トランジスタ構造と不純物ドーピング方法やアニールによる低抵抗化の更なる研究が必要である．

　このほか，ピラー状の縦形 Si チャネルの上下にソース・ドレーン電極を配置し，チャネルをゲートで包んだ SGT（Surrounding Gate Transistor）も研究されている[9]．

8.2　化合物半導体 FET

　MOS トランジスタのチャネル材料として Si に代え化合物半導体を使う研究は古くからある．その目的は大きなキャリヤ移動度の利用にあるが，材料の選択に当たって CMOS 構成のためには電子と正孔の移動度が大きく違わないことが望まれる．バンドギャップが小さくなるとバンド間トンネル電流が増加し，GIDL（Gate Induced Drain Leakage）が大きくなる．更に，誘電率の増加にも注意が必要である．多くの場合，Si と違ってゲート絶縁膜と化合物半導体の界面制御が難しい問題がある．$GdGaO/Ga_2O_3$ をゲート絶縁膜として表面制御を改善した RF 用の GaAs MOS FET の報告がある[10]．一般に，$10^{11} eV/cm^2$ 以上の高密度の界面準位があると表面ポテンシャルのピニングが起こりやすいが，最近の堆積法で生成されたゲート膜技術の採用により改善されている．ALD（Atomic Layer Deposition）による high-k 膜を使ってトライゲート構造 FET を多元半導体の InGaAs で構成し（図 8.5），Si の約 2 倍の電流駆動力が実現された[11]．InGaAs の電子移動度は Si の

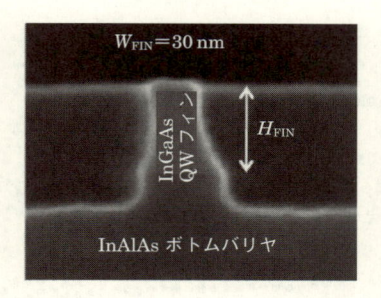

図 8.5　InGaAs を用いた Tri-gate 構造 FET⁽⁹⁾

数倍高いが正孔移動度は低いので，CMOS を構成するためには pMOS には正孔移動度の高い Ge などで作成する必要がある．移動度は nMOS で 1,800 cm²/(V·s)，pMOS で 260 cm²/(V·s) と SiMOS トランジスタの数倍高い値が実現された[12]．化合物半導体による FET の高性能化の可能性は高いが，ULSI 製造に向けては複雑なプロセスと材料費を含めて低コスト化の課題に対応する必要がある．

8.3　炭素系材料 FET

炭素 6 個と水素 6 個からなるベンゼン環を二次元平面に敷き詰めた六角環シートをグラフェン（graphene）と呼ぶ．これが筒状になるとカーボンナノチューブ（CNT：Carbon Nano Tube）となり，複数枚積み重なるとグラファイトとなる．単層 CNT（Carbon Nano Tube）は直径が 1〜2 nm，長さが 1 μm 以上であり，一次元量子細線と考えられる．電子移動度は Si より 1 桁以上大きい[13]．この領域ではバリスティック伝導により Si の数倍のキャリヤ走行速度が期待され，更にクーロンブロッケード現象を利用した単一電子トランジスタ動作が期待される．既に，n 形及び p 形 CNT を用いた MOS トランジスタ構造の FET が発表され[14]，NOR ゲートやリング発振器が試作された（図 8.6）．低抵抗コンタクト形成に課題がある．CNT の特性の精密制御のためには，らせん形状の制御が所定の禁制帯幅を有する半導体 CNT を得るために本質的に必要であり，更に所定の場所に所定の方向に成長させる技術の開発が求められる．製造技術としてはインクジェット印刷方式の CNT 堆積法なども検討されているが，特性のばらつきを抑えるた

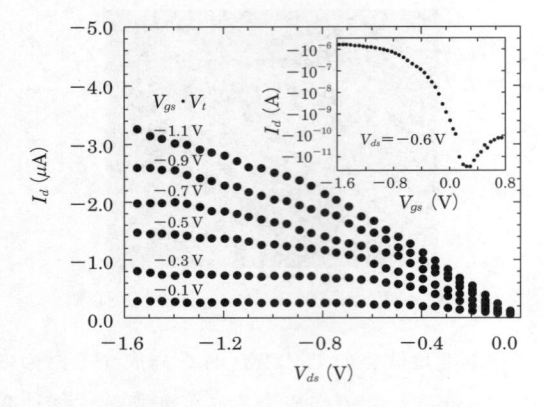

図 8.6 p 形 CNT-FET の電流-電圧特性[13]

めには純度を上げた CNT をゲート方向にそろえて堆積させるなどが必要になる．

　一方，グラフェンシートを用いた FET では，最高で $10,000\,\mathrm{cm^2/(V\cdot s)}$ のチャネル電子移動度が報告されている[15]．グラフェン膜の形成は主に剥離法によっているが，エピタキシャル成長させたグラフェン FET によっても $1,500\,\mathrm{cm^2/(V\cdot s)}$ の電子移動度及び $3,400\,\mathrm{cm^2/(V\cdot s)}$ の正孔移動度が確認されている[16]．更に，室温で $7\times 10^4\,\mathrm{cm^2/(V\cdot s)}$ [17]，5 K で $2\sim 3\times 10^5\,\mathrm{cm^2/(V\cdot s)}$ [18] の電子移動度が確認された．グラフェン FET の問題はグラフェンがバンドギャップを持たないため I_{on}/I_{off} が大きくとれないことである．グラフェンの特性制御に関してはナノリボンやナノメッシュなどによる形状制御により所定の禁制帯幅を得ようとすると極めて微細な加工を必要とする．ナノリボンの場合側面の形状制御も必要である．グラフェンは物理学的実験用には剥離法が使用されることがあるが，デバイス実用化に向けては有機化合物を原料とする CVD や基板の炭化法などが研究されている[19]．

8.4　バンド間トンネル FET

　n チャネル MOS トランジスタの場合は，ソース側を p^+ にして逆バイアスを印加すると，バンド間トンネルによりソースから真性チャネルへ電子が注入されトランジスタはオンする．この電流の立上りは SiMOS FET の室

温限界値の 60 mV/decade に比べ急峻になり，しきい値電圧の低減すなわち低電圧動作が可能になる[20]．Si の場合は 52.8 mV/decade が実現されている[21]．しかし，この値は立上りの低ドレーン電流領域のみで得られたものであり，FET 動作には 3 桁以上の広い電流領域で狭いサブスレッショルドスイングが必要である．半導体材料及びデバイス構造の最適化の研究が待たれる．

8.5 スピントランジスタ

Si 中ではスピン軌道相互作用は非常に弱いが，注入されたスピンの輸送距離はチャネル長に対して十分長い[22]．出力特性をスピンあるいは磁化によって制御するいろいろなスピントランジスタが提案されている[23]．スピン MOS FET[24] はソース・ドレーンに導電性の強磁性体を用いる．スピン偏極されたキャリヤがチャネルに注入されドレーンに達すると，磁化が平行の場合は抵抗が低く，磁化が反対方向の場合は高くなる．ソース・ドレーンの磁化状態によって出力特性が変化する．磁化状態は不揮発であるので，不揮発性メモリやリコンフィグアロジックとしての機能を持つ新規デバイスの創出が期待される．

8.6 新規メモリデバイス

新規なメモリデバイスとして多くのアイデアがあるが，それらの将来性は既存のメモリデバイスに対して高集積化，不揮発性，高速書換え，耐放射線，製造コストなどの優位性が明確であるかどうかによる．メモリセルと選択トランジスタを組み合わせた DRAM 形あるいは配線マトリックスのクロスポイント形で構成される．

PZT 膜などの強誘電膜キャパシタと選択用トランジスタにより構成される不揮発性メモリは IC カードなどに実用化されている．強誘電膜を直接ゲート絶縁膜とする強誘電体 FET メモリ[25] は不揮発性の 1 トランジスタ形メモリとして高集積化が期待される．しかし，強誘電体膜を Si に直接堆積することが難しいため，バッファ絶縁膜の介在を必要とする．このためスケーリングが難しく，また記憶保持時間も不揮発メモリとしては十分長くない．

書込み・読出し速度は 50 μs 程度である．PVF（Poly Vinyl Fluoride）などの高分子強誘電体膜などの採用によって新たな展開が期待される．また，強誘電体をゲート膜に用いることにより分極によりゲート容量を負にする状態が出現する．MOS トランジスタのサブスレッショルドスイングをその室温下限値の 60 mV/decade より小さくする応用も検討されている．

機械的なゲート動作を使った NEMM（Nano Electro Mechanical Memory）[26] は，静電的にスイッチする宙づりの梁をゲート電極に用い，そのたわみ具合でゲート容量を変えることで MOS FET のチャネル電流を制御する．双安定で不揮発であるが，駆動電圧が 10 V 以上必要で長期信頼性やスケーラビリティに課題がある．

ReRAM（Resistive Random Access Memory）は，NiO などの金属酸化膜を Pt などの金属電極ではさみ，電圧を印加することによって高抵抗状態から低抵抗状態へセットし，また低抵抗状態から高抵抗状態にリセットする動作を可逆的に繰り返す不揮発性メモリである[27]．そのメカニズムとしては幾つかのモデルがあるが，主に伝導フィラメントの形成と酸化反応による抵抗変化として説明されている[28]．当初は書込み動作の電流が大きかったが，最近では 100 ns 以下のスイッチ時間で 100 μA 以下に低減されている．CMOS プロセスとの整合性も良く，10 年間のデータ保持と 10^{11} 回以上の書換えエンデュアランスも確認されている[29]．微細化限界に近いフラッシュメモリに置き換わる可能性がある．

局所的な熱反応による非晶質と結晶の相転移を利用する相変化メモリ（PCM：Phase Change Memory あるいは PRAM：Phase-change Random Access Memory）は，書換え可能な光学記録ディスクと同じ原理のメモリであるが，結晶状態で電気抵抗が低くなりアモルファス状態で電気抵抗が高くなる現象を利用する[30]．図 8.7 に示すように，情報の記憶にはカルコゲナイドと呼ばれる Te 合金が用いられ，選択トランジスタで書込みあるいは読出しメモリセルを選択する．書換え回数は 10^{12} 回以上が確認されている[31]．構造が簡単で，書換え速度が速く，書換え電圧が低い不揮発性メモリとして期待される．

スピン転送トルクメモリは，セル選択用の MOS トランジスタと二つ

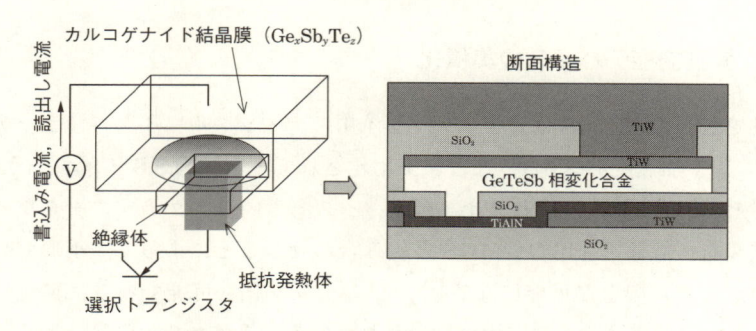

図 8.7 相変化メモリセル

の強磁性膜で MgO などのトンネル膜を挟んだ磁気トンネル接合（TMR：Tunneling Magneto-Resistance）からなる．スピン分極した伝導電子の角運動量が磁化自由層の磁性を担う電子に転送され，生じるトルクにより磁化自由層の磁化スイッチングが起こる．X 方向と Y 方向のマトリックス配線から特定のセルを選んで電流を流すと，磁化困難軸方向と磁化容易軸方向の両方に磁界がかかる交点位置のセルのみ書込みを行い，その他の多数のセルはしきい値を超えた磁界がかからず書換えが起こらないようにすることができる．軸の回転については，材料の劣化が伴わない．したがって，書換え回数の制限はほとんどない．読出しは，TMR 素子に流れる電流を参照セルと比較する．書込みに要するエネルギーとセルサイズのスケーリングが可能であり，微細化による高集積化が期待できる[32]．

8.7 有機半導体デバイス

有機高分子半導体のキャリヤ移動度は高くないが，印刷技術を使ってガラス基板などへ低コストで回路を形成できる特徴がある[33]．ペンタセンを用いた有機 FET で，電子移動度は $1.9\,\mathrm{cm}^2/(\mathrm{V\cdot s})$，正孔移動度は $2.1\,\mathrm{cm}^2/(\mathrm{V\cdot s})$ が得られている[34]．DPh-BDSe 単結晶の有機半導体を用いた p チャネル FET では最大 $8\,\mathrm{cm}^2/(\mathrm{V\cdot s})$ の正孔移動度が報告されている[35]．有機 FET はガスの吸着によって特性が大きく劣化する問題に対応する必要があるが，安価な製造コストにより新たな応用分野が期待されるデバイスである．

8.8 異種機能デバイスの集積化

Si を使った MEMS は，ディスプレイ用のディジタルマイクロミラーデバイス[36]や加速度センサ[37]などに実用化されている．図 8.8 に示すように，MEMS 技術による各種センサ，光デバイスあるいはアクチュエータなどの異種機能を信号処理用の CMOS と組み合わせることによって，小形で高機能のシステム製造が可能になる[38]．ワンチップ化も可能であり，環境，安全あるいは健康分野への応用が検討されている．異種機能の信号は多くの場合アナログであり，ディジタルに変換し情報処理をする必要がある．種々の RF デバイスを既成の CMOS チップ上に集積する方法を用いることによって，少量多品種の用途にも容易に対応できる[39]．

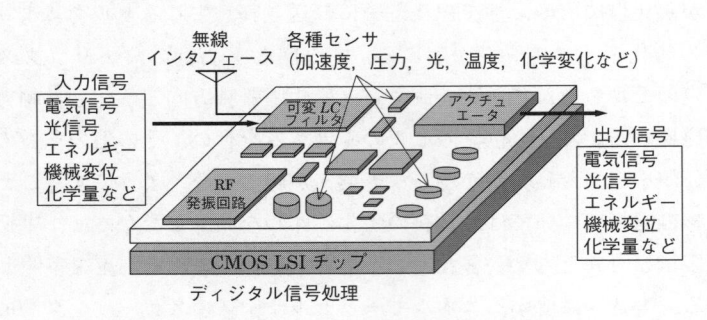

図 8.8 異種機能デバイスと CMOS の融合チップ

8.9 シリコンフォトニクス

Si は室温では発光効率が極めて低いことから，光デバイスには向いていないといわれていたが，発光効率を上げる様々な研究が進展している．Si ナノ粒子やポーラス Si, SiGe などの混晶，ひずみ印加，超格子，$FeSi_2$ などのシリサイドなどの研究がある[40]．なかでもポーラス Si は製作が簡単であり多くの報告がある[41]．更に，微粒子を使った Si レーザの可能性も示された[42]．

しかしながら，直接遷移形の化合物半導体に比べると発光効率ははるかに低いため LSI との融合は実現していない．一方，光検出器としては量子ド

ット形 Si デバイスによって単一のフォトンを検出することが可能になっている[43]．光検出器や光導波路は LSI の中に作り込むことが比較的容易であり，フォトニクスシステムとして今後の発展が期待される．

文　　献

(1) T. Sekigawa and Y. Hayashi, "Calculated threshold-voltage characteristics of an XMOS transistor having an additional bottom gate," Solid State Electron., vol. 27, p. 827, 1984.
(2) T. Tanaka, H. Horie, et al., "Analysis of p$^+$ poly Si double-gate thin-film SOI MOSFETs," IEDM Tech. Dig., p. 683, 1991.
(3) C. Dupré, T. Ernst, et al., "3D nanowire gate-all-around transistors: Specific integration and electrical features," Solid State Electron., vol. 52, no. 4, p. 519, 2008.
(4) D. Hisamoto, W. C. Lee, et al., "A folded-channel MOSFET for deep-sub-tenth micron era," IEDM Tech. Dig., p. 1032, 1998.
(5) X. Sun, Q. Lu, et al., "Tri-gate bulk MOSFET design for CMOS Scaling to the end of the roadmap," Electron Device Lett., vol. 29, no. 5, p. 491, 2008.
(6) F. L. Yang, H. Y. Chen, et al., "25 nm CMOS Omega FETs," IEDM Tech. Dig., p. 255, 2002.
(7) T. Ito, X. Zhu, et al., "Highly reliable and drivability-enhanced MOS transistors with rounded nanograting channels," IEICE Trans. Electron., vol. E93-C, no. 11, p. 1638, 2010.
(8) D. Hisamoto, S. Kimura, at al., "A new stacked cell structure for giga-bit DRAMs using vertical ultra-thin SOI (DELTA) MOSFETs," IEDM Tech. Dig., p. 1419, 1991.
(9) H. Takao, K. Sunouchi, et al., "High performance CMOS surrounding gate transistor (SGT) for ultra high density LSIs," IEDM Tech. Dig., p. 222, 1988.
(10) M. Passlack, P. Zurcher, et al., "High mobility Ⅲ-Ⅴ MOSFETs for RF and digital applications," IEDM Tech. Dig., p. 621, 2007.
(11) M. Radosavljevic, "Electrostatics improvement in 3-D tri-gate over ultra-thin body planar InGaAs quantum well field effect transistors with high-K gate dielectric and scaled gate-to-drain/gate-to-source separation," IEDM Tech. Dig., p. 33, 2011.
(12) T. Maeda, Y.Urabe, et al., "Scalable TaN metal source/drain & gate InGaAs/Ge n/pMOSFETs," Symp. VLSI Tech., p. 62, 2011.
(13) G. Pennington and N. Goldsman, "Semiclassical transport and phonon scattering of electrons in semiconducting carbon nanotubes," Phys. Rev. B, vol. 68, no. 4, p. 045426, 2003.
(14) S. J. Wind, J. Appenzeller, et al., "Vertical scaling of carbon nanotube field-effect transistors using top gate electrodes," Appl. Phys. Lett., vol. 80, no. 20, p. 3817, 2002.
(15) K. S. Novoselov, A. K. Geim, et al., "Graphene transistor," Sci., vol. 306, p. 666, 2004.
(16) W. Yanqing, Y. D. Peide, et al., "Epitaxially grown graphene field-effect transistors with electron mobility exceeding 1,500 cm^2/Vs and hole mobility exceeding 3400 cm^2/Vs," Int. Semicon. Device Res. Symp., p. 1, 2007.
(17) F. Chen, J. Xia, et al., "Dielectric screening enhanced performance in graphene FET," Nano Lett., vol. 9, p. 2571, 2009.

(18) K. I. Bolotin, K. J. Sikes, et al., "Ultrahigh electron mobility in suspended graphene," Solid State Comm., vol. 146, p. 351, 2008.

(19) K. S. Novoselov, A. K. Geim, et al., "Graphene transistor," Sci., vol. 306, p. 666, 2004.

(20) Q. Zhang, W. Zhao, and A. Seabaugh, "Low-subthreshold-swing tunnel transistors," IEEE Electron Device Lett., vol. 27, no. 4, p. 297, 2006.

(21) W. Y. Choi, B. G. Park, et al., "Tunneling field-effect transistors (TFETs) with subthreshold swing (SS) less than 60 mV/dec," IEEE Electron Device Lett., vol. 28, no. 8, p. 743, 2007.

(22) B. Huang, D. J. Monsma, and I. Appelbaum, "Coherent spin transport through a 350 micron thick silicon wafer," Phys. Rev. Lett., vol. 99, p. 177209, 2007.

(23) S. Datta and B. Das, "Electronic analog of the electro-optic modulator," Appl. Phys. Lett., vol. 56, p. 665, 1990.

(24) S. Sugahara and M. Tanaka, "A spin metal-oxide-semiconductor field-effect transistor using half-metallic-ferromagnet contacts for the source and drain," Appl. Phys. Lett., vol. 84, p. 2307, 2004.

(25) H. Ishiwara, "Current status of ferroelectric-gate Si transistors and challenge to ferroelectric-gate CNT transistors," Curr. Appl. Phys., vol. 9, pp. S2-S6, 2009.

(26) R. L. Badzey, G. Zolfagharkhani, et al., "A controllable nanomechanical memory element," Appl. Phys. Lett., vol. 85, p. 3587, 2004.

(27) J. C. Bruyere and B. K. Chakravetry, "Switching and negative resistance in thin films of nickel oxide," Appl. Phys. Lett., vol. 16, p. 40, 1970.

(28) Z. Wei, Y. Kanzawa, et al., "Highly reliable TaOx ReRAM and direct evidence of redox reaction mechanism," IEDM Tech. Dig., p. 1, 2008.

(29) W. Otsuka, K. Miyata, et al., "A 4 Mb conductive-bridge resistive memory with 2.3 GB/s read-throughput and 216 MB/s program-throughput," ISSCC Dig. Tech. Papers, p. 210, 2012.

(30) A. Pirovano, A. L. Lacaita, and R. Bez, "Electronic switching in phase-change memories," IEEE Trans. Electron Devices, vol. 51, p. 452, 2004.

(31) S. Lai and T. Lowrey, "OUM-A 180 nm nonvolatile memory cell element technology for stand alone and embedded applications," IEDM Tech. Dig., p. 36-5.1, 2001.

(32) J. G. Zhu, "Magnetoresistive random access memory: The path to competitiveness and scalability," Proc. IEEE, vol. 96, p. 1786, 2008.

(33) H. Sirringhaus, T. Kawase, et al., "High-resolution inkjet printing of all-polymer transistor circuits," Sci., vol. 290, p. 2123, 2000.

(34) J. H. Schön, Ch. Kloc, and B. Batlogg, "Ambipolar organic devices for complementary logic," Synth. Metals, vol. 122, p. 195, 2001.

(35) V. Podzorov, S. E. Sysoev, et al., "Single-crystal organic field effect transistors with the hole mobility ~ 8 cm^2/Vs," Appl. Phys. Lett., vol. 83, no. 17, p. 3504, 2003.

(36) L. J. Hornbeck, "Projection displays and MEMS: timely convergence for a bright future," Proc. SPIE, p. 2639, 1995.

(37) T. D. Tan, S. Roy, et al., "Streamlining the design of MEMS devices: An acceleration sensor," IEEE Cir. Syst. Mag., vol. 8, no. 1, p. 18, 2008.

(38) 石原昇, 天川修平, 益一哉, "CMOS集積回路とMEMSの融合," 信学誌, vol. 93, no. 11, p. 928, 2010.

(39) K. Kotani, A. Sugimoto, et al., "Above-complementary metal–oxide–semiconductor metal pattern technique for postfabrication tuning of on-chip inductor characteristics,"

Jpn. J. Appl. Phys., vol. 50, p. 04DB04, 2011.

(40) 金光義彦,深津晋共編,シリコンフォトニクス―先端光テクノロジーの新展開―,オーム社, 2007.

(41) Y. Kanemitsu, "Light emission from porous silicon and related materials," Phys. Rev., vol. 263, p. 1, 1995.

(42) L. Pavesi, L. D. Negro, et al., "Optical gain in silicon nanocrystals," Nature, vol. 408, p. 440, 2000.

(43) R. Nuryadi, Y. Ishikawa, and M. Tabe, "Single-photon-induced random telegraph signal in a two-dimensional multiple-tunnel-junction array," Phys. Rev. B, vol. 73, p. 045310, 2006.

索　引

あ

アクセプタ形……………………109
アナログ・ディジタル変換器……212
アーリー効果……………………47
アーリー電圧…………………47, 66
アルファ線……………………272, 292
アレニウス式……………………311

い

イオン……………………………253
イオンチャネリング…284, 288, 289
位相シフトマスク………………234
移動度……………………………133
イメージセンサ………………208, 209
インゴット………………………270
インテリジェントパワーデバイス…212
インバータ………………………166

う

ウェブスター効果…………………46
埋込チャネル……………………131
裏面ゲート………………………141

え

エッチング低選択性……………255
エバーズ・モル……………………38
エピタキシャルプレーナトランジスタ
　………………………………7
エピタキシャルベース構造………201
エミッタ接地電流増幅率 h_{FE}……32
エミッタ遅延時間…………………50
エミッタ電流クラウディング効果…55
エミッタ・ベース間降伏電圧………58
エミッタ・ベース接合の充放電時間
　………………………………51
エレクトロマイグレーション……300, 317
エンクローチメント現象…………302
エンハンスメント形………………96

お

オージェ再結合……………………36
オメガFET………………………336
オリエンテーションフラット……270

か

解像性……………………………230
階段接合……………………………18
界面準位……………………5, 109
界面遷移層………………………277
ガウス分布………………………287
化学気相成長……………………293
化学増幅系レジスト……………241
カーク効果…………………43, 200

拡散係数……………………… 286
拡散電位……………………… 16
拡散方程式…………………… 284
拡散マスク…………………… 286
重ね合わせ技術……………… 235
片側階段接合………………… 19
カタジオプトリック光学系… 230
活性種………………………… 253
カーボンナノチューブ…… 335, 339
完全空乏形………………… 113, 140
貫通電流……………………… 169
ガンメル数…………………… 34
ガンメル・プーンのモデル… 39

き

擬似破壊モード……………… 278
寄生抵抗……………………… 135
寄生容量……………………… 135
機能素子………………………   2
揮発性メモリ………………… 170
基板電流……………………… 126
逆方向の降伏………………… 26
キャップ層…………………… 147
キャリヤの捕獲・放出時定数
　……………………… 106, 109
強誘電体……………………… 182
強誘電体 FET メモリ……… 341
極端紫外線露光……………… 245
金属シリサイド……………… 297

く

空間周波数変調位相シフトマスク
　………………………………… 230
空間電荷層……………… 16, 101
空　隙………………………… 300

偶発故障期…………………… 307
空乏層…………………… 16, 101
空乏層電荷……………… 103, 111
空乏層内キャリヤ再結合電流… 23
グラデュアルチャネル近似… 113
グラフェン……………… 335, 339
グラフェン FET …………… 340
クリープモデル……………… 315
クロスコンタミネーション… 293
クーロンブロッケード現象… 339

け

経時的絶縁破壊故障………… 320
結晶面方位…………………… 285
ゲッタリング………………… 270
ゲート………………………… 96
ゲート電流…………………… 144
ゲートファースト…………… 151
ゲートラスト………………… 151

こ

光学コントラスト…………… 234
高機能バイポーラ CMOS … 15
合金形トランジスタ…………   7
高注入拡散電流……………… 22
高誘電率絶縁膜………… 144, 148
固溶度限界…………………… 285
コレクタ・エミッタ間降伏電圧… 58
コレクタ空乏層走行時間…… 51
コレクタ・ベース間降伏電圧… 57

さ

再結合電流密度……………… 24
最小加工寸法…………………   2
細線効果……………………… 299

最大再結合割合……………… 24
最大電力利得………………… 53
最大発振周波数……………… 52
サイドウォールスペーサ…… 126
サブオキサイド……………… 277
サブスレッショルド係数…… 115
サブスレッショルド電流…… 115
サブスレッショルドスイング…… 341
サリサイド……………… 136, 299
酸化膜容量…………………… 103
三次元実装技術……………… 216
酸素析出物…………………… 269
酸発生剤……………………… 241
酸素ラジカル………………… 276
残留分極……………………… 182

し

紫外線照射ダメージ………… 254
しきい値制御………………… 288
しきい値電圧…………… 103, 106
磁気トンネル接合…………… 343
自己整合技術………………… 69
仕事関数差……………… 106, 107
市場競争力…………………… 12
ジシラン（Si_2H_6）………… 297
実効チャネル長……………… 114
遮断周波数…………………… 48
シャドー効果………………… 291
斜入射照明…………………… 233
シャロートレンチ…………… 189
シャローピット……………… 272
縮小投影露光装置…………… 227
準フェルミ準位……………… 18
少数キャリヤの発生・再結合時定数
………………………………… 105

衝突電離……………………… 125
消費電力………………… 118, 168
初期故障期…………………… 307
ジョンソン限界……………… 59
シリコンサイクル…………… 4
シリコンナノディスクアレー…… 262
シリコンバイポーラトランジスタ … 15
シリサイド化………………… 136
真空蒸着……………………… 293
シングルウェル……………… 190

す

スキャン露光光学系………… 227
スケーリング則……………… 123
スケールダウンの理論……… 119
スタック形キャパシタ……… 172
スタティック消費電力……… 144
ステップカバレッジ………… 300
ストレスマイグレーション…… 312
ストレス誘起リーク電流…… 279
スピン MOS FET……………… 341
スピン塗布法………………… 285
スマートカット法…………… 273
スリップ欠陥………………… 270
スルーホール…………… 300, 301

せ

正イオン……………………… 257
生成エネルギー……………… 297
生体超分子（タンパク質）…… 261
性能指標……………………… 117
絶縁ゲート形FET……………… 95
絶縁破壊ヒストグラム……… 277
設計パターンデータ………… 227
接合形トランジスタ………… 7

| セルフアライメント……………288
| セルフアライン………………299
| セルフアライン化……………… 8
| 遷移領域………………………109
| 線形領域……………………… 96
| 選択エピタキシー法…………… 73

そ

| 層間膜…………………………294
| 相互コンダクタンス g_m …… 96, 112
| 増速拡散………………………193, 291
| 相変化メモリ…………………342
| 素子分離層……………………275
| ソース………………………… 96
| ソフトエラー…………………195

た

| 大口径化………………… 4, 268, 274
| 対数正規分布…………………309
| 多結晶 Si エミッタ……………… 70
| 多結晶 Si 膜……………………296
| 多値化…………………………181
| 縦方向スケーリング…………… 77
| ダブルゲート…………………336
| ダブル露光技術………………244
| ダマシン………………… 191, 215
| ダメージ制御技術……………253
| 段差被覆性……………………294
| 短チャネル効果………… 119, 289

ち

| 遅延時間・消費電力積…………117
| 蓄積層…………………………101
| 窒化シリコン膜………………103
| 窒素ラジカル…………………280

| チャージアップ………………292
| チャネリング現象……………287
| チャネル……………………… 95
| 中性粒子ビームエッチング技術…254
| 中性粒子ビームプロセス……257
| 超解像手法……………………232
| 超低損傷中性粒子ビームプロセス
| ………………………………256
| 直線傾斜接合………………… 19

つ

| ツインウェル…………………190
| ツェナー降伏………………… 26

て

| 低雑音増幅器…………………210
| ディジタルマイクロミラーデバイス
| ………………………………344
| 低注入拡散電流………………… 21
| ディファレンシャルエピタキシー法
| ………………………………… 73
| 低誘電率膜……………………259
| デプレッション形…………… 96
| デュアルダマシン……… 191, 215
| デュアルダマシン法…………301
| デュアルメタルゲート………190
| 電圧制御発振器………………210
| 電荷捕獲中心…………………107
| 電子移動度……………………258
| 電子シェーディング効果……253
| 電子線直描技術………………250
| 電子-電子散乱モデル…………327
| 電子なだれ降伏……………… 26
| 電子なだれ増倍係数………… 26
| 電流利得帯域幅積…………… 48

電力増幅器·················· 211

と

動作電圧·················· 56
ドナー形··················· 109
ドーパントガス·············· 272
ドープドオキサイド法·········· 285
トライゲートFET ············ 336
ドライブイン················ 284
ドリフト速度················ 135
トリプルウェル··············· 190
ドレーン··················· 96
トレンチVDMOS ············ 211
トレンチ形キャパシタ·········· 172

な

内蔵電位··················· 16
ナノインプリント技術·········· 251
ナノグレーティングFET ······· 338
ナノメッシュ················ 340
ナノリボン·················· 340
ナノワイヤFET ·············· 336
ナローギャップベース·········· 192

ね

熱拡散技術·················· 283
熱酸化····················· 275
熱窒化····················· 279

の

ノッチ····················· 270
ノボラック系レジスト··········· 240

は

バイオナノプロセス············ 261

配線における信号遅延·········· 258
バイポーラデバイス············ 191
破壊読出し·················· 187
薄膜SOI ··················· 336
パーコレーション············· 323
パーコレーションモデル········ 323
バスタブ曲線················ 307
パッシベーション膜············ 294
貼合わせ法·················· 273
バリスティック伝導············ 339
バリヤ層··················· 302
反射防止膜·················· 239
パンチスルー············ 47, 119
パンチスルーストッパ·········· 130
反転層····················· 101
反転層電荷·················· 111
反転層電荷密度··············· 103
反転層容量·················· 137
半導体デバイスの微細化動向····· 225
半導体表面電位··············· 111
半導体表面容量··············· 103
半導体不揮発性メモリ·········· 108
バンドギャップエネルギー······ 262
バンドギャップ縮小············ 35
反応-拡散モデル ············· 330

ひ

光························ 253
光リソグラフィー············· 225
光露光技術·················· 227
引上げ法··················· 268
ヒステリシス曲線············· 184
ひずみ$Si_{1-x}Ge_x$············ 60
ひずみSi技術 ··············· 146
ひずみなしSi ··············· 60

索　　引

標準化……………………… 274
表面再結合電流………………… 25
表面チャネル形………………… 131
表面電位………………………… 100
表面電荷密度…………………… 101
表面反応律速…………………… 293
表面平坦化技術………………… 213
ビルトイン電位………………… 16
比例縮小則……………………… 121
ヒロック………………………… 300
ピンチオフ……………………… 112

ふ

負イオン………………………… 257
フィン FET …………………… 336
フィン形ダブルゲート MOS トランジスタ
　…………………………………… 257
フェリティン…………………… 261
フェルミレベルピニング……… 149
フォトン………………………… 253
不揮発性メモリ………………… 170
負バイアス温度不安定性……… 328
浮遊帯法………………………… 268
プライムウェーハ……………… 270
プラズマエッチング…………… 254
フラッシュメモリ… 1, 170, 177, 342
フラットバンド状態…………… 101
フラットバンド電圧…………… 106
フラットバンド電圧シフト…108, 110
フラットバンド容量…………… 106
ブランケットエピタキシ法…… 73
フローティングゲート形……… 178

へ

平均電界強度…………………… 134

ベース・コレクタ接合の充放電時間
　…………………………………… 51
ベース接地の電流増幅率……… 32
ベース走行時間………………… 50
ベース広がり効果……………… 43
ヘテロ接合バイポーラトランジスタ
　………………………………… 192
変形照明………………………… 233

ほ

ボイド…………………………… 300
放射線照射……………………… 107
飽和速度…………………… 116, 134
飽和電流………………………… 112
飽和領域………………………… 96
ポスト光リソグラフィー……… 226
ホットエレクトロン効果……… 123
ホットキャリヤ不安定性……… 324
ポーラス Si …………………… 344
ポリシリコンゲート…………… 288
ポリッシュトウェーハ………… 270

ま

マイクロプロセッサ……………… 1
摩耗故障期……………………… 307

む

無欠陥層………………………… 271

め

メタルゲート…………………… 148

ゆ

ユニバーサルカーブ…………… 133

よ

横方向拡散 ……………………… 285
横方向スケーリング ……………… 80

ら

ラジカル ………………………… 253
ラッキーエレクトロンモデル …… 327
ラッチアップ …………………… 292

り

リーク電流 ……………………… 169
リソグラフィー技術 …………… 225
リーチスルー電圧 ……………… 57
リフレッシュ …………………… 171
量子効果 ………………………… 260
量子効果デバイス ………… 261, 262
量子サイズ効果 ………………… 262
量子ドット太陽電池 …………… 262

れ

レーザアブレーション ………… 293
レジスト材料 …………………… 240
レジストプロセス技術 ………… 238
レジストラフネス ……………… 255
レトログレードプロファイル …… 291

わ

ワイドギャップエミッタ ……… 192
ワイブル分布 …………………… 309

A

A-D コンバータ ………………… 212
ALD ……………………………… 338
AND ……………………………… 164
APSA …………………………… 198
ARC ……………………………… 239
ArF 液浸露光 …………………… 225

B

BCD ……………………………… 212
Beyond CMOS ………………… 335
BiCMOS …………………… 192, 203

C

CCD ……………………………… 209
CCD イメージセンサ …………… 209
CHE ……………………………… 124
CML ……………………………… 195
CMOS …………………………… 6
CMOS イメージセンサ ………… 209
CMOS 回路 ……………………… 118
CMP ………… 12, 190, 213, 231, 301
CNT ……………………………… 339
COP ……………………………… 270
CPI ……………………………… 216
CVD ……………………………… 293
C-V 特性 ……………………… 106
Czochralski 法（CZ 法）………… 268

D

DAHC …………………………… 124
D-A コンバータ ………………… 212
DCTL …………………………… 193
DDD …………………………… 126
Deal-Grove のモデル …………… 275
DELTA ………………………… 338
DFM 技術 ……………………… 237
DIBL …………………………… 131
DMOS …………………………… 211

DOF	230
DPT	244
DRAM	1, 170, 171
DSA 技術	252
DSL	147
DTL	165, 193
Dual-gate CMOS	132
DZ 層	271

E

ECL	193, 195
EEPROM	9, 108, 177
EOT	149, 282
ESPER	200
ETSOI	152
EUV レジスト	249
EUV 露光	226
EUV 露光技術	245
E モデル	322

F

FDSOI	272
FeRAM	170, 182, 303
FinFET	152
Floating Zone 法（FZ 法）	268
FPGA	165

G

GIDL	338

H

HBT	8, 192
Hf 系酸化膜	282
high-k	144
HMDS	238

I

IG FET	95
IGBT	211
IIL	194
IOP	197
IOP-Ⅱ	198
IPD	212
ITRS ロードマップ	225

L

LATID	130
LDD	126, 190, 327
LDD 構造	289, 291
LDMOS	211
LDP	247
LELE	244
LER	255
Line-Edge-Roughness	255
LNA	210
LOCOS	197
low-k	258
LPLE	245
LPP	247
LSS 理論	287
LTV	271

M

MEMS	335
MLC	181
MNOS 形	178
MOCVD	298
MONOS 形	178
More Moore	335
More than Moore	335

MOS	1
MOS C-V 特性	109
MOS FET	95, 96, 164
MOS 形電界効果形トランジスタ	95
MOS 構造	95
MOS トランジスタ	95
MOS 容量	105
MOS ロジック	164

N

NAND	164, 180
NBTI	279, 328
NEMM	342
NGL	226, 250
NOR	164, 180
NOT	164
NTL	194
n チャネル	96

O

OF	270
OPC	237
OR	164
OSF	272
OXIM	197

P

PBTI	279
PCM	342
PEB	238
Planox	197
PLD	165
POSET	200
PRAM	342
PSA	198
PZT	184
p チャネル	96

R

ReRAM	342
RFID	303
RLS トレードオフ	249
RSD	147
RTL	165, 193
RTP	208

S

Salicide	299
SBD	278
SBT	184
SGT	338
Si BJT	15
SIC	70, 200, 208
SICOS	200
SiGe HBT	15, 59, 192
SiGe:C HBT	76
SiGeC HBT	76
SiGe ヘテロ接合バイポーラトランジスタ	15, 59
SILC	279
SIMOX	272
SiOC	216
SiOCH 膜	259
SiOF	215
Si インゴット	268
Si 貫通電極	216
Si 結晶	268
Si 結晶粒	297
Si 酸化膜	103
Si 酸化膜換算膜厚	282

Si 窒化酸化膜	280, 296
Si 窒化膜	295
Si レーザ	344
SLC	181
SMO	238
SOI	6, 113, 164, 272
SONOS 形	178
Spacer-DPT 法	244
SRAM	8, 170, 175
SRH	36
SST	198

T

TDDB	278, 320
TED	193, 291
TMAH	238
TMR	343
Tri-Gate	153
TSV	164, 216
TTL	165, 193, 194
TTV	271

U

UTB SOI	153

V

VDMOS	211
V_G モデル	322

X

XOR	164

数字

$1/E$ モデル	322
1T1C	185
1T 形	185
2T2C	185
6T4C	185

―― 監修者略歴 ――

菅野 卓雄（すがの たくお）

昭 34 東大大学院数物電気了，工博．同年，東大・工・電気・講師（専任），昭 35 同大学・電子・助教授，昭 41 同教授，平 3 工学部長，平 4 東大名誉教授，東洋大教授，平 6 東洋大学長，平 12 同大学理事長，平 18 東洋大名誉教授，この間固体電子工学の研究，教育に従事．平 7 紫綬褒章，平 18 瑞寶重光章，平 23 文化功労者，昭 49 本会業績賞，平 4 本会功績賞，IEEE Jack A. Morton Award，平 7 IEEE Life Fellow，平 13 NEC C & C 賞，平 17 応用物理学会業績賞，平 19 国立交通大学（台湾）栄誉教授，平 20 国立成功大学（台湾）栄誉教授，平 21 科学専業奨章（台湾）．

―― 編著者略歴 ――

伊藤 隆司（いとう たかし）

昭 44 東工大・理工・電子卒，昭 49 同大学院博士了，工博．同年，富士通株式会社入社，（株）富士通研究所半導体研究部長，シリコンテクノロジ研究所長を経て，平 15 富士通株式会社技師長兼あきる野テクノロジセンタ長，兼産総研先端 SoC 連携研究体長．平 16 東北大大学院工学研究科教授，平 22 定年退職．東工大特任教授を経て，現在，広島大客員教授．本会，IEEE，JSAP 各フェロー．大河内賞，オーム賞，山崎貞一賞，渡辺賞，手島賞，文科大臣表彰科学技術賞，SSDM Award 等を各受賞．

新版　ULSI デバイス・プロセス技術
Device and Process Technologies for Ultra Large Scale Integration（New Edition）

平成 25 年 5 月 20 日	初版第 1 刷発行	編　者　一般社団法人 電子情報通信学会
		発行者　蓑　毛　正　洋
		印刷者　山　岡　景　仁
		印刷所　三美印刷株式会社
		〒 116-0013　東京都荒川区西日暮里 5-9-8
		制　作　株式会社エヌ・ピー・エス
		〒 111-0051　東京都台東区蔵前 2-5-4 北条ビル

© 電子情報通信学会 2013

発行所　一般社団法人 電子情報通信学会
〒 105-0011　東京都港区芝公園 3 丁目 5 番 8 号（機械振興会館内）
電　話　(03)3433-6691(代)　振替口座　00120-0-35300
ホームページ　http://www.ieice.org/

取次販売所　株式会社 コロナ社
〒 112-0011　東京都文京区千石 4 丁目 46 番 10 号
電　話　(03)3941-3131(代)　振替口座　00140-8-14844
ホームページ　http://www.coronasha.co.jp

ISBN 978-4-88552-274-1　　　　　　　　　　　　　Printed in Japan

無断複写・転載を禁ずる